职业教育**数字媒体应用**
人才培养系列教材

3ds Max 室内效果图制作实例教程

3ds Max 2020
·微课版·第2版·

倪勇 龚士顺◎主编 李芳 严鲜财 李洋◎副主编

人民邮电出版社
北京

图书在版编目（CIP）数据

3ds Max室内效果图制作实例教程 : 3ds Max 2020 : 微课版 / 倪勇，龚士顺主编. -- 2版. -- 北京 : 人民邮电出版社，2023.10(2024.6重印)
职业教育数字媒体应用人才培养系列教材
ISBN 978-7-115-62303-4

Ⅰ. ①3… Ⅱ. ①倪… ②龚… Ⅲ. ①室内装饰设计－计算机辅助设计－三维动画软件－职业教育－教材 Ⅳ. ①TU238.2-39

中国国家版本馆CIP数据核字(2023)第129148号

内容提要

本书系统地介绍3ds Max 2020的操作技巧和室内效果图制作方法。全书分为10章，具体内容包括基础知识和基本操作、创建几何体、二维图形的创建、三维模型的创建、复合对象的创建、高级建模、材质和纹理贴图、灯光和摄影机的使用、渲染与环境特效、综合设计实训等。

本书以课堂案例的讲解为主线。学生跟随案例的具体操作步骤，可以熟悉软件功能，了解室内效果图设计思路。软件功能解析部分可帮助学生深入学习软件使用技巧。第2～10章设有课堂练习和课后习题，可以拓展学生的实际应用能力。第10章为综合设计实训，可以帮助学生领会商业室内效果图的设计理念，熟悉其制作流程，使学生顺利达到实战水平。

本书可作为高等职业院校室内效果图制作课程的教材，也可作为对3ds Max感兴趣的读者的参考书。

◆ 主　　编　倪　勇　龚士顺
　副 主 编　李　芳　严鲜财　李　洋
　责任编辑　王亚娜
　责任印制　王　郁　焦志炜
◆ 人民邮电出版社出版发行　　北京市丰台区成寿寺路11号
　邮编　100164　　电子邮件　315@ptpress.com.cn
　网址　https://www.ptpress.com.cn
　三河市君旺印务有限公司印刷
◆ 开本：787×1092　1/16
　印张：17.75　　2023年10月第2版
　字数：450千字　　2024年6月河北第2次印刷

定价：69.80元

读者服务热线：(010)81055256　印装质量热线：(010)81055316
反盗版热线：(010)81055315
广告经营许可证：京东市监广登字20170147号

Preface 前言

3ds Max 2020 是由 Autodesk 公司开发的三维制作软件。它功能强大、易学易用，深受三维室内设计人员的喜爱。目前，我国很多高等职业院校的数字媒体相关专业，都将 3ds Max 设为一门重要的专业课程。为了帮助高等职业院校的教师全面、系统地讲授这门课程，使学生能够熟练地使用 3ds Max 来制作室内效果图，我们几位长期从事 3ds Max 教学的教师共同编写了本书。

本书贯彻党的二十大精神，注重运用新时代的案例、素材优化教学内容，改进教学模式，引导大学生做爱国、励志、求真、力行的时代新人。本书第 1 章为 3ds Max 基础知识和基本操作；第 2～9 章按照“课堂案例—软件功能解析—课堂练习—课后习题”这一思路进行编排，以丰富的案例引导学生掌握 3ds Max 2020 的使用方法，使其能够逐步进行室内效果图制作；第 10 章为综合设计实训，通过给出真实的商业制作要求，使学生熟悉商业项目的设计思路和制作规范。在内容选取方面，我们力求细致全面、重点突出；在文字叙述方面，我们注意言简意赅、通俗易懂；在案例设计方面，我们强调案例的广泛性和实用性。

为方便教师教学，本书提供书中所有案例的素材、效果文件，并配备微课视频、PPT 课件、教学大纲、教案等丰富的教学资源，任课教师可登录人邮教育社区（www.ryjiaoyu.com）免费下载。本书的参考学时为 60 学时，其中实训环节为 32 学时，各章的参考学时参见下面的学时分配表。

章节	课程内容	学时分配/学时	
		讲授	实训
第 1 章	基础知识和基本操作	2	—
第 2 章	创建几何体	2	2
第 3 章	二维图形的创建	2	2
第 4 章	三维模型的创建	2	4
第 5 章	复合对象的创建	2	4
第 6 章	高级建模	2	4
第 7 章	材质和纹理贴图	4	4
第 8 章	灯光和摄影机的使用	4	4
第 9 章	渲染与环境特效	4	4
第 10 章	综合设计实训	4	4
学时总计		28	32

由于编者水平有限，书中难免存在错误和不足之处，敬请广大读者批评指正。

编者

2023 年 6 月

本书教学辅助资源

素材类型	数量	素材类型	数量
教学大纲	1 份	课堂案例	21 个
电子教案	1 章	课堂练习	9 个
PPT 课件	10 套	微课视频	44 个

微课视频列表

章节	微课视频	章节	微课视频
第 2 章 创建几何体	制作边柜模型	第 6 章 高级建模	制作办公椅模型
	制作墙上置物架模型		制作盆栽模型
	制作圆桌模型		制作花瓶模型
	制作笔筒模型		制作礼盒模型
	制作床尾凳模型	第 7 章 材质和纹理贴图	制作金属和木纹材质
	制作沙发模型		制作布料材质
	制作几何壁灯模型		制作大理石材质
第 3 章 二维图形的创建	制作中式屏风模型		制作 VRay 灯光材质
	制作墙壁置物架模型	第 8 章 灯光和摄影机的使用	创建室内场景布光
	制作回旋针模型		创建全局光照明效果
	制作扇形画框模型		创建卫浴场景布光
第 4 章 三维模型的创建	制作花瓶模型		创建太阳光照效果
	制作中式案几模型		创建休息区布光
	制作铁艺床头柜模型	第 9 章 渲染与环境特效	制作现代客厅渲染
	制作创意沙发凳模型		创建影音室灯光
	制作果盘模型		制作日景渲染
	制作杯子架模型	第 10 章 综合设计实训	制作北欧沙发效果图
第 5 章 复合对象的创建	制作蜡烛模型		制作欧式吊灯效果图
	制作灯笼吊灯模型		制作冰箱效果图
	制作鱼缸模型		制作会议室效果图
	制作刀架模型		制作休息区效果图
			制作老人房效果图

Contents 目录

目录 Contents

Contents 目录

目录 Contents

Contents 目录

第1章 基础知识和基本操作

本章介绍

本章将介绍 3ds Max 2020 的基础知识和基本操作，包括操作界面与常用工具的使用，通过本章的学习，读者能初步认识和了解 3ds Max 2020 的基本功能。

学习目标

- ✔ 了解 3ds Max 2020 的操作界面。
- ✔ 掌握物体的各种选择方式。
- ✔ 掌握物体的变换。
- ✔ 掌握物体的各种复制方法。

技能目标

- ✔ 通过实例应用，了解 3ds Max 2020 的操作界面。
- ✔ 能够运用所学知识更快地选择、变换和复制物体。

素养目标

- ✔ 培养学生的自学能力。
- ✔ 提高学生的计算机操作水平。

1.1 3ds Max 室内设计概述

室内设计是一个复杂且庞大的系统，涉及的专业知识十分广泛。室内设计也是技术与艺术的结合，设计师不仅要熟练掌握软件的操作技巧，更要具备扎实的美术功底和设计理论知识，并了解报价预算、施工流程及工艺的相关知识。设计师需要通过计算机将头脑中的设计理念以效果图的形式展现出来，使其变为现实。3ds Max 2020 是使设计理念转化为效果图的有效工具之一。下面先概括性地介绍如何使用 3ds Max 2020 进行室内设计。

1.1.1 室内设计

室内设计根据建筑物的使用性质、所处环境和相应标准，运用物质技术手段和建筑设计原理，创造功能合理、舒适优美、能够满足人们物质和精神生活需要的室内环境。这一空间环境既具有使用价值（满足相应的功能要求），又能反映历史文化、建筑风格、人文风气等精神因素。设计师应明确地把“创造满足人们物质和精神生活需要的室内环境”作为室内设计的目的。现代室内设计是综合的室内环境设计，它包括视觉环境和工程技术方面的内容，也包括声、光、热等物理环境，以及氛围、意境等心理环境和文化内涵。

1.1.2 室内建模的注意事项

模型是室内效果图的基础，准确、精简的建筑模型是效果图制作成功的根本保障，3ds Max 2020 以其强大的功能、简便的操作成为室内设计师建模的首选。室内建模需要注意以下事项。

- 建模时单位的统一

制作建筑效果图，最重要的一点就是必须使用统一的建筑单位。3ds Max 2020 具有强大的三维造型功能，但它的绘图标准是“看起来是正确的即可”，而对于设计师而言，往往需要精确定位。因此，设计师一般先在 AutoCAD 中建立模型，再通过文件转换进入 3ds Max 2020。使用 AutoCAD 制作的建筑施工图都是以毫米为单位的，本书中制作的模型也是以毫米为单位的。

3ds Max 2020 中的单位是可以选择的。在设置单位时，并非必须以毫米为单位，因为输入的数值都是通过实际尺寸换算为毫米的。也就是说，用户如果使用其他单位进行建模也是可以的，但应该根据实际物体的尺寸进行单位的换算，这样才能保证制作出的模型和场景不会发生比例失调的问题，也不会给后期建模过程中导入模型带来不便。

所以，进行模型制作时一定要按实际尺寸换算单位。对于所有制作的模型和场景，也应该保证使用相同的单位。

- 模型的制作方法

通过几何体的搭建或命令的编辑，可以制作出各种模型。

3ds Max 2020 的功能非常强大，制作同一个模型可以使用不同的方法（不限于书中介绍的模型制作方法），灵活运用修改命令进行编辑，就能通过不同的方法制作出模型。

- 灯光的使用

使用 3ds Max 2020 建模时，灯光和摄影机是两个重要的工具，尤其是灯光的设置。在场景中进行灯光的设置不是一次性就能完成的，需要耐心调整才能得到好的效果。由于室内场景中的光线照射非常复杂，所以想要在室内场景中模拟出真实的光照效果，在设置灯光时就需要考虑到场景的实际结构和复杂程度。

三角形照明是最基本的照明方式之一，它使用 3 个光源：主光源、背光、辅助光源。其中，主光源最亮，用来照亮大部分场景，通常会投射阴影；背光用于将场景中物品的背面照亮，可以展现场景的深度，通常位于对象的后上方，光照强度一般要小于主光源；辅助光源用于照亮主光源没有照射到的黑色区域，控制场景中的明暗对比度，亮的辅助光源能平衡光照，暗的辅助光源能增强对比度。

较大的场景一般会被分成几个区域，用户需要分别对这几个区域进行曝光。

如果对渲染图的灯光效果还是不满意，可以使用 Photoshop 进行修饰。

● 摄影机的使用

3ds Max 2020 中的摄影机与现实生活中的摄影机一样，也有焦距和视野等参数。同时，它还拥有超越真实摄影机的能力，更换镜头、无级变焦都能在瞬间完成。自由摄影机还可以绑定在运动的物体上来制作动画。

在建模时，可以根据摄影机视图的显示，创建场景中能够被看到的物体。这种做法不必将所有物体全部创建，从而降低了场景的复杂度。比如，一个场景的可见面在摄影机视图中不可能全部被显示出来，这样在建模时只需创建可见面，而最终效果是不变的。

摄影机创建完成后，需要对摄影机的视角和位置进行调节，48mm 是标准人眼的焦距。使用短焦距能够模拟出鱼眼镜头的夸张效果，而使用长焦距则可以观察较远的景色，保证物体不变形。摄影机的位置也很重要，镜头的高度一般为普通人的身高，即 1.7m，这时的视角最真实。对于较高的建筑，可以将目标点抬高，以模拟仰视的效果。

● 材质和纹理贴图的编辑

材质是表现模型质感的重要因素之一。创建模型后，必须为模型赋予相应的材质才能使模型表现出真实质感。对于有些材质，需要配合灯光和环境使用，才能表现出令人满意的效果，如建筑效果图中的玻璃质感和不锈钢质感等，都具有反射性，如果没有灯光和环境的配合，其表现出的效果是不真实的。

1.2 3ds Max 2020 的操作界面

在学习 3ds Max 2020 之前，首先要认识它的操作界面，并熟悉各控制区的用途和使用方法，这样才能在建模操作过程中得心应手地使用各种工具和命令，节省大量的工作时间。下面对 3ds Max 2020 的操作界面进行介绍。

3ds Max 2020 操作界面主要由图 1-1 所示的区域组成。

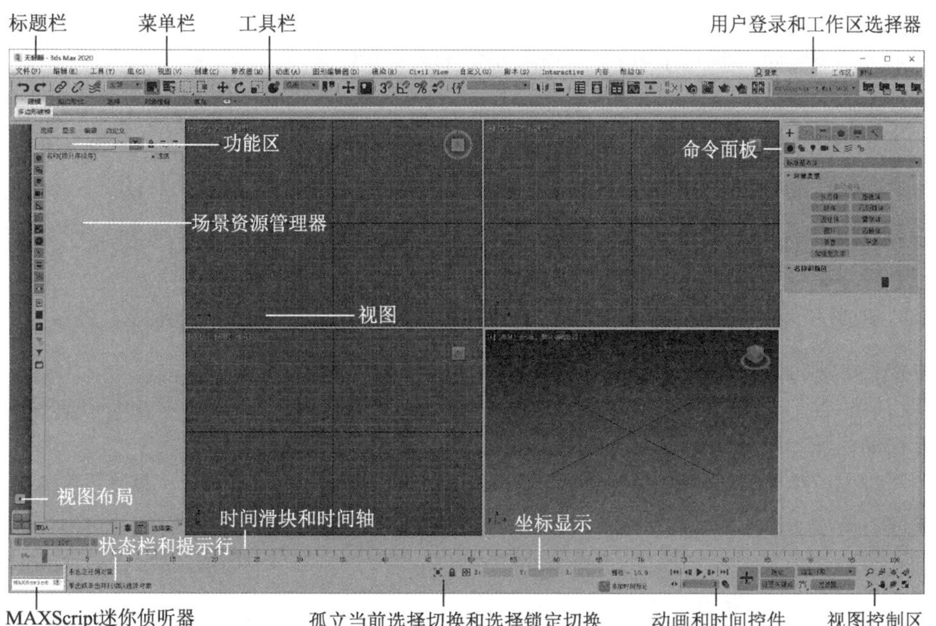

图 1-1

下面介绍其中比较重要和常用的几个区域。

1.2.1 标题栏

标题栏位于 3ds Max 2020 操作界面的顶部，无标题 - 3ds Max 2020 显示软件图标、场景文件名称和软件版本，右侧的 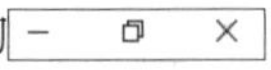 − ◻ × （3 个按钮）用于将软件界面最小化、最大化和关闭。

1.2.2 菜单栏

菜单栏位于标题栏下面，如图 1-2 所示。菜单的名称表明了该菜单中命令的用途。单击菜单名时，会弹出命令列表，下面介绍常用菜单的功能。

文件(F) 编辑(E) 工具(T) 组(G) 视图(V) 创建(C) 修改器(M) 动画(A) 图形编辑器(D) 渲染(R) Civil View 自定义(U) 脚本(S) Interactive 内容 帮助(H)

图 1-2

- “文件”菜单：该菜单中包含文件管理命令，如“新建”“重置”“打开”“保存”“归档”“退出”等命令。
- “编辑”菜单：该菜单包含在场景中选择和编辑对象的命令，如“撤销”“重做”“暂存”“取回”“删除”“克隆”“移动”等命令。
- “工具”菜单：该菜单中提供了各种常用工具，部分工具在建模时经常用到，所以工具栏中设置了相应的快捷按钮。
- “组”菜单：该菜单包含一些将多个对象编辑成组，或者将组分解成独立对象的命令。编辑组是在场景中组织对象的常用方法。
- “视图”菜单：该菜单包含视图最新导航控制命令的撤销和重做等命令，并允许显示适用于特定命令的一些功能，如视图的配置和设置背景图案等。
- “创建”菜单：该菜单中包含创建相关的所有命令，这些命令能在命令面板中直接找到。
- “动画”菜单：该菜单包含设置反向运动学求解方案、设置动画约束和动画控制器、给对象的参数之间增加连线参数以及动画预览等命令。
- “图形编辑器”菜单：该菜单是场景元素间关系的图形化视图，包括曲线编辑器、摄影表、图解视图、粒子视图和运动混合器等。
- “渲染”菜单：该菜单是 3ds Max 2020 的重要部分，包含渲染场景、设置环境和渲染效果等命令。模型建立后，材质/贴图、灯光、摄影机这些特殊效果在视图区域是看不到的，只有经过渲染后，才能在渲染窗口中观察效果。
- “Civil View”菜单：Civil View 浏览器是 Civil View 用户界面的焦点，它显示了可视化的当前状态，通过相应操作可访问场景中的每个对象。
- “自定义”菜单：该菜单允许用户根据个人习惯创建自己的工具和工具面板，设置习惯的快捷键，使操作更个性化。
- “脚本”菜单：用户可以用脚本语言书写短程序以控制动画的制作。“脚本”菜单中包括创建、测试和运行脚本等命令，可以通过编写脚本来实现对 3ds Max 2020 的控制，同时可以与外部的文本文件和表格文件等连接。
- “Interactive”菜单：用于获取 Interactive，3ds Max Interactive 是一款 VR（Virtual

Reality，虚拟现实）引擎，可以扩展 3ds Max 2020 的功能，创建身临其境的交互式体系结构可视化。

- “内容”菜单：使用该菜单可以启动 3ds Max 2020 资源库。
- “帮助”菜单：该菜单提供对用户有帮助的信息，包含脚本参考、用户指南、快捷键、第三方插件和新功能等信息。

1.2.3 工具栏

通过工具栏可以快速访问 3ds Max 2020 中很多常见任务的工具和对话框，如图 1-3 所示。

图 1-3

- （撤销）和（重做）：“撤销”可取消上一次操作，包括“选择”操作和在选定对象上执行的操作。“重做”可取消上一次“撤销”操作。
- （选择并链接）：可将两个对象链接为父子，定义它们之间的层次关系。子级将继承应用于父级的变换（移动、旋转和缩放），但是子级的变换对父级没有影响。
- （取消链接选择）：可移除两个对象之间的层次关系。
- （绑定到空间扭曲）：可以把当前选择附加到空间扭曲。
- 全部 选择过滤器列表：选择过滤器列表如图 1-4 所示，可以限制由选择工具选择的对象的特定类型和组合。例如，如果选择“C-摄影机”选项，则使用选择工具只能选择摄影机。

图 1-4

- （选择对象）：可使用户选择对象或子对象，以便进行操作。
- （按名称选择）：可以使用“从场景选择”对话框从当前场景中的所有对象列表中选择对象。
- （矩形选择区域）：在视图中以矩形框选区域。按下该按钮不松，弹出按钮会提供（圆形选择区域）、（围栏选择区域）、（套索选择区域）和（绘制选择区域）4 个选项供选择。
- （窗口/交叉）：在窗口模式中，只能选择所选内容内的对象或子对象；在交叉模式中，可以选择区域内的所有对象或子对象，以及与区域边界相交的任何对象或子对象。
- （选择并移动）：想要移动单个对象，则需先单击该按钮。当该按钮处于活动状态时，单击对象进行选择，并拖曳鼠标以移动所选对象。
- （选择并旋转）：当该按钮处于激活状态时，单击对象进行选择，并拖曳鼠标以旋转所选对象。
- （选择并均匀缩放）：使用该按钮，可以沿所有轴向以相同量缩放对象，同时保持对象的原始比例；（选择并非均匀缩放）按钮可以根据活动轴约束以非均匀方式缩放对象；（选择并挤压）按钮可以根据活动轴约束来缩放对象。
- （选择并放置）：可以将选中的对象准确地定位到另一个对象的曲面上。作用类似于“自动栅格”选项，并且随时可以使用，不局限于在创建对象时。
- （使用轴点中心）：该按钮提供了对用于确定缩放和旋转操作几何中心的 3 种方法的访问。

使用（使用轴点中心）按钮可以围绕，对象各自的轴点旋转或缩放一个或多个对象；使用（使用选择中心）按钮，对象可以围绕其共同的几何中心旋转或缩放一个或多个对象，如果变换多个对象，该软件会计算所有对象的平均几何中心，并将此几何中心用作变换中心使用（使用变换坐标中心）按钮对象可以围绕当前坐标系的中心旋转或缩放一个或多个对象。

- （选择并操纵）：使用该按钮可以通过在视图中拖动“操纵器”编辑某些对象、修改器和控制器的参数。
- （键盘快捷键覆盖切换）：使用该按钮可以在仅使用主用户界面快捷键与同时使用主快捷键和组（如编辑/可编辑网格、轨迹视图和 NURBS 等）快捷键之间进行切换，可以在自定义用户界面对话框中自定义快捷键。
- （捕捉开关）：（3D 捕捉）是默认设置，鼠标指针直接捕捉到 3D 空间中的任何几何体。3D 捕捉用于创建和移动所有尺寸的几何体，而不考虑构造平面；（2D 捕捉）鼠标指针仅捕捉到活动构建栅格，包括该栅格平面上的任何几何体，将忽略 z 轴或垂直尺寸；（2.5D 捕捉）鼠标指针仅捕捉活动栅格上对象投影的顶点或边缘。
- （角度捕捉切换）：用于确定多数功能的增量旋转，默认设置为以 5° 为增量进行旋转。
- （百分比捕捉切换）：该按钮通过使用指定的百分比增加对象的缩放。
- （微调器捕捉切换）：使用该按钮可设置 3ds Max 2020 中所有微调器的单个单击增加或减少值。
- （管理选择集）：单击该按钮将显示“编辑命名选择”对话框，可用于管理子对象的命名选择集。
- （镜像）：单击该按钮将弹出“镜像：世界坐标”对话框，使用该对话框可以在镜像一个或多个对象的方向时移动这些对象。“镜像：世界坐标”对话框还可以用于围绕当前坐标系中心镜像当前所选对象，并且可以同时创建克隆对象。
- （对齐）：该按钮提供了用于对齐对象的 6 种不同工具的访问。单击（对齐）按钮，然后选择对象，将弹出“对齐当前选择”对话框，使用该对话框可将当前对象与目标对象对齐，目标对象的名称将显示在“对齐当前选择”对话框的标题栏中。执行子对象对齐时，“对齐当前选择”对话框的标题栏会显示为“对齐子对象当前选择”。使用（快速对齐）按钮可将当前对象与目标对象快速对齐。使用（法线对齐）按钮将弹出对话框，基于每个对象上面，或选择的法线方向将两个对象对齐。使用（放置高光）按钮，可将灯光或对象对齐到另一对象，以便可以精确定位其高光或反射。使用（对齐摄影机）按钮，可以将摄影机与选定的面法线对齐。（对齐到视图）按钮可用于显示“对齐到视图”对话框，使用户可以将对象或子对象的局部轴与当前视图对齐。
- （切换场景资源管理器）：提供了一个窗口，可用于查看、排序、过滤和选择对象，还提供了重命名、删除、隐藏和冻结对象，创建和修改对象层次，以及编辑对象属性等功能。
- （切换层资源管理器）：一种显示层及其关联对象和属性的“场景资源管理器”模式。可以使用它来创建、删除和嵌套层，以及在层之间移动对象；还可以查看和编辑场景中所有层的设置，以及与其相关联的对象。
- （显示功能区）：该功能在较早的版本中也被称为石墨工具，用来打开或关闭功能区显示。
- （曲线编辑器）：是一种轨迹视图模式，用于以图表上的功能曲线来表示运动，用户可以查看运动的插值和软件在关键帧之间创建的对象变换。使用曲线上找到的关键点的切线控制柄，可以轻松查看和控制场景中各个对象的运动和动画效果。

- （图解视图）：图解视图是基于节点的场景图，通过它可以访问对象属性、材质、控制器、修改器、层次和不可见场景关系，如关联参数和实例等。
- （材质编辑器）：单击该按钮可以打开“Slate 材质编辑器”窗口，该按钮还隐藏了（精简材质编辑器）按钮，用户可以根据习惯选择常用的材质编辑器面板；材质编辑器提供了创建和编辑对象材质以及贴图的功能。
- （渲染设置）：单击该按钮将弹出“渲染设置：扫描线渲染器”窗口，该窗口具有多个面板，面板的数量和名称因活动渲染器而异。
- （渲染帧窗口）：用于显示渲染输出。
- （渲染产品）：该按钮可以使用当前产品级渲染设置来渲染场景。
- （在线渲染）：使用 Autodesk Cloud 渲染场景。Autodesk Rendering 使用在线资源，因此可以在进行渲染的同时继续使用桌面。
- （打开 A360 库）：打开介绍 A360 在线渲染的网页。

1.2.4 功能区

功能区采用工具栏形式，它可以沿水平或垂直方向停靠，也可以在垂直方向上浮动。

可以通过工具栏中的（显示功能区）按钮隐藏和显示功能区，模型的功能区以最小化的形式显示在工具栏的下方。单击功能区右上角的按钮，可以选择功能区以“最小化为选项卡”“最小化为面板标题”“最小化为面板按钮”“循环浏览所有项”4 种方式之一进行显示，图 1-5 所示为选择“最小化为面板标题”选项后的效果。

每个选项卡都包含许多面板，这些面板显示与否通常取决于上下文。例如，“选择”选项卡的内容因活动的子对象层级而改变。可以使用鼠标右键单击面板标题，确定将显示哪些面板，还可以分离面板使它们单独浮动在界面上。拖动面板任意一端即可水平调整面板大小，当使面板变小时，面板会自动调整为合适的大小。这样，以前直接可用的相同控件将需要通过下拉菜单才能获得。

功能区的第一个选项卡是“建模”选项卡，该选项卡的第一个面板“多边形建模”提供了“修改”面板工具的子集：子对象层级（“顶点”“边”“边界”“多边形”“元素”）、堆栈级别、用于子对象选择的预览选项等。可以通过用鼠标右键单击面板标题，选择显示或隐藏任何可用面板。

图 1-5

1.2.5 工作区

工作区是操作界面中占用面积最广的区域，其中没有命令与按钮。

工作区中共有 4 个视图。在 3ds Max 2020 中，视图（也称为视口）显示区位于操作界面的中间，面积很大，是 3ds Max 2020 的主要工作区。通过视图，可以从任何不同的角度来观看所建立的场景。在默认状态下，系统在 4 个视窗中分别显示了“顶”视图、“前”视图、“左”视图和“透视”视图

4个视图（也称为场景）。其中，“顶”视图、“前”视图和“左”视图相当于物体在相应方向的平面投影，或沿 x、y、z 轴所看到的场景，而“透视”视图则是从某个角度所看到的场景，如图 1-6 所示。因此，“顶”视图、“前”视图和“左”视图也被称为正交视图。正交视图仅显示物体的平面投影形状，而“透视”视图不仅显示物体的立体形状，还显示物体的颜色。所以，正交视图通常用于物体的创建和编辑，而“透视”视图则用于观察效果。

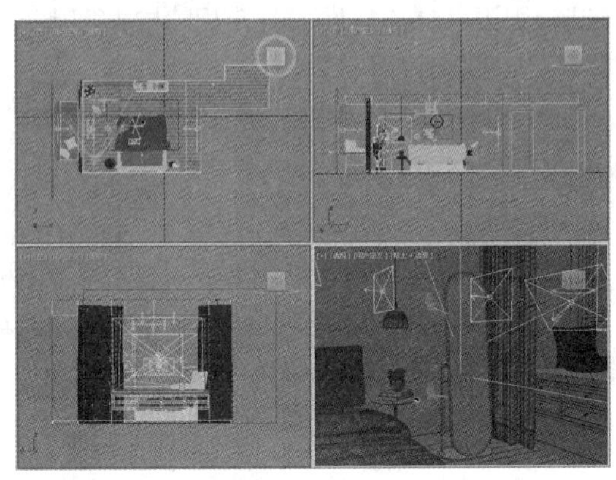

图 1-6

4个视图都可见时，带有高亮显示边框的视图始终处于活动状态，默认情况下，透视视图“平滑”并“高亮显示”。在任何一个视图中单击鼠标左键或右键，都可以激活该视图，被激活视图的边框显示为黄色。可以在激活的视图中进行各种操作，其他的视图仅作为参考视图（注意，同一时刻只能有一个视图处于激活状态）。用鼠标左键和右键激活视图的区别在于：用鼠标左键单击某一视图时，可能会对视图中的对象进行误操作；而用鼠标右键单击某一视图时，只是激活视图。

三色世界空间三轴架显示在每个视图的左下角。世界空间的3个轴中：x 轴为红色，y 轴为绿色，z 轴为蓝色。三轴架通常指世界空间，不管当前是什么参考坐标系。

ViewCube 3D 导航控件提供了视图当前方向的视觉反馈，让用户可以调整视图方向，以及在标准视图与等距视图间进行切换。

ViewCube 显示时，默认情况下会显示在活动视图的右上角，如果 ViewCube 处于非活动状态，则会叠加在场景之上。它不会显示在摄影机、灯光、图形视图或者其他类型的视图中。

将鼠标指针置于 ViewCube 上时，它将变成活动状态。单击可以切换到一种可用的预设视图、旋转当前视图或者更换到模型的“主栅格”视图，右击可以打开具有其他选项的上下文菜单。

4个视图的类型是可以改变的，激活视图后，按下相应的快捷键就可以实现视图之间的切换。快捷键对应的中英文名称如表 1-1 所示。

表 1-1

快捷键	英文名称	中文名称	快捷键	英文名称	中文名称
T	Top	顶视图	U	User	用户视图
B	Bottom	底视图	F	Front	前视图
L	Left	左视图	P	Perspective	透视视图
R	Right	右视图	C	Camera	摄影机视图

可以选择默认配置之外的布局。想要选择不同的布局，请单击或右击常规视口标签（[+]），然后从常规视口标签菜单中选择“配置视口”命令，如图 1-7 所示。单击“视口配置”对话框中的“布局”选项卡来选择其他布局，如图 1-8 所示。

图 1-7

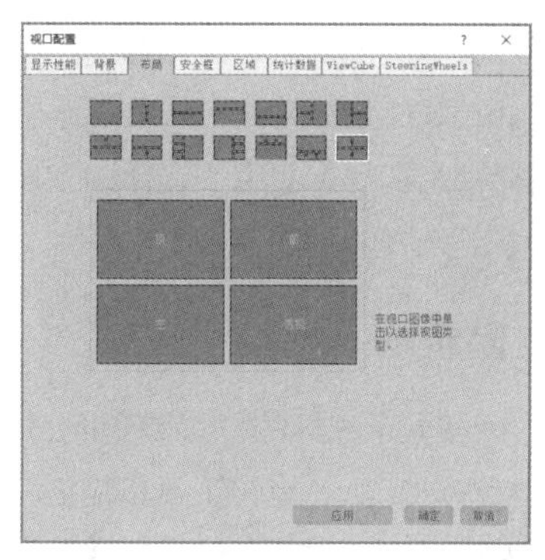

图 1-8

在 3ds Max 2020 中，各视图的大小不是固定不变的，将鼠标指针移到视图的中心，也就是 4 个视图的交点，当鼠标指针变成双向箭头时，拖曳鼠标，如图 1-9 所示，就可以调整各视图的大小和比例，如图 1-10 所示。如果想恢复均匀分布的状态，可以在视图的中心位置右击，在弹出的快捷菜单中选择“重置布局”命令复位视图。

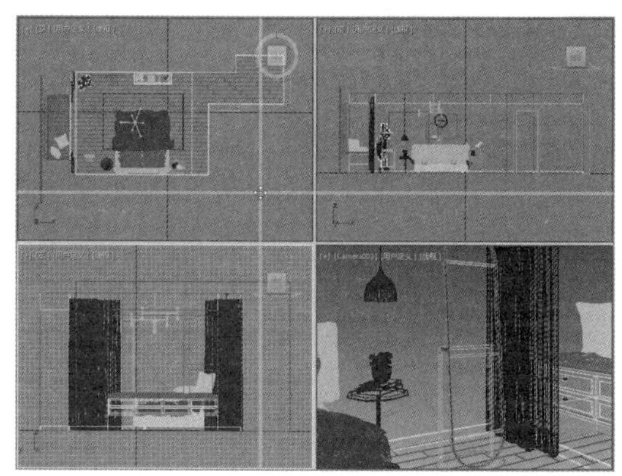

图 1-9

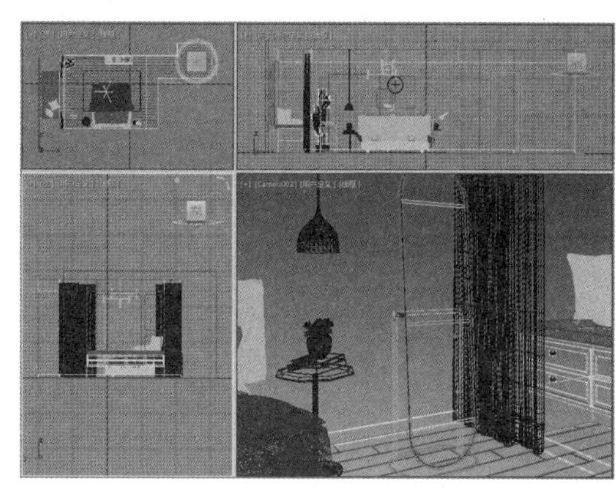

图 1-10

另外，3ds Max 2020 操作界面的左侧为“视口布局”选项卡，可以在该选项卡中单击▸按钮，选择视口的布局，其中展开的几种视口布局与图 1-8 中“布局”选项卡的视口布局相同。这是一种视口的快捷选择方式，可以快速选择需要的视口类型，方便了很多。

1.2.6 状态栏和提示行

状态栏和提示行位于视图区的下部偏左，状态栏显示了所选对象的数目、对象的锁定、当前鼠标指针的坐标位置以及当前使用的栅格间距等。提示行显示了当前使用工具的提示文字，如图 1-11 所示。

选择了 1 个 对象

单击或单击并拖动以选择对象

图 1-11

1.2.7 孤立当前选择切换和选择锁定切换

- （孤立当前选择切换和选择锁定切换）：锁定按钮的右侧是坐标数值显示区。
- （孤立当前选择切换）：孤立当前选择可防止在处理单个选定对象时选择其他对象。可以专注于需要看到的对象，无须为周围的环境分散注意力，同时可以降低由于在视图中显示其他对象而造成的性能开销。如果想退出孤立模式，可以再次单击“孤立当前选择切换”按钮。
- （选择锁定切换）使用“选择锁定切换”可启用或禁用选择锁定。锁定选择可防止在复杂场景中意外选择其他内容。

1.2.8 坐标显示

“坐标显示”区域显示光标的位置或变换的状态，并且可以输入新的变换值，如图 1-12 所示。变换（变换工具包括移动工具、旋转工具和缩放工具）对象的一种方法是直接通过键盘在“坐标显示”字段中输入坐标。可以在“绝对”或“偏移”这两种模式下进行此操作，单击“绝对模式变换输入”或“偏移模式变换输入”按钮可以切换到相应模式。

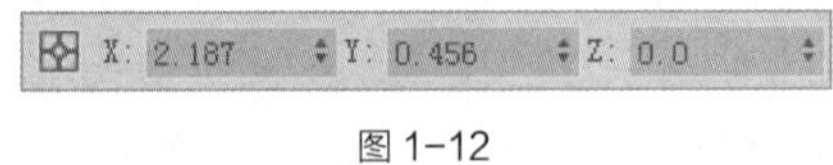

图 1-12

- 以“绝对”模式设置世界空间中对象的确切坐标。
- 以“偏移”模式相对于对象现有坐标来变换对象。

当在“坐标显示”字段（X、Y、Z）中进行输入时，可以使用 Tab 键从一个坐标字段转到另一个坐标字段。

1.2.9 动画和时间控件

动画和时间控件位于操作界面的底部，包括动画控制区、时间滑块和时间轴，主要用于在制作动画时进行动画的记录、动画帧的选择、动画的播放以及动画时间的控制等，如图 1-13 所示。

图 1-13

1.2.10 视图控制区

视图调节工具位于 3ds Max 2020 操作界面的右下角，图 1-14 所示为标准的 3ds Max 2020 视图调节工具，根据当前激活视图的类型，视图调节工具会略有不同。当选择一个视图调节工具时，该按钮呈蓝色显示，表示对当前活动视图来说该按钮是激活的，在活动视图中右击可关闭该按钮。

图 1-14

- （缩放）：单击该按钮，在任意视图中按住鼠标左键不放，上下拖动鼠标，可以拉近或推远场景。
- （缩放所有视图）：用法与（缩放）按钮基本相同，只不过该按钮影响的是当前所有可见视图。

- （最大化显示选定对象）：将选定对象或对象集在活动“透视”视图或“正交”视图中居中显示。当要浏览的小对象在复杂场景中丢失时，该控件非常有用。
- （最大化显示）：将所有可见的对象在活动“透视”视图或“正交”视图中居中显示。当在单个视图中查看场景的每个对象时，该控件非常有用。
- （所有视图最大化显示）：将所有可见对象在所有视图中居中显示。当希望在每个可用视图的场景中看到各个对象时，该控件非常有用。
- （所有视图最大化显示选定对象）：将选定对象或对象集在所有视图中居中显示。当要浏览的对象在复杂场景中丢失时，该控件非常有用。
- （缩放区域）：使用该按钮可放大在视图内拖动的矩形区域。仅当活动视图是正交、透视或用户三向投影视图时，该控件才可用。该控件不可用于摄影机视图。
- （视野）：用于调整视图中可见的场景数量和透视光斑量。
- （平移视图）：在任意视图中拖动鼠标，可以移动视图窗口。
- （选定的环绕）：将当前选择的对象中心用作旋转中心。当视图围绕对象中心旋转时，选定对象将保持在视图中的同一位置上。
- （环绕）：将视图中心用作旋转中心。如果对象靠近视图的边缘，它们可能会旋出视图范围。
- （环绕子对象）：将当前选定子对象的中心用作旋转中心。当视图围绕该中心旋转时，当前选定对象将保持在视图中的同一位置上。
- （动态观察关注点）：将鼠标指针所在位置（关注点）作为旋转中心。当视图围绕该中心旋转时，关注点将保持在视图中的同一位置。
- （最大化视口切换）：单击该按钮，当前视图将全屏显示，便于用户对场景进行精细编辑操作。再次单击该按钮，可恢复原来的状态，其快捷键为 Alt+W。

1.2.11 命令面板

命令面板是 3ds Max 2020 的核心部分，默认状态下位于操作界面的右侧。命令面板由 6 个用户界面面板组成。使用这些面板可以访问 3ds Max 2020 的大多数建模功能，以及一些动画功能、显示选择和其他工具。每次只有一个面板可见，默认状态下打开的是（创建）面板。

想要显示其他面板，只需单击命令面板顶部的选项卡即可，如图 1-15 所示，从左至右依次为（创建）、（修改）、（层次）、（运动）、（显示）和（实用程序）面板。

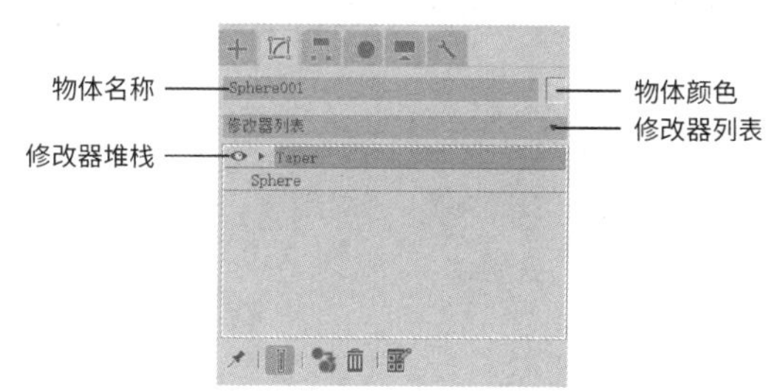

图 1-15

面板上标有或按钮的即卷展栏。卷展栏的标题左侧带有，表示卷展栏卷起，带有表示卷展栏展开，通过单击或，可以在卷起和展开卷展栏之间切换。如果很多卷展栏同时展开，屏幕可能无法完全显示卷展栏，这时可以把鼠标指针放在卷展栏的空白处，当鼠标指针变成形状时，按住鼠标左键上下拖动，可以上下移动卷展栏。

（创建）面板是 3ds Max 2020 最常用的面板之一，使用（创建）面板可以创建各种模型对象，它是命令级数最多的面板。面板上方的 7 个按钮代表了 7 种可创建的对象，简单介绍如下。

- （几何体）：可以创建标准基本体、扩展基本体、复合对象、粒子系统和动力学对象等。
- （图形）：可以创建二维图形，可沿某个路径放样生成三维造型。
- （灯光）：创建泛光、聚光灯和平行光等，模拟现实中各种灯光的效果。
- （摄影机）：创建目标摄影机或自由摄影机等。
- （辅助对象）：创建起辅助作用的特殊对象。
- （空间扭曲）：创建空间扭曲以模拟风、重力等特殊效果。
- （系统）：可以生成骨骼等特殊对象。

单击其中任意一个按钮，可以显示相应的子面板。在可创建对象的按钮的下方是模型分类下拉列表框标准基本体，单击右侧的按钮，可以从弹出的下拉列表框中选择要创建的模型类别。

在一个模型创建完成后，如果想对其进行修改，可单击（修改）按钮，打开对应的面板，如图 1-15 所示。（修改）面板可以修改对象的参数、应用修改器以及访问修改器堆栈。通过该面板，用户可以实现模型的各种变形效果。

通过（层次）面板可以访问用来调整对象间层次链接的工具。通过将一个对象与另一个对象相链接，可以创建父子关系。应用到父对象的变换同时将传递给子对象。将多个对象同时链接到父对象和子对象，可以创建复杂的层次。

（运动）面板提供用于调整选定对象运动状态的工具。例如，可以使用（运动）面板上的工具调整关键点时间及其缓入和缓出。（运动）面板还提供了轨迹视图的替代选项，用来指定动画控制器。

在命令面板中单击（显示）按钮，即可打开（显示）面板。（显示）面板主要用于设置显示和隐藏、冻结和解冻场景中的对象，还可以改变对象的显示特性，加速视图显示，简化建模步骤。

使用（实用程序）面板可以访问各种工具程序。3ds Max 2020 的工具作为插件提供，一些工具由第三方开发商提供，因此，3ds Max 2020 的设置可能涉及在此处未加以说明的工具。

1.3 3ds Max 2020 的坐标系统

使用参考坐标系列表，可以指定变换（移动、旋转和缩放）所用的坐标系，其选项包括“视图”“屏幕”“世界”“父对象”“局部”“万向”“栅格”“工作”“局部对齐”“拾取”，如图 1-16 所示。

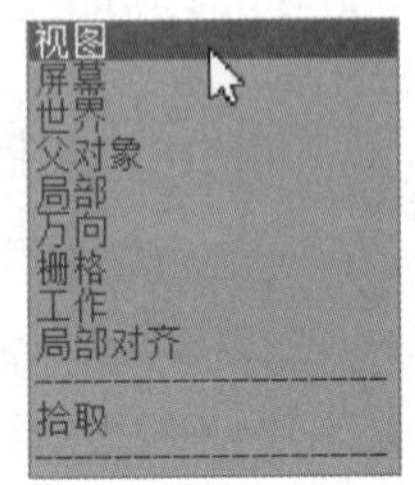

图 1-16

坐标系统介绍如下。

- 视图：在默认的“视图”坐标系中，所有“正交”视图中的 x 轴、y 轴和 z 轴都相同。使用该坐标系移动对象时，会相对于视图空间移动对象。在图 1-17 所示的 4 个视图中，x 轴始终朝右，y 轴始终朝上，z 轴始终垂直于屏幕指向用户。

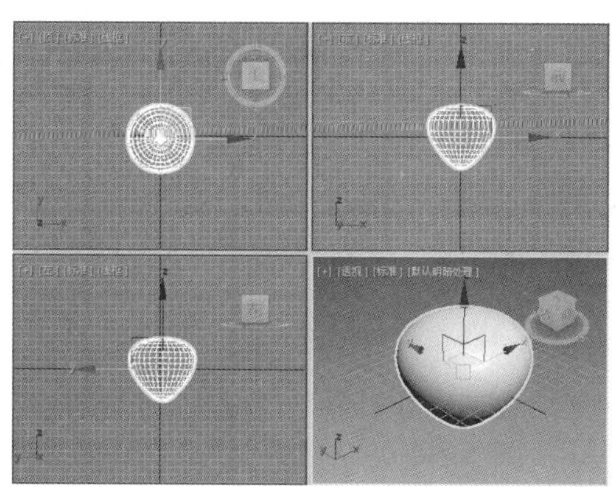
图 1-17

- 屏幕：将活动视图屏幕用作坐标系，图 1-18 和图 1-19 所示分别为激活了旋转视图后的“透视”视图和“顶”视图的坐标系效果。该模式下的坐标系始终相对于观察点。

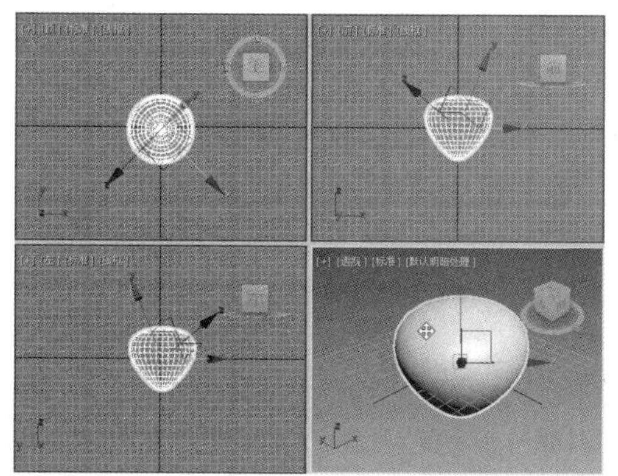
图 1-18

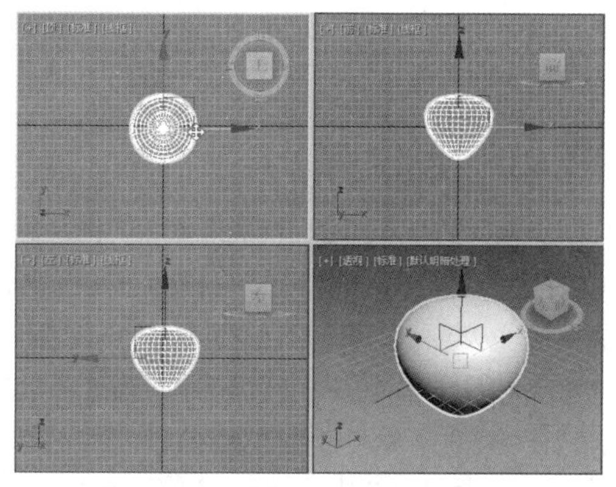
图 1-19

x 轴为水平方向，正向朝右。

y 轴为垂直方向，正向朝上。

z 轴为深度方向，正向指向用户。

因为“屏幕”模式取决于其方向的活动视图，所以非活动视图中的三轴架上的 x、y 和 z 标签显示当前活动视图的方向。激活该三轴架所在的视图时，三轴架上的标签会发生变化。

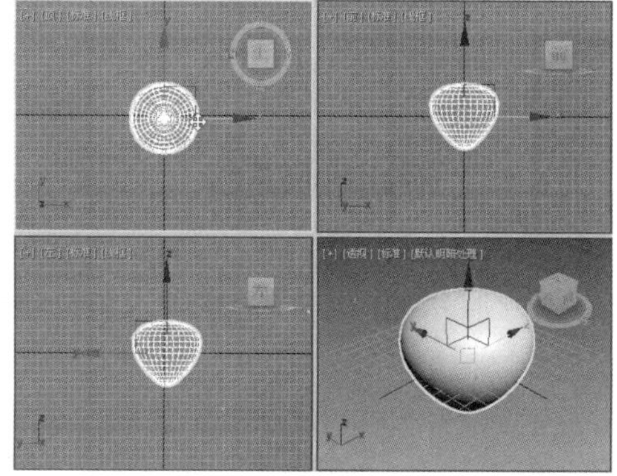
图 1-20

- 世界：使用世界坐标系，如图 1-20 所示。从正面看，x 轴正向朝右；z 轴正向朝上；y 轴正向指向背离用户的方向。
- 父对象：使用选定对象的父对象的坐标系。

  如果对象未链接至特定对象，则其为世界坐标系的子对象，其父坐标系与世界坐标系相同。
- 局部：使用选定对象的坐标系。对象的局部坐标系由其轴点支撑。使用“层次”面板上的选项，可以相对于对象调整局部坐标系的位置和方向。

- 万向：万向坐标系与 Euler XYZ 旋转控制器一同使用。它与局部坐标系类似，但其 3 个旋转轴之间不一定互相成直角。使用局部和父对象坐标系围绕一个轴旋转时，会更改两个或 3 个 Euler XYZ 轨迹。万向坐标系可避免这个问题，围绕一个轴的 Euler XYZ 旋转仅更改该轴的轨迹，这使得功能曲线编辑更便捷。此外，利用万向坐标系的绝对模式变换输入会将相同的 Euler 角度值用作动画轨迹（按照坐标系要求，与相对于世界或父对象坐标系的 Euler 角度相对应）。
- 栅格：使用活动栅格的坐标系。
- 工作：启用时，每个视图左下角的坐标系作为默认的坐标系。
- 拾取：使用场景中另一个对象的坐标系。

1.4 物体的选择方式

为了方便用户，3ds Max 2020 提供了多种选择对象的方式。学会并熟练使用各种选择方式，将会大大提高制作效率。

1.4.1 使用选择工具

选择物体的基本方法包括使用（选择对象）直接选择和使用（按名称选择），单击（按名称选择）按钮后会弹出“从场景选择”对话框，如图 1-21 所示。

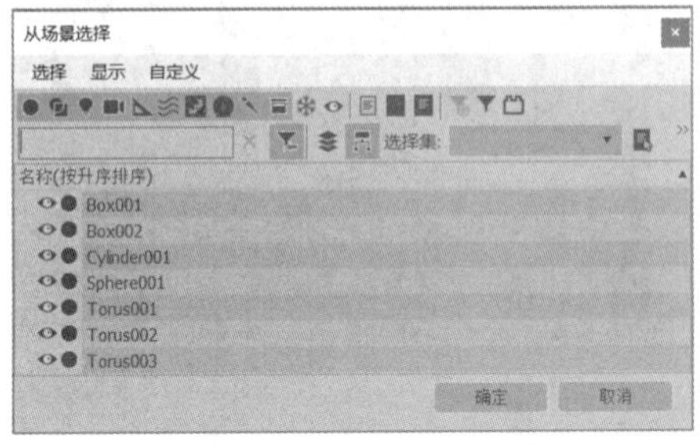

图 1-21

在该对话框中，按住 Ctrl 键的同时单击可选择多个对象，按住 Shift 键单击可选择连续范围中的对象。在对话框的右侧可以设置对象以什么形式进行排序，也可以指定显示在对象列表中的对象类型，包括几何体、图形、灯光、摄影机、辅助对象、空间扭曲、组、对象外部参照、骨骼和容器。

1.4.2 使用区域选择

区域选择指选择工具配合工具栏中的选区工具（矩形选择区域）、（圆形选择区域）、（围栏选择区域）、（套索选择区域）和（绘制选择区域）使用。

使用（矩形选择区域）在视图中拖动，然后释放鼠标。单击的第一个位置是矩形的一个角，释放鼠标的位置是相对的角，如图 1-22 所示。

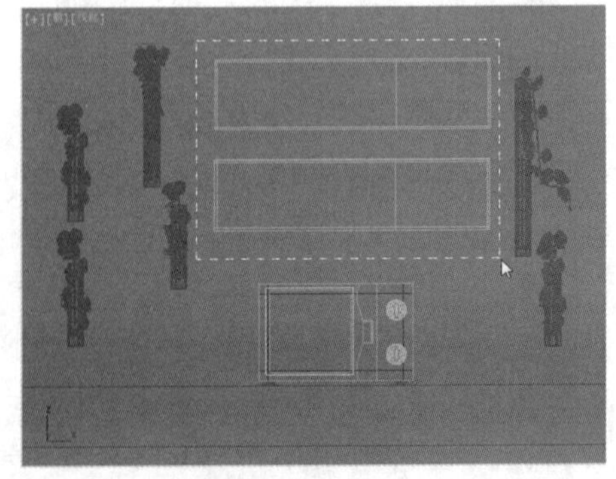
图 1-22

使用（圆形选择区域）在视图中拖动，然后释放鼠标。首先单击的位置是圆形的圆心，释放鼠标的位置定义了圆的半径，如图 1-23 所示。

使用（围栏选择区域）拖动并绘制多边形，创建多边形选区，如图 1-24 所示。

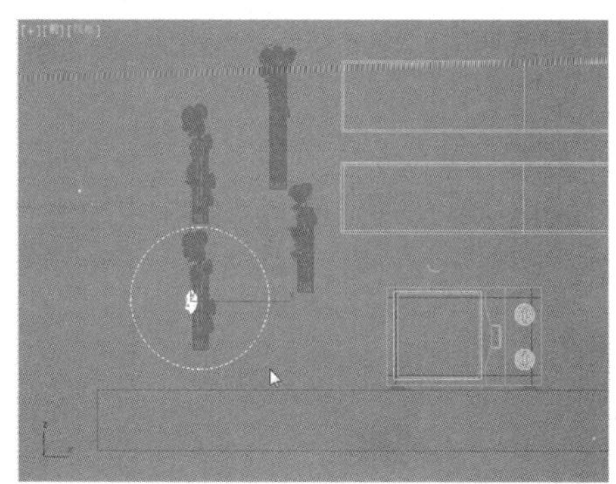

图 1-23

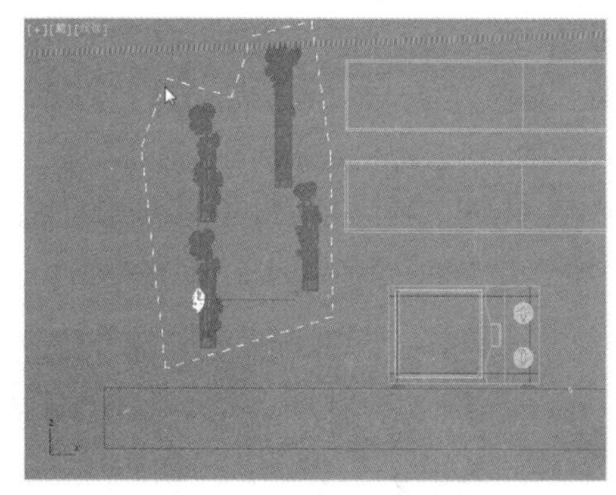

图 1-24

使用（套索选择区域）围绕应该选择的对象拖动鼠标以绘制图形，然后释放鼠标。想要取消该选择，在释放鼠标前右击即可，如图 1-25 所示。

使用（绘制选择区域）将鼠标指针拖至对象之上，然后释放鼠标。在进行拖放时，鼠标指针周围将会出现一个以笔刷大小为半径的圆圈。根据绘制路径创建选区，如图 1-26 所示。

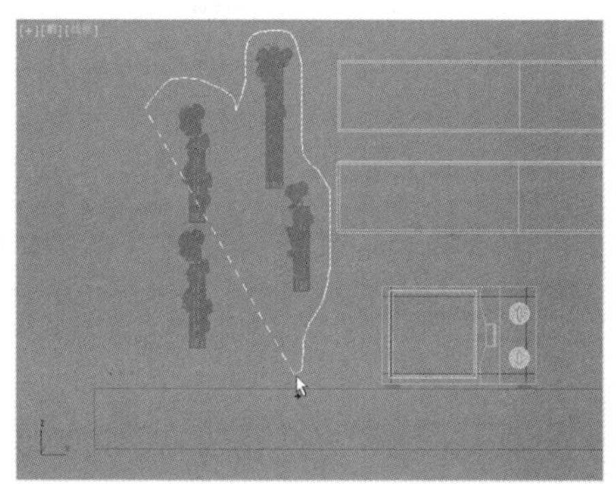

图 1-25

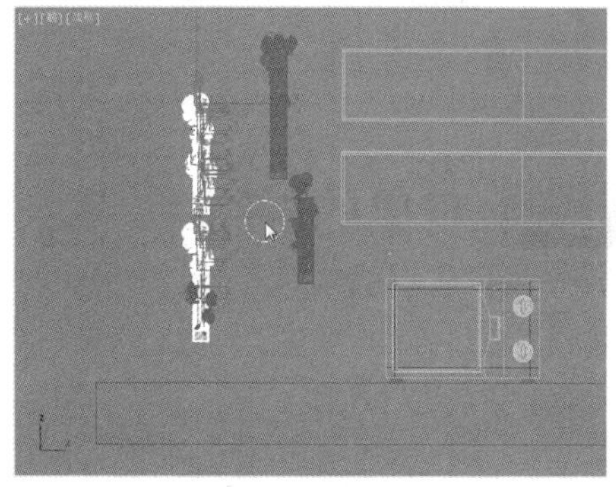

图 1-26

1.4.3 使用编辑菜单选择

在菜单栏中单击“编辑”菜单，在弹出的菜单中选择相应的命令，如图 1-27 所示。

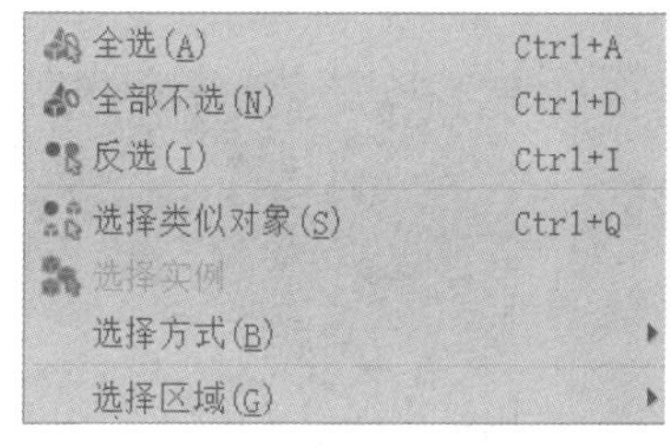

图 1-27

“编辑”菜单中的部分命令介绍如下。

- 全选：选择场景中的全部对象。
- 全部不选：取消所有选择。
- 反选：反选当前选择集。
- 选择类似对象：自动选择与当前所选对象类似的所有对象。通常，这意味着这些对象必须位于同一层中，并且应用了相同的材质（或不应用材质）。
- 选择实例：选择选定对象的所有实例。
- 选择方式：从中定义以名称、层和颜色选择方式选择对象。
- 选择区域：参考 1.4.2 小节中区域选择的介绍。

1.4.4 使用过滤器选择

使用“选择过滤器”下拉列表框，可以限制由选择工具选择的对象的特定类型和组合。例如，如果选择“摄影机”，则使用选择工具只能选择摄影机。

图 1-28 所示为在场景中创建的几何体、灯光和摄影机。

在“选择过滤器”下拉列表框中选择“L-灯光”，如图 1-29 所示，此时在场景中即使按快捷键 Ctrl+A 全选对象，也不会选择其他的模型和摄影机对象。

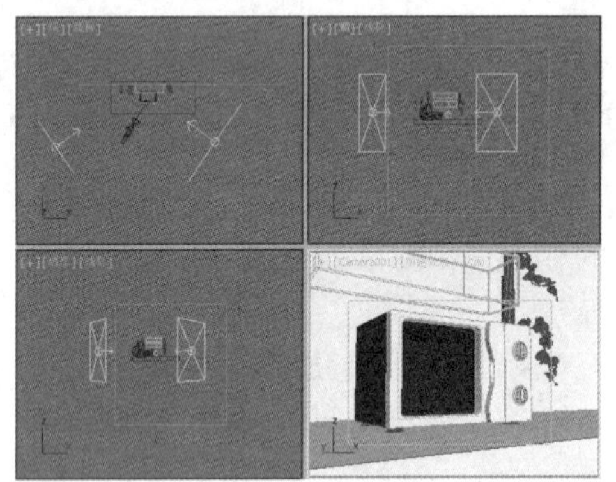

图 1-28

图 1-29

1.5 对象的群组

群组对象可将两个或多个对象组合为一个组对象并为组对象命名，然后可以像处理任何其他单个对象一样对它们进行处理。

1.5.1 组的创建与分离

想要创建组，首先在场景中选择需要成组的对象，在菜单栏中选择“组>组”命令，在弹出的对话框中设置组的名称，如图 1-30 所示。将模型成组后可以对组进行编辑，如果想单独地调整组中的某个模型，在菜单栏中选择“组>打开”命令，如图 1-31 所示。单独调整模型参数后选择“组>关闭”命令。

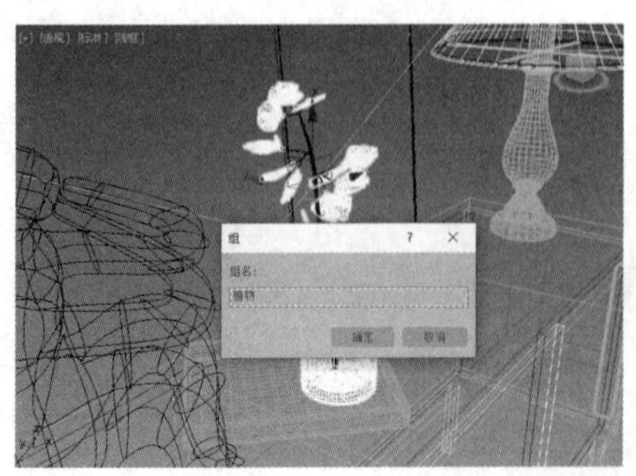

图 1-30

图 1-31

“组”菜单中的各命令功能介绍如下。

- 组：该命令可将对象或组的选择集组成一个组。
- 解组：该命令可将当前组分离为其组件对象或组。
- 打开：使用该命令可以暂时对组进行解组，并访问组内的对象。可以在组内独立于组的剩余部分变换和修改对象，然后使用“关闭”命令还原原始组。
- 按递归方式打开：该命令可以暂时取消分组，并访问组中所有级别的对象。
- 附加：该命令可使选定对象成为现有组的一部分。
- 分离：该命令可从对象的组中分离选定对象（或在场景资源管理器中将选定对象排除于组之外）。
- 炸开：该命令可以解组组中的所有对象，不论嵌套组的数量如何，这与“解组”不同，后者只解组一个层级。但有一点与“解组”命令一样，即所有炸开的实体都保留在当前选择集中。
- 集合：该命令将对象选择集、集合或组合并至单个集合，并将光源辅助对象添加为头对象。集合对象后，可以将其视为场景中的单个对象；可以单击组中任一对象来选择整个集合；可将集合作为单个对象进行变换，也可同对待单个对象那样为其应用修改器。

1.5.2 组的编辑与修改

组的编辑与修改主要是指可以将对象“附加”“分离”“打开”和使用一些变换工具操作对象。图 1-32 所示为成组后的对象，使用旋转工具，可以对组进行旋转，如图 1-33 所示。

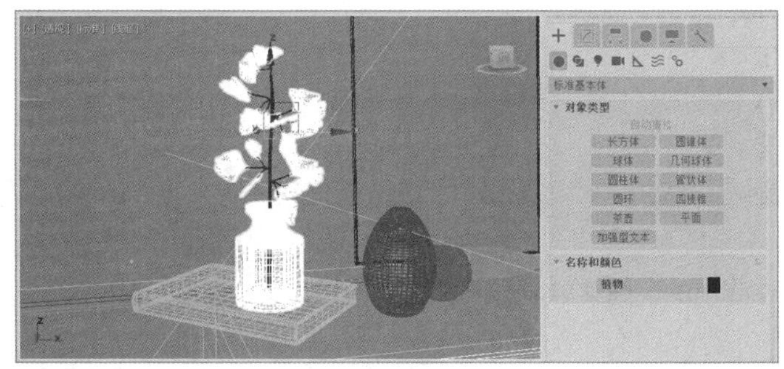

图 1-32

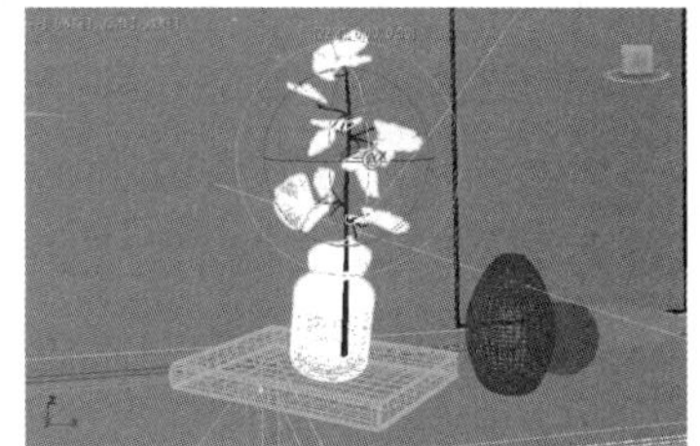

图 1-33

1.6 物体的变换

物体的变换包括对物体的移动、旋转和缩放，这 3 项操作几乎在每一次建模中都会用到，是建模操作的基础。

1.6.1 移动物体

启用移动工具有以下几种方法。

- 单击工具栏中的 （选择并移动）按钮。
- 按 W 键。

- 选择物体后单击鼠标右键，在弹出的快捷菜单中选择“移动”命令。

移动物体的操作方法如下。

选择物体并启用移动工具，当鼠标指针移动到物体坐标轴上时（如 x 轴），鼠标指针会变成✣形状，并且坐标轴（x 轴）会变成亮黄色，表示可以移动，如图 1-34 所示。此时按住鼠标左键不放并进行拖曳，物体就会跟随鼠标指针一起移动。

利用移动工具可以使物体沿两个轴向同时移动。观察物体的坐标轴，会发现每两个坐标轴之间都有共同区域，当鼠标指针移动到此区域时，该区域会变黄，如图 1-35 所示。按住鼠标左键不放并进行拖曳，物体就会跟随鼠标指针一起沿两个轴向同时移动。

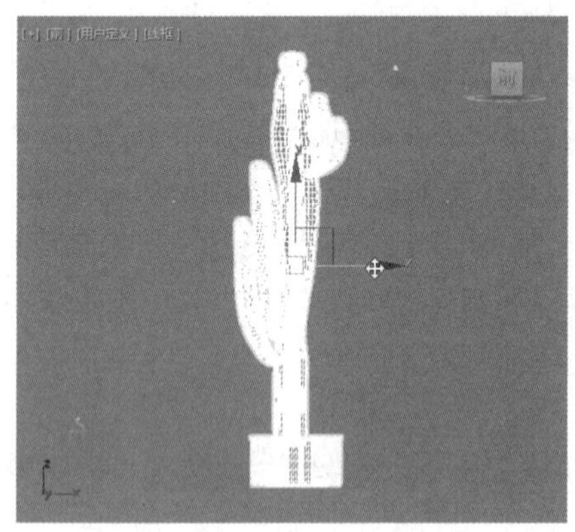

图 1-34

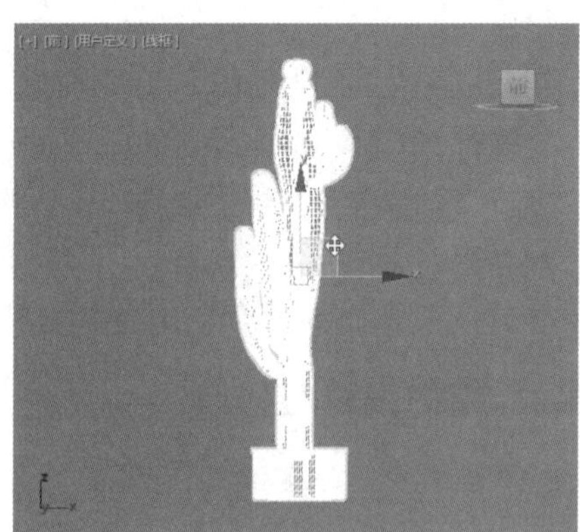

图 1-35

1.6.2 旋转物体

启用旋转工具有以下几种方法。

- 单击工具栏中的 （选择并旋转）按钮。
- 按 E 键。
- 选择物体后单击鼠标右键，在弹出的快捷菜单中选择“旋转”命令。

旋转物体的操作方法如下。

选择物体并启用旋转工具，当鼠标指针移动到物体的旋转轴上时，鼠标指针会变为 形状，旋转轴的颜色会变成亮黄色，如图 1-36 所示。按住鼠标左键不放并进行拖曳，物体会随鼠标指针的移动而旋转。旋转物体只能单方向旋转。

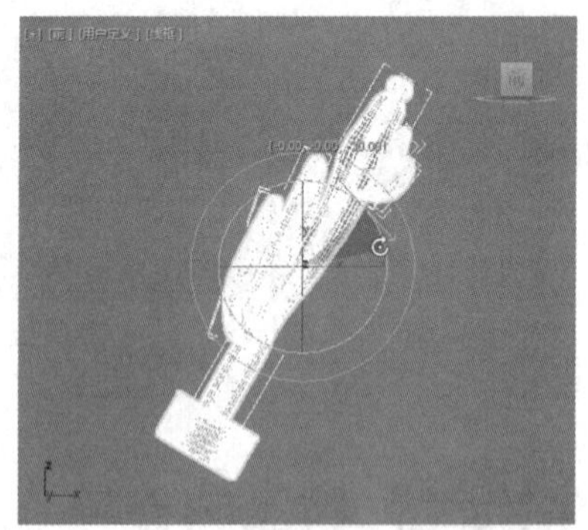

图 1-36

旋转工具可以通过旋转来改变物体在视图中的方向。熟悉各旋转轴的方向很重要。

1.6.3 缩放物体

启用缩放工具有以下几种方法。

- 单击工具栏中的 （选择并均匀缩放）按钮。

3ds Max 2020 提供了 3 种方式对物体进行缩放，即 （选择并均匀缩放）、 （选择并非均匀缩放）和 （选择并挤压）。在系统默认设置下，工具栏中显示的是 （选择并均匀缩放）按钮。

（选择并均匀缩放）：只改变物体的体积，不改变形状，因此坐标轴的方向对它不起作用。

（选择并非均匀缩放）：对物体在指定的轴向上进行二维缩放（不等比例缩放），物体的体积和形状都会发生变化。

（选择并挤压）：在指定的轴向上使物体发生缩放变形，物体体积保持不变，但形状会发生改变。

- 按 R 键。
- 选择物体后单击鼠标右键，在弹出的快捷菜单中选择“缩放”命令。

缩放物体的操作方法如下。

选择物体并启用缩放工具，当鼠标指针移动到缩放轴上时，鼠标指针会变成形状，按住鼠标左键不放并进行拖曳，即可对物体进行缩放。缩放工具可以同时在两个或 3 个轴向上进行缩放，操作方法和移动工具相似，如图 1-37 所示。

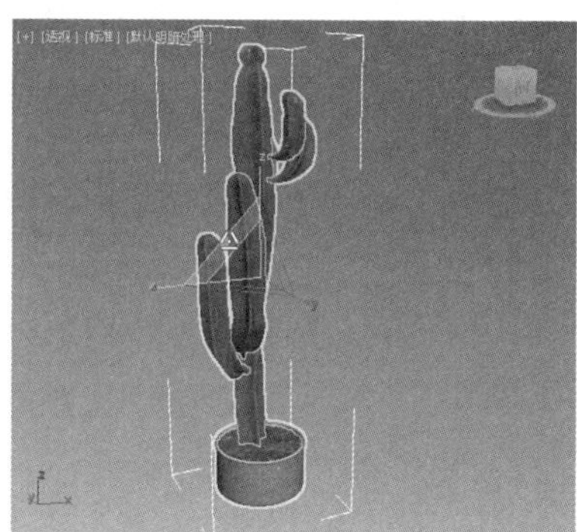

图 1-37

1.7 物体的复制

有时在建模中要创建很多形状、性质相同的几何体，如果分别进行创建会浪费很多时间，这时就要使用“复制”命令来完成这项工作。

1.7.1 直接复制物体

在场景中选择需要复制的模型，按快捷键 Ctrl+V 可以直接复制模型。变换工具是使用最多的复制方法，按住 Shift 键的同时利用移动、旋转和缩放工具拖动物体，即可将物体进行变换复制，释放鼠标，弹出“克隆选项”对话框，其中复制的类型有 3 种，即复制、实例和参考，如图 1-38 所示，这 3 种方式主要根据复制后原物体与复制物体的相互关系来分类。

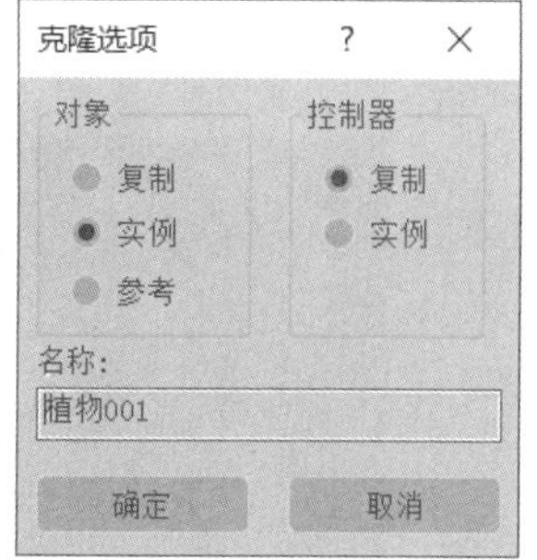

图 1-38

- 复制：复制后原物体与复制物体之间没有任何关系，是完全独立的物体，相互间没有任何影响。
- 实例：复制后原物体与复制物体相互关联，对它们之中任何一个物体的参数修改都会影响到另外的物体。

- 参考：复制后原物体与复制物体有一种参考关系，对原物体进行参数修改，复制物体会受到同样的影响，但对复制物体进行参数修改不会影响原物体。

1.7.2 利用镜像复制物体

当建模中需要创建两个对称的物体时，如果使用直接复制，物体间的距离很难控制，并且无法使两物体相互对称，而使用镜像就能很简单地解决这个问题。

选择物体后，单击（镜像）按钮，弹出“镜像：世界坐标”对话框，如图 1-39 所示。

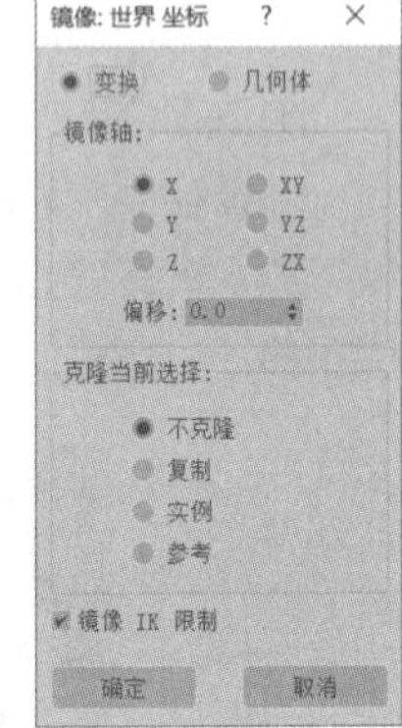

图 1-39

- 镜像轴：用于设置镜像的轴向，系统提供了 6 种镜像轴向。
  - ◆ 偏移：用于设置镜像物体和原始物体轴心点之间的距离。
- 克隆当前选择：用于确定镜像物体的复制类型。
  - ◆ 不克隆：表示仅把原始物体镜像到新位置而不复制对象。
  - ◆ 复制：把选定物体镜像复制到指定位置。
  - ◆ 实例：把选定物体关联镜像复制到指定位置。
  - ◆ 参考：把选定物体参考镜像复制到指定位置。

使用镜像复制需要熟悉轴向的设置，选择物体后单击（镜像）按钮，选择镜像轴，观察镜像复制物体的轴向，视图中的复制物体是随对话框中镜像轴的改变实时显示的，选择合适的轴向后单击“确定”按钮即可，单击“取消”按钮则取消镜像操作。

1.7.3 利用间距复制物体

利用间距复制物体是一种快速且比较随意的物体复制方法，它可以指定一个路径，使复制物体排列在指定的路径上，操作步骤如下。

（1）在视图中创建一个几何球体和圆，如图 1-40 所示。

（2）单击球体将其选中，选择“工具 > 对齐 > 间隔工具”命令，如图 1-41 所示，弹出“间隔工具”窗口。

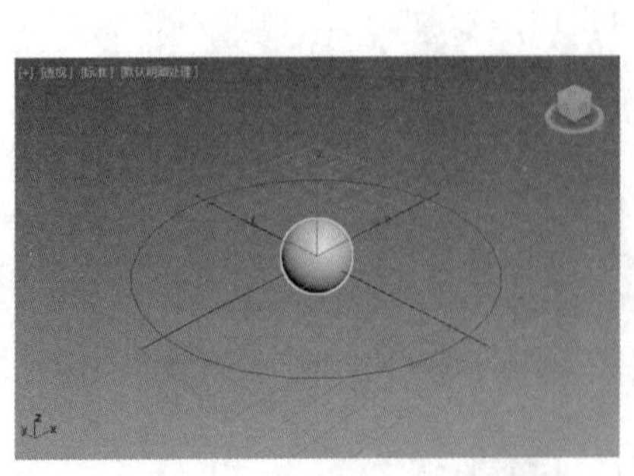

图 1-40

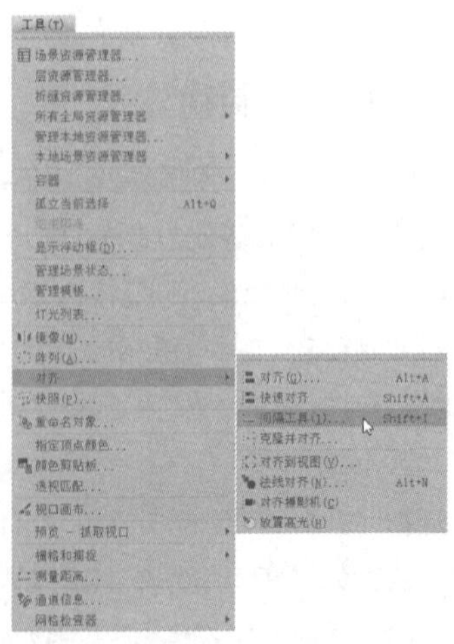

图 1-41

（3）在“间隔工具”窗口中单击“拾取路径”按钮，然后在视图中单击圆，在“计数”数值框中设置复制的数量，设置结束后“拾取路径”按钮会变为“Circle001”，如图 1–42 所示。设置“计数”为 13，单击“应用”按钮，复制完成后的效果如图 1–43 所示。

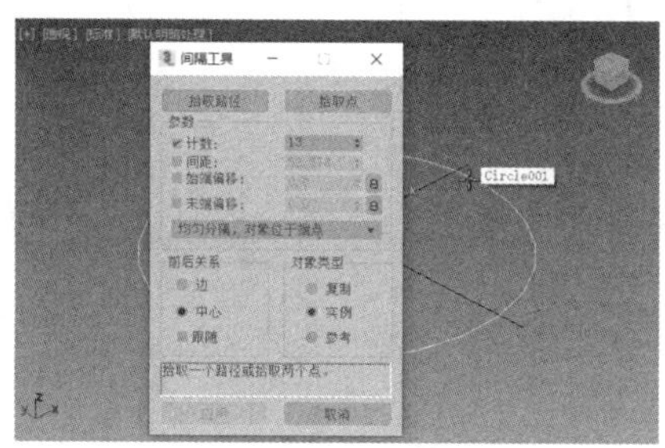

图 1–42

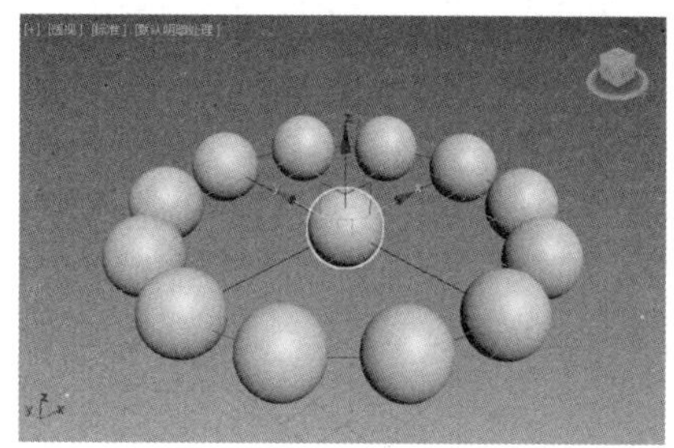

图 1–43

1.7.4 利用阵列复制物体

有时需要创建出多个相同的几何体，而且这些几何体要按照一定的规律进行排列，这时就要用到（阵列）工具。

1. 选择阵列工具

阵列工具位于浮动工具栏中。在工具栏的空白处单击鼠标右键，在弹出的快捷菜单中选择“附加”命令，如图 1–44 所示。弹出“附加”浮动工具栏，单击（阵列）按钮即可，如图 1–45 所示。

下面通过一个例子来介绍阵列复制，操作步骤如下。

（1）在视图中创建一个球体，单击“顶”视图，然后单击球体将其选中，效果如图 1–46 所示。

（2）切换到（层次）命令面板，在“调整轴”卷展栏中单击“仅影响轴”按钮，如图 1–47 所示。使用（选择并移动）工具将球体的坐标中心移到球体以外，如图 1–48 所示。调整轴的位置后，再次单击“仅影响轴”按钮。

仅影响轴：只对被选择对象的轴心点进行修改，使用移动和旋转工具能够改变对象轴心点的位置和方向。

（3）在浮动工具栏中单击（阵列）按钮，弹出“阵列”对话框，如图 1–49 所示。

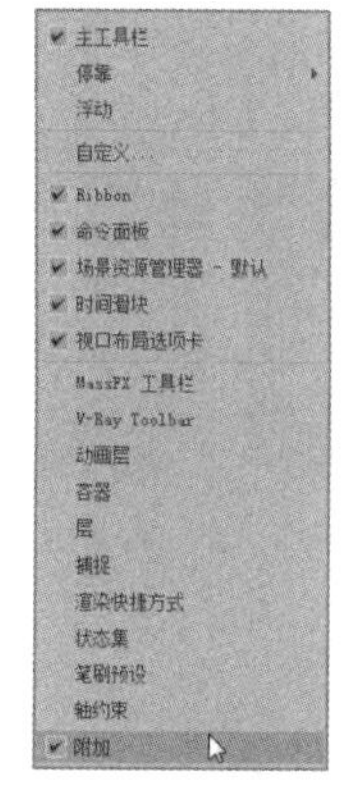

图 1–44

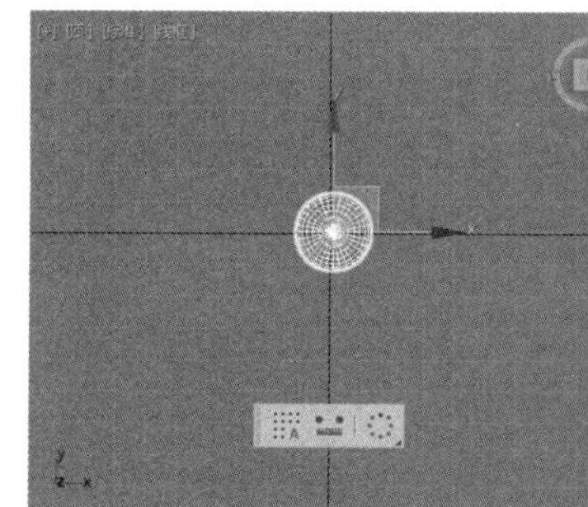

图 1–45

图 1–46

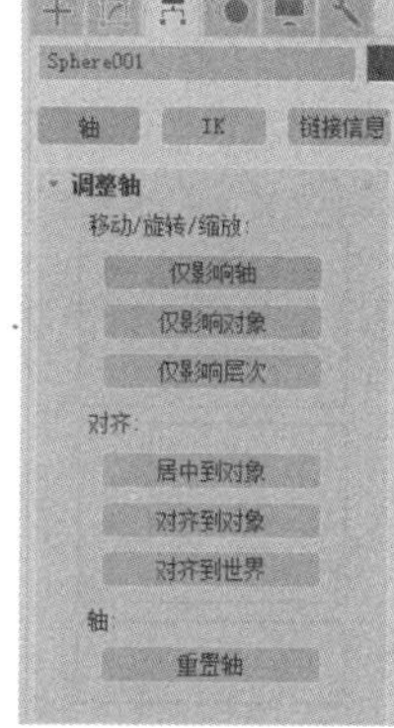

图 1–47

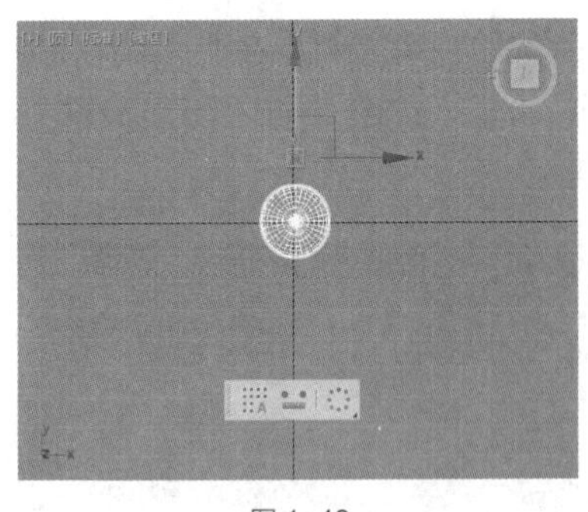

图 1-48

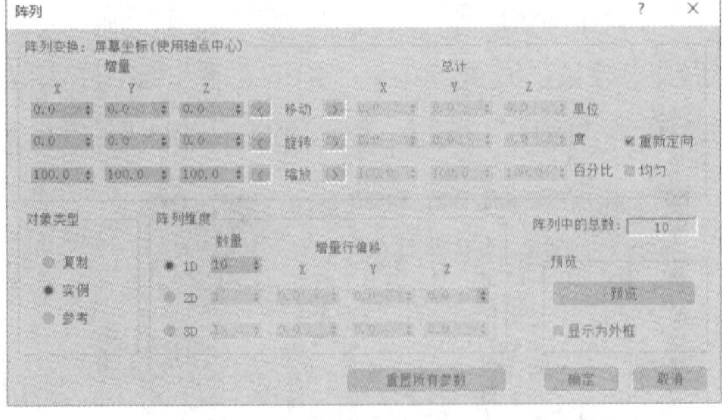

图 1-49

（4）在“阵列”对话框中设置参数，然后单击“确定”按钮，可以阵列出有规律的物体，如表 1-2 所示。

表 1-2

参数	效果
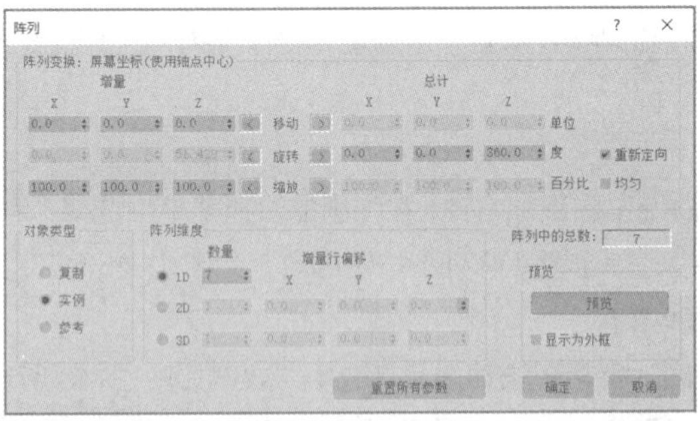	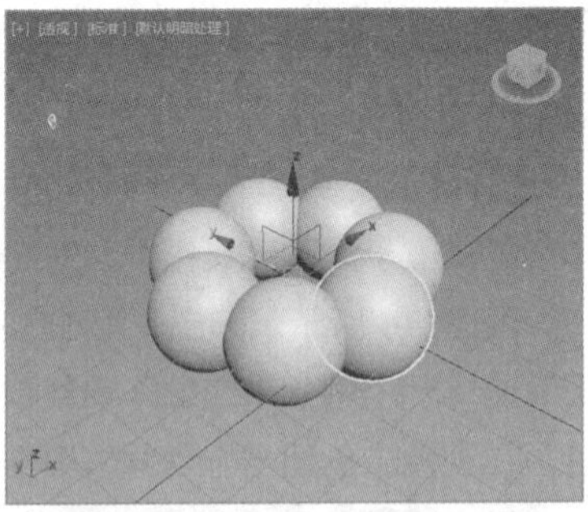
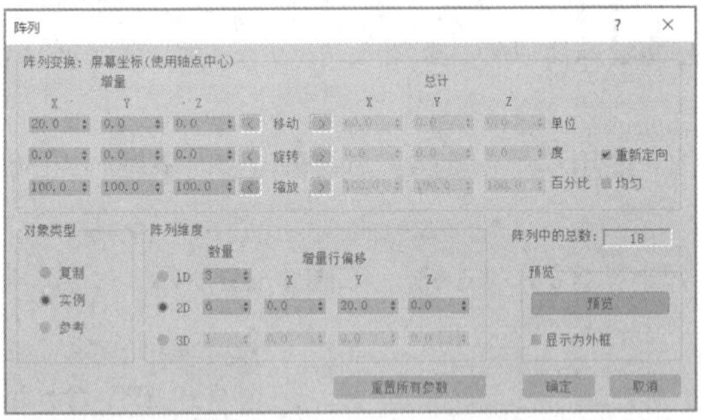	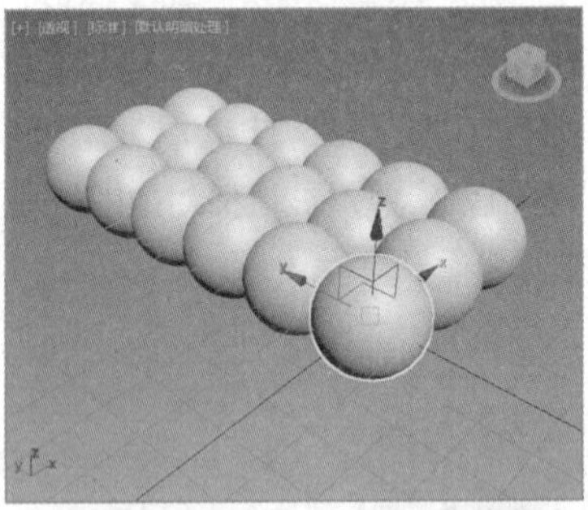
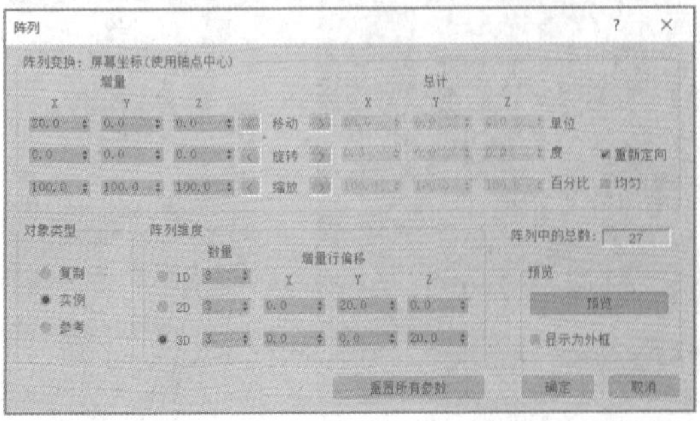	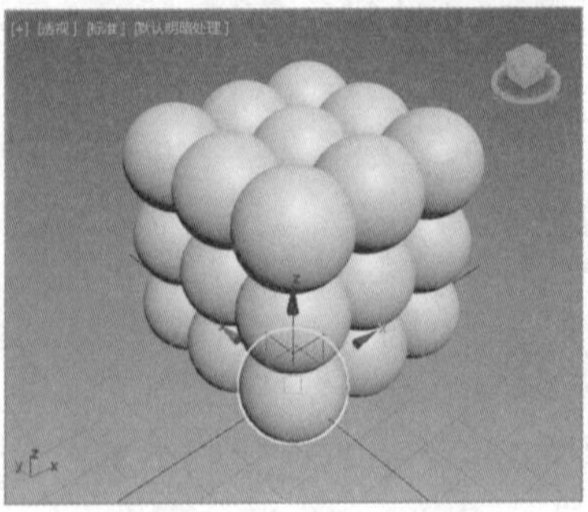

2. 阵列工具的参数

“阵列”对话框包括“阵列变换”“对象类型”“阵列维度”等选项组和按钮。

- “阵列变换”选项组用于指定如何应用 3 种方式来进行阵列复制。
  - ◆ “增量”区域：分别用于设置 x、y、z 这 3 个轴向上的阵列物体之间距离大小、旋转度数和缩放大小。
  - ◆ “总计”区域：分别用于设置 x、y、z 这 3 个轴向上的阵列中的总距、度数或百分比缩放大小。
- “对象类型”选项组用于确定复制的方式。
- “阵列维度”选项组用于确定阵列变换的维数。
  - ◆ 1D、2D、3D：根据“阵列变换”选项组的参数设置创建一维阵列、二维阵列、三维阵列。
  - ◆ 阵列中的总数：表示阵列复制物体的总数。
  - ◆ “重置所有参数”按钮：该按钮能把所有参数恢复到默认设置。

1.8 捕捉工具

在建模过程中为了精确定位，使建模更精准，经常会用到捕捉控制器。捕捉控制器由 4 个捕捉工具组成，分别为（捕捉开关）、（角度捕捉切换）、（百分比捕捉切换）和（微调器捕捉切换），如图 1-50 所示。

图 1-50

1.8.1 捕捉开关

（捕捉开关）能够很好地在三维空间中锁定需要的位置，以便对对象进行旋转、创建、编辑修改等操作。在创建和变换对象或子对象时，可以帮助制作者捕捉几何体的特定部分，同时可以捕捉栅格、切线、中点、轴心点、面中心等。

开启捕捉开关（关闭动画设置）后，旋转和缩放执行在捕捉点周围。例如，开启“顶点捕捉”对一个立方体进行旋转操作，在使用变换坐标中心的情况下，可以使用捕捉工具让物体围绕自身顶点进行旋转。当动画设置开启后，无论是旋转还是缩放，捕捉工具都无效，对象只能围绕自身轴心进行旋转或缩放。捕捉分为相对捕捉和绝对捕捉。

在按钮上单击鼠标右键，可以弹出“栅格和捕捉设置”窗口，如图 1-51 所示。在“捕捉”选项卡中可以选择捕捉的类型，还可以控制捕捉的灵敏度，这一点是比较重要的。如果捕捉到了对象，会以蓝色显示（这里可以更改）一个边长为 15 像素的方格以及相应的线。

1.8.2 角度捕捉

（角度捕捉切换）用于设置进行旋转操作时的角度间隔，不打开角度捕捉对于细微调节有帮助，但对于整角度的旋转就很不方便了，而事实上我们经常要进行如 90°、180° 等整角度的旋转，这时打开角度捕捉，系统会以 5° 为增量调整角度进行旋转。在按钮上单击鼠标右键可以弹出“栅格和捕捉设置”窗口，在“选项”选项卡中可以通过“角度”值来设置角度捕捉的间隔角度，如图 1-52 所示。

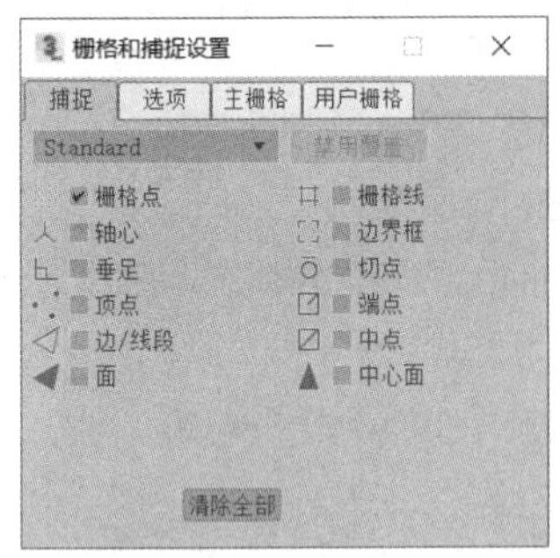

图 1–51

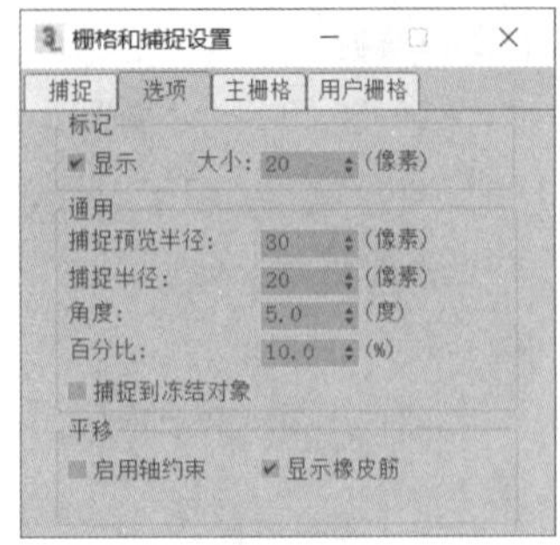

图 1–52

1.8.3 百分比捕捉

%（百分比捕捉切换）用于设置缩放或挤压操作时的比例间隔，如果不打开百分比捕捉，系统会以 1%作为缩放的比例间隔，如果要求调整比例间隔，则在按钮上单击鼠标右键，弹出“栅格和捕捉设置”窗口，在“选项”选项卡中通过“百分比”值来调整捕捉的比例间隔，默认设置为 10%。

1.8.4 捕捉工具的参数设置

捕捉工具必须在开启状态下才能起作用，单击捕捉工具按钮，按钮变为蓝色表示被开启。想要灵活运用捕捉工具，还需要对它的参数进行设置。在捕捉工具按钮上单击鼠标右键，就会弹出“栅格和捕捉设置”窗口。

“捕捉”选项卡用于调整空间捕捉的捕捉类型。图 1–51 所示为系统默认的捕捉类型。栅格点捕捉、端点捕捉和中点捕捉是常用的捕捉类型。

“选项”选项卡用于调整“角度捕捉”“百分比捕捉”的参数，如图 1–52 所示。

“主栅格”选项卡用于调整栅格的间距等，如图 1–53 所示。

“用户栅格”选项卡用于激活并对齐栅格，如图 1–54 所示。

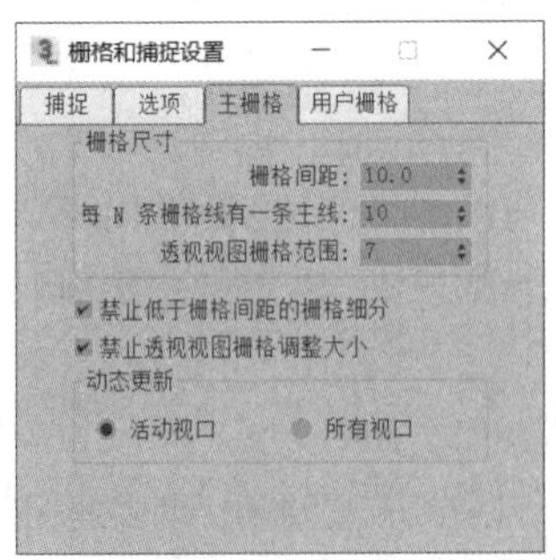

图 1–53

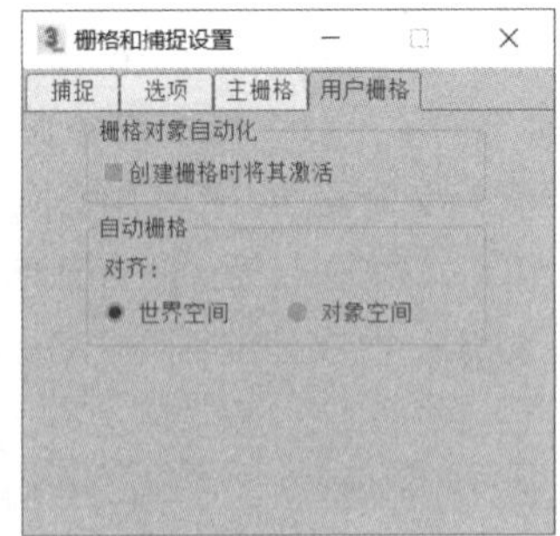

图 1–54

1.9 对齐工具

使用对齐工具可以对物体进行方向和比例的对齐，还可以进行法线对齐、放置高光、对齐摄影机和对齐到视图等操作。对齐工具有实时调节及实时显示效果的功能。

使用对齐工具首先要在场景中选择需要对齐的模型，在工具栏中单击（对齐）按钮，在弹出的对话框中设置对齐属性，图 1-55 所示为球体对齐到茶壶的中心位置。

当前激活的是“透视”视图，如果将球体放置到茶壶轴点可以按照图 1-56 所示进行设置。

“对齐当前选择”对话框中的各选项介绍如下。

- “对齐位置（世界）”选项组包含以下选项。
  - “x 位置”“y 位置”“z 位置”复选框：指定要在其中执行对齐操作的一个或多个轴。全部启用可以将当前对象移动到目标对象位置。
  - “最小”单选按钮：将具有最小 x、y 和 z 值的对象边界框上的点与其他对象上选定的点对齐。
  - “中心”单选按钮：将对象边界框的中心与其他对象上的选定点对齐。
  - “轴点”单选按钮：将对象的轴点与其他对象上的选定点对齐。
  - “最大”单选按钮：将具有最大 x、y 和 z 值的对象边界框上的点与其他对象上选定的点对齐。

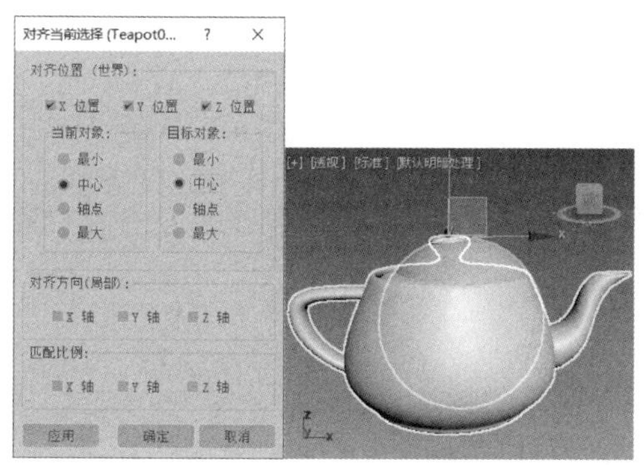

图 1-55

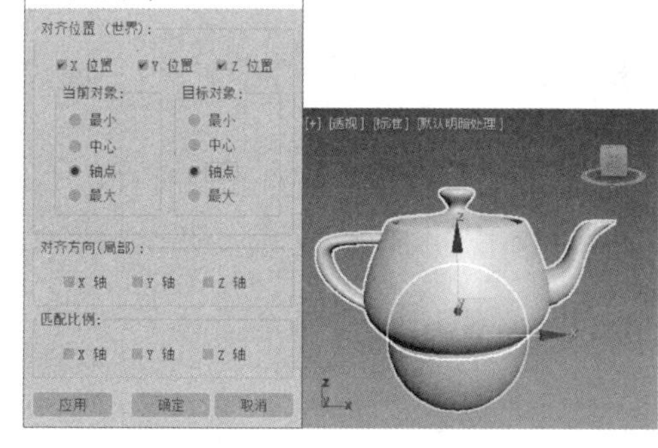

图 1-56

- “对齐方向（局部）”选项组：用于在轴的任意组合上匹配两个对象之间的局部坐标系的方向。
- “匹配比例”选项组：勾选“x 轴”“y 轴”“z 轴”复选框，可匹配两个选定对象之间的缩放轴值。该操作仅对变换输入中显示的缩放值进行匹配。这不一定会导致两个对象的大小相同，如果两个对象先前都未进行缩放，则其大小不会更改。

放置球体到茶壶的上方，如图 1-57 所示。放置球体到茶壶的下方，如图 1-58 所示。

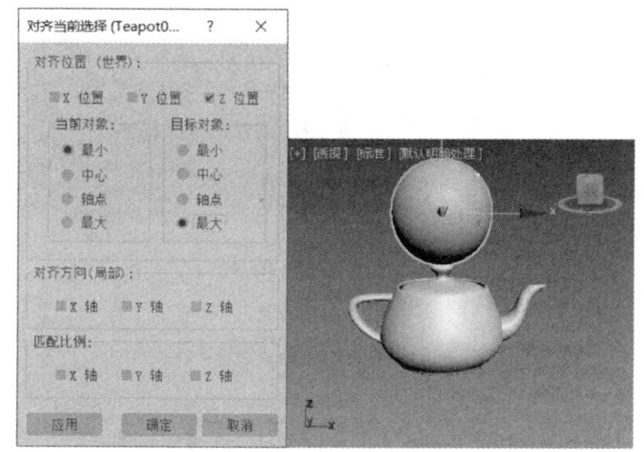

图 1-57

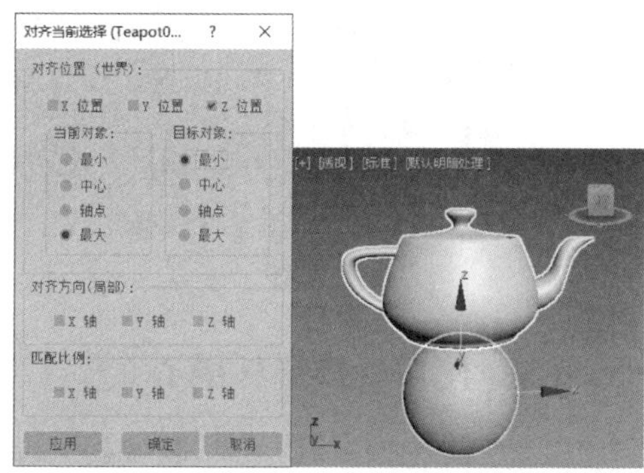

图 1-58

1.10 撤销和重做

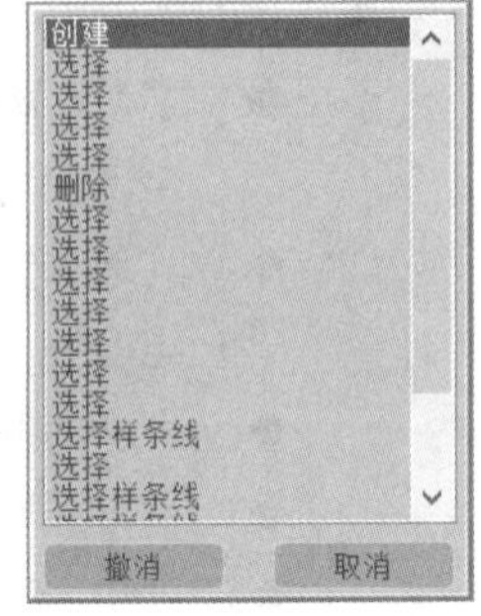

图 1-59

建模中的操作步骤非常多，如果当前某一步操作出现错误，想要重新进行操作是不现实的，3ds Max 2020 中提供了“撤销”“重做”命令，可以使操作回到之前的某一步，这两个命令在建模过程中非常有用，在快速访问工具栏中都有相应的快捷按钮。

“撤销”按钮：用于撤销最近一次的操作，可以连续使用，快捷键为 Ctrl＋Z。在按钮上单击鼠标右键，会显示当前执行过的一些步骤，可以从中选择要撤销的步骤，如图 1-59 所示。

“重做”按钮：用于恢复撤销的操作，可以连续使用，快捷键为 Ctrl＋Y。重做功能也有重做步骤的列表，使用方法与撤销相同。

1.11 物体的轴心控制

轴心控制是指控制物体发生变换时的中心，只影响物体的旋转和缩放。物体的轴心控制包括 3 种方式：（使用轴点中心）、（使用选择中心）、（使用变换坐标中心）。

1.11.1 使用轴点中心

“使用轴点中心”即把所选对象自身的轴心点作为旋转、缩放操作的中心。如果选择了多个物体，则每个物体按各自的轴心点进行变换操作。图 1-60 所示为 3 个圆柱体按照自身的轴心点旋转。

1.11.2 使用选择中心

“使用选择中心”即把所选对象的公共轴心点作为物体旋转和缩放的中心。图 1-61 所示为 3 个圆柱体围绕一个共同的轴心点旋转。

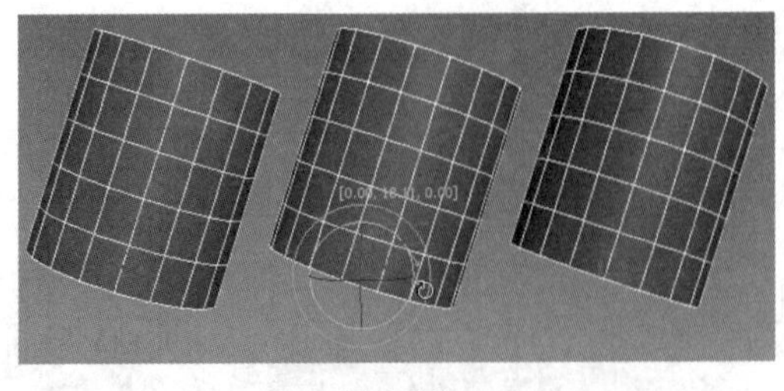
图 1-60

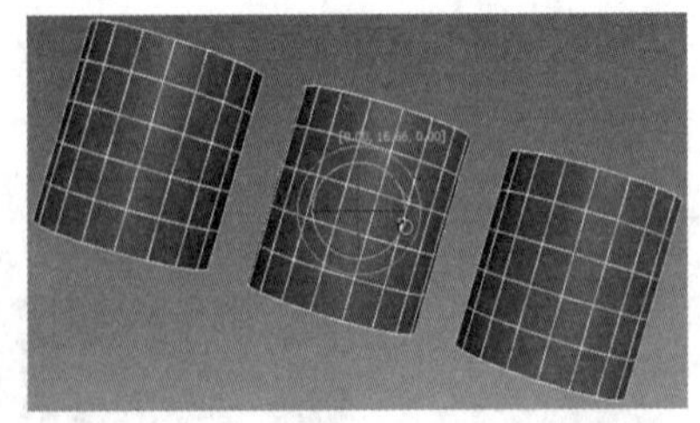
图 1-61

1.11.3 使用变换坐标中心

“使用变换坐标中心”即把被拾取对象所使用的当前坐标系的中心点作为物体旋转和缩放的中心。例如，可以通过“拾取”坐标系把被拾取物体的坐标中心作为物体的旋转和缩放中心。

下面通过 3 个圆柱体进行介绍，操作步骤如下。

（1）使用鼠标框选右侧的两个圆柱体，然后选择“参考坐标系”下拉列表框中的“拾取”选项，如图 1-62 所示。

（2）单击另一个圆柱体，将两个圆柱体的坐标中心拾取到一个圆柱体上。

（3）对这两个圆柱体进行旋转，会发现这两个圆柱体的旋转中心是被拾取圆柱体的坐标中心，如图 1-63 所示。

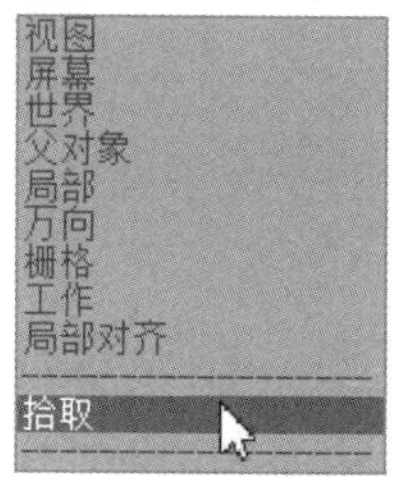

图 1-62

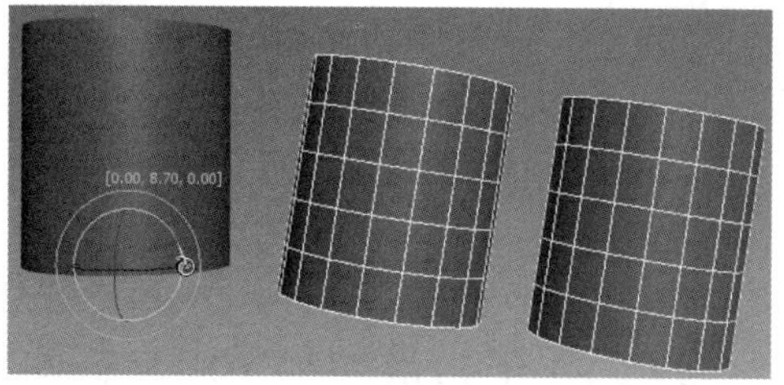

图 1-63

第 2 章 创建几何体

本章介绍

本章将介绍 3ds Max 2020 中自带的模型。在大多数的场景建模中，模型都是由一些简单又标准的基本体堆砌和编辑而成的。通过对本章的学习，读者可以对几何体有一个初步的了解和认识。

学习目标

- 熟练掌握标准基本体的创建方法。
- 熟练掌握扩展基本体的创建方法。
- 使用几何体搭建模型。

技能目标

- 掌握边框模型的制作方法和技巧。
- 掌握墙上置物架模型的制作方法和技巧。
- 掌握圆桌模型的制作方法和技巧。
- 掌握笔筒模型的制作方法和技巧。
- 掌握床尾凳模型的制作方法和技巧。

素养目标

- 提高学生的空间想象力。
- 培养学生的建模规范意识。

2.1 创建标准基本体

我们熟悉的标准基本体在现实世界中就是橡皮球、管道、长方体、圆环和圆锥形冰淇淋筒这样的对象。在 3ds Max 2020 中，可以使用单个基本体对很多个这样的对象建模，还可以将基本体结合到更复杂的对象中，并使用修改器进一步优化。我们平时见到的规模宏大的建筑浏览动画、室内外宣传效果图等，都是由一些简单的几何体修改后得到的，只需对基本模型的节点、线和面进行编辑和修改，就能制作出想要的模型。学习并掌握如何使用这些基础模型是学习复杂建模的前提和基础。

在 3ds Max 2020 中进行场景建模，首先需要掌握基本模型的创建，通过对一些简单模型的拼凑就可以制作出一些较复杂的三维模型。

三维模型中最简单的模型是标准基本体和扩展基本体。在 3ds Max 2020 中用户可以使用单个基本对象对很多现实中的对象建模，还可以将标准基本体结合到复杂的对象中，并使用修改器进一步细化。

2.1.1 课堂案例——制作边框模型

微课视频

制作边框模型

【案例学习目标】熟悉长方体的创建和复制，并配合移动工具进行位置的调整。

【案例知识要点】创建长方体，对长方体进行复制并修改，使用移动工具移动复制长方体制作边框模型，模型效果如图 2-1 所示。

【素材文件位置】云盘/贴图。

【模型文件位置】云盘/场景/Ch02/边框模型.max。

【参考模型文件位置】云盘/场景/Ch02/边框.max。

（1）在制作模型之前，首先要设置场景的单位，根据实际尺寸制作才能更加真实地制作出模型。在菜单栏中选择“自定义 > 单位设置”命令，在弹出的“单位设置”对话框中选中“公制”单选按钮，并在其下方的下拉列表框中选择“毫米”选项，单击“确定”按钮，如图 2-2 所示。

图 2-1

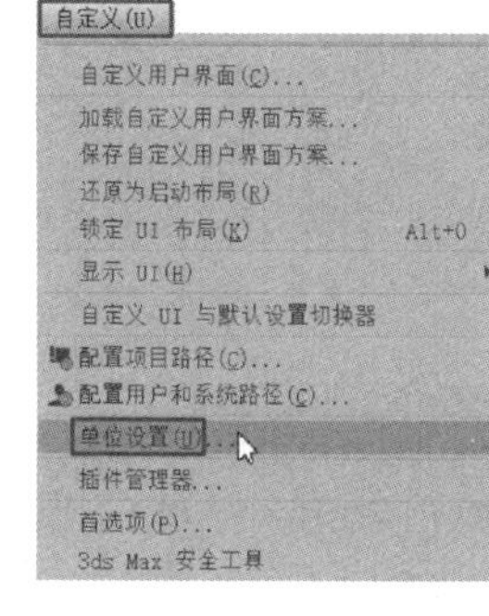

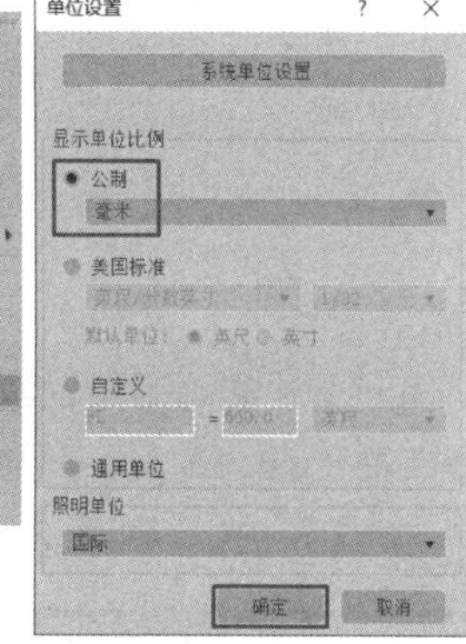

图 2-2

（2）制作边框的面，单击“+（创建）> ●（几何体）> 标准基本体 > 长方体”按钮，在“顶”视图创建一个长方体，在“参数”卷展栏中设置长方体的参数，如图 2-3 所示。

（3）创建边框的侧面板高度，使用“长方体”工具在“左”视图中创建长方体，在“参数”卷展栏中设置合适的参数，如图2-4所示。

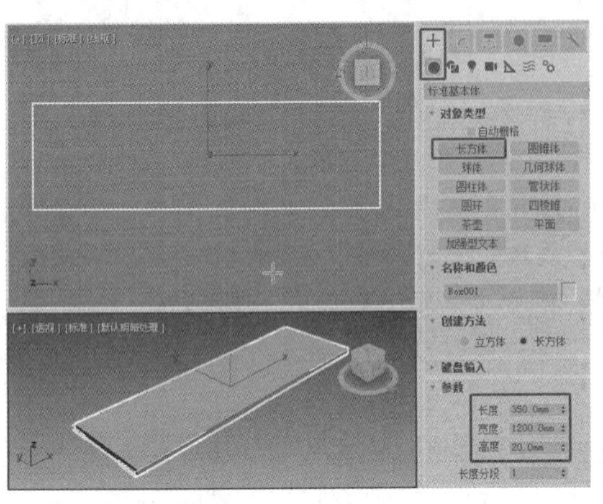

图2-3

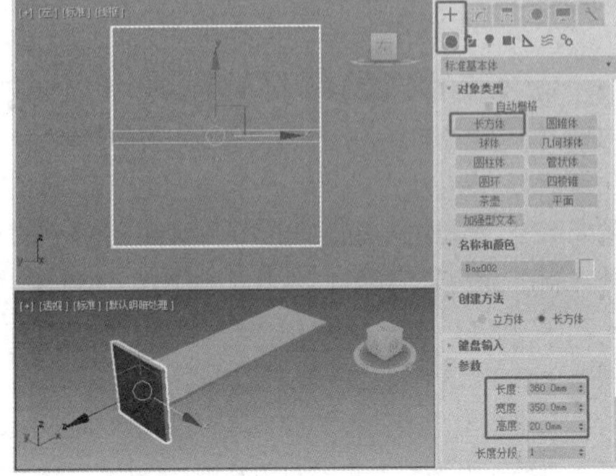

图2-4

（4）创建模型后，对模型的位置进行调整。在使用移动工具的同时，我们可以配合捕捉工具来精确调整模型的位置，这里我们使用的是 2.5（2.5D 捕捉），激活该按钮后右击它，在弹出的对话框中勾选“捕捉”选项卡中的“顶点”复选框，如图2-5所示。

（5）使用 ✥（选择并移动）工具，并确保激活了 2.5（2.5D 捕捉）按钮，在“前”视图中通过捕捉顶点来调整模型的位置，如图2-6所示。

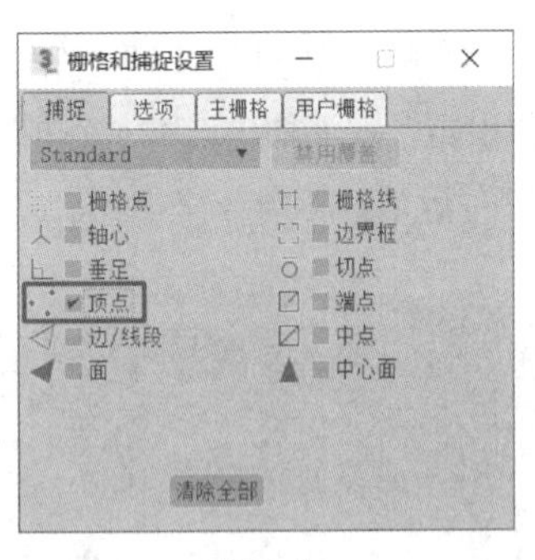

图2-5

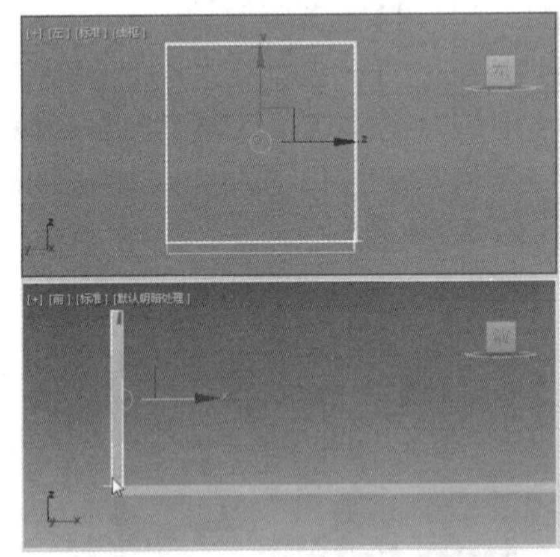

图2-6

（6）使用 ✥（选择并移动）工具，激活“前”视图，选择侧面的长方体，按住 Shift 键拖曳鼠标沿着 *x* 轴移动模型，松开鼠标和 Shift 键，弹出“克隆选项”对话框，从中选中“实例”单选按钮，单击“确定”按钮，如图2-7所示。

小提示

在复制模型时，如果模型相同，可以在复制时选择“实例”，这样如果有尺寸的调整，修改一个模型的同时，另一个模型也会跟着变化，这是制作模型的一个重要技巧。

（7）使用同样的方法复制顶面的模型，如图 2-8 所示。

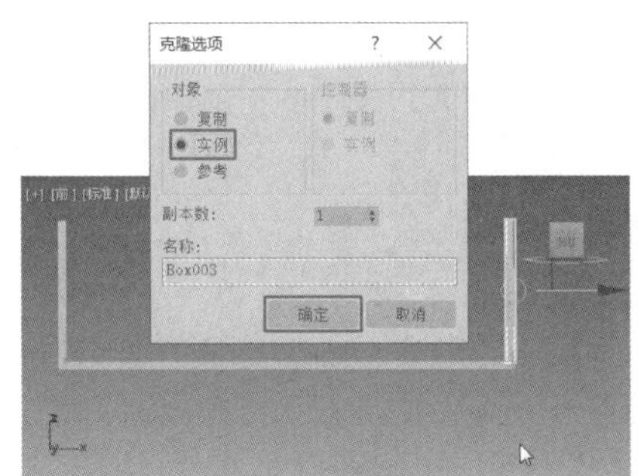

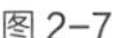
图 2-7

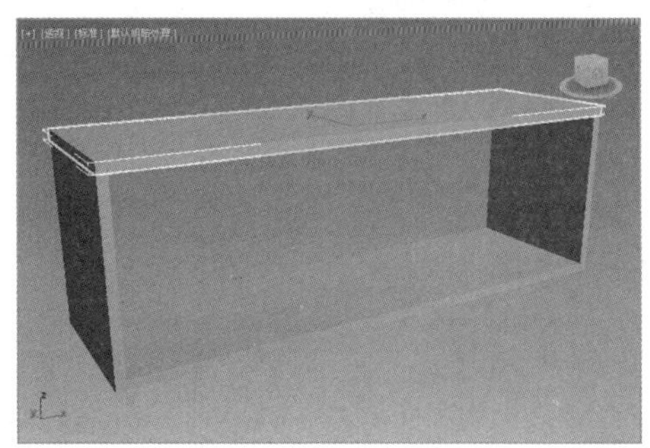
图 2-8

小提示

在复制模型和调整模型的位置时，除了要使用捕捉工具外，选择视图和定位轴也很重要。例如，在图 2-8 中，我们是在“前”或“左”视图中对模型沿着 *y* 轴移动和复制的，如果是在“透视”视图中则要沿着 *z* 轴移动和复制，所以在制作过程中要灵活运用视图和轴向。

（8）单击“+（创建）> ●（几何体）> 标准基本体 > 长方体”按钮，在“前”视图中通过顶点捕捉创建一个在外框内的长方体，作为边柜的后挡板，调整合适的位置和参数，如图 2-9 所示。

（9）使用“长方体”在“顶”视图中创建长方体，作为左侧的抽屉，如图 2-10 所示。

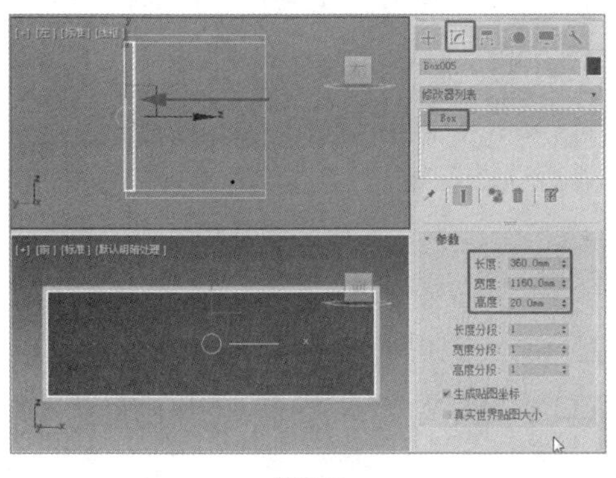
图 2-9

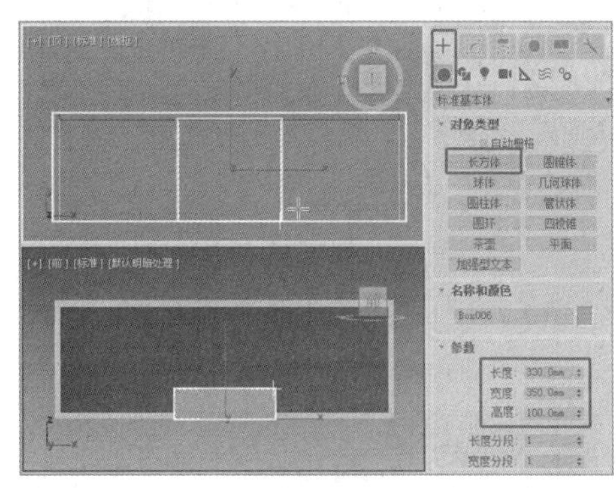
图 2-10

只通过长方体来搭建模型是非常复杂的，所以我们还将结合“编辑多边形”修改器来制作抽屉，修改器的介绍将在后文详细介绍。

（10）选择作为抽屉的长方体，切换到（修改）面板，在“修改器列表”中选择“编辑多边形”修改器，将选择集定义为“多边形”，在场景中选择顶部的多边形，在“编辑多边形”卷展栏中单击“倒角”后的（设置）按钮，在弹出的助手中设置合适的倒角参数，如图 2-11 所示，设置好参数后单击（确定）按钮。

（11）单击“挤出”后的（设置）按钮，设置挤出的“高度”，如图 2-12 所示。设置好参数后单击（确定）按钮，并关闭选择集（关闭选择集就是在“多边形”的选择集上再次单击，使其未处于选择状态，即视为关闭）。

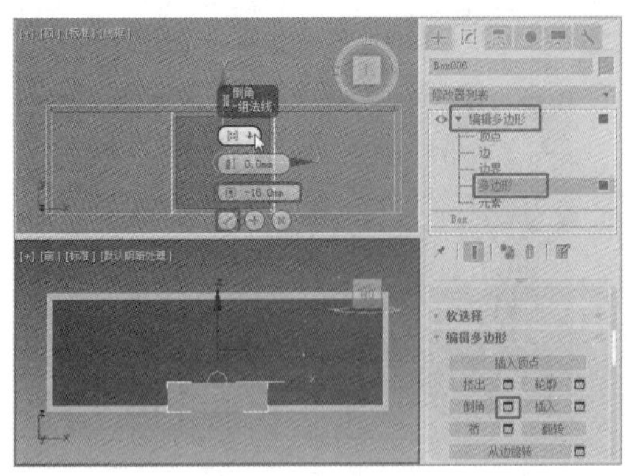

图 2-11

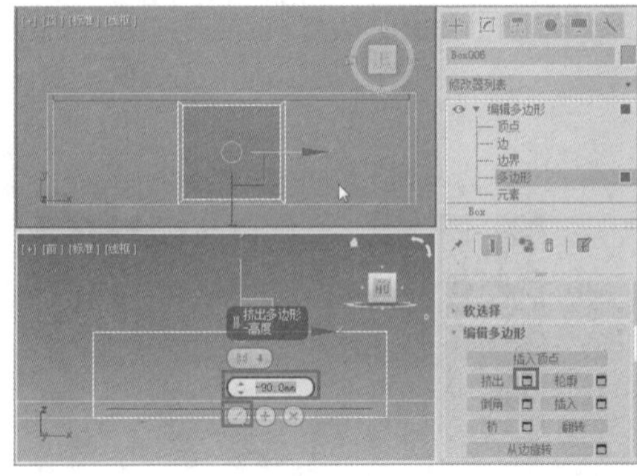

图 2-12

（12）在场景中对抽屉模型进行复制，调整模型的间距，并对模型进行缩放，使边柜可以放下 3 个抽屉，如图 2-13 所示。

（13）复制侧面挡板到抽屉的右侧，作为隔断，如图 2-14 所示。

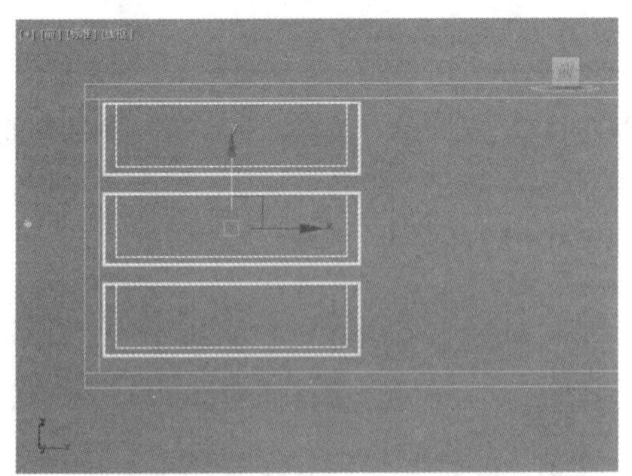

图 2-13

图 2-14

（14）使用长方体制作右侧的推拉门，设置合适的参数，如图 2-15 所示。

（15）在场景中移动并复制推拉门模型，将两个模型一前一后错开，如图 2-16 所示。

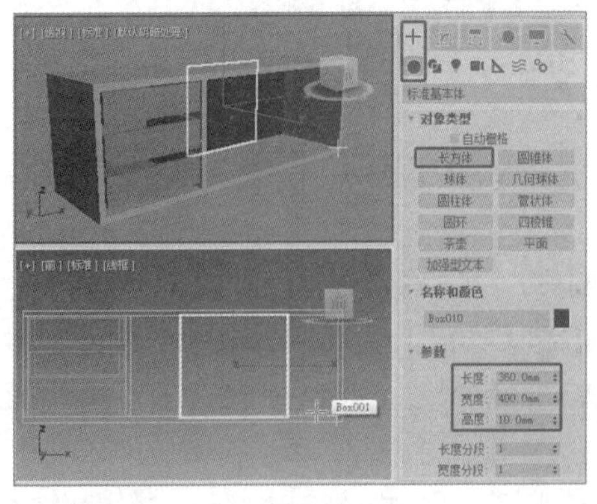

图 2-15

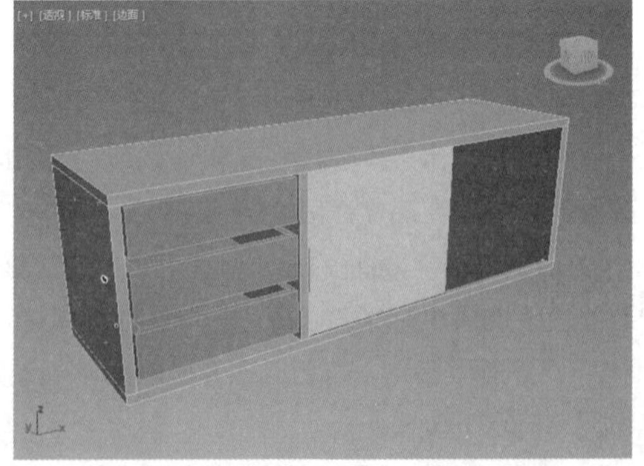

图 2-16

（16）单击“＋（创建）＞ （图形）＞矩形”按钮，在“左”视图中创建矩形，设置矩形的“渲染”，调整合适的参数，如图 2-17 所示。

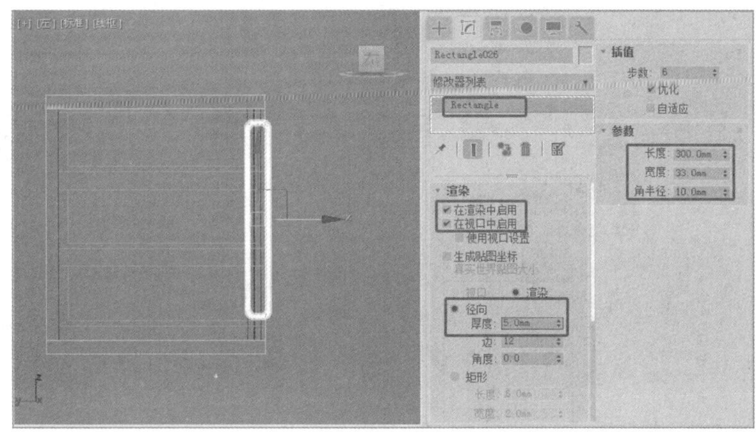

图2-17

（17）在场景中对作为把手的矩形进行复制，复制后调整模型到合适的位置，如图2-18所示。

（18）单击“+（创建）> （图形）> 矩形”按钮，在“前”视图中创建矩形作为边框腿，设置矩形的“渲染”，调整合适的参数，如图2-19所示。

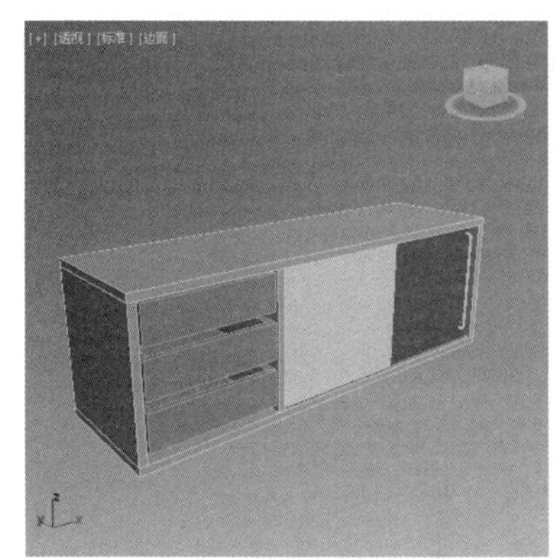

图2-18

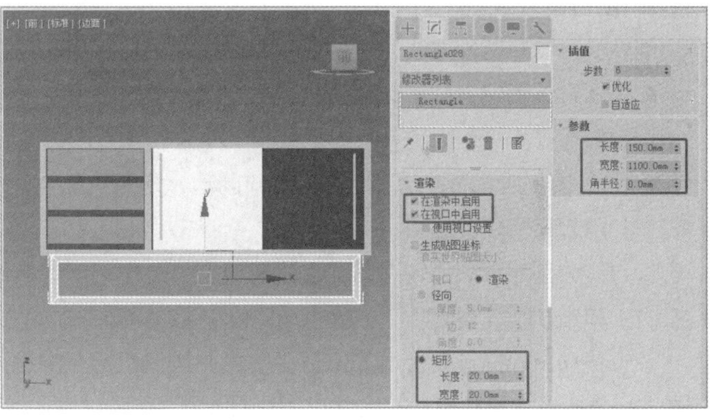

图2-19

（19）切换到 （修改）面板，在“修改器列表”中选择“编辑样条线”，在“选择”卷展栏中将选择集定义为“分段”，选择矩形底部的线段，按Delete键删除线段，如图2-20所示。

（20）对边框腿进行复制，调整至合适的位置，边框模型制作完成，效果如图2-21所示。

接下来介绍几个重要的功能键，掌握它们对我们以后建模会有很大的帮助。

- F3键：用于线框模式和着色高光模式的切换。
- F4键：用于线框模式的切换。

上面两种模式的切换能在建模时把几何体的线框直观地显示出来，提高建模效率。

- Delete键：用于删除物体。创建或修改后的物体如果发生错误而需要重新创建，则可以对物体进行删除。选择物体后按Delete键，物体即被删除。
- 快捷键Ctrl+Z：撤销场景操作。
- 快捷键Ctrl+Y：重做场景操作。
- 快捷键Ctrl+V：复制模型。

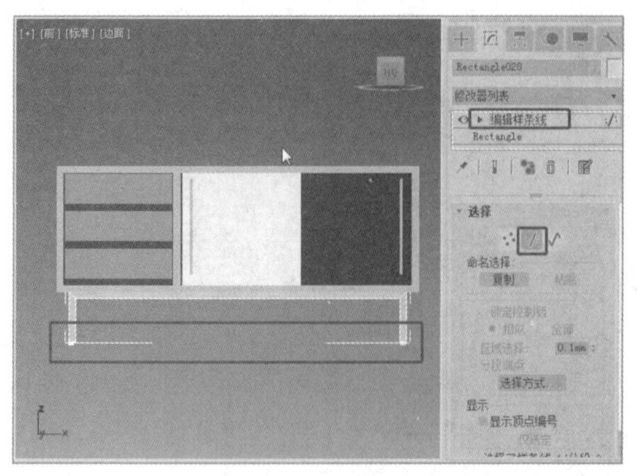
图 2-20

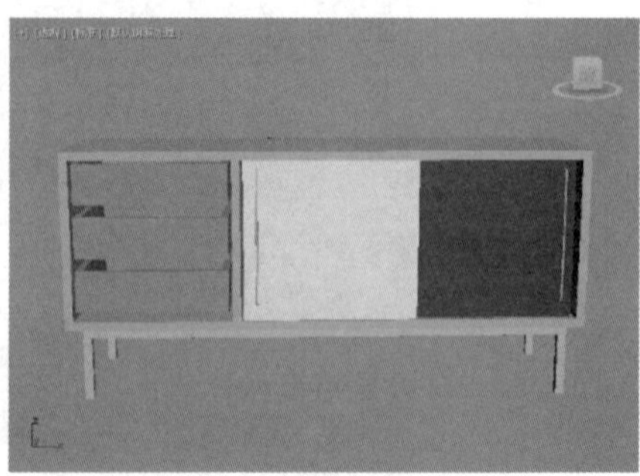
图 2-21

2.1.2 长方体

对室内外效果图来说，长方体是建模过程中使用非常频繁的对象类型，通过修改它可以得到大部分模型。

1. 创建长方体

创建长方体有两种方法：一种是立方体创建方法，另一种是长方体创建方法，如图 2-22 所示。

- 立方体创建方法：以正方体方式创建，操作简单，但仅限于创建正方体。
- 长方体创建方法：以长方体方式创建，是系统默认的创建方法，使用起来比较灵活。

图 2-22

长方体的创建方法比较简单，也比较典型，是学习创建其他几何体的基础。操作步骤如下。

（1）单击“+（创建）> ●（几何体）> 标准基本体 > 长方体”按钮。

（2）移动鼠标指针到合适的位置，单击并按住鼠标左键进行拖曳，视图中会生成一个方形平面，如图 2-23 所示，松开鼠标左键并上下移动鼠标指针，长方体的高度会跟随鼠标指针的移动而增减，在合适的位置单击，长方体创建完成，如图 2-24 所示。

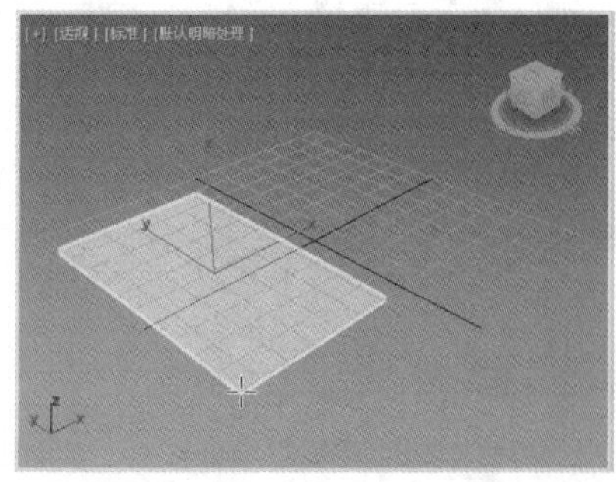
图 2-23

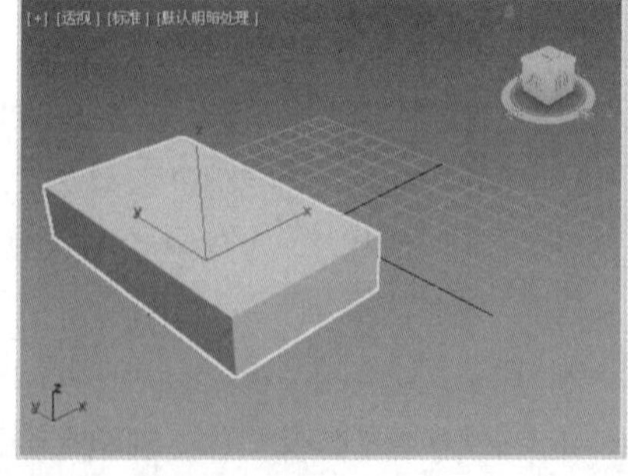
图 2-24

2. 长方体的参数

单击长方体将其选中，然后单击（修改）按钮，切换到修改面板，修改面板中会显示长方体的参数，如图 2-25 所示。

- 长度/宽度/高度：确定长、宽、高。
- 长度分段/宽度分段/高度分段：控制长、宽、高上的段数，段数越多，表面就越细腻。
- 生成贴图坐标：自动指定贴图坐标。

“参数”卷展栏用于调整物体的体积、形状以及表面的光滑度。可以在“参数”卷展栏的数值框中直接输入数值以进行设置，也可以利用数值框旁边的微调器 进行调整。

名称和颜色用于确定长方体的名称和颜色，如图 2-26 所示。在 3ds Max 2020 中创建的所有几何体都有此项参数，用于给物体指定名称和颜色，便于以后选取和修改。单击右边的颜色块，弹出“对象颜色”对话框，如图 2-27 所示。此对话框用于设置几何体的颜色，单击颜色块选择合适的颜色后，单击“确定”按钮完成设置，单击“取消”按钮则取消颜色设置。单击“添加自定义颜色”按钮，可以自定义颜色。

Box002
修改器列表
Box
参数
长度: 360.0mm
宽度: 350.0mm
高度: 20.0mm
长度分段: 1
宽度分段: 1
高度分段: 1
生成贴图坐标
真实世界贴图大小

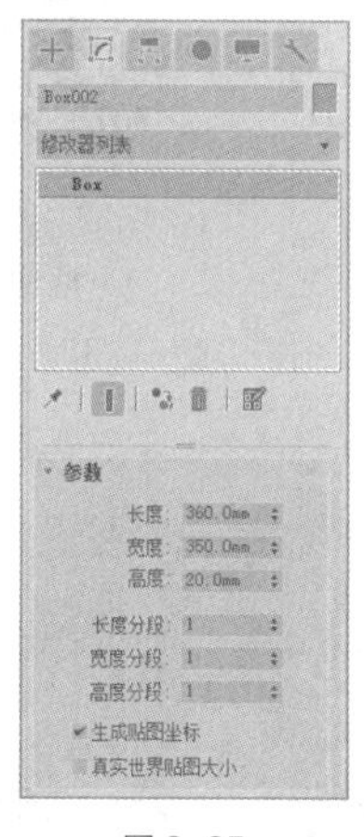

图 2-25

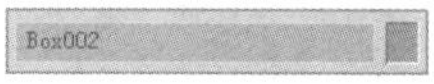

Box002

图 2-26

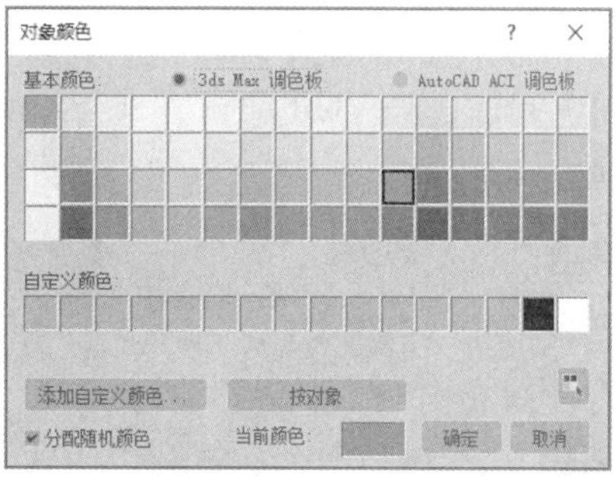

对象颜色
基本颜色:
3ds Max 调色板
AutoCAD ACI 调色板
自定义颜色:
添加自定义颜色...
按对象
分配随机颜色
当前颜色:
确定
取消

图 2-27

键盘方式建模，如图 2-28 所示。对于简单的基本建模，使用键盘方式来创建比较方便，直接在面板中输入几何体的参数，然后单击“创建”按钮，视图中会自动生成该几何体。如果创建较复杂的模型，建议使用手动方式建模。

键盘输入
X: 0.0mm
Y: 0.0mm
Z: 0.0mm
长度: 0.0mm
宽度: 0.0mm
高度: 0.0mm
创建

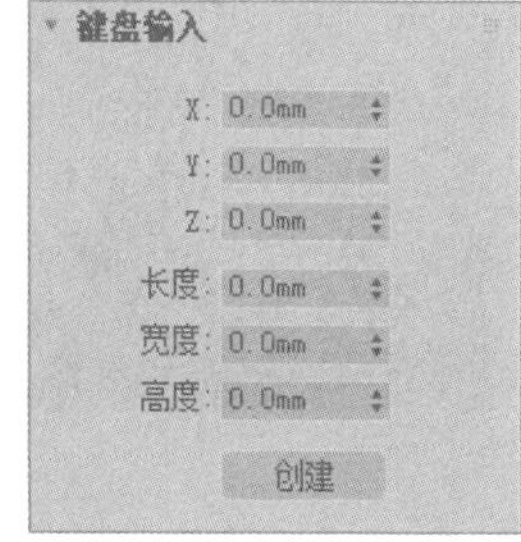

图 2-28

以上各参数是几何体的公共参数。

3. 参数的修改

长方体的参数比较简单，修改的参数也比较少，修改好参数后，按 Enter 键确定，即可得到修改后的效果，如表 2-1 所示。

表 2-1

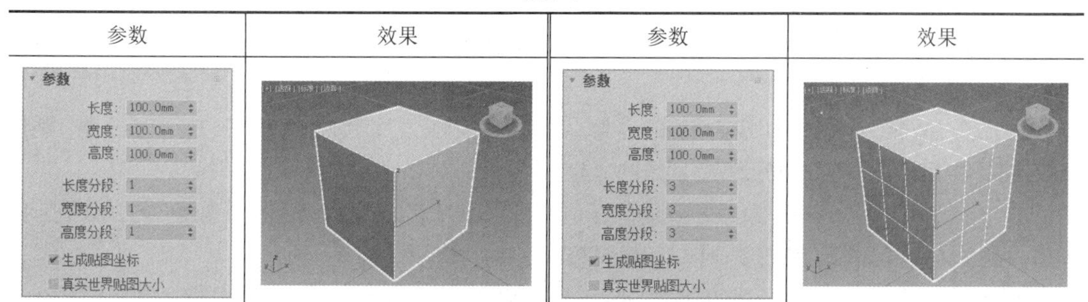

参数	效果	参数	效果
参数 长度: 100.0mm 宽度: 100.0mm 高度: 100.0mm 长度分段: 1 宽度分段: 1 高度分段: 1 生成贴图坐标 真实世界贴图大小		参数 长度: 100.0mm 宽度: 100.0mm 高度: 100.0mm 长度分段: 3 宽度分段: 3 高度分段: 3 生成贴图坐标 真实世界贴图大小	

> **小提示**
> 几何体的分段数是控制几何体表面光滑程度的参数，段数越多，表面就越光滑。但要注意的是，并不是段数越多越好，用户应该在不影响几何体形体的前提下将段数降到最低。在进行复杂的建模时，如果物体不必要的段数过多，就会影响建模和后期渲染的速度。

2.1.3　课堂案例——制作墙上置物架模型

微课视频

制作墙上置物架模型

【案例学习目标】熟悉长方体的创建，并配合“移动”“旋转”“复制”等命令进行调整。

【案例知识要点】将“长方体”“移动”“克隆”命令与“编辑多边形”修改器结合使用，制作出墙上置物架模型，完成的模型效果如图 2–29 所示。

【素材文件位置】云盘/贴图。

【模型文件位置】云盘/场景/Ch02/墙上置物架模型.max。

【参考模型文件位置】云盘/场景/Ch02/墙上置物架.max。

（1）单击“+（创建）> ●（几何体）> 标准基本体 > 长方体”按钮，在“顶”视图中创建长方体，在“参数”卷展栏中设置合适的参数，如图 2–30 所示。

图 2–29

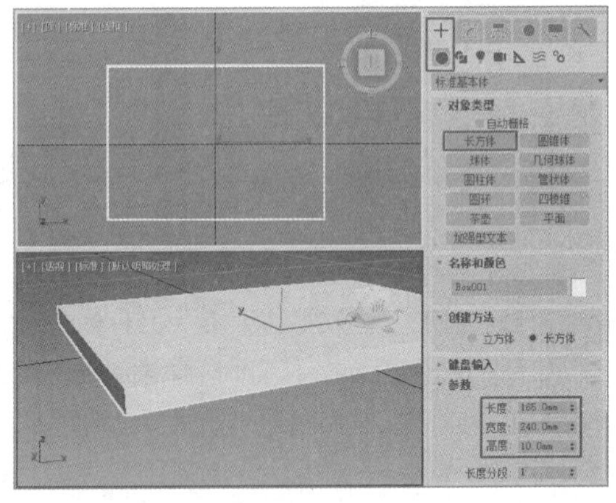

图 2–30

（2）使用 C（选择并旋转）并打开 ∠（角度捕捉切换），按住 Shift 键的同时，拖曳鼠标在“前”视图中对长方体进行旋转复制，旋转 90° 后松开鼠标和 Shift 键，在弹出的对话框中选中“实例”单选按钮，单击“确定”按钮，如图 2–31 所示。

（3）选择 2.5（2.5D 捕捉）并右击，在弹出的对话框中设置捕捉“顶点”“边/线段”，如图 2–32 所示。

（4）通过捕捉，在场景中调整模型的位置，为其中一个长方体添加“编辑多边形”修改器，将选择集定义为“顶点”，通过捕捉调整顶点的位置，如图 2–33 所示。

（5）继续调整顶点，这里只需调整其中一个模型的顶点即可，因为是通过“实例”方式复制出的模型，更改其中一个模型后，另一个模型也会跟着改变，如图 2–34 所示。

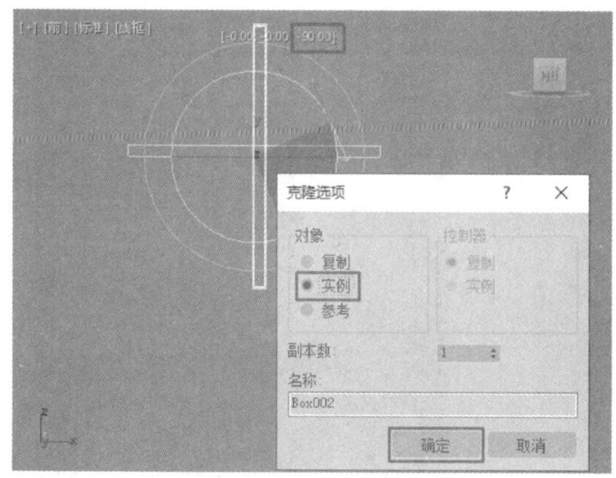

图 2-31

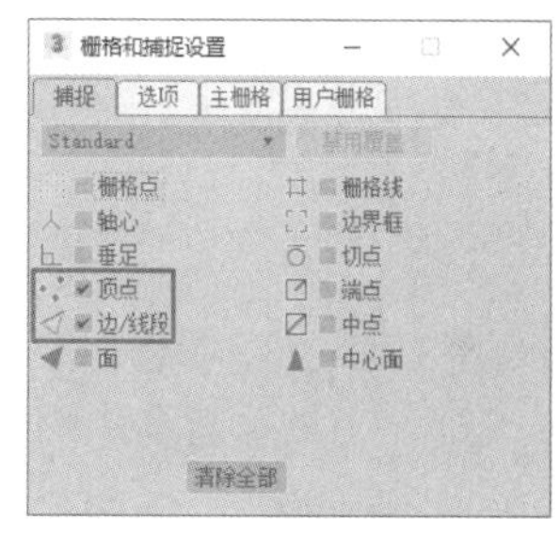

图 2-32

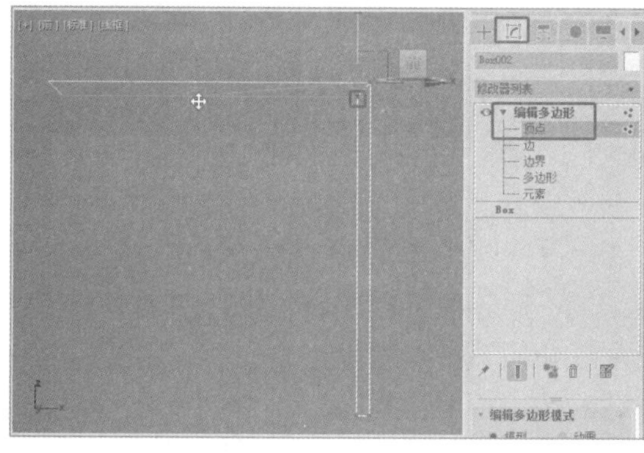

图 2-33

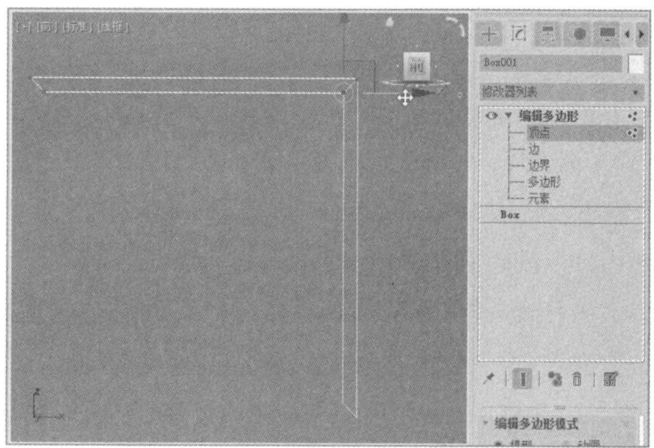

图 2-34

（6）将选择集定义为“多边形”，在场景中选择正面的多边形，在“编辑多边形”卷展栏中单击“倒角”后的■（设置）按钮，在弹出的助手中设置合适的倒角参数，如图 2-35 所示，设置参数后单击☑（确定）按钮。

（7）在场景中复制模型，组合出 4 个边框模型，如图 2-36 所示。

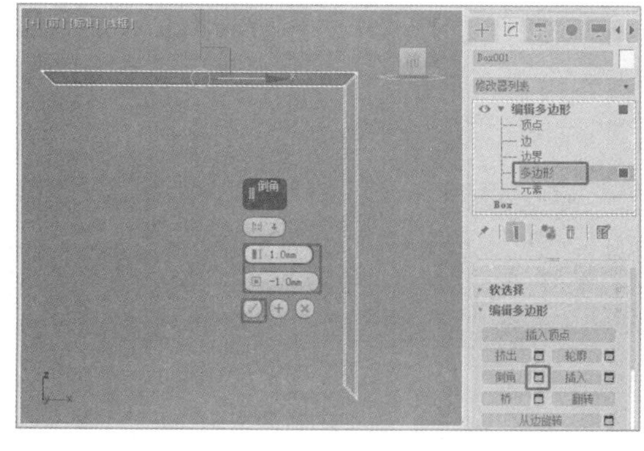

图 2-35

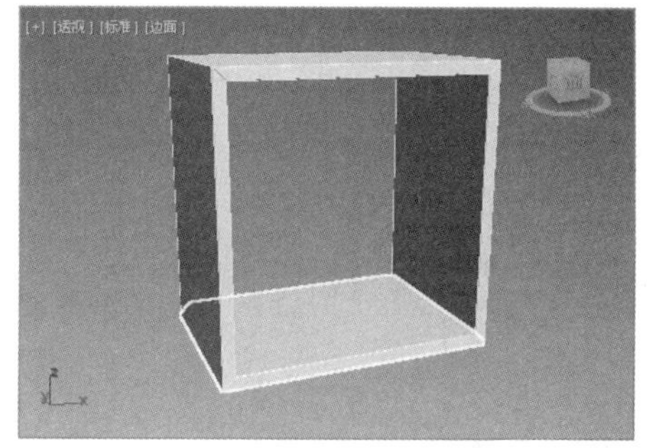

图 2-36

（8）通过捕捉在“前”视图中创建长方体并设置“高度”为 5mm，调整模型到合适的位置作为后挡板，如图 2-37 所示。

（9）在场景中复制并调整模型，墙上置物架模型制作完成，效果如图 2-38 所示。

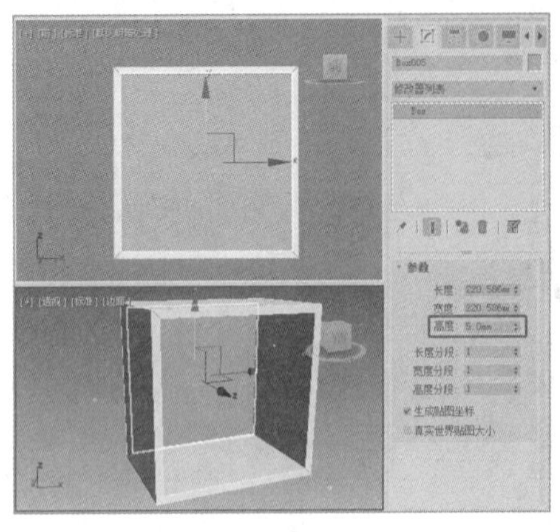

图 2-37

图 2-38

2.1.4 圆锥体

圆锥体用于制作圆锥、圆台、四棱锥和棱台以及它们的局部。下面介绍圆锥体的创建方法及其参数的设置和修改。

1. 创建圆锥体

创建圆锥体同样有两种方法：一种是边创建方法，另一种是中心创建方法，如图 2-39 所示。

- 边创建方法：以边界为起点创建圆锥体，在视图中以单击的点为圆锥体底面的边界起点，无论如何拖曳鼠标始终以该点为圆锥体的边界。
- 中心创建方法：以中心为起点创建圆锥体，将在视图中第一次单击的点作为圆锥体底面的中心点，此方法是系统默认的创建方法。

图 2-39

创建圆锥体比创建长方体多一个步骤，具体操作步骤如下。

（1）单击"+（创建）> ●（几何体）> 标准基本体 > 圆锥体"按钮。

（2）移动鼠标指针到合适的位置，单击并按住鼠标左键进行拖曳，视图中会生成一个圆形平面，如图 2-40 所示。松开鼠标左键并上下移动，锥体的高度会跟随鼠标指针的移动而增减，如图 2-41 所示，在合适的位置单击。

（3）移动鼠标指针，调节顶端面的大小，单击完成创建，如图 2-42 所示。

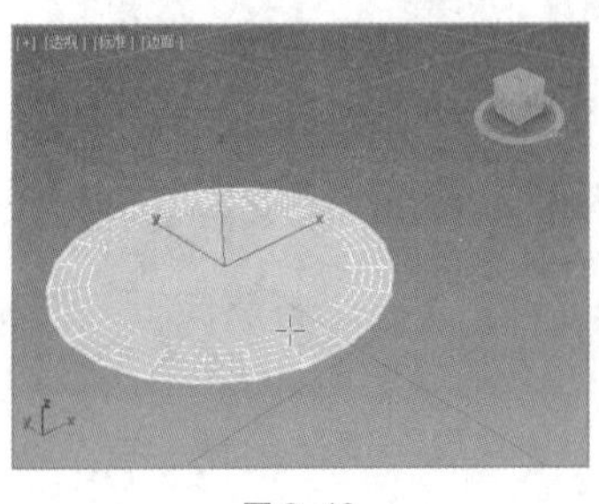

图 2-40

图 2-41

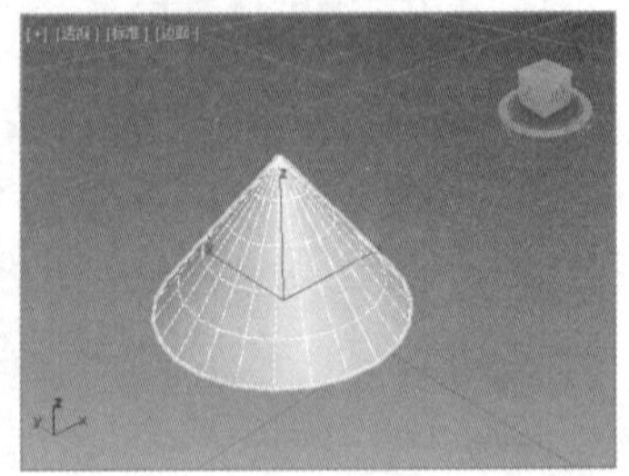

图 2-42

2. 圆锥体的参数

单击圆锥体将其选中，然后单击 （修改）按钮，"参数"卷展栏中会显示圆锥体的参数，如

图 2-43 所示。

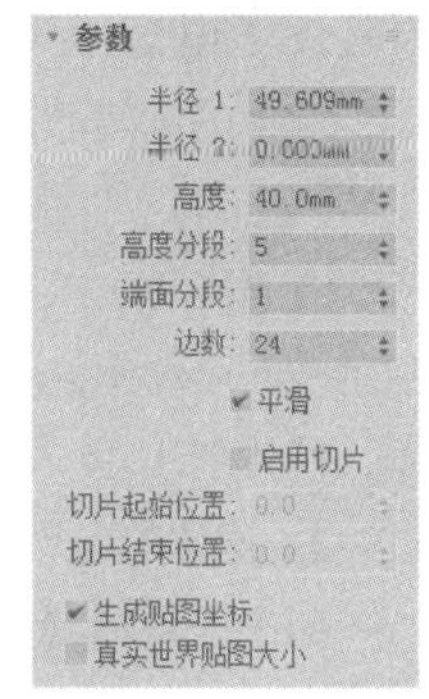

图 2-43

- 半径 1：设置圆锥体底面的半径。
- 半径 2：设置圆锥体顶面的半径（若“半径 2”不为 0，则圆锥体变为圆台）。
- 高度：设置圆锥体的高度。
- 高度分段：设置圆锥体在高度上的段数。
- 端面分段：设置圆锥体在两端平面、上底面和下底面沿半径方向上的段数。
- 边数：设置圆锥体端面圆周上的片段划分数。值越大，圆锥体越光滑。对棱锥来说，边数决定它属于几棱锥。
- 平滑：表示是否进行表面光滑处理。开启时，产生圆锥、圆台；关闭时，产生四棱锥、棱台。
- 启用切片：表示是否进行局部切片处理。
- 切片起始位置：确定切除部分的起始幅度。
- 切片结束位置：确定切除部分的结束幅度。

3. 参数的修改

圆锥体的参数大部分和长方体的相同。值得注意的是，两半径都不为 0 时，圆锥体会变为圆台。勾选“平滑”复选框可以使几何体表面变光滑，这也和几何体的段数有关。减少段数会使几何体形状发生很大变化。修改好参数后，按 Enter 键确定，即可得到修改后的效果，如表 2-2 所示。

表 2-2

参数	效果	参数	效果
参数 半径 1: 80.0mm 半径 2: 0.0mm 高度: 100.0mm 高度分段: 5 端面分段: 1 边数: 24 平滑 启用切片 切片起始位置: 0.0 切片结束位置: 0.0 生成贴图坐标 真实世界贴图大小		参数 半径 1: 80.0mm 半径 2: 0.0mm 高度: 100.0mm 高度分段: 5 端面分段: 1 边数: 9 平滑 启用切片 切片起始位置: 0.0 切片结束位置: 0.0 生成贴图坐标 真实世界贴图大小	
参数 半径 1: 80.0mm 半径 2: 30.0mm 高度: 100.0mm 高度分段: 5 端面分段: 1 边数: 9 平滑 启用切片 切片起始位置: 0.0 切片结束位置: 0.0 生成贴图坐标 真实世界贴图大小		参数 半径 1: 80.0mm 半径 2: 30.0mm 高度: 100.0mm 高度分段: 5 端面分段: 1 边数: 9 平滑 启用切片 切片起始位置: 176.0 切片结束位置: -109.0 生成贴图坐标 真实世界贴图大小	

2.1.5 球体

球体可以制作面状或光滑的球体，也可以制作局部球体。下面介绍球体的创建方法及其参数的设置和修改。

1. 创建球体

图 2-44

球体的创建非常简单，具体操作步骤如下。

（1）单击“+（创建）> ●（几何体）> 标准基本体 > 球体”按钮。

（2）移动鼠标指针到合适的位置，单击并按住鼠标左键进行拖曳，在视图中生成一个球体，移动鼠标指针可以调整球体的大小，在合适位置松开鼠标左键，球体创建完成，如图 2-44 所示。

2. 球体的参数

单击球体将其选中，然后单击（修改）按钮，修改命令面板中会显示球体的参数，如图 2-45 所示。

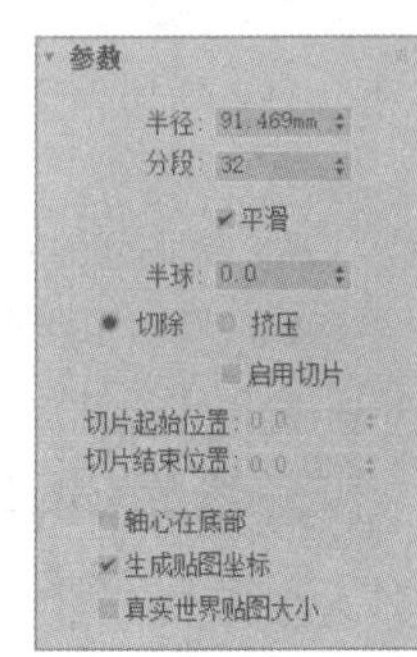

图 2-45

- 半径：设置球体的半径。
- 分段：设置表面的段数，值越大，表面越光滑，造型也越复杂。
- 平滑：是否对球体表面进行自动光滑处理（系统默认是开启的）。
- 半球：用于创建半球或球体的一部分。其取值范围为 0 ~ 1，默认为 0，表示建立完整的球体，增大数值，球体被逐渐减去；值为 0.5 时，制作出半球体；值为 1.0 时，球体全部消失。
- 切除/挤压：在进行半球系数调整时发挥作用。用于确定球体被切除后，原来的网格划分也随之切除，或者仍保留但被挤入剩余的球体中。

其他参数请参见前面的参数说明。

3. 参数的修改

修改好参数后，按 Enter 键确定，即可得到修改后的效果。球体的参数修改及效果如表 2-3 所示。

表 2-3

参数	效果	参数	效果
参数 半径: 50.0mm 分段: 32 ✔平滑 半球: 0.0 切除 挤压 启用切片 切片起始位置: 0.0 切片结束位置: 0.0 轴心在底部 ✔生成贴图坐标 真实世界贴图大小		参数 半径: 50.0mm 分段: 18 平滑 半球: 0.0 切除 挤压 启用切片 切片起始位置: 0.0 切片结束位置: 0.0 轴心在底部 ✔生成贴图坐标 真实世界贴图大小	
参数 半径: 50.0mm 分段: 18 平滑 半球: 0.5 切除 挤压 启用切片 切片起始位置: 0.0 切片结束位置: 0.0 轴心在底部 ✔生成贴图坐标 真实世界贴图大小		参数 半径: 50.0mm 分段: 18 平滑 半球: 0.5 切除 挤压 ✔启用切片 切片起始位置: 65.0 切片结束位置: 119.0 轴心在底部 ✔生成贴图坐标 真实世界贴图大小	

2.1.6　课堂案例——制作圆桌模型

【案例学习目标】创建几何体，使用简单的修改器来组合模型。

【案例知识要点】将“圆柱体”“圆锥体”工具与“编辑多边形”“锥化”修改器结合使用，制作出圆桌模型，完成的模型效果如图 2–46 所示。

图 2–46

微课视频

制作圆桌模型

【素材文件位置】云盘/贴图

【模型文件位置】云盘/场景/Ch02/圆桌模型.max。

【参考模型文件位置】云盘/场景/Ch02/圆桌.max。

（1）单击“+（创建）>●（几何体）> 标准基本体 > 圆柱体”按钮，在“顶”视图中创建圆柱体，设置合适的参数，如图 2–47 所示。

（2）切换到（修改）面板，在“修改器列表”中选择“编辑多边形”修改器，将选择集定义为“边”，在场景中选择顶部的一圈边，如图 2–48 所示。

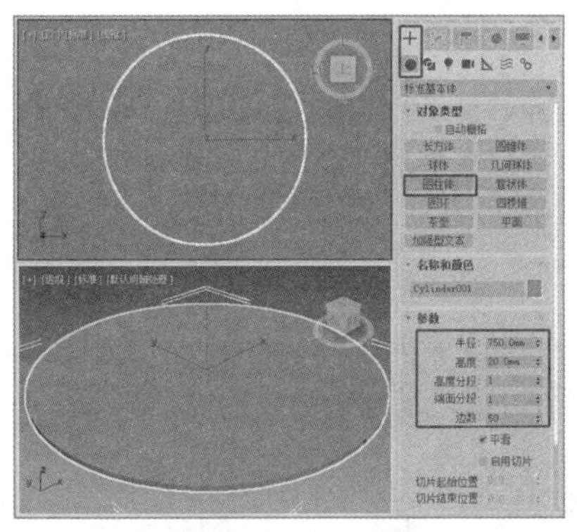

图 2–47

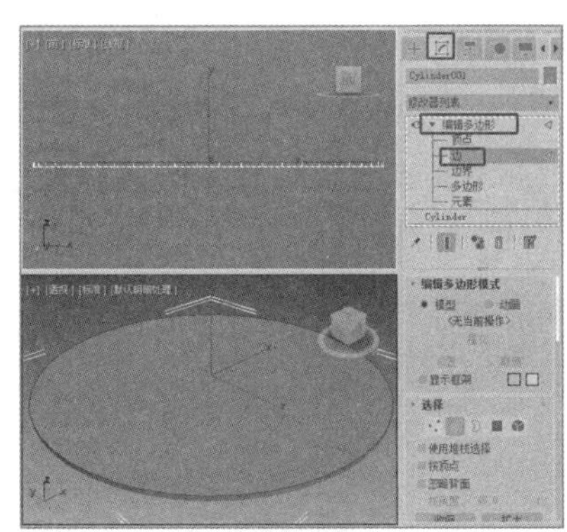

图 2–48

（3）选择边后，在“编辑边”卷展栏中单击“切角”后的（设置）按钮，在弹出的助手中设置合适的切角参数，设置好参数后单击（确定）按钮，如图 2–49 所示。然后，关闭选择集。

（4）单击“+（创建）>●（几何体）> 标准基本体 > 圆锥体”按钮，在“顶”视图中创建圆锥体，并设置合适的参数，如图 2–50 所示。

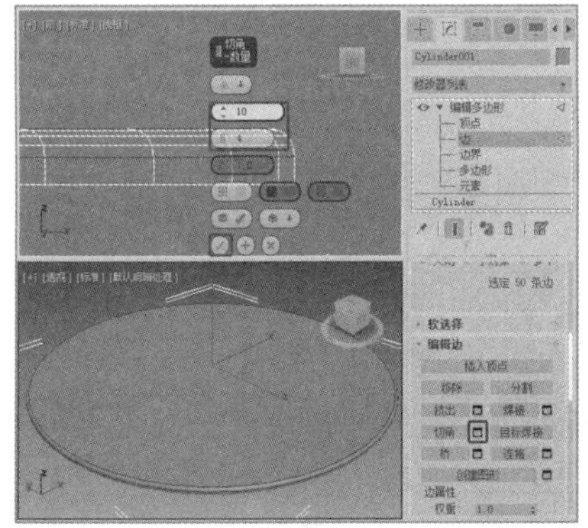

图 2–49

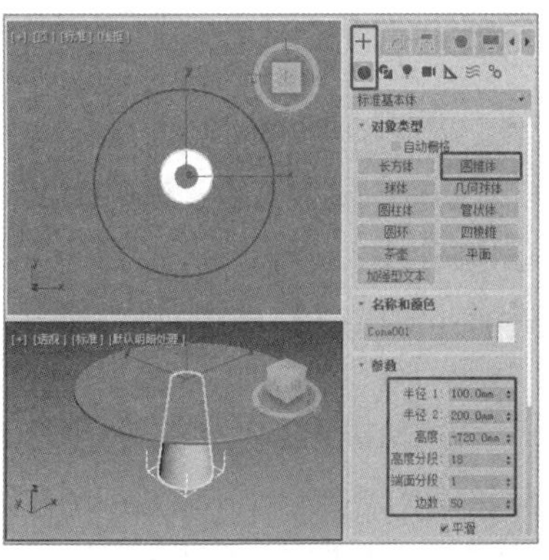

图 2–50

（5）切换到 （修改）面板，在“修改器列表”中选择“锥化”修改器，在“参数”卷展栏中设置合适的锥化参数，如图 2-51 所示。

（6）设置锥化的“限制”效果，如图 2-52 所示。

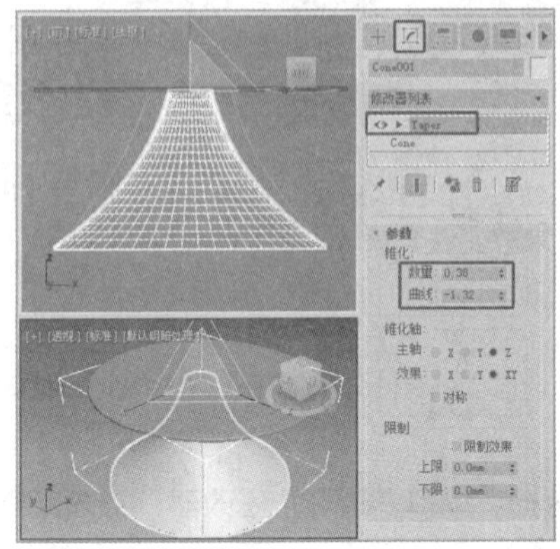

图 2-51

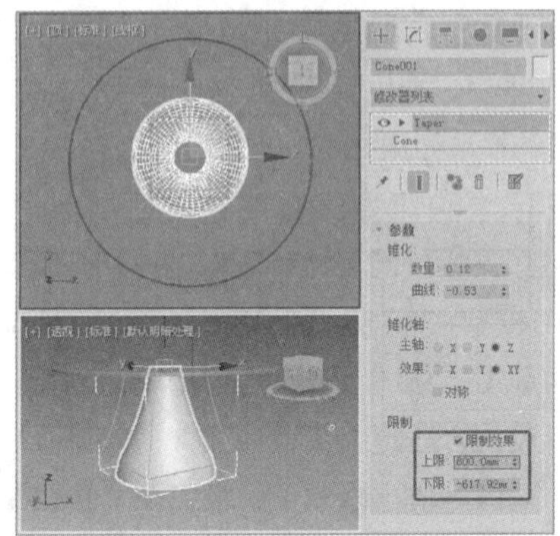

图 2-52

（7）设置好锥化参数后，为模型添加“编辑多边形”修改器，将选择集定义为“边”，选择底部的一圈边，在“编辑边”卷展栏中单击“切角”后的 （设置）按钮，在弹出的助手中设置合适的切角参数，如图 2-53 所示，设置好参数后单击 （确定）按钮。然后，关闭选择集。

（8）调整模型到合适的位置，圆桌模型制作完成，效果如图 2-54 所示。

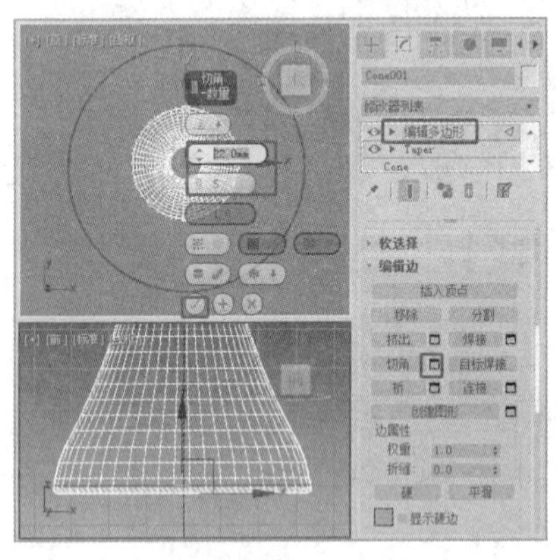

图 2-53

图 2-54

2.1.7 圆柱体

圆柱体用于制作棱柱、圆柱体和局部圆柱体。下面介绍圆柱体的创建方法及其参数的设置和修改。

1. 创建圆柱体

圆柱体的创建方法与长方体的创建方法基本相同，具体操作步骤如下。

（1）单击“ （创建）> （几何体）> 标准基本体 > 圆柱体”按钮。

（2）将鼠标指针移到视图中，单击并按住鼠标左键进行拖曳，视图中会出现一个圆形平面。在合适的位置松开鼠标左键并上下移动，圆柱体高度会跟随鼠标指针的移动而增减，在合适的位置单击，圆柱体创建完成，如图 2-55 所示。

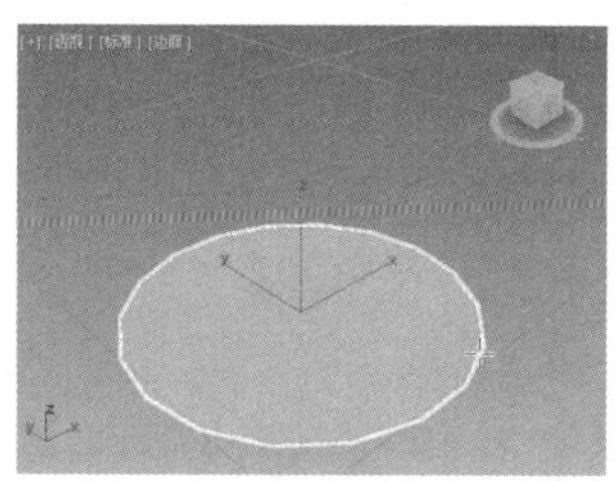
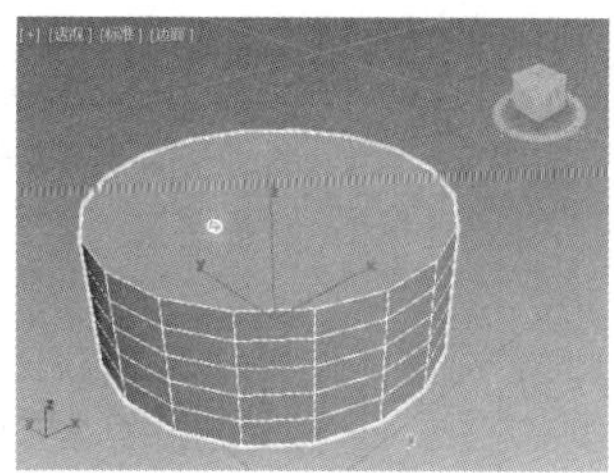

图 2-55

2. 圆柱体的参数

单击圆柱体将其选中，然后单击（修改）按钮，修改命令面板中会显示圆柱体的参数，如图 2-56 所示。

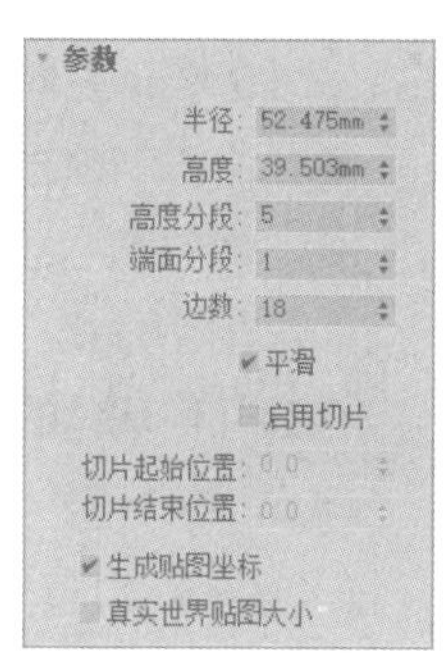

图 2-56

- 半径：设置底面和顶面的半径。
- 高度：确定圆柱体的高度。
- 高度分段：确定圆柱体在高度上的段数。如果要弯曲柱体，设置高度分段可以产生光滑的弯曲效果。
- 端面分段：确定圆柱体两个端面上沿半径方向的段数。
- 边数：确定圆周上的片段划分数，即棱柱的边数。对于圆柱体，边数越多越光滑。其最小值为 3，此时圆柱体的截面为三角形。

其他参数请参见前面的参数说明。

3. 参数的修改

圆柱体的参数修改比较简单，修改好参数后，按 Enter 键确定，即可得到修改后的效果。圆柱体的参数修改及效果如表 2-4 所示。

表 2-4

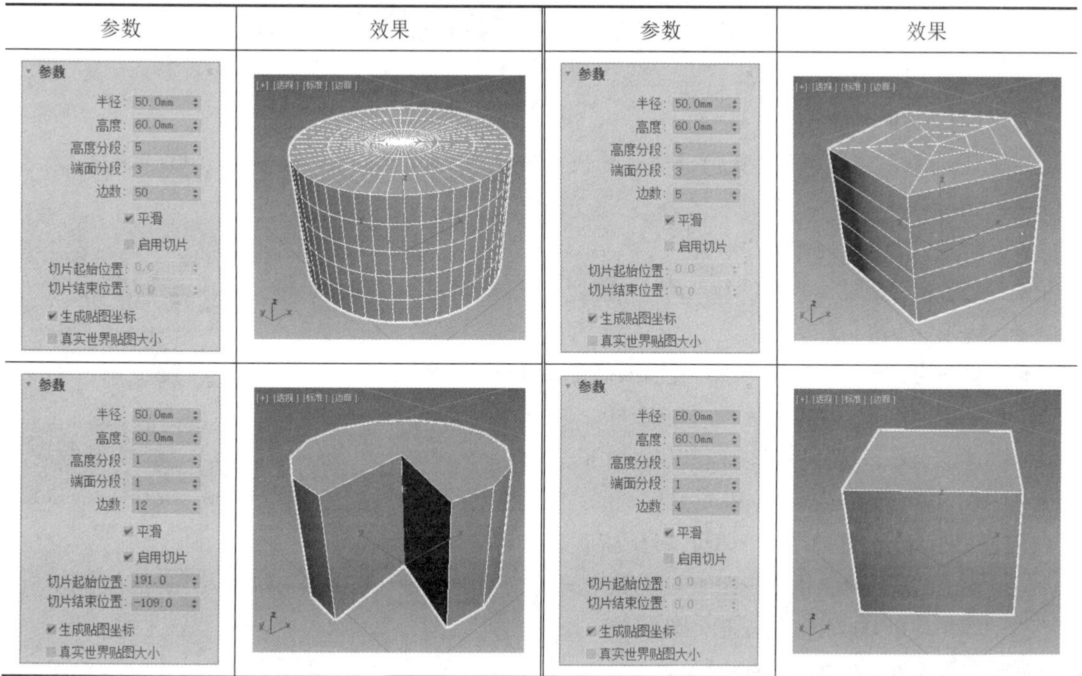

参数	效果	参数	效果
半径：50.0mm 高度：60.0mm 高度分段：5 端面分段：3 边数：50 平滑 启用切片 切片起始位置：0.0 切片结束位置：0.0 生成贴图坐标 真实世界贴图大小		半径：50.0mm 高度：60.0mm 高度分段：5 端面分段：3 边数：5 平滑 启用切片 切片起始位置：0.0 切片结束位置：0.0 生成贴图坐标 真实世界贴图大小	
半径：50.0mm 高度：60.0mm 高度分段：1 端面分段：1 边数：12 平滑 启用切片 切片起始位置：191.0 切片结束位置：-109.0 生成贴图坐标 真实世界贴图大小		半径：50.0mm 高度：60.0mm 高度分段：1 端面分段：1 边数：4 平滑 启用切片 切片起始位置：0.0 切片结束位置：0.0 生成贴图坐标 真实世界贴图大小	

2.1.8 几何球体

几何球体用于制作由三角面拼接而成的球体或半球体。下面介绍几何球体的创建方法及其参数的设置和修改。

1. 创建几何球体

创建几何球体有两种方法：一种是直径创建方法，另一种是中心创建方法，如图 2-57 所示。

图 2-57

- 直径创建方法：以直径方式拉出几何球体。在视图中以第一次单击的点为起点，把鼠标指针的移动方向作为所创建几何球体的直径方向。
- 中心创建方法：以中心方式拉出几何球体。将在视图中第一次单击的点作为要创建的几何球体的圆心，鼠标指针的位移大小作为所要创建几何球体的半径。中心创建方法是系统默认的创建方式。

创建几何球体的具体操作步骤如下。

（1）单击"+（创建）> ●（几何体）> 标准基本体 > 几何球体"按钮。

（2）将鼠标指针移到视图中，单击并按住鼠标左键进行拖曳，视图中会生成一个几何球体，移动鼠标指针可以调整几何球体的大小，在合适的位置松开鼠标左键，几何球体创建完成，如图 2-58 所示。

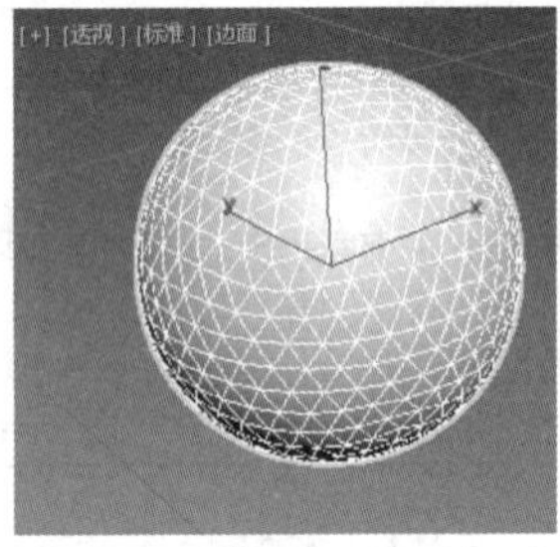
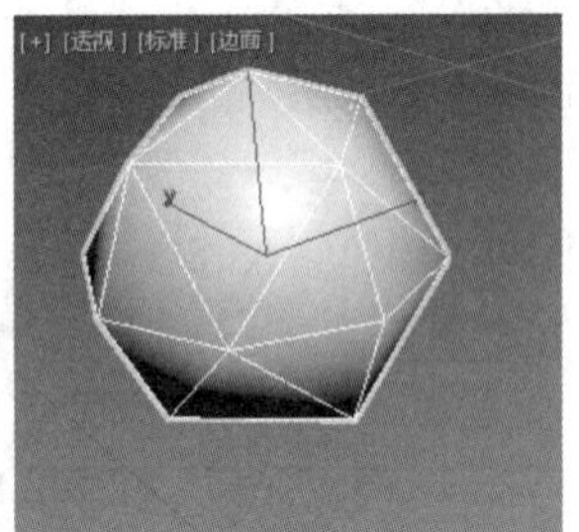

图 2-58

2. 几何球体的参数

单击几何球体将其选中，然后单击（修改）按钮，修改命令面板中会显示几何球体的参数，如图 2-59 所示。

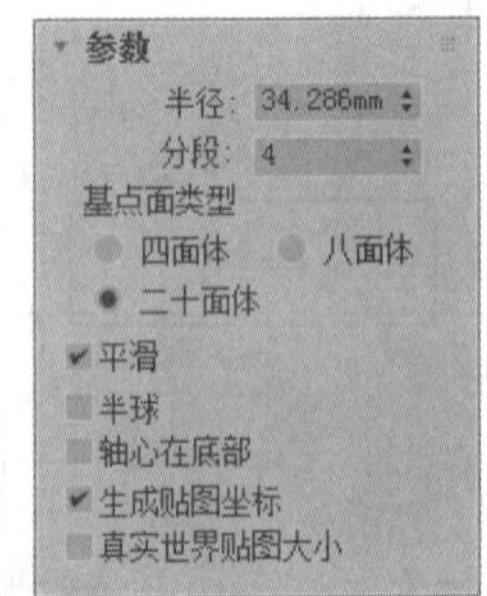

图 2-59

- 半径：确定几何球体的半径。
- 分段：设置球体表面的复杂度，值越大，三角面越多，球体也越光滑。
- 基点面类型：确定是由哪种规则的异面体组合成球体。
    - ◆ 四面体：由四面体构成几何球体。三角形的面可以改变形状和大小，这种几何球体可以分成相同的 4 部分。
    - ◆ 八面体：由八面体构成几何球体。三角形的面可以改变形状和大小，这种几何球体可以分成相同的 8 部分。
    - ◆ 二十面体：由二十面体构成几何球体。三角形的面可以改变形状和大小，这种几何球体可以分成相同的任意个部分。

其他参数请参见前面的参数说明。

3. 参数的修改

几何球体的参数修改比较简单，修改好参数后，按 Enter 键确定，即可得到修改后的效果。几何球体的参数修改及效果如表 2-5 所示。

表 2-5

参数	效果	参数	效果
参数 半径: 70.0mm 分段: 1 基点面类型 ● 四面体 ○ 八面体 ○ 二十面体 平滑 半球 轴心在底部 ✔ 生成贴图坐标 真实世界贴图大小		参数 半径: 70.0mm 分段: 1 基点面类型 ○ 四面体 ● 八面体 ○ 二十面体 平滑 半球 轴心在底部 ✔ 生成贴图坐标 真实世界贴图大小	
参数 半径: 70.0mm 分段: 1 基点面类型 ○ 四面体 ○ 八面体 ● 二十面体 平滑 半球 轴心在底部 ✔ 生成贴图坐标 真实世界贴图大小		参数 半径: 70.0mm 分段: 5 基点面类型 ○ 四面体 ○ 八面体 ● 二十面体 ✔ 平滑 ✔ 半球 轴心在底部 ✔ 生成贴图坐标 真实世界贴图大小	

2.1.9 圆环

圆环用于制作立体的圆环圈，截面为正多边形，通过对正多边形边数、光滑度、旋转等进行控制可以产生不同的圆环效果，切片参数可以制作局部的一段圆环。下面介绍圆环的创建方法及其参数的设置和修改。

1. 创建圆环

创建圆环的操作步骤如下。

（1）单击“＋（创建）> ●（几何体）> 标准基本体 > 圆环”按钮。

（2）将鼠标指针移到视图中，单击并按住鼠标左键进行拖曳，在视图中生成一个圆环，如图 2-60 所示。在合适的位置松开鼠标左键，上下移动鼠标指针调整圆环的粗细，单击完成圆环的创建，如图 2-61 所示。

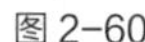

图 2-60

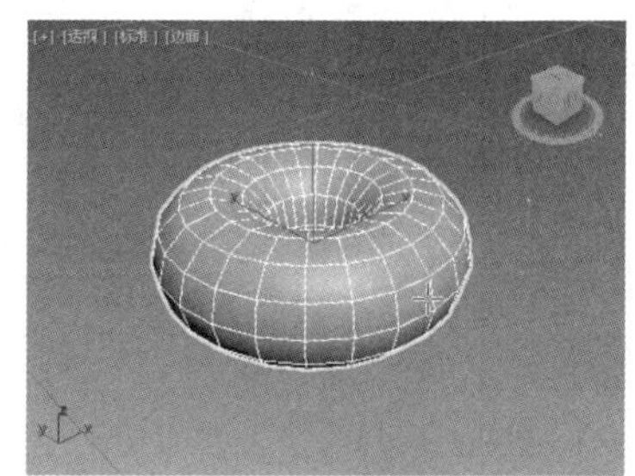

图 2-61

2. 圆环的参数

单击圆环将其选中，然后单击（修改）按钮，修改命令面板中会显示圆环的参数，如图 2-62 所示。

- 半径 1：设置圆环中心与截面正多边形中心的距离。
- 半径 2：设置截面正多边形的内径。
- 旋转：设置片段截面沿圆环轴旋转的角度，如果进行扭曲设置或以不光滑表面着色，则可以看到它的效果。
- 扭曲：设置每个截面扭曲的角度，产生扭曲的表面。
- 分段：确定沿圆周方向上片段被划分的数目。值越大，得到的圆环越光滑，最小值为 3。
- 边数：确定圆环的侧边数。
- 平滑：设置光滑属性，将棱边变光滑，共有 4 种方式，即全部——对所有表面进行光滑处理；侧面——对侧边进行光滑处理；无——不进行光滑处理；分段——光滑每一个独立的面。

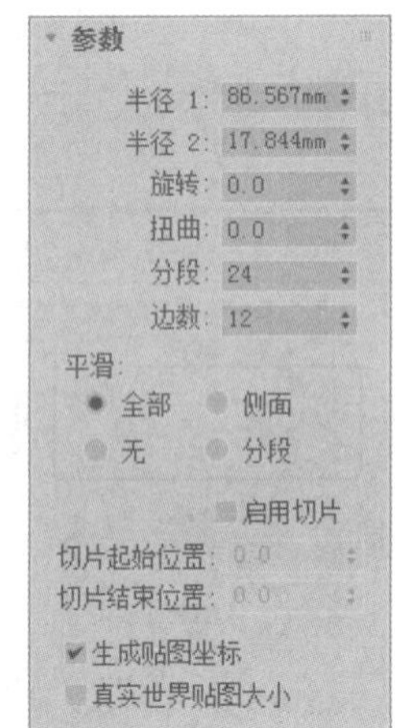

图 2-62

其他参数请参见前面的参数说明。

3. 参数的修改

圆环的可调参数比较多，产生的效果差异也比较大，修改好参数后，按 Enter 键确定，即可得到修改后的效果，如表 2-6 所示。

表 2-6

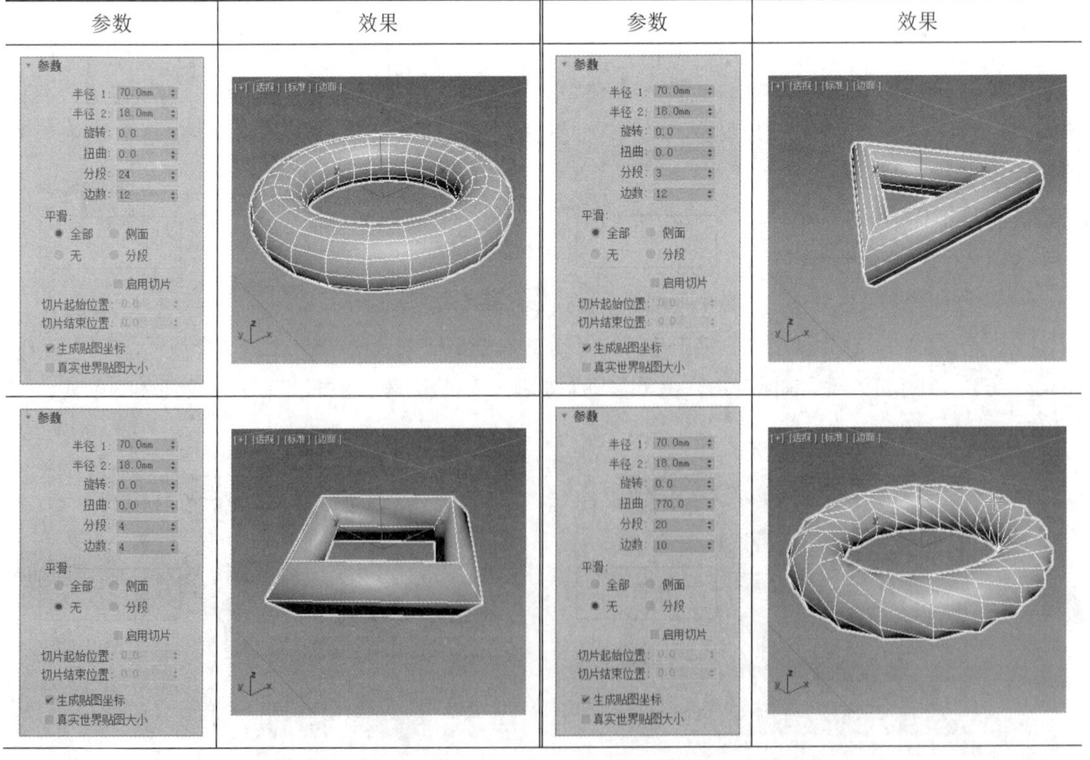

参数	效果	参数	效果
半径 1: 70.0mm 半径 2: 18.0mm 旋转: 0.0 扭曲: 0.0 分段: 24 边数: 12 平滑: 全部	[+] [透视] [标准] [边面]	半径 1: 70.0mm 半径 2: 18.0mm 旋转: 0.0 扭曲: 0.0 分段: 3 边数: 12 平滑: 全部	[+] [透视] [标准] [边面]
半径 1: 70.0mm 半径 2: 18.0mm 旋转: 0.0 扭曲: 0.0 分段: 4 边数: 4 平滑: 无	[+] [透视] [标准] [边面]	半径 1: 70.0mm 半径 2: 18.0mm 旋转: 0.0 扭曲: 770.0 分段: 20 边数: 10 平滑: 无	[+] [透视] [标准] [边面]

续表

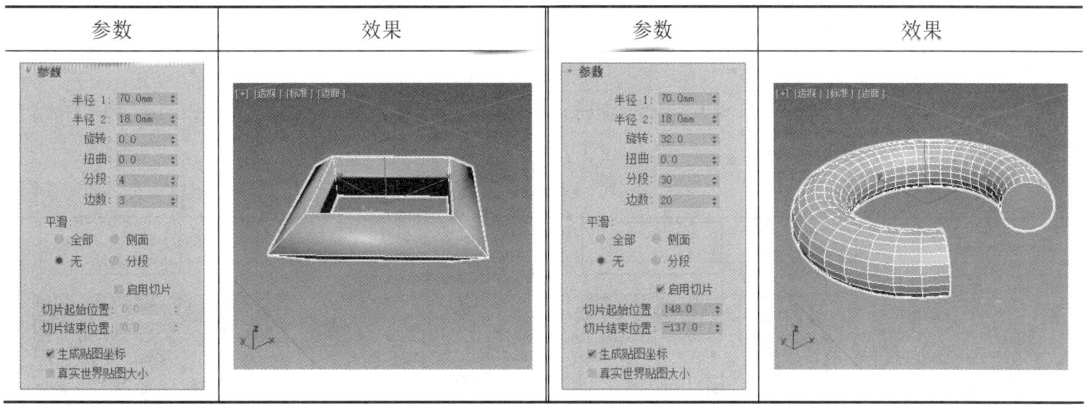

2.1.10 管状体

管状体用于制作各种空心管状物体，包括棱管以及局部管状体。下面介绍管状体的创建方法及其参数的设置和修改。

1. 创建管状体

创建管状体的操作步骤如下。

（1）单击“+（创建）> ●（几何体）> 标准基本体 > 管状体”按钮。

（2）将鼠标指针移到视图中，单击并按住鼠标左键进行拖曳，视图中会出现一个圆，在合适的位置松开鼠标左键并上下移动鼠标指针，会生成一个圆环形面片，单击然后上下移动鼠标指针，管状体的高度会随之增减，在合适的位置单击，管状体创建完成，如图 2-63 所示。

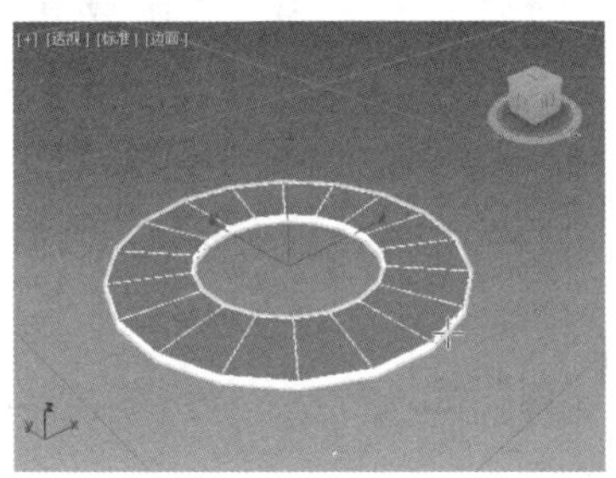

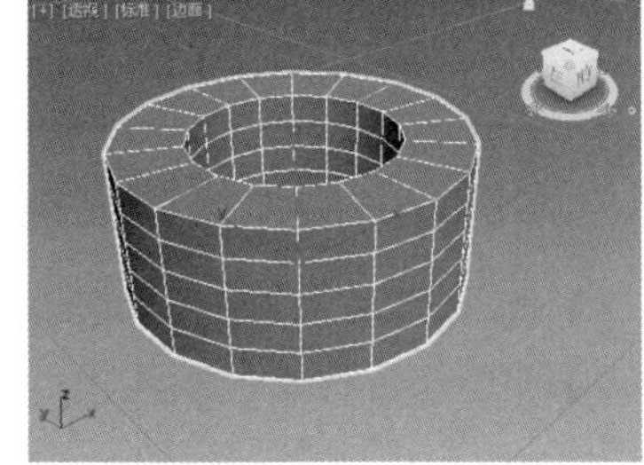

图 2-63

2. 管状体的参数

单击管状体将其选中，然后单击（修改）按钮，修改命令面板中会显示管状体的参数，如图 2-64 所示。

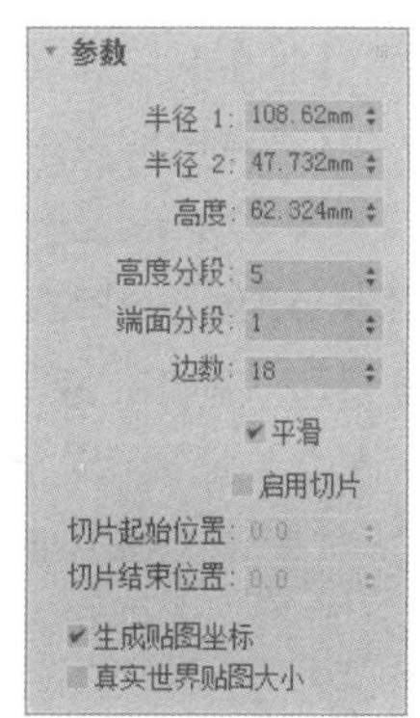

图 2-64

- 半径 1：确定管状体的内径大小。
- 半径 2：确定管状体的外径大小。
- 高度：确定管状体的高度。
- 高度分段：确定管状体高度方向的段数。
- 端面分段：确定管状体上下底面的段数。
- 边数：设置管状体侧边数。值越大，管状体越光滑。对棱管来说，边数值决定其属于几棱管。

其他参数请参见前面的参数说明。

3. 参数的修改

管状体的参数修改比较简单，修改好参数后，按Enter键确定，即可得到修改后的效果。管状体的参数修改及效果如表2-7所示。

表2-7

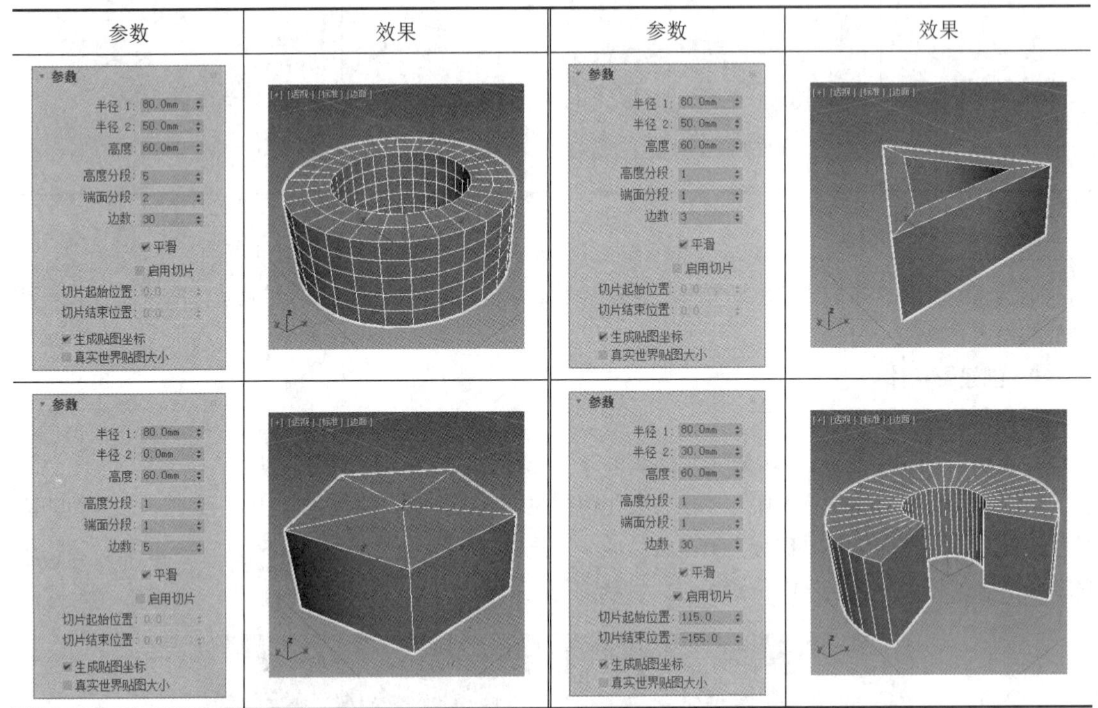

2.1.11 课堂案例——制作笔筒模型

微课视频

制作笔筒模型

【案例学习目标】通过管状体和圆柱体的组合来制作模型。

【案例知识要点】使用“管状体”工具、“圆柱体”工具制作笔筒模型，完成的模型效果如图2-65所示。

【素材文件位置】云盘/贴图。

【模型文件位置】云盘/场景/Ch02/笔筒模型.max。

【参考模型文件位置】云盘/场景/Ch02/笔筒.max。

（1）单击“+（创建）>●（几何体）>标准基本体>管状体”按钮，在“顶”视图中创建管状体模型，并设置合适的参数，如图2-66所示。

（2）单击“+（创建）>●（几何体）>标准基本体>圆柱体”按钮，在“顶”视图中创建圆柱体，设置合适的参数，如图2-67所示。

（3）在场景中调整圆柱体的角度和位置作为笔筒的底，笔筒模型制作完成，效果如图2-68所示。

图 2-65

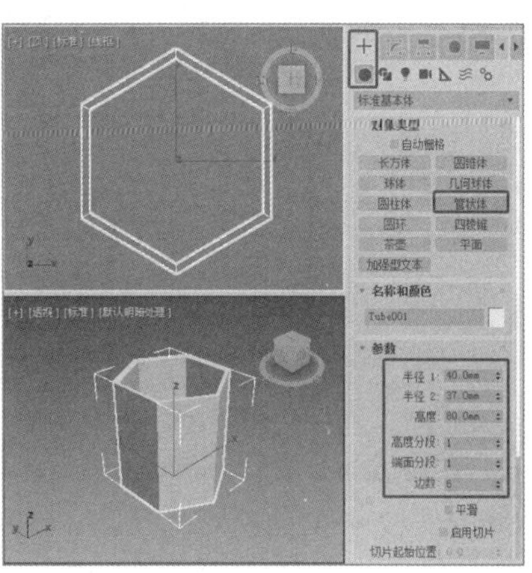

图 2-66

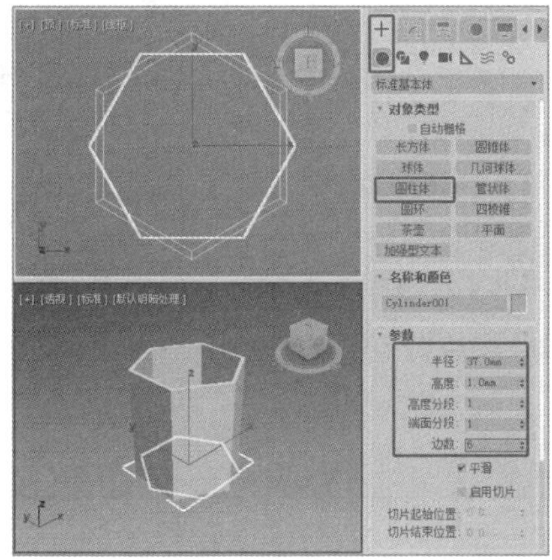

图 2-67

图 2-68

2.1.12 四棱锥

四棱锥用于制作锥体模型，是锥体的一种特殊形式。下面介绍四棱锥的创建方法及其参数的设置和修改。

1. 创建四棱锥

四棱锥的创建方法有两种：一种是基点/顶点创建方法，另一种是中心创建方法，如图 2-69 所示。

- 基点/顶点创建方法：系统把第一次单击时指针所处位置的点作为四棱锥的底面点或顶点，是系统默认的创建方式。
- 中心创建方法：系统把第一次单击时指针所处位置的点作为四棱锥底面的中心点。

图 2-69

四棱锥的创建方法比较简单，和圆柱体的创建方法相似，操作步骤如下。

（1）单击“+（创建）>（几何体）> 标准基本体 > 四棱锥”按钮。

（2）将鼠标指针移到视图中，单击并按住鼠标左键进行拖曳，视图中会生成一个正方形平面，在合适的位置松开鼠标左键并上下移动鼠标指针，调整四棱锥的高度，然后单击完成四棱锥的创建，如图 2-70 所示。

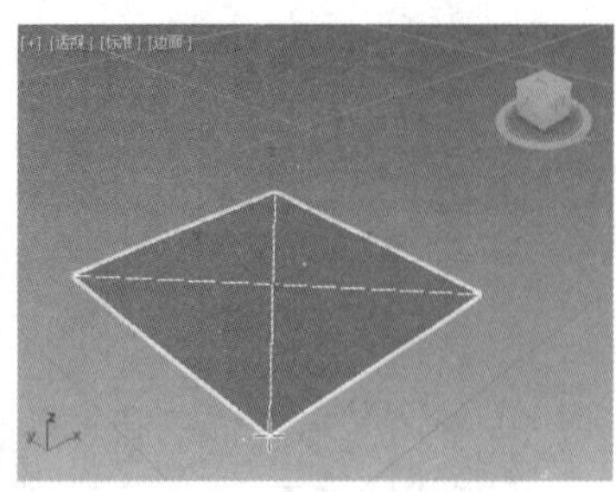 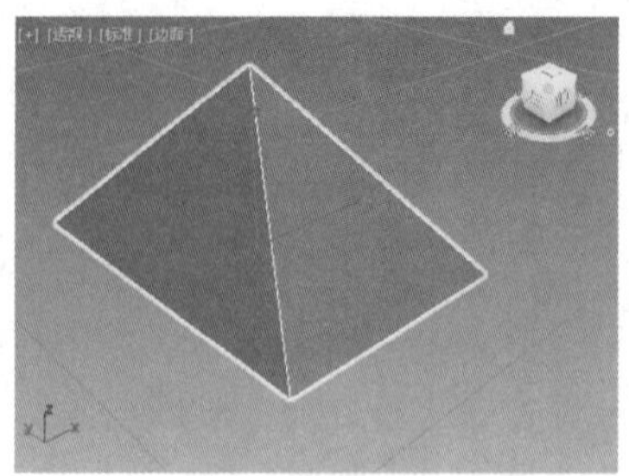

图 2-70

2. 四棱锥的参数

单击四棱锥将其选中，然后单击（修改）按钮，修改命令面板中会显示四棱锥的参数，如图 2-71 所示。四棱锥的参数比较简单，与前面讲过的参数大部分相似。

- 宽度、深度：确定底面矩形的长和宽。
- 高度：确定四棱锥的高。
- 宽度分段：确定沿底面宽度方向的分段数。
- 深度分段：确定沿底面深度方向的分段数。
- 高度分段：确定沿四棱锥高度方向的分段数。

其他参数请参见前面的参数说明。

图 2-71

3. 参数的修改

四棱锥的参数修改比较简单，修改好参数后，按 Enter 键确定，即可得到修改后的效果。四棱锥的参数修改及效果如表 2-8 所示。

表 2-8

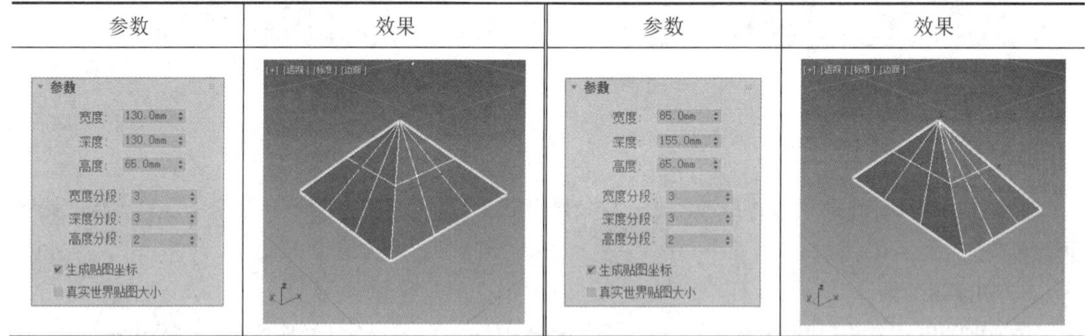

参数	效果	参数	效果
参数 宽度: 130.0mm 深度: 130.0mm 高度: 65.0mm 宽度分段: 3 深度分段: 3 高度分段: 2 生成贴图坐标 真实世界贴图大小		参数 宽度: 85.0mm 深度: 155.0mm 高度: 65.0mm 宽度分段: 3 深度分段: 3 高度分段: 2 生成贴图坐标 真实世界贴图大小	

2.1.13 茶壶

茶壶用于制作标准的茶壶造型或者茶壶的一部分。下面介绍茶壶的创建方法及其参数的设置和修改。

1. 创建茶壶

茶壶的创建方法与球体的创建方法相似，操作步骤如下。

（1）单击“+（创建）>（几何体）> 标准基本体 > 茶壶”按钮。

（2）将鼠标指针移到视图中，单击并按住鼠标左键进行拖曳，视图中会生成一个茶壶，上下移动鼠标指针调整茶壶的大小，在合适的位置松开鼠标左键，茶壶创建完成，如图 2-72 所示。

2. 茶壶的参数

单击茶壶将其选中，然后单击 (修改) 按钮，修改命令面板中会显示茶壶的参数，如图 2-73 所示。茶壶的参数比较简单，通过调整参数可以把茶壶拆分成不同的部分。

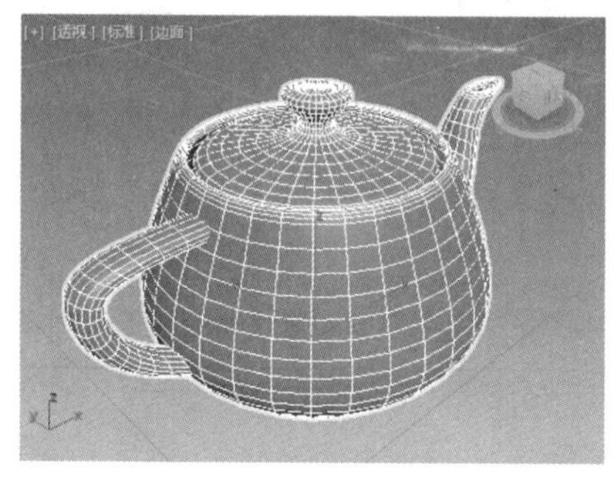

图 2-72

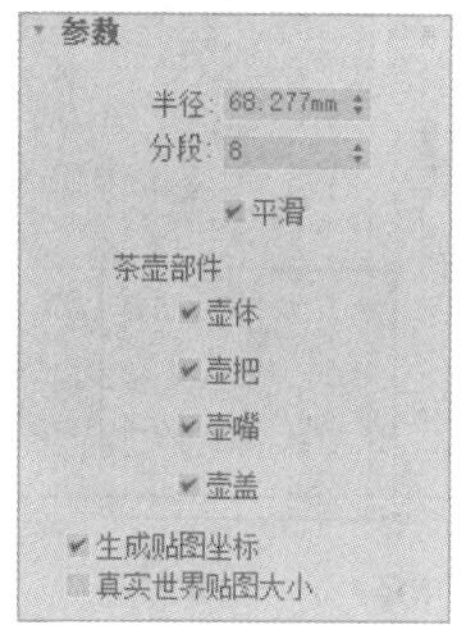

图 2-73

- 半径：确定茶壶的大小。
- 分段：确定茶壶表面的划分精度，值越大，表面越细腻。
- 平滑：是否自动进行表面光滑处理。
- 茶壶部件：设置各部分的取舍，包括壶体、壶把、壶嘴和壶盖 4 个部分。

其他参数请参见前面的参数说明。

3. 参数的修改

茶壶的参数修改比较简单，修改好参数后，按 Enter 键确定，即可得到修改后的效果。茶壶的参数修改及效果如表 2-9 所示。

表 2-9

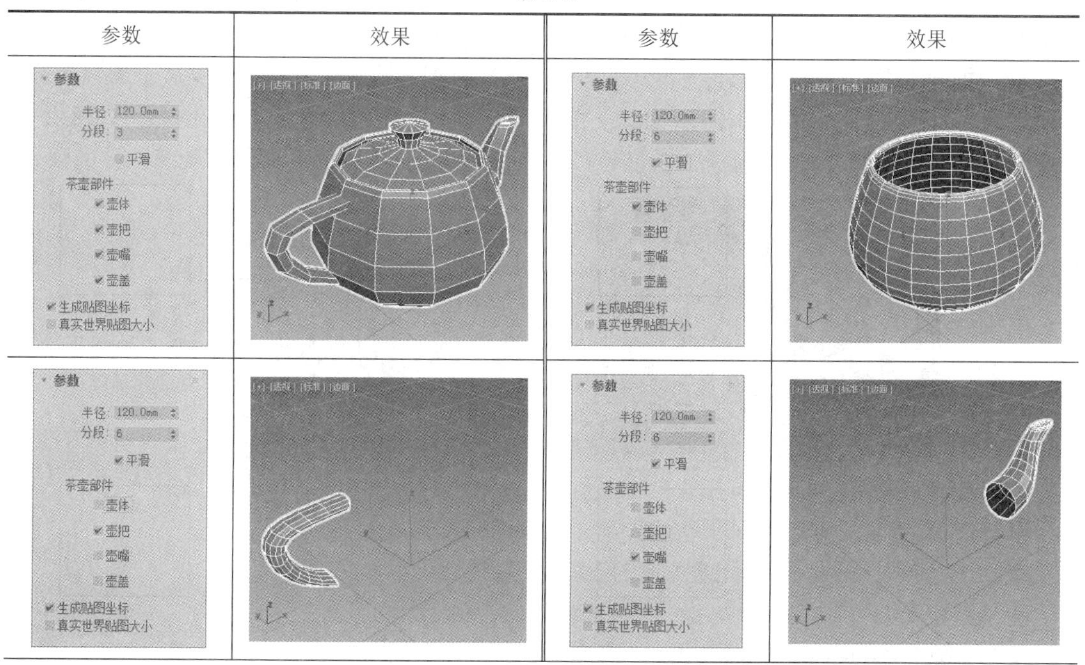

参数	效果	参数	效果
参数 半径: 120.0mm 分段: 3 平滑 茶壶部件 壶体 壶把 壶嘴 壶盖 生成贴图坐标 真实世界贴图大小		参数 半径: 120.0mm 分段: 6 平滑 茶壶部件 壶体 壶把 壶嘴 壶盖 生成贴图坐标 真实世界贴图大小	
参数 半径: 120.0mm 分段: 6 平滑 茶壶部件 壶体 壶把 壶嘴 壶盖 生成贴图坐标 真实世界贴图大小		参数 半径: 120.0mm 分段: 6 平滑 茶壶部件 壶体 壶把 壶嘴 壶盖 生成贴图坐标 真实世界贴图大小	

续表

参数	效果	参数	效果
参数 半径: 120.0mm 分段: 6 平滑 茶壶部件 壶体 壶把 壶嘴 壶盖 生成贴图坐标 真实世界贴图大小		参数 半径: 120.0mm 分段: 6 平滑 茶壶部件 壶体 壶把 壶嘴 壶盖 生成贴图坐标 真实世界贴图大小	

2.1.14　平面

平面用于在场景中直接创建平面对象，可以用于制作地面和场地等，使用起来非常方便。下面介绍平面的创建方法及其参数设置。

1. 创建平面

创建平面有两种方法：一种是矩形创建方法，另一种是正方形创建方法，如图 2-74 所示。

图 2-74

- 矩形创建方法：分别确定两条边的长度，创建长方形平面。
- 正方形创建方法：只需给出一条边的长度，创建正方形平面。

创建平面的操作步骤如下。

（1）单击“+（创建）> ●（几何体）> 标准基本体 > 平面”按钮。

（2）将鼠标指针移到视图中，单击并按住鼠标左键进行拖曳，视图中会生成一个平面，将其调整至合适的大小后松开鼠标左键，平面创建完成，如图 2-75 所示。

2. 平面的参数

单击平面将其选中，然后单击 （修改）按钮，修改命令面板中会显示平面的参数，如图 2-76 所示。

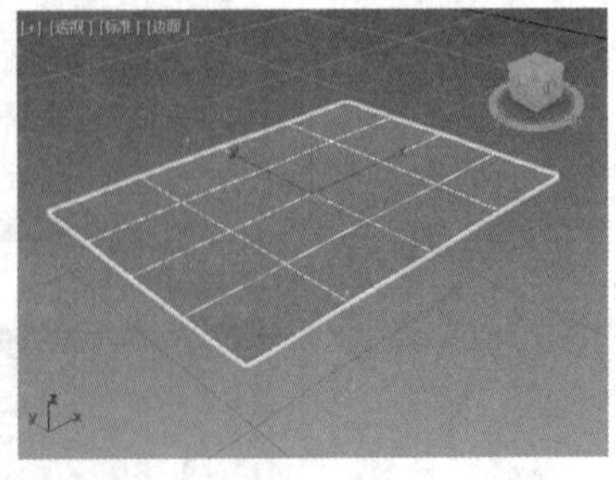
图 2-75

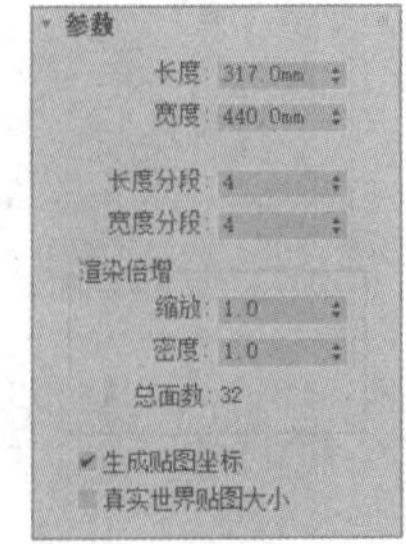

图 2-76

- 长度、宽度：确定平面的长、宽，以决定平面的大小。
- 长度分段：确定沿平面长度方向的分段数，系统默认为 4。
- 宽度分段：确定沿平面宽度方向的分段数，系统默认为 4。
- 渲染倍增：只在渲染时起作用。
  - ◆ 缩放：渲染时平面的长和宽均以该比例缩放。

◆ 密度：渲染时平面的长和宽方向上的分段数均以该比例变化。

◆ 总面数：显示平面对象全部的面片数。

平面参数的修改非常简单，在此不进行介绍。

2.1.15 加强型文本

加强型文本提供了内置文本对象，可以创建样条线轮廓或实心、挤出、倒角几何体。通过调整参数可以根据每个角色应用不同的字体和样式并添加动画和特殊效果。

（1）单击“+（创建）> ●（几何体） > 标准基本体 > 加强型文本”按钮。

（2）将鼠标指针移到视图中，单击即可在当前视图中创建加强型文本，如图 2-77 所示。

单击文本将其选中，然后单击☑（修改）按钮，修改命令面板中会显示文本的参数，下面先介绍“插值”卷展栏，如图 2-78 所示。

图 2-77

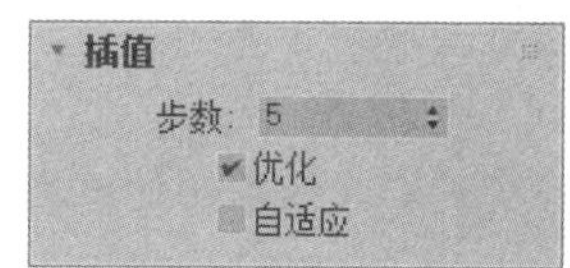

图 2-78

- 步数：设置用于分割曲线的顶点数。步数越多，曲线越平滑。可以手动设置步数，还可以通过勾选“自适应”复选框自动设置步数，范围为 0 ~ 100。
- 优化：从直线段移除不必要的步数。默认设置为启用。
- 自适应：自动设置步数，以生成平滑曲线。默认为未启用。

在“布局”卷展栏中可以更改文本的放置方式，如图 2-79 所示。

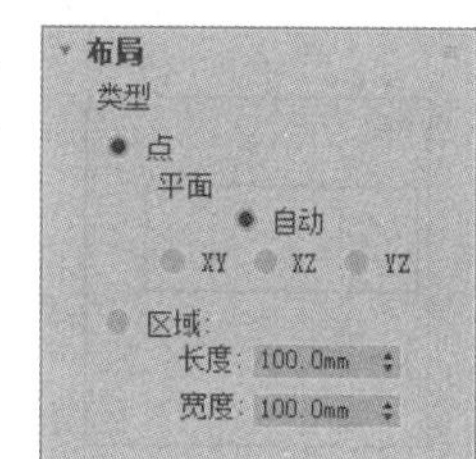

图 2-79

- 点：使用点确定布局。
- 平面：使用“自动”“XY”“XZ”或“YZ”确定布局。
- 区域：使用“长度”“宽度”测量值确定布局。

在“参数”卷展栏中可以更改文本和版式，如图 2-80 所示。

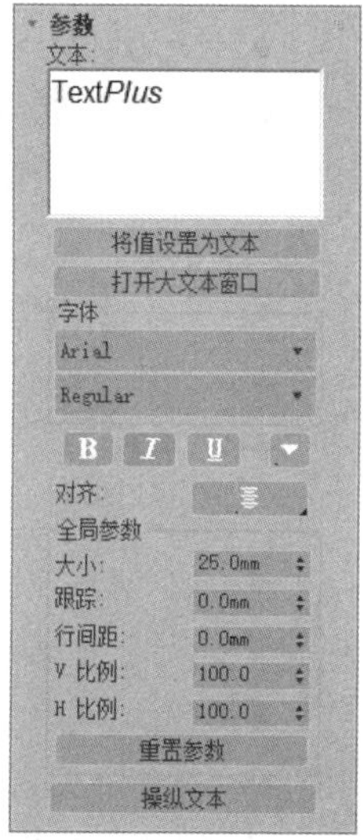

图 2-80

- 文本：可以输入多行文本，按 Enter 键换行。默认文本是“加强型文本”。可以通过“剪贴板”复制并粘贴单行文本和多行文本。
- 将值设置为文本：可打开“将值编辑为文本”对话框，将文本链接到要显示的值。该值可以是对象值（如半径等），也可以是从脚本或表达式返回的任何其他值。
- 打开大文本窗口：可打开大文本窗口，以便更好地查看大量文本。
- 字体列表：从可用字体（包括 Windows 中安装的字体和 PostScript Type 1 字体）列表中进行选择。
- 字体类型列表：可选择“Regular”“Italic”“Bold”“Bold Italic”

等字体类型。

- B（粗体）：切换为加粗文本。
- I（斜体）：切换为斜体文本。
- U（下画线）：切换为下画线文本。
- T（删除线）：切换为删除线文本。
- TT（全部大写）：切换为大写文本。
- Tт（小写）：将使用相同高度和宽度的大写文本切换为小写。
- T（上标）：减小字母的高度和粗细并将它们放置在常规文本行的上方。
- T（下标）：减小字母的高度和粗细并将它们放置在常规文本行的下方。
- 对齐：设置文本对齐方式。对齐选项包括“左”“中心”“右”“最后一个左对齐”“最后一个中心对齐”“最后一个右对齐”“完全对齐”。
- 大小：设置文本高度，其测量方法由活动字体定义。
- 跟踪：设置字母间距。
- 行间距：设置行间距（需要有多行文本）。
- V 比例：设置垂直缩放。
- H 比例：设置水平缩放。
- 重置参数：对于选定角色或全部角色，将选定参数重置为其默认值。参数包括“全局 V 比例”“全局 H 比例”“跟踪”“行间距”“基线转移”“字间距”“局部 V 比例”“局部 H 比例”。
- 操纵文本：切换功能以均匀或非均匀手动操纵文本，可以调整文本大小、字体、跟踪、字间距和基线。

在“几何体”卷展栏中可以调整文本的挤出和倒角参数，如图 2-81 所示。

图 2-81

- 生成几何体：将 2D 的几何效果切换为 3D 的几何效果。
- 挤出：设置挤出深度。
- 挤出分段：指定在挤出文本中创建的分段数。
- 应用倒角：对文本执行倒角。
- 预设列表：从下拉列表框中选择一个预设倒角类型，或选择“自定义”以通过“倒角剖面编辑器”窗口创建倒角。预设列表中的选项包括“凹面”“凸面”“凹雕”“半圆”“壁架”“线性”“S 形区域”“三步”“两步”。
- 倒角深度：设置倒角区域的深度。
- 宽度：用于修改宽度参数。默认设置为未勾选状态，并受限于深度参数。勾选后可从默认值更改宽度，在“宽度”数值框中输入数值即可。
- 倒角推：设置倒角曲线的强度。例如，使用凹面倒角预设时，0 表示完美的线性边，-1 表示凸边，+1 表示凹边。
- 轮廓偏移：设置轮廓的偏移距离。
- 步数：设置用于分割曲线的顶点数。步数越多，曲线越平滑。
- 优化：从倒角的直线段移除不必要的步数。默认设置为启用。

- 倒角剖面编辑器：单击打开“倒角剖面编辑器”窗口，可以创建自定义剖面。
- 显示高级参数：用于显示高级参数。
- 开始：设置文本正面的封口。选项包括：“封口”（简单封口无倒角）、“无封口”（开放面）、“倒角封口”“倒角无封口”。默认设置为“倒角封口”。
- 结束：设置文本背面的封口。选项包括“封口”“无封口”“倒角封口”“倒角无封口”。默认设置为“封口”。
- 约束：对选定面使用选择约束。
- 变形：使用三角形创建封口面。
- “材质 ID”选项组：使用此选项组可将单独选定的材质应用于“始端封口”“始端倒角”“边”“末端倒角”“末端封口”。
- “动画”卷展栏可以设置文本的动画类型等参数，如图 2-82 所示。
- 分隔：设置为文本的哪部分设置动画。
- 上方向：将文本元素的向上方向设置为 x、y 或 z 轴。使用动画预设时，如果用于创建该预设的原始对象的方向轴与当前文本元素的方向轴不同，导致文本使用错误的方向，则需要使用此选项。

图 2-82

- 翻转轴：反转文本元素的方向。使用动画预设时，如果用于创建该预设的原始对象的方向轴与当前文本元素的方向轴不同，导致文本使用错误的方向，则需要使用此选项。

2.2 创建扩展基本体

扩展基本体是比标准基本体更复杂的几何体，可以说是标准基本体的延伸，具有更加丰富的形态，在建模过程中也被频繁地使用，并被用于制作更加复杂的三维模型。

2.2.1 课堂案例——制作床尾凳模型

【案例学习目标】通过几何体和图形的组合来制作模型。

【案例知识要点】将“切角长方体”工具和“可渲染的样条线”命令结合使用以制作床尾凳模型，完成的模型效果如图 2-83 所示。

图 2-83

微课视频

制作床尾凳模型

【素材文件位置】云盘/贴图。

【模型文件位置】云盘/场景/Ch02/床尾凳模型.max。

【参考模型文件位置】云盘/场景/Ch02/床尾凳.max。

（1）单击"+（创建）>●（几何体）>扩展基本体>切角长方体"按钮，在"顶"视图中创建切角长方体模型，并设置合适的参数，如图2-84所示。

（2）切换到▣（修改）面板，在"修改器列表"中选择"FFD 4×4×4"修改器，将选择集定义为"控制点"，在"顶"视图中缩放控制点，如图2-85所示。

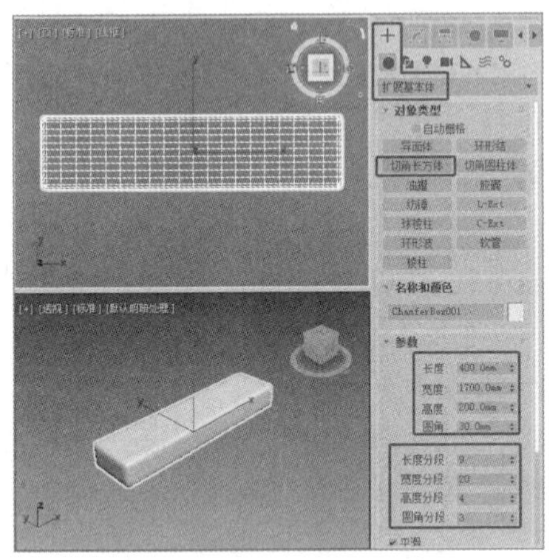

图2-84

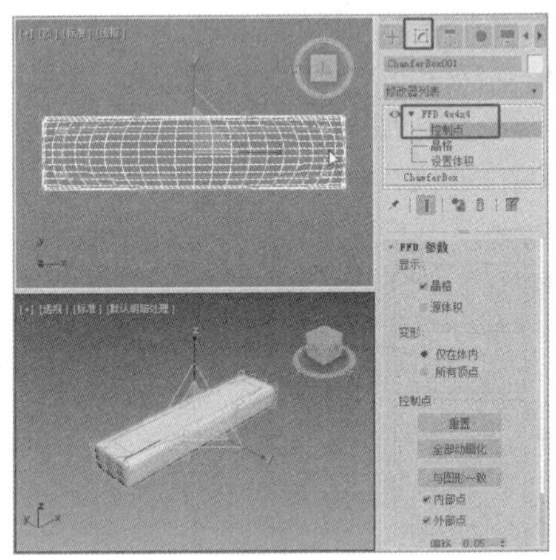

图2-85

（3）切换到"前"视图，向上移动控制点，调整模型至合适的效果，如图2-86所示。

（4）单击"+（创建）>▣（图形）>样条线>线"按钮，在"左"视图中创建线，如图2-87所示。

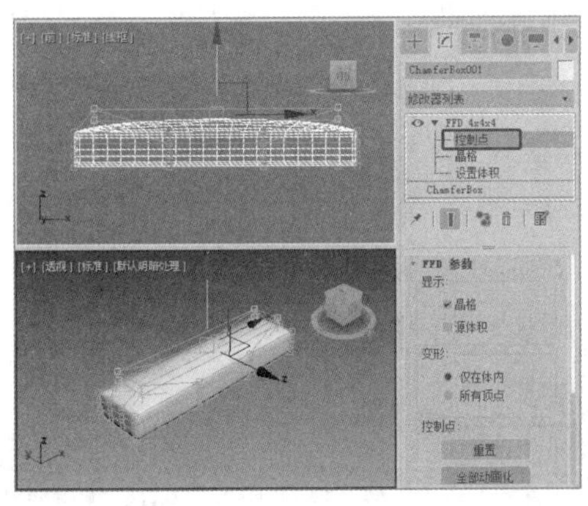

图2-86

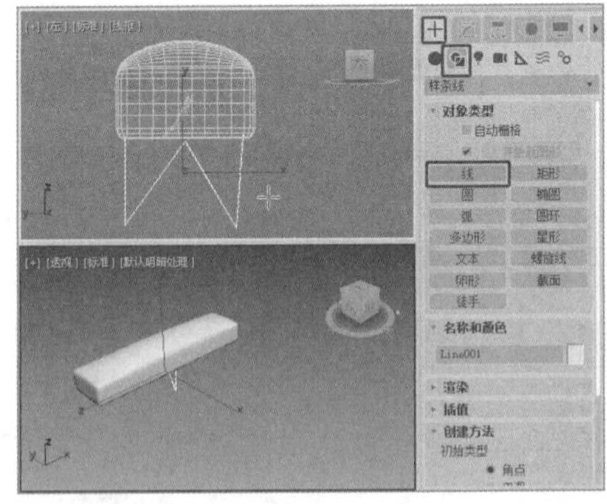

图2-87

（5）切换到▣（修改）面板，在"选择"卷展栏中将选择集定义为"顶点"，调整顶点的位置，如图2-88所示。

（6）在"几何体"卷展栏中单击"圆角"按钮，在场景中选择顶点，按住鼠标左键拖动顶点，设置圆角效果，如图2-89所示。

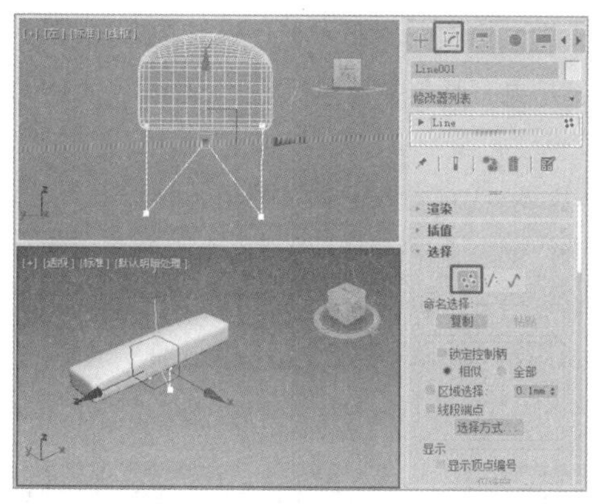

图 2-88

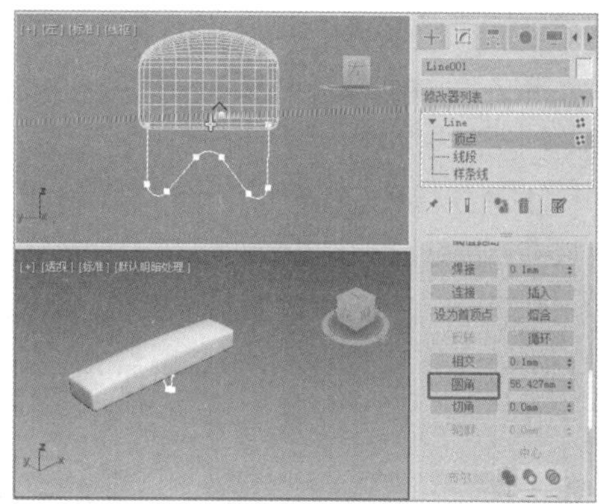

图 2-89

（7）调整好顶点的圆角效果后关闭“圆角”按钮，关闭选择集，在“渲染”卷展栏中勾选“在渲染中启用”和“在视图中启用”复选框，设置合适的“厚度”参数，如图 2-90 所示。

（8）在“顶”视图中调整顶点，调整的过程中可以先取消勾选“在视图中启用”复选框，调整完成后再将其勾选，如图 2-91 所示。

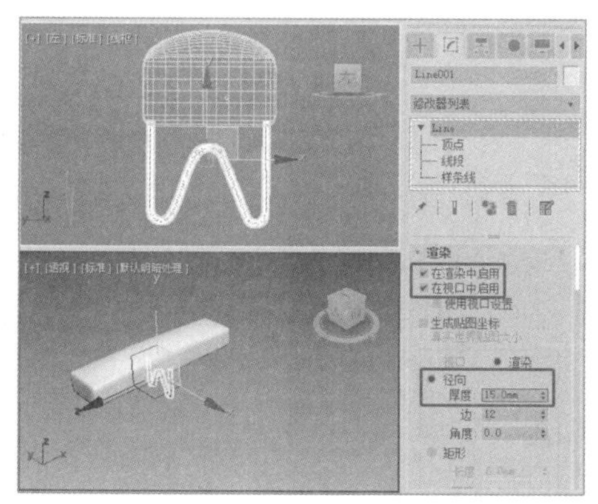

图 2-90

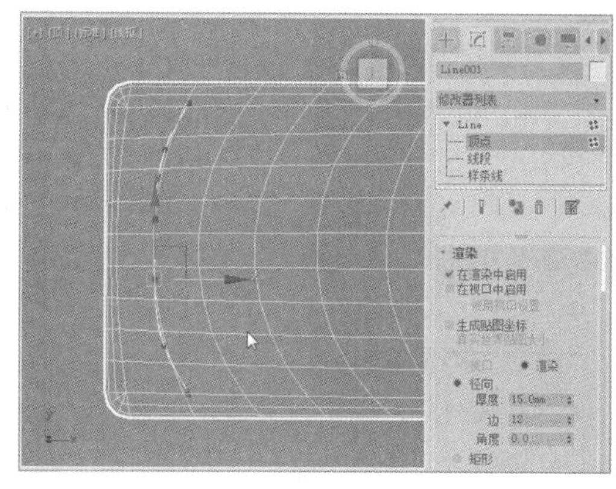

图 2-91

（9）调整好可渲染的样条线后，对其进行复制，床尾凳模型制作完成，效果如图 2-92 所示。

小提示

在制作案例模型的过程中，可以发现模型只靠简单的几何体堆积是可以制作完成的，但是，当需要建造一些平滑或高要求的模型时，简单的模型堆积就达不到需要的效果了，这时就要借助许多工具和修改器来完成，具体涉及的工具和修改器将会在后面的内容中慢慢给大家讲解。

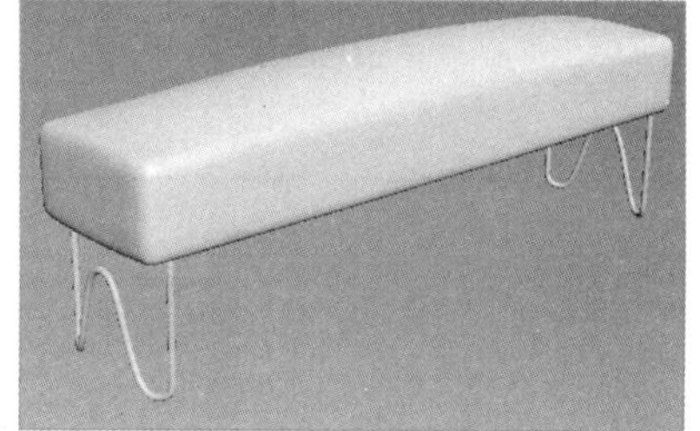

图 2-92

2.2.2 切角长方体和切角圆柱体

切角长方体和切角圆柱体用于直接创建带切角的长方体和圆柱体。下面介绍切角长方体和切角圆柱体的创建方法及其参数的设置和修改。

1. 创建切角长方体和切角圆柱体

切角长方体和切角圆柱体的创建方法是相同的，两者都具有圆角的特性，这里以切角长方体为例对创建方法进行介绍，操作步骤如下。

（1）单击"+（创建）> ●（几何体）> 扩展基本体 > 切角长方体"按钮。

（2）将鼠标指针移到视图中，单击并按住鼠标左键进行拖曳，视图中会生成一个长方形平面，如图2-93所示。在合适的位置松开鼠标左键并上下移动鼠标指针，调整模型高度，如图2-94所示。单击后再次上下移动鼠标指针，调整模型圆角的系数，再次单击即可完成切角长方体的创建，如图2-95所示。

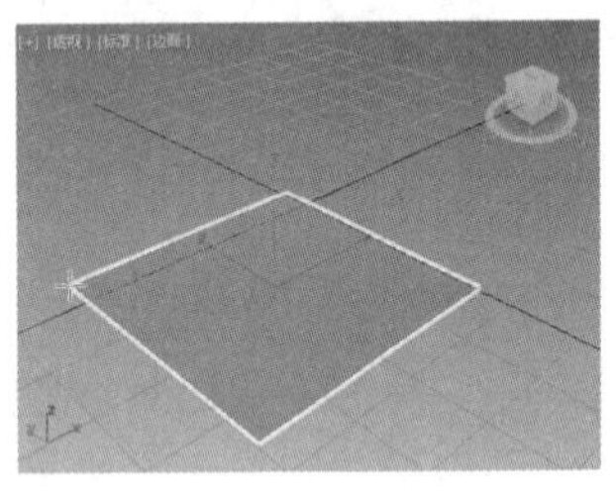

图2-93

图2-94

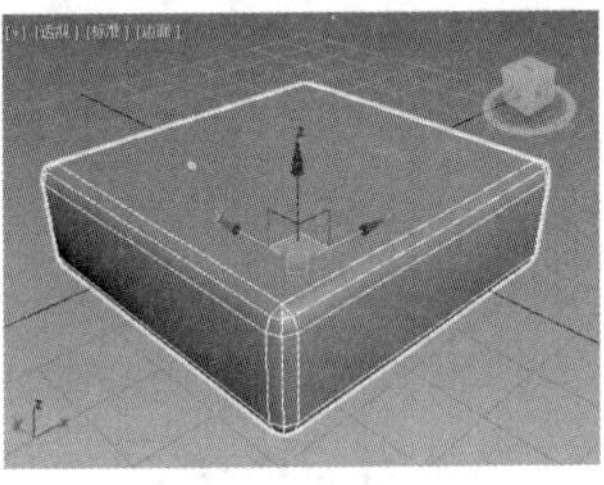

图2-95

2. 切角长方体和切角圆柱体的参数

单击切角长方体或切角圆柱体将其选中，然后单击（修改）按钮，修改命令面板中会显示切角长方体或切角圆柱体的参数，如图2-96所示，切角长方体和切角圆柱体的参数大部分都是相同的。

- 圆角：设置切角长方体（切角圆柱体）的圆角半径，确定圆角的大小。
- 圆角分段：设置圆角的分段数，值越大，圆角越圆滑。

其他参数请参见前面的参数说明。

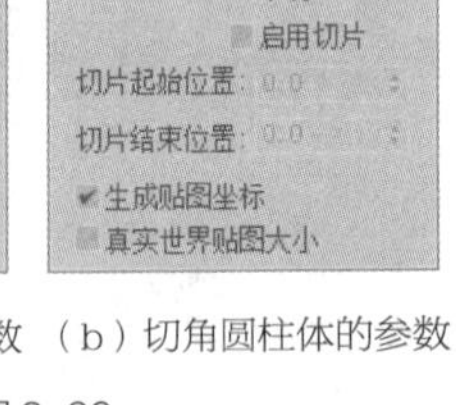

（a）切角长方体的参数 （b）切角圆柱体的参数

图2-96

3. 参数的修改

切角长方体和切角圆柱体的参数比较简单，参数的修改也比较直观，如表2-10所示。

表2-10

参数	效果	参数	效果
参数 长度: 220.0mm 宽度: 230.0mm 高度: 90.0mm 圆角: 15.0mm 长度分段: 1 宽度分段: 1 高度分段: 1 圆角分段: 1 平滑 生成贴图坐标 真实世界贴图大小		参数 长度: 220.0mm 宽度: 230.0mm 高度: 90.0mm 圆角: 15.0mm 长度分段: 1 宽度分段: 1 高度分段: 1 圆角分段: 3 平滑 生成贴图坐标 真实世界贴图大小	

续表

参数	效果	参数	效果
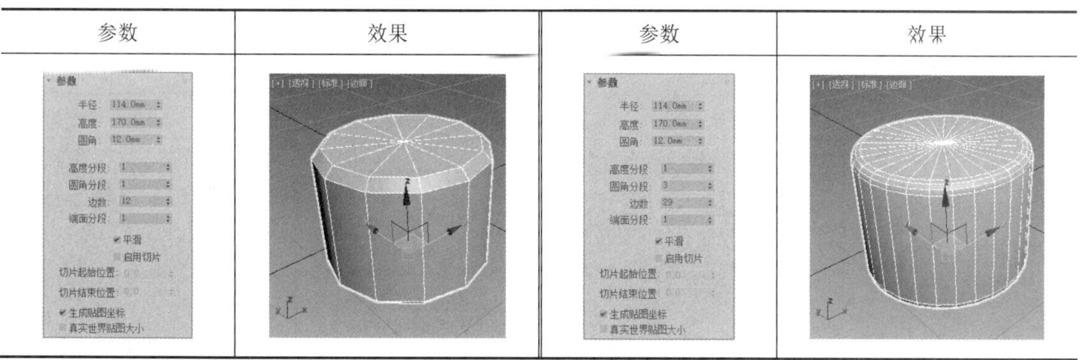			

2.2.3 异面体

异面体用于创建各种具备奇特表面的几何体。下面介绍异面体的创建方法及其参数的设置和修改。

1. 创建异面体

异面体的创建方法和球体的创建方法相似，操作步骤如下。

（1）单击“+（创建）> ●（几何体）> 扩展基本体 > 异面体”按钮。

（2）将鼠标指针移到视图中，单击并按住鼠标左键进行拖曳，视图中会生成一个异面体，上下移动鼠标指针调整异面体的大小，在合适的位置松开鼠标左键，异面体创建完成，如图 2-97 所示。

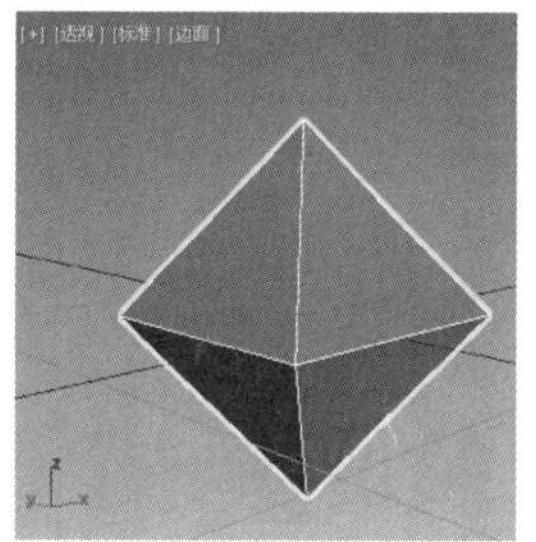

图 2-97

2. 异面体的参数

单击异面体将其选中，然后单击 （修改）按钮，修改命令面板中会显示异面体的参数，如图 2-98 所示。

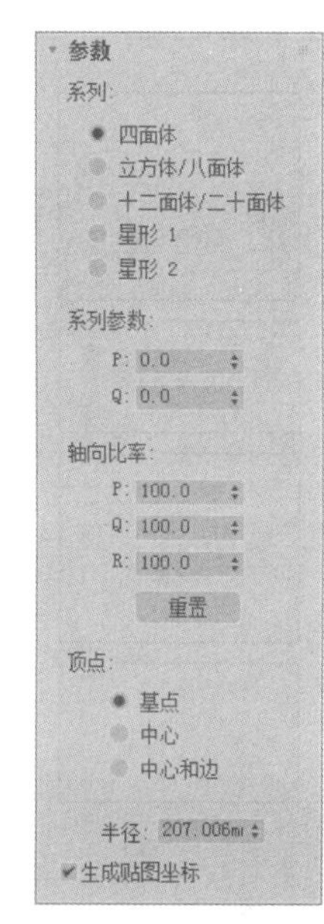

图 2-98

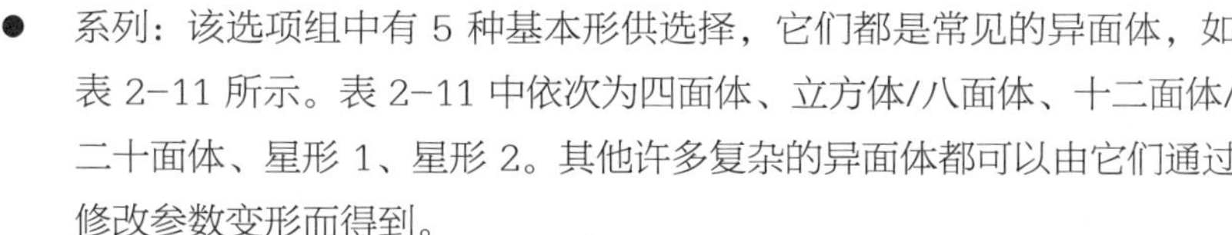

- 系列：该选项组中有 5 种基本形供选择，它们都是常见的异面体，如表 2-11 所示。表 2-11 中依次为四面体、立方体/八面体、十二面体/二十面体、星形 1、星形 2。其他许多复杂的异面体都可以由它们通过修改参数变形而得到。
- 系列参数：利用“P”“Q”数值框可以通过两种途径分别对异面体的顶点和面进行双向调整，从而产生不同的造型。
- 轴向比率：异面体的表面都是由 3 种类型的平面图形拼接而成的，包括三角形、矩形和五边形。这里的 3 个调节器（P、Q、R）是分别调节各自比例的。“重置”按钮可使数值恢复到默认值（系统默认值为 100）。
- 顶点：用于确定异面体内部顶点的创建方式，以决定异面体的内部结构，其中“基点”参数确定使用基点的方式，使用“中心”或“中心和边”方式则产生较少的顶点，且得到的异面体也比较简单。
- 半径：用于设置异面体的大小。

其他参数请参见前面的参数说明。

3. 参数的修改

异面体的参数较多，修改参数后的异面体形状多变，如表 2-11 所示。

表 2-11

参数	效果	参数	效果
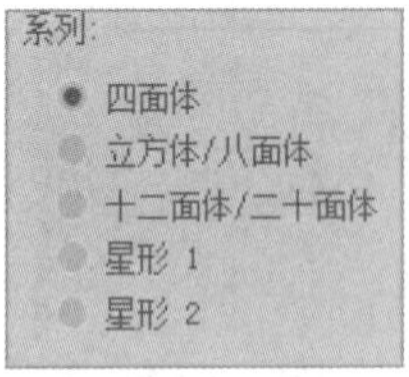 系列: ● 四面体 ○ 立方体/八面体 ○ 十二面体/二十面体 ○ 星形 1 ○ 星形 2	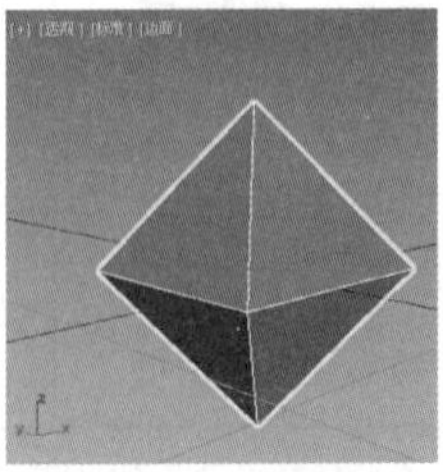	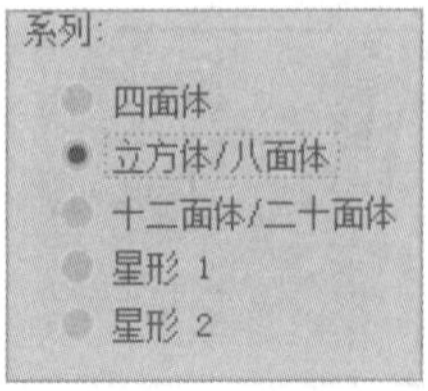 系列: ○ 四面体 ● 立方体/八面体 ○ 十二面体/二十面体 ○ 星形 1 ○ 星形 2	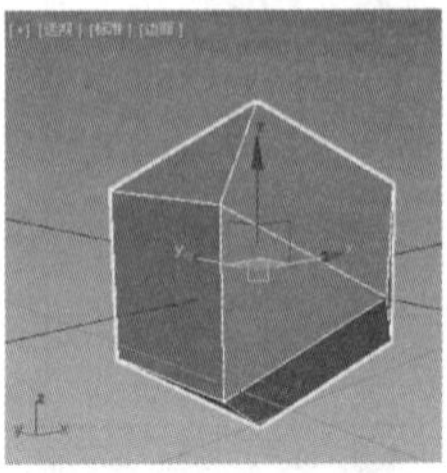
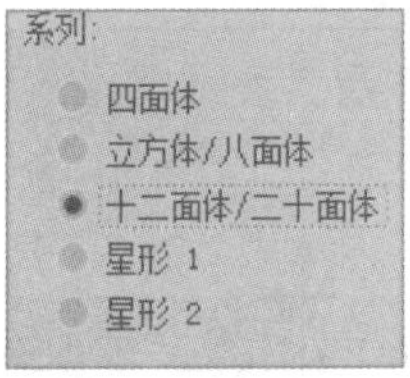 系列: ○ 四面体 ○ 立方体/八面体 ● 十二面体/二十面体 ○ 星形 1 ○ 星形 2	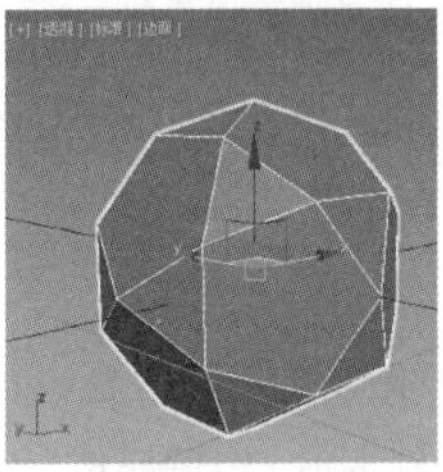	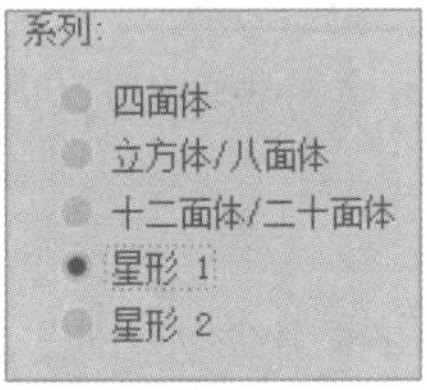 系列: ○ 四面体 ○ 立方体/八面体 ○ 十二面体/二十面体 ● 星形 1 ○ 星形 2	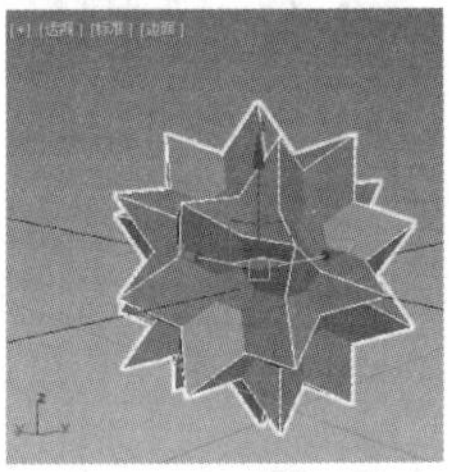
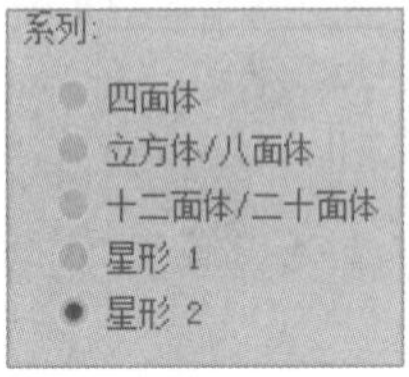 系列: ○ 四面体 ○ 立方体/八面体 ○ 十二面体/二十面体 ○ 星形 1 ● 星形 2	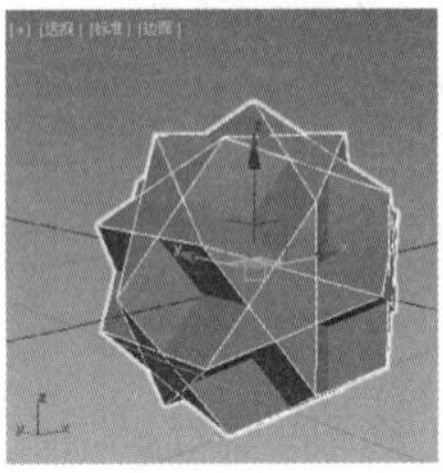	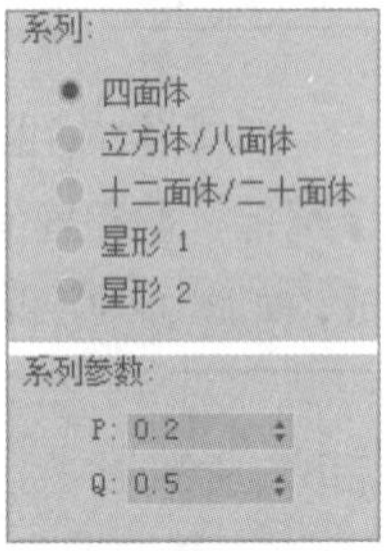 系列: ● 四面体 ○ 立方体/八面体 ○ 十二面体/二十面体 ○ 星形 1 ○ 星形 2 系列参数: P: 0.2 Q: 0.5	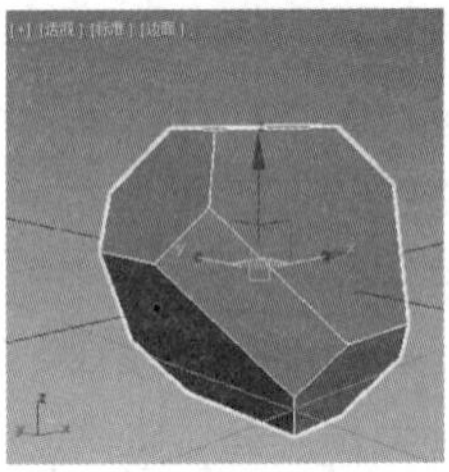
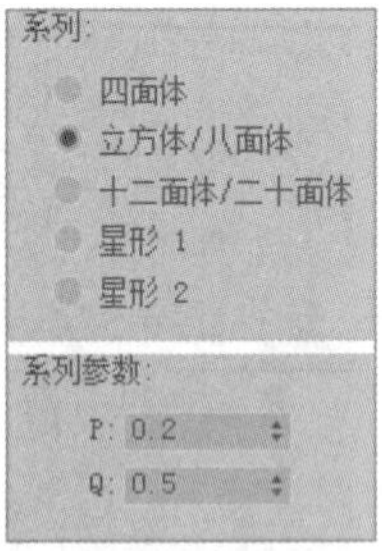 系列: ○ 四面体 ● 立方体/八面体 ○ 十二面体/二十面体 ○ 星形 1 ○ 星形 2 系列参数: P: 0.2 Q: 0.5	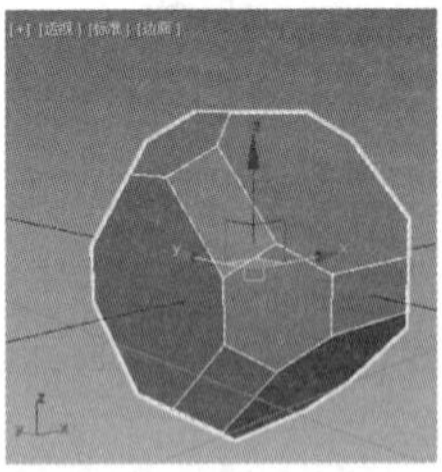	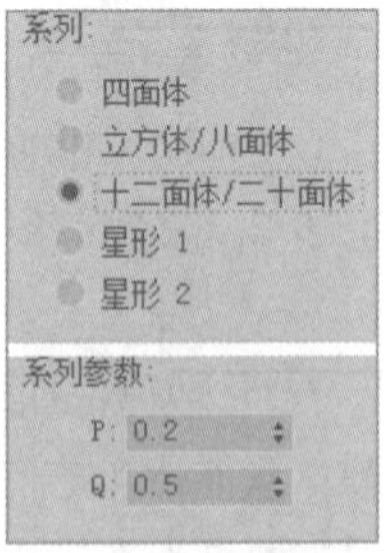 系列: ○ 四面体 ○ 立方体/八面体 ● 十二面体/二十面体 ○ 星形 1 ○ 星形 2 系列参数: P: 0.2 Q: 0.5	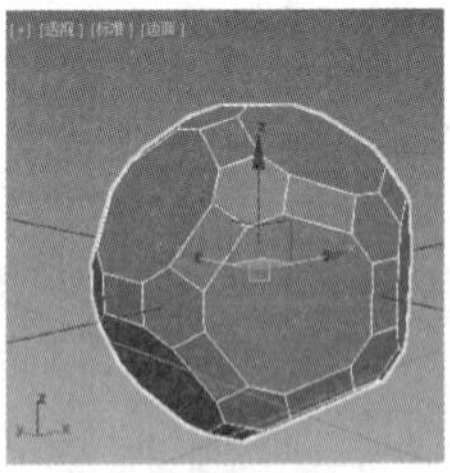
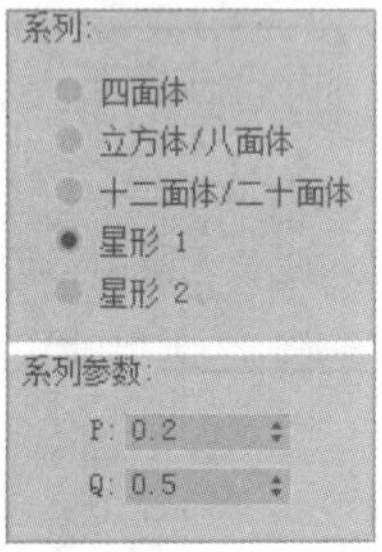 系列: ○ 四面体 ○ 立方体/八面体 ○ 十二面体/二十面体 ● 星形 1 ○ 星形 2 系列参数: P: 0.2 Q: 0.5	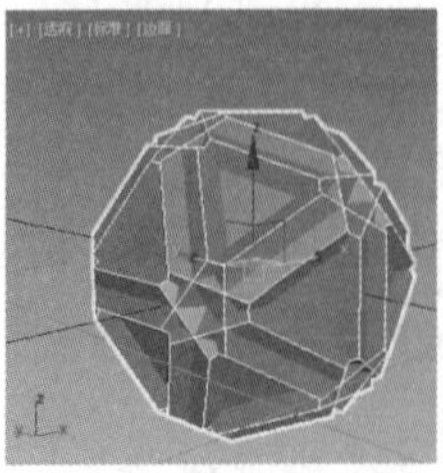	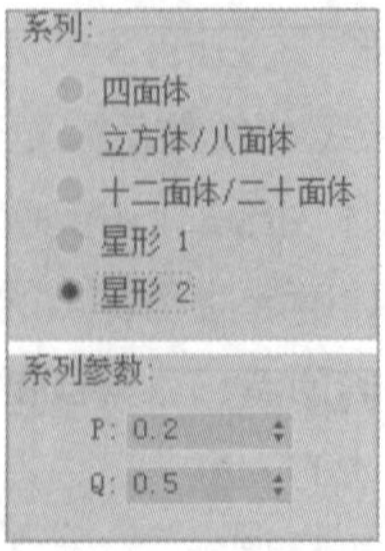 系列: ○ 四面体 ○ 立方体/八面体 ○ 十二面体/二十面体 ○ 星形 1 ● 星形 2 系列参数: P: 0.2 Q: 0.5	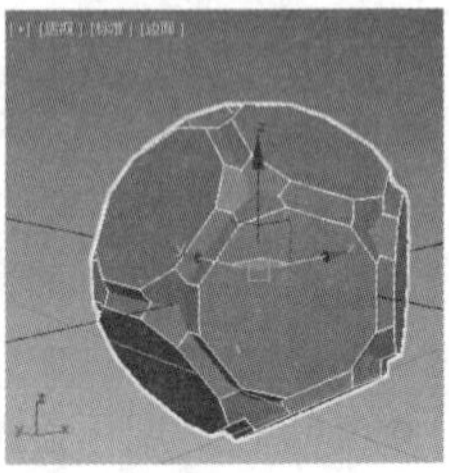

2.2.4 环形结

环形结是扩展基本体中较复杂的一种几何体，通过调节参数可以制作出种类繁多的特殊造型。下面介绍环形结的创建方法及其参数的设置和修改。

1. 创建环形结

环形结的创建方法和圆环的创建方法比较相似，操作步骤如下。

（1）单击“+（创建）> ●（几何体）> 扩展基本体 > 环形结”按钮。

（2）将鼠标指针移到视图中，单击并按住鼠标左键进行拖曳，视图中会生成一个环形结，在合适的位置松开鼠标左键并上下移动鼠标指针，调整环形结的粗细，然后单击完成环形结的创建，如图 2–99 所示。

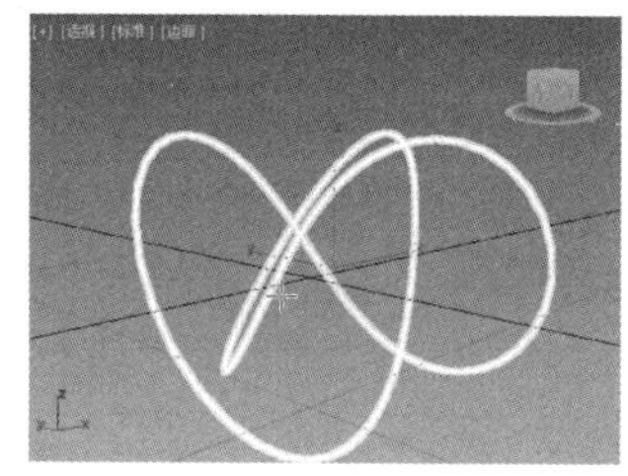

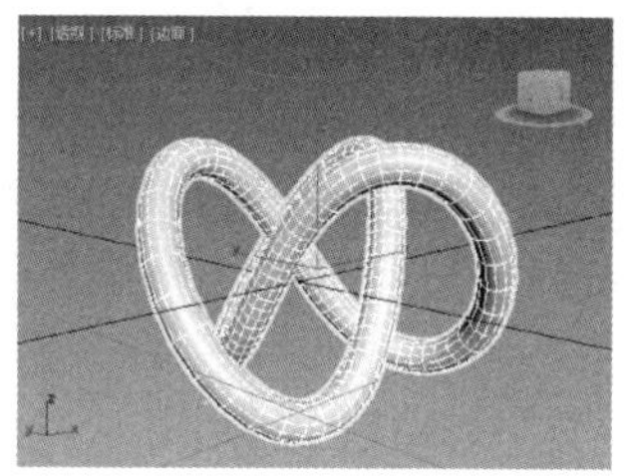

图 2–99

2. 环形结的参数

单击环形结将其选中，然后单击（修改）按钮，修改命令面板中会显示环形结的参数。环形结与其他几何体相比，参数较多，主要分为基础曲线参数、横截面参数、平滑参数以及贴图坐标参数几大类。

- 基础曲线参数用于控制有关环绕曲线的参数，如图 2–100 所示。
  - ◆ 结、圆：用于设置创建环形结或标准圆环。
  - ◆ 半径：用于设置曲线半径的大小。
  - ◆ 分段：用于确定在曲线路径上的分段数。
  - ◆ P、Q：仅对结状方式有效，用于控制曲线路径蜿蜒缠绕的圈数。其中，P 值控制 z 轴方向上的缠绕圈数，Q 值控制路径轴上的缠绕圈数。当 P、Q 值相同时，形成标准圆环。
  - ◆ 扭曲数：仅对圆状方式有效，用于控制在曲线路径上产生的扭曲的数目。
  - ◆ 扭曲高度：仅对圆状方式有效，用于控制在曲线路径上产生的扭曲的高度。
- 横截面参数通过控制截面图形的参数来产生形态各异的造型，如图 2–101 所示。
  - ◆ 半径：设置截面图形的半径。
  - ◆ 边数：设置截面图形的边数，确定圆滑度。
  - ◆ 偏心率：设置截面压扁的程度，当其值为 1 时截面为圆，其值不为 1 时截面为椭圆。
  - ◆ 扭曲：设置截面围绕曲线路径扭曲循环的次数。
  - ◆ 块：设置路径上产生的块状突起的数目。只有当块高度大于 0 时，才能显示出效果。
  - ◆ 块高度：设置块隆起的高度。
  - ◆ 块偏移：在路径上移动块，改变其位置。
- 平滑参数用于控制造型表面的光滑属性，如图 2–102 所示。
  - ◆ 全部：对整个造型进行光滑处理。

- ◆ 侧面：只对纵向（路径方向）的面进行光滑处理，即只光滑环形结的侧边。
- ◆ 无：不进行表面光滑处理。

- 贴图坐标参数用于指定环形结的贴图坐标，如图 2-103 所示。
  - ◆ 生成贴图坐标：根据环形结的曲线路径指定贴图坐标，需要指定贴图在路径上的重复次数和偏移值。
  - ◆ 偏移：设置“U”“V”方向上贴图的偏移值。
  - ◆ 平铺：设置“U”“V”方向上贴图的重复次数。

其他参数请参见前面的参数说明。

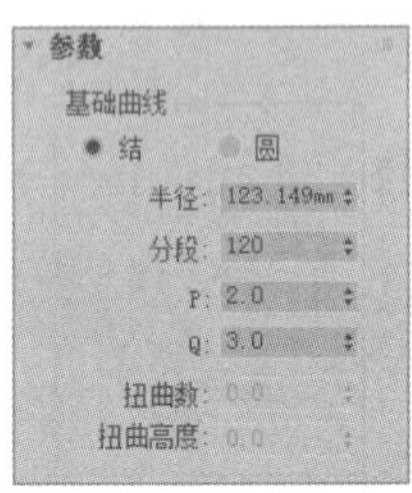

图 2-100

图 2-101

图 2-102

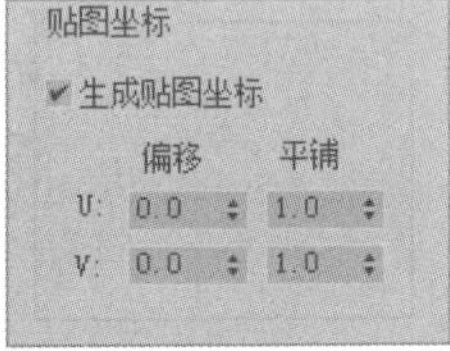

图 2-103

3. 参数的修改

环形结的参数比其他几何体的参数复杂，修改这些参数能产生很多特殊的形体，如表 2-12 所示。

表 2-12

参数	效果	参数	效果
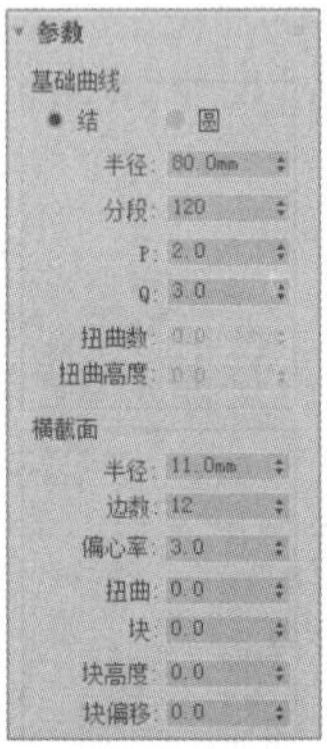 参数 基础曲线 结 圆 半径: 80.0mm 分段: 120 P: 2.0 Q: 3.0 扭曲数: 0.0 扭曲高度: 0.0 横截面 半径: 11.0mm 边数: 12 偏心率: 3.0 扭曲: 0.0 块: 0.0 块高度: 0.0 块偏移: 0.0	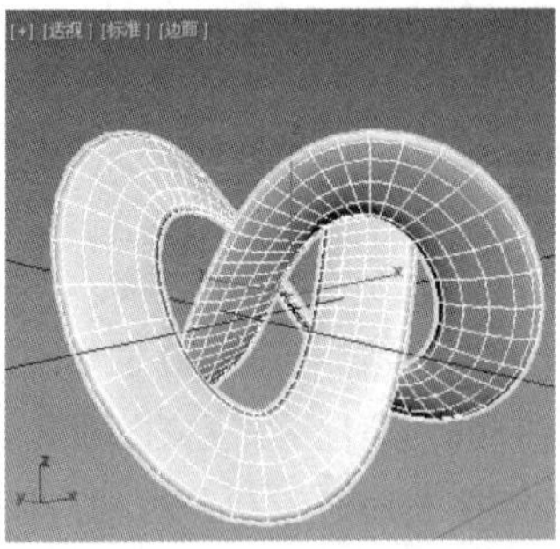 [+] [透视] [标准] [边面]	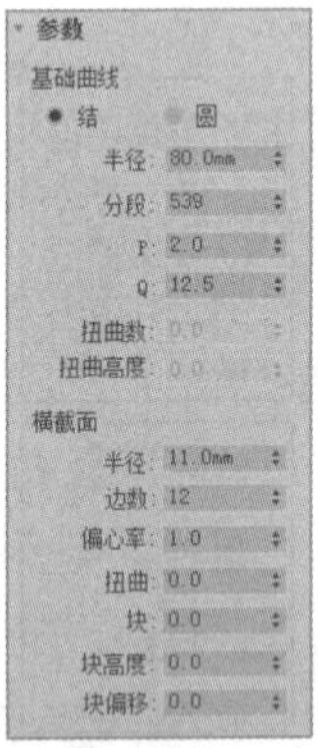 参数 基础曲线 结 圆 半径: 80.0mm 分段: 539 P: 2.0 Q: 12.5 扭曲数: 0.0 扭曲高度: 0.0 横截面 半径: 11.0mm 边数: 12 偏心率: 1.0 扭曲: 0.0 块: 0.0 块高度: 0.0 块偏移: 0.0	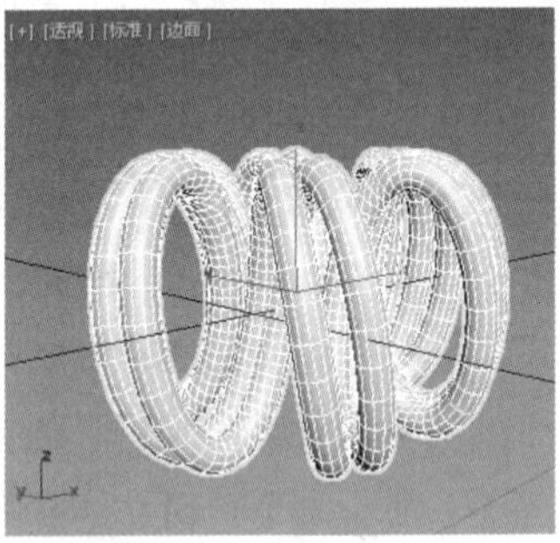 [+] [透视] [标准] [边面]
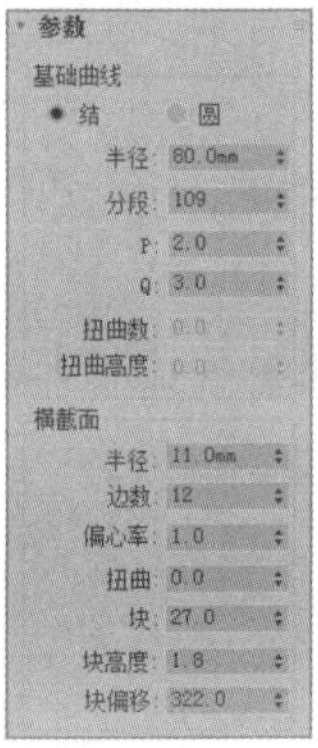 参数 基础曲线 结 圆 半径: 80.0mm 分段: 109 P: 2.0 Q: 3.0 扭曲数: 0.0 扭曲高度: 0.0 横截面 半径: 11.0mm 边数: 12 偏心率: 1.0 扭曲: 0.0 块: 27.0 块高度: 1.8 块偏移: 322.0	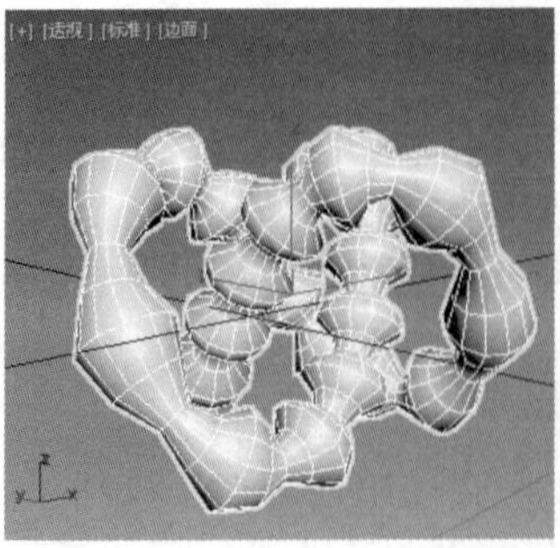 [+] [透视] [标准] [边面]	 参数 基础曲线 结 圆 半径: 80.0mm 分段: 459 P: 10.0 Q: 3.0 扭曲数: 0.0 扭曲高度: 0.0 横截面 半径: 11.0mm 边数: 12 偏心率: 1.0 扭曲: 0.0 块: 27.0 块高度: 1.8 块偏移: 322.0	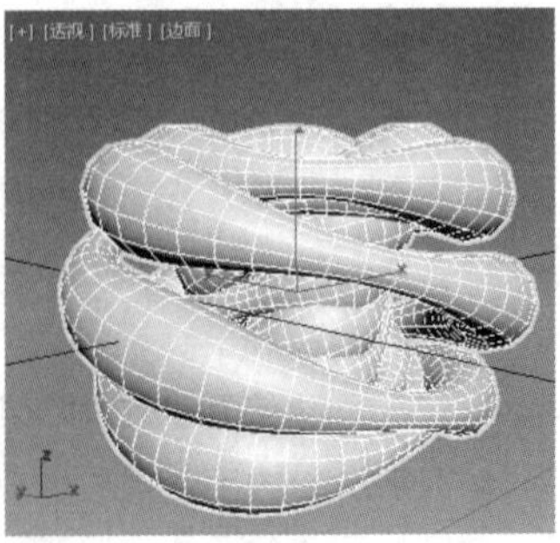 [+] [透视] [标准] [边面]

续表

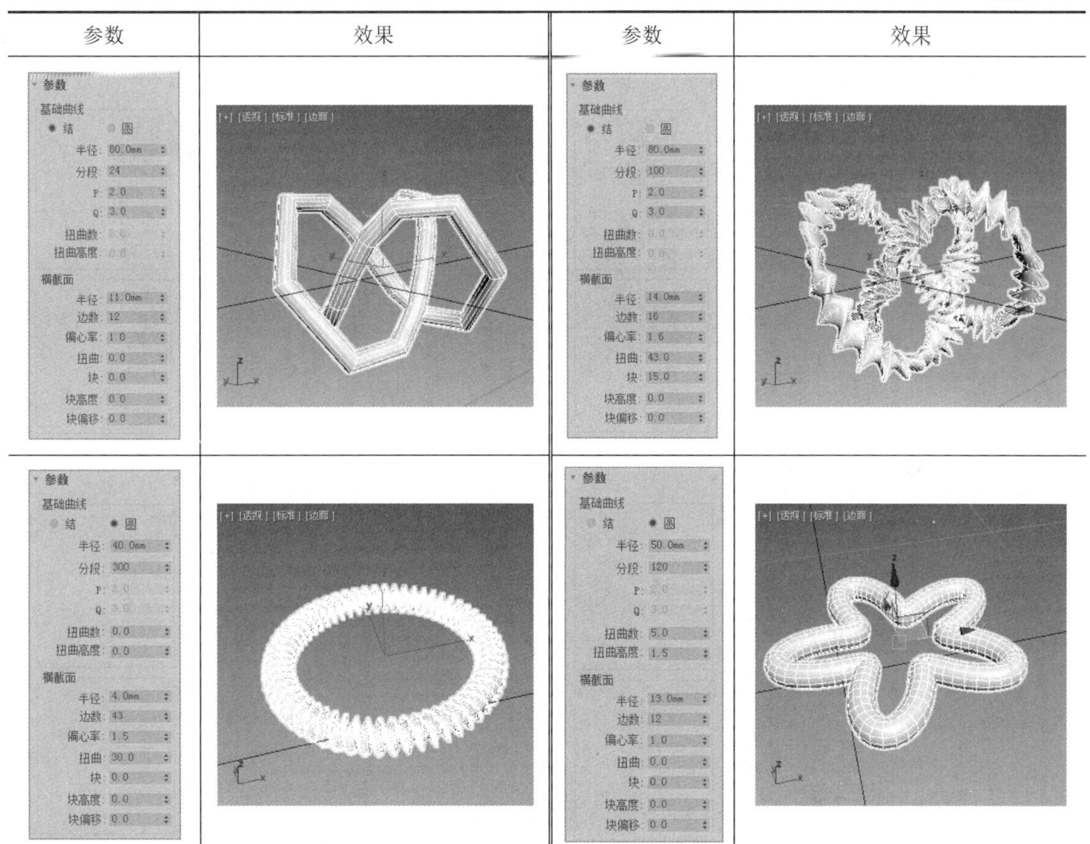

2.2.5 油罐、胶囊和纺锤

油罐、胶囊和纺锤这 3 种几何体都具有圆滑的特性，它们的创建方法和参数也有相似之处。下面介绍油罐、胶囊和纺锤的创建方法及其参数的设置和修改。

1. 创建油罐、胶囊和纺锤

油罐、胶囊和纺锤的创建方法相似，这里以油罐为例来介绍，操作步骤如下。

（1）单击“+（创建）> ●（几何体）> 扩展基本体 > 油罐”按钮。

（2）将鼠标指针移到视图中，单击并按住鼠标左键进行拖曳，视图中会生成油罐的底部，如图 2-104 所示。在合适的位置松开鼠标左键并移动鼠标指针，调整油罐的高度，如图 2-105 所示。单击并移动鼠标指针调整切角的系数，再次单击即可完成油罐的创建，如图 2-106 所示。使用相似的方法可以创建出胶囊和纺锤。

2. 油罐、胶囊和纺锤的参数

单击油罐（胶囊或纺锤）将其选中，然后单击（修改）按钮，修改命令面板中会显示其参数，如图 2-107 所示，这 3 种几何体的参数大部分都相似。

- 封口高度：设置两端凸面顶盖的高度。
- 总体：测量几何体的整体高度。
- 中心：只测量柱体部分的高度，不包括顶盖高度。

- 混合：设置顶盖与柱体边界产生的圆角大小，圆滑顶盖的柱体边缘。
- 高度分段：设置圆锥顶盖的段数。

其他参数请参见前面的参数说明。

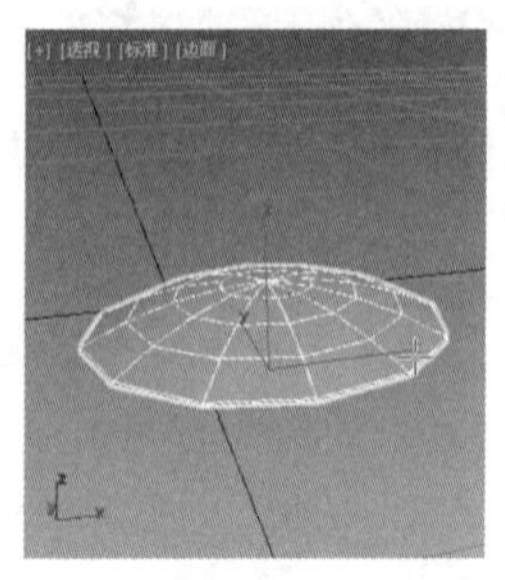
图 2-104

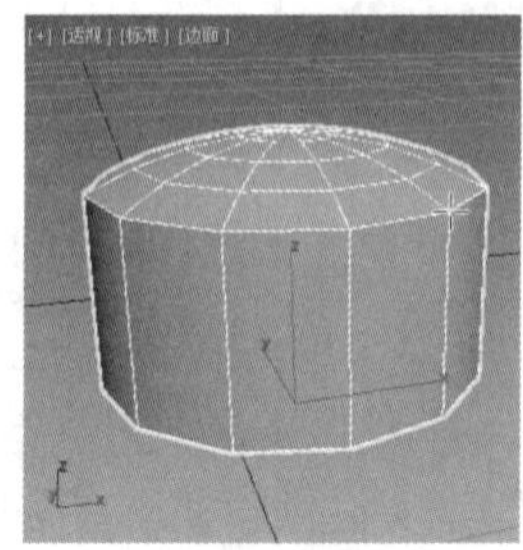
图 2-105

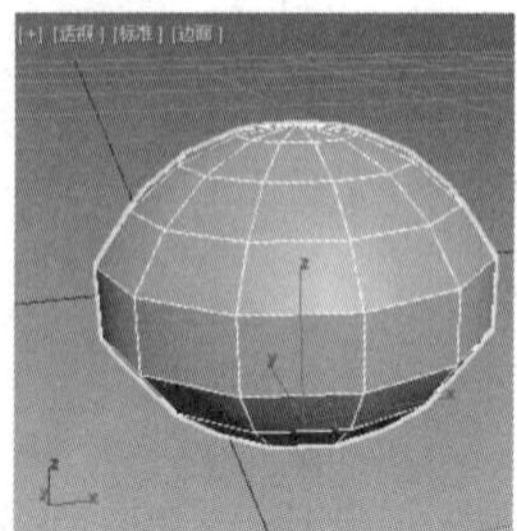
图 2-106

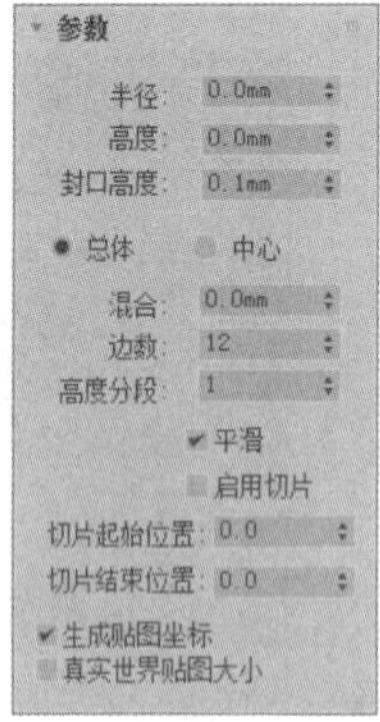

（a）油罐的参数

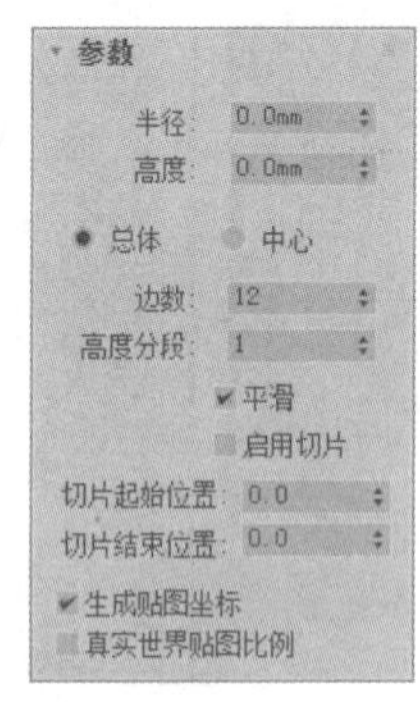

（b）胶囊的参数

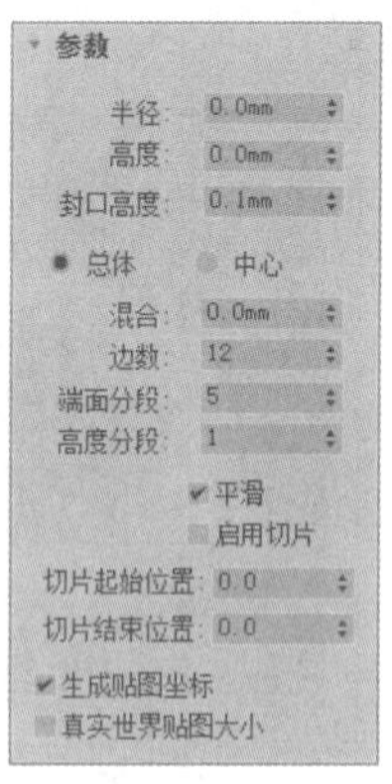

（c）纺锤的参数

图 2-107

3. 参数的修改

油罐、胶囊和纺锤的参数修改比较简单，如表 2-13 所示。

表 2-13

参数	效果	参数	效果
参数 半径: 60.0mm 高度: 100.0mm 封口高度: 28.0mm 总体 中心 混合: 0.0mm 边数: 12 高度分段: 1 平滑 启用切片 切片起始位置: 0.0 切片结束位置: 0.0 生成贴图坐标 真实世界贴图大小	油罐	参数 半径: 60.0mm 高度: 100.0mm 封口高度: 28.0mm 总体 中心 混合: 0.0mm 边数: 12 高度分段: 1 平滑 启用切片 切片起始位置: 211.0 切片结束位置: -101.0 生成贴图坐标 真实世界贴图大小	油罐

续表

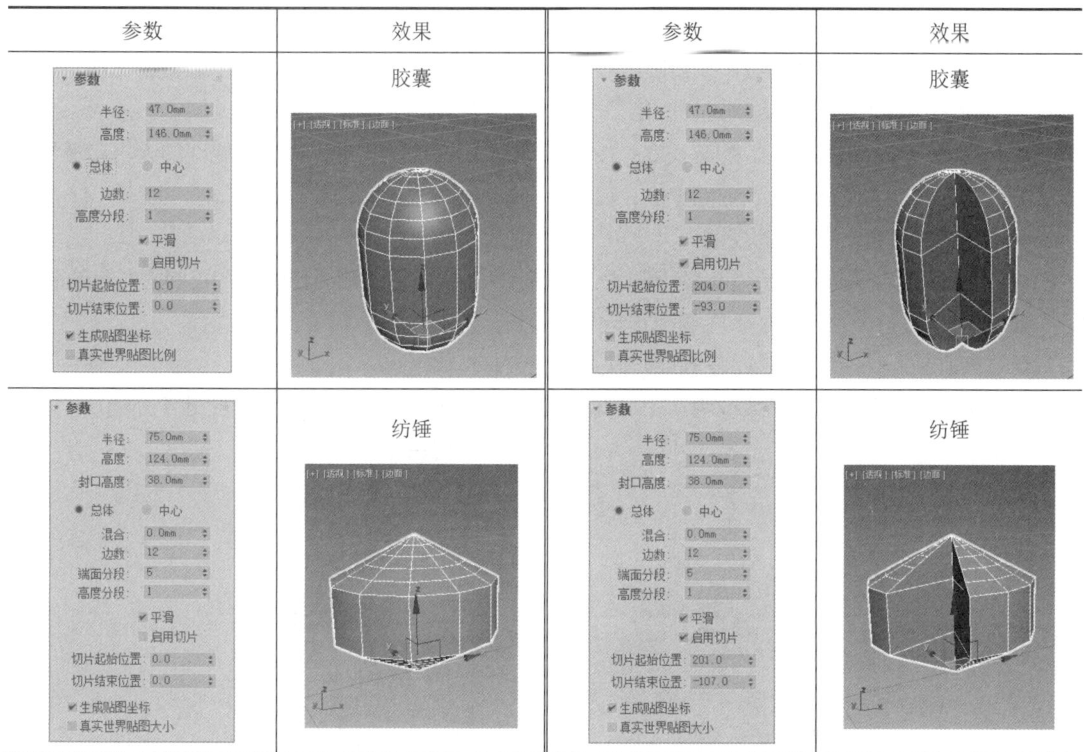

参数	效果	参数	效果
参数 半径：47.0mm 高度：146.0mm 总体 中心 边数：12 高度分段：1 平滑 启用切片 切片起始位置：0.0 切片结束位置：0.0 生成贴图坐标 真实世界贴图比例	胶囊	参数 半径：47.0mm 高度：146.0mm 总体 中心 边数：12 高度分段：1 平滑 启用切片 切片起始位置：204.0 切片结束位置：-93.0 生成贴图坐标 真实世界贴图比例	胶囊
参数 半径：75.0mm 高度：124.0mm 封口高度：38.0mm 总体 中心 混合：0.0mm 边数：12 端面分段：5 高度分段：1 平滑 启用切片 切片起始位置：0.0 切片结束位置：0.0 生成贴图坐标 真实世界贴图大小	纺锤	参数 半径：75.0mm 高度：124.0mm 封口高度：38.0mm 总体 中心 混合：0.0mm 边数：12 端面分段：5 高度分段：1 平滑 启用切片 切片起始位置：201.0 切片结束位置：-107.0 生成贴图坐标 真实世界贴图大小	纺锤

2.2.6 L-Ext 和 C-Ext

L-Ext 和 C-Ext 都主要用于快速建模，两者结构相似。下面介绍 L-Ext 和 C-Ext 的创建方法及其参数的设置和修改。

1. 创建 L-Ext 和 C-Ext

L-Ext 和 C-Ext 的创建方法基本相同，这里以 L-Ext 为例进行介绍，操作步骤如下。

（1）单击"+（创建）>（几何体）> 扩展基本体 > L-Ext"按钮。

（2）将鼠标指针移到视图中，单击并按住鼠标左键进行拖曳，视图中会生成一个 L 形平面，如图 2-108 所示。在合适的位置松开鼠标左键并上下移动鼠标指针，调整墙体的高度。单击并再次移动鼠标指针，可以调整墙体的厚度。再次单击即可完成 L-Ext 的创建，如图 2-109 所示。使用相同的方法可以创建出 C-Ext，如图 2-110 所示。

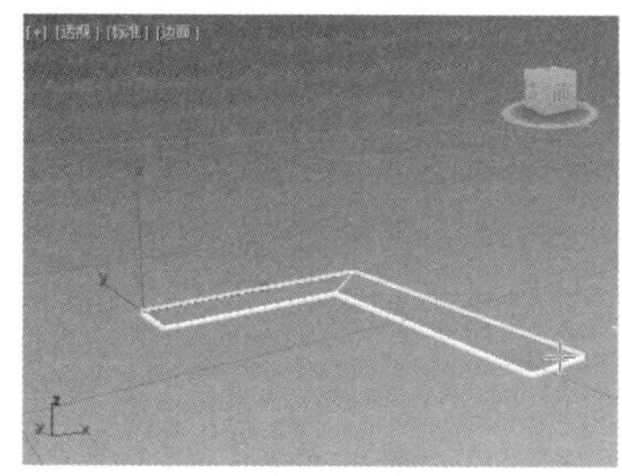

图 2-108

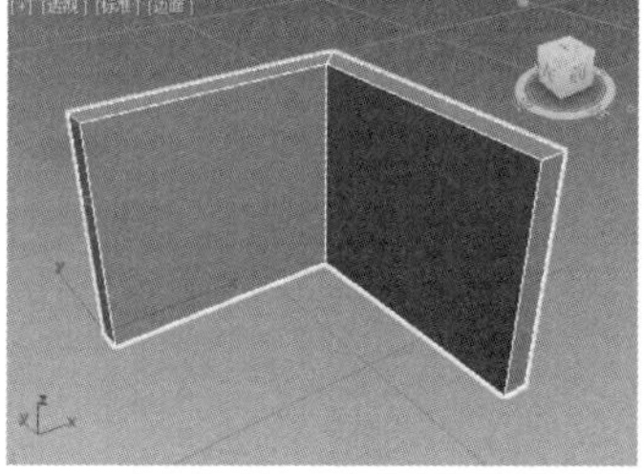

图 2-109

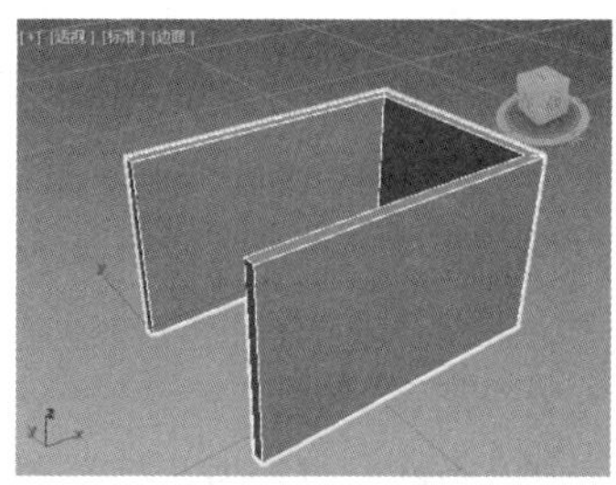

图 2-110

2. L-Ext 和 C-Ext 的参数

L-Ext 和 C-Ext 的参数相似，但 C-Ext 的参数比 L-Ext 的参数多。单击 L-Ext 或 C-Ext 将其选中，然后单击（修改）按钮，修改命令面板中会显示 L-Ext 或 C-Ext 的参数，如图 2-111 所示。下面以 C-Ext 的参数为例进行介绍。

- 背面长度、侧面长度、前面长度：设置 C-Ext 的 3 边的长度，以确定底面的大小和形状。
- 背面宽度、侧面宽度、前面宽度：设置 C-Ext 的 3 边的宽度。
- 高度：设置 C-Ext 的高度。
- 背面分段、侧面分段、前面分段：分别设置 C-Ext 背面、侧面和前面在长度方向上的段数。
- 宽度分段：设置 C-Ext 在宽度方向上的段数。
- 高度分段：设置 C-Ext 在高度方向上的段数。

其他参数请参见前面的参数说明。L-Ext 和 C-Ext 的参数修改比较简单，此处不介绍。

（a）L-Ext 的参数

（b）C-Ext 的参数

图 2-111

2.2.7 软管

软管是一种柔性几何体，其两端可以连接到两个不同的对象上，并能反映出这些对象的移动。下面介绍软管的创建方法及其参数的设置和修改。

1. 创建软管

软管的创建方法很简单，和长方体的基本相同，操作步骤如下。

（1）单击“+（创建）> ●（几何体）> 扩展基本体 > 软管”按钮。

（2）将鼠标指针移到视图中，单击并按住鼠标左键进行拖曳，视图中会生成一个多边形平面，在合适的位置单击并上下移动鼠标指针，调整软管的高度，再次单击即可完成软管的创建，如图 2-112 所示。

2. 软管的参数

单击软管将其选中，然后单击（修改）按钮，修改命令面板中会显示软管的参数。软管的参数很多，主要分为“端点方法”“绑定对象”“自由软管参数”“公用软管参数”“软管形状”5 个选项组。

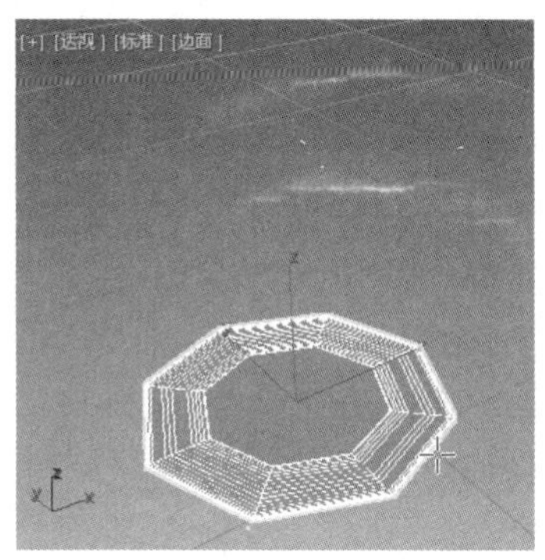
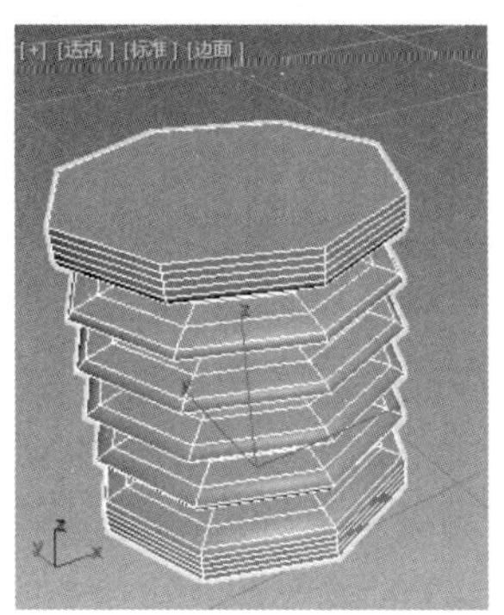

图 2-112

- “端点方法”选项组用于选择是创建自由软管，还是创建连接到两个对象上的软管，如图 2-113 所示。
    - ◆ 自由软管：选中该单选按钮，则创建不绑定到任何其他物体上的软管，同时激活“自由软管参数”选项组。
    - ◆ 绑定到对象轴：选中该单选按钮，则把软管绑定到两个对象上，同时激活“绑定对象”选项组。
- “绑定对象”选项组中的参数只有在“端点方法”选项组中选中“绑定到对象轴”单选按钮时才可用，如图 2-114 所示。用户可利用它来拾取两个捆绑对象，拾取完成后，软管将自动连接这两个对象。
    - ◆ 拾取顶部对象：单击该按钮后，顶部对象呈黄色表示处于激活状态，此时可在场景中单击顶部对象进行拾取。
    - ◆ 拾取底部对象：单击该按钮后，底部对象呈黄色表示处于激活状态，此时可在场景中单击底部对象进行拾取。
    - ◆ 张力：确定延伸到顶（底）部对象的软管曲线在底（顶）部对象附近的张力大小。张力越小，弯曲部分离底（顶）部对象越近；张力越大，弯曲部分离底（顶）部对象越远，其默认值为 100。
- “自由软管参数”选项组只有在“端点方法”选项组中选中“自由软管”单选按钮时才可用，如图 2-115 所示。

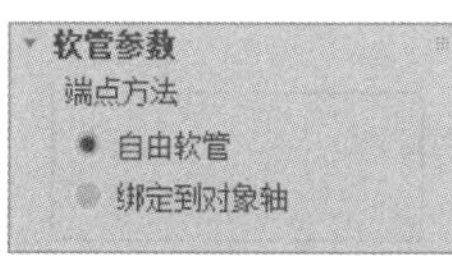

图 2-113

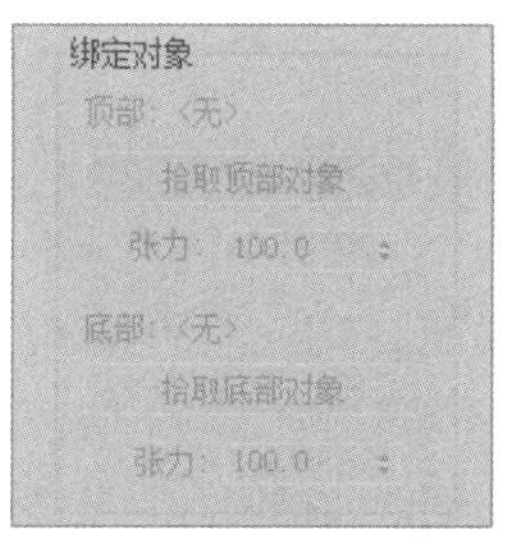

图 2-114

图 2-115

- ◆ 高度：用于调节软管的高度。

- “公用软管参数”选项组用于设置软管的形状和光滑属性等，如图 2-116 所示。
  - ◆ 分段：设置软管在长度上总的段数。当软管是曲线时，增大该值将使软管的外形变光滑。
  - ◆ 起始位置：设置从软管的起始点到弯曲开始部位这一部分所占整个软管的百分比。
  - ◆ 结束位置：设置从软管的终止点到弯曲结束部位这一部分所占整个软管的百分比。
  - ◆ 周期数：设置柔体截面中的起伏数目。
  - ◆ 直径：设置皱状部分的直径相对于整个软管直径的百分比。
  - ◆ “平滑”选项组：用于调整软管的光滑类型。

    全部：平滑整个软管（系统默认设置）。

    侧面：仅平滑软管长度方向上的侧面。

    无：不进行平滑处理。

    分段：仅平滑软管的内部分段。
  - ◆ 可渲染：勾选该复选框，设置渲染软管，默认为开启。
- “软管形状”选项组用于设置软管的横截面形状，如图 2-117 所示。

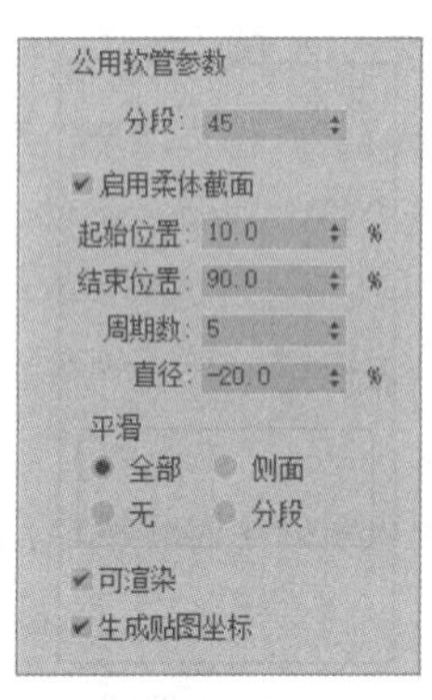

图 2-116

图 2-117

  - ◆ 圆形软管：设置圆形横截面。

    直径：设置圆形横截面的直径，以确定软管的大小。

    边数：设置软管的侧边数。其最小值为 3，此时为三角形横截面。
  - ◆ 长方形软管：可以为长方形横截面指定不同的宽度和深度。

    宽度：设置软管长方形横截面的宽度。

    深度：设置软管长方形横截面的深度。

    圆角：设置长方形横截面 4 个拐角处的圆角大小。

    圆角分段：设置长方形横截面每个拐角处的圆角分段数。

    旋转：设置长方形软管绕其自身高度方向上的轴旋转的角度大小。
  - ◆ D 截面软管：与长方形横截面软管相似，只是其横截面呈 D 形。
  - ◆ 圆形侧面：设置圆形侧边上的片段划分数。其值越大，D 形截面越光滑。

其他参数请参见前面的参数说明。

3. 参数的修改

软管的参数较多，但修改并不烦琐。自由软管的参数修改及效果如表 2-14 所示。

表 2-14

参数	效果	参数	效果
软管形状 ● 圆形软管 直径：200.0mm 边数：50		● 长方形软管 宽度：200.0mm 深度：200.0mm 圆角：0.0mm 圆角分段：0 旋转：0.0	
● D 截面软管 宽度：200.0mm 深度：200.0mm 圆形侧面：20 圆角：0.0mm 圆角分段：0 旋转：0.0		● D 截面软管 宽度：200.0mm 深度：200.0mm 圆形侧面：2 圆角：0.0mm 圆角分段：0 旋转：0.0	

2.2.8 球棱柱

球棱柱用于制作带有倒角的柱体，能直接在柱体的边缘上产生光滑的倒角，可以说是圆柱体的一种特殊形式。下面介绍球棱柱的创建方法及其参数的设置和修改。

1. 创建球棱柱

创建球棱柱的操作步骤如下。

（1）单击“+（创建）> ●（几何体）> 扩展基本体 > 球棱柱”按钮。

（2）将鼠标指针移到视图中，单击并按住鼠标左键进行拖曳，视图中会生成一个五边形平面（系统默认设置为五边形），如图 2-118 所示。在合适的位置松开鼠标左键并上下移动鼠标指针，调整球棱柱到合适的高度，如图 2-119 所示。单击并上下移动鼠标指针，调整球棱柱边缘的倒角，再次单击即可完成球棱柱的创建，如图 2-120 所示。

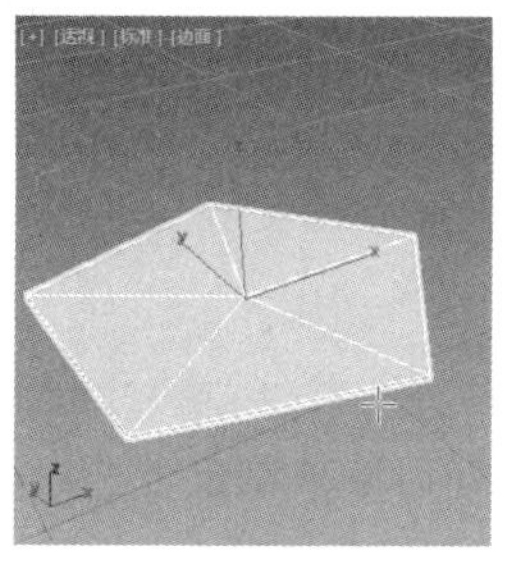

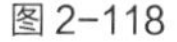

图 2-118

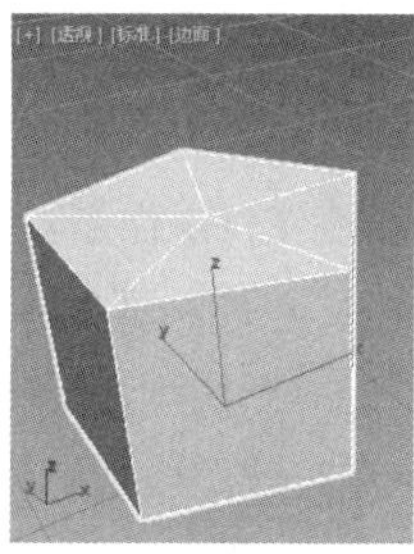

图 2-119

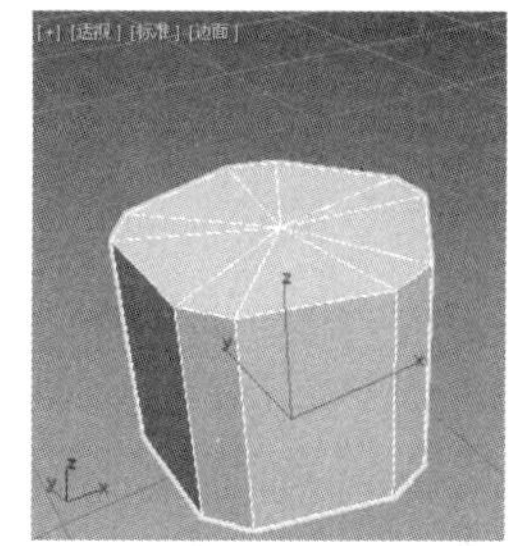

图 2-120

2. 球棱柱的参数

单击球棱柱将其选中，然后单击（修改）按钮，修改命令面板中会显示球棱柱的参数，如图 2-121 所示。

图 2-121

- 边数：设置球棱柱的侧边数。
- 半径：设置底面圆形的半径。
- 圆角：设置棱上圆角的大小。
- 高度：设置球棱柱的高度。
- 侧面分段：设置球棱柱圆周方向上的分段数。
- 高度分段：设置球棱柱高度上的分段数。
- 圆角分段：设置圆角的分段数，值越大，角就越圆滑。

其他参数请参见前面的参数说明。

3. 参数的修改

球棱柱的参数较少，且参数的修改不会使形体有较大的变化，如表 2-15 所示。

表 2-15

参数	效果	参数	效果

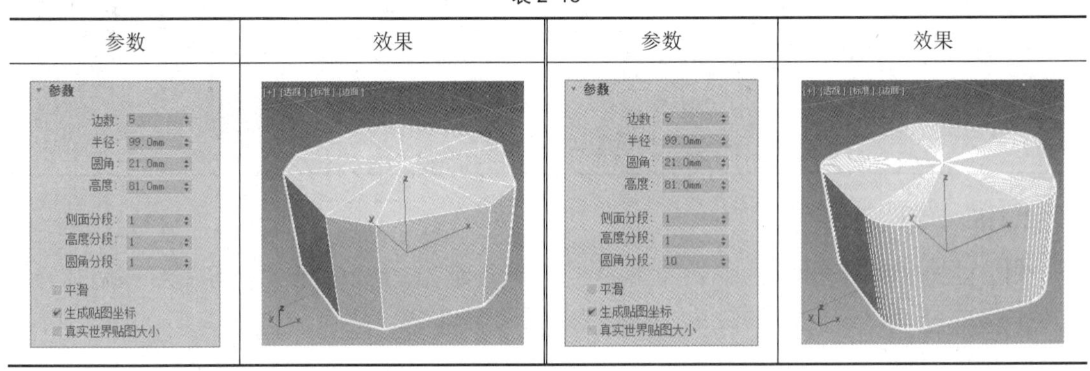

2.2.9 棱柱

棱柱用于制作等腰和不等边的三棱柱。下面介绍棱柱的创建方法及其参数的设置和修改。

1. 创建棱柱

棱柱有两种创建方法：一种是二等边创建方法，另一种是基点/顶点创建方法，如图 2-122 所示。

图 2-122

- 二等边创建方法：用于建立等腰三棱柱，创建时按住 Ctrl 键可以生成底面为等边三角形的三棱柱。
- 基点/顶点创建方法：用于建立底面为非等边三角形的三棱柱。

本书使用系统默认的基点/顶点方法创建棱柱，操作步骤如下。

（1）单击“+（创建）> （几何体）> 扩展基本体 > 棱柱”按钮。

（2）将鼠标指针移到视图中，单击并按住鼠标左键进行拖曳，视图中会生成棱柱的底面，这时移动鼠标指针，可以调整底面的大小，松开鼠标左键后移动鼠标指针可以调整底面顶点的位置，生成不同形状的底面，如图 2-123 所示。单击并上下移动鼠标指针，调整棱柱的高度，在合适的位置再次单击即可完成棱柱的创建，如图 2-124 所示。

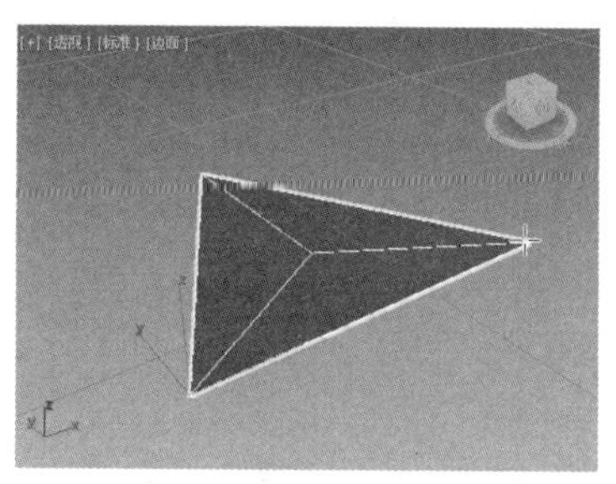

图 2-123

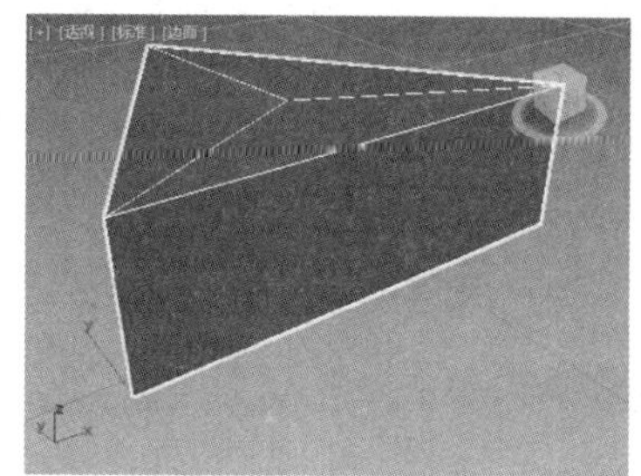

图 2-124

2. 棱柱的参数

单击棱柱将其选中，然后单击 （修改）按钮，修改命令面板中会显示棱柱的参数，如图 2-125 所示。

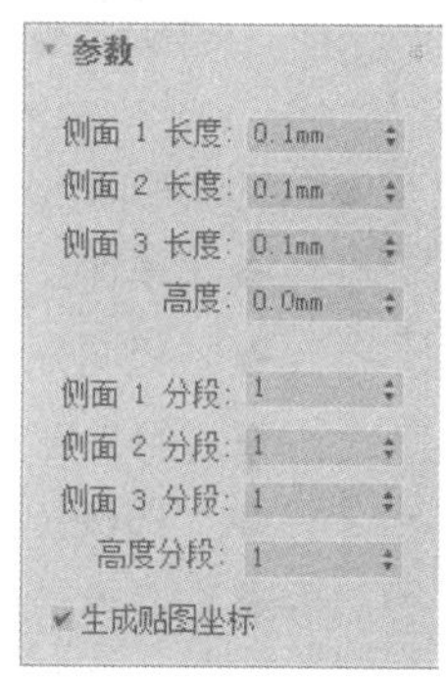

图 2-125

- 侧面 1 长度、侧面 2 长度、侧面 3 长度：分别设置棱柱底面三角形 3 边的长度，确定三角形的形状。
- 高度：设置三棱柱的高度。
- 侧面 1 分段、侧面 2 分段、侧面 3 分段：分别设置棱柱在侧面 3 边方向上的分段数。
- 高度分段：设置棱柱沿主轴方向上高度的片段划分数。

其他参数请参见前面的参数说明。

棱柱参数的修改比较简单，在此不进行介绍。

2.2.10 环形波

环形波是一种类似于平面造型的几何体，可以创建出与环形结的某些三维效果相似的平面造型，多用于制作动画。下面介绍环形波的创建方法及其参数的设置和修改。

1. 创建环形波

环形波是一种比较特殊的几何体，多用于制作动画效果。创建环形波的操作步骤如下。

（1）单击“＋（创建）＞ （几何体）＞ 扩展基本体 ＞ 环形波”按钮。

（2）将鼠标指针移到视图中，单击并按住鼠标左键拖曳，视图中会生成一个圆，如图 2-126 所示。在合适的位置松开鼠标左键并上下移动鼠标指针，调整内圈的大小，单击即可完成环形波的创建，如图 2-127 所示。默认情况下，环形波是没有高度的，通过设置参数中的“高度”数值框的值，可以调整其高度。

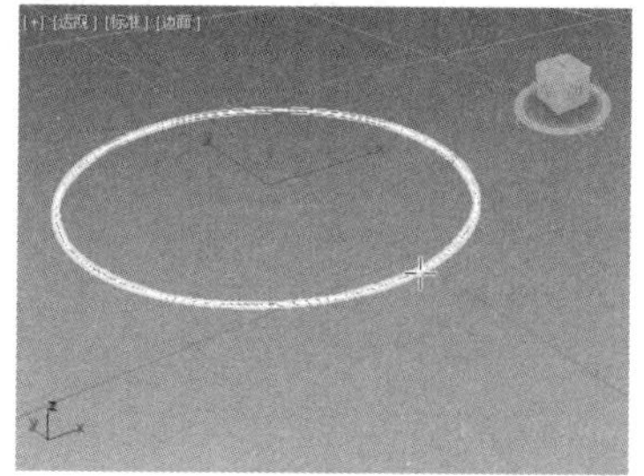

图 2-126

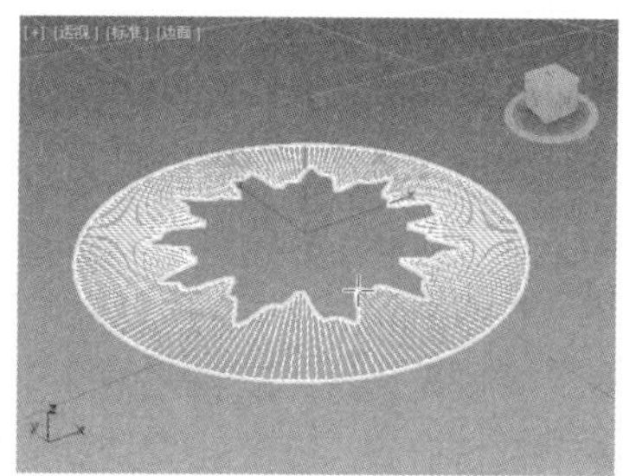

图 2-127

2. 环形波的参数

单击环形波将其选中，然后单击（修改）按钮，修改命令面板中会显示环形波的参数，如图 2-128 所示。环形波的参数比较复杂，主要可分为“环形波大小”“环形波计时”“外边波折”“内边波折”4 个选项组，这些选项组中的参数多用于制作动画。

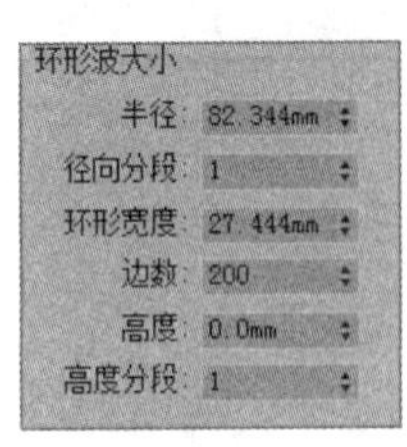

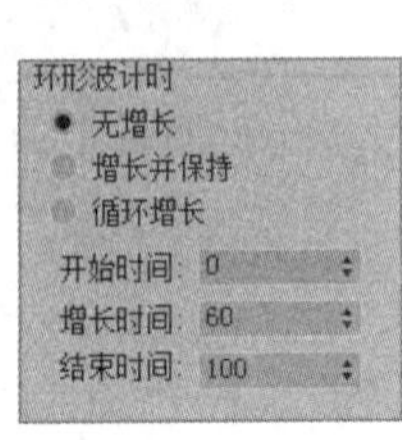

图 2-128

- “环形波大小”选项组用于控制场景中环形波的具体尺寸。
  - ◆ 半径：设置环形波的外径大小。如果数值增大，其内、外径随之同步增大。
  - ◆ 径向分段：设置环形波沿半径方向上的分段数。
  - ◆ 环形宽度：设置环形波内、外径之间的距离。如果数值增大，则内径减小，外径不变。
  - ◆ 边数：设置环形波沿圆周方向上的片段划分数。
  - ◆ 高度：设置环形波沿其主轴方向上的高度。
  - ◆ 高度分段：设置环形波沿主轴方向上高度的分段数。
- “环形波计时”选项组用于环形波尺寸的动画设置。
  - ◆ 无增长：设置一个静态环形波，它在 Start Time（开始时间）显示，在 End Time（结束时间）消失。
  - ◆ 增长并保持：设置单个增长周期。环形波在“开始时间”开始增长，并在“开始时间”及“增长时间”处达到最大尺寸。
  - ◆ 循环增长：环形波从“开始时间”到“开始时间”及“增长时间”重复增长。
  - ◆ 开始时间：如果选中“增长并保持”或“循环增长”单选按钮，则环形波出现帧数并开始增长。
  - ◆ 增长时间：从“开始时间”后环形波达到其最大尺寸所需帧数。“增长时间”仅在选中“增长并保持”或“循环增长”单选按钮时可用。
  - ◆ 结束时间：环形波消失的帧数。
- “外边波折”选项组用于设置环形波的外边缘。该区域未被激活时，环形波的外边缘是平滑的圆形，激活后，用户可以把环形波的外边缘同样设置成波动形状，并可以设置动画。
  - ◆ 主周期数：设置环形波外边缘沿圆周方向上的主波数。
  - ◆ 宽度光通量：设置主波的大小，以百分比表示。
  - ◆ 爬行时间：设置每个主波沿环形波外边缘波动一周的时间。
  - ◆ 次周期数：设置环形波外边缘沿圆周方向上的次波数。
  - ◆ 宽度光通量：设置次波的大小，以百分比表示。
  - ◆ 爬行时间：设置每个次波沿其各自主波外边缘波动一周的时间。
- “内边波折”选项组用于设置环形波的内边缘。参数说明请参见“外边波折”选项组。

3. 参数的修改

环形波的参数多数用于制作动画。通过修改参数，可以生成特殊形体，如表 2-16 所示。

表 2-16

参数	效果
环形波大小 半径：90.0mm 径向分段：1 环形宽度：40.0mm 边数：200 高度：10.0mm 高度分段：1 外边波折 ✔启用 主周期数：4 宽度光通量：45.0 % 爬行时间：100 次周期数：13 宽度光通量：35.0 % 爬行时间：-100	

2.3 创建建筑模型

3ds Max 2020 提供了几种常用的快速建筑模型，在一些简单场景中使用这些模型可以提高制作效率，包括楼梯、门和窗等建筑物体，如图 2-129 所示。

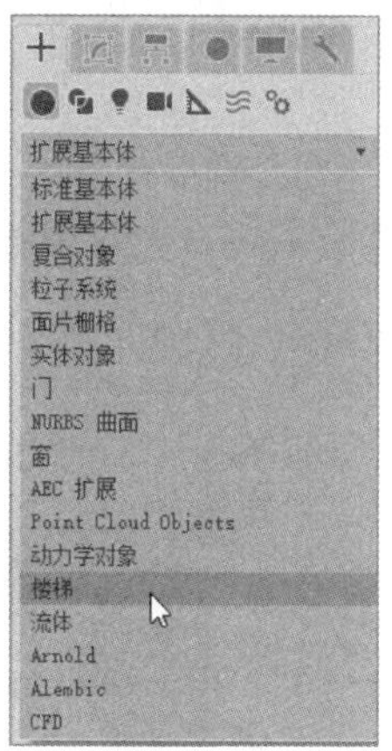

图 2-129

2.3.1 楼梯

单击“+（创建）>●（几何体）”按钮，在下拉列表框中选择“楼梯”选项，可以看到 3ds Max 2020 提供了 4 种楼梯形式，如图 2-130 所示。

图 2-130

1. 直线楼梯

直线楼梯用于创建直楼梯。直楼梯是最简单的楼梯形式之一，效果如图 2-131 所示。

2. L 型楼梯

L 型楼梯用于创建 L 型的楼梯，效果如图 2-132 所示。

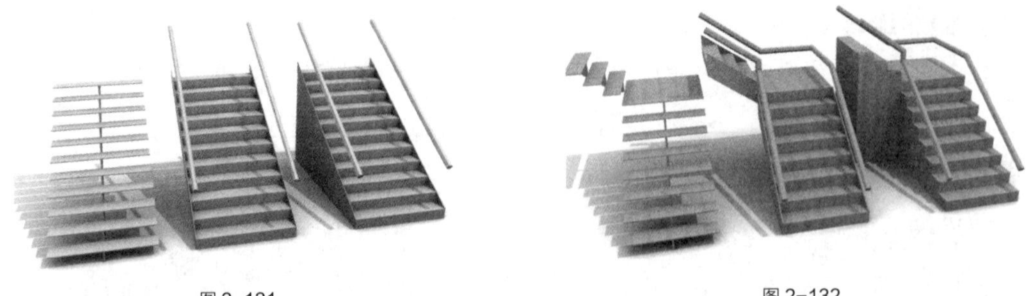

图 2-131　　图 2-132

3. U 型楼梯

U 型楼梯用于创建 U 型的楼梯。U 型楼梯是日常生活中比较常见的楼梯形式，效果如图 2-133 所示。

图 2-133

4. 螺旋楼梯

螺旋楼梯用于创建螺旋式的楼梯，效果如图 2-134 所示。

图 2-134

2.3.2　门和窗

3ds Max 2020 中还提供了门和窗的模型，单击“+（创建）> ●（几何体）”按钮，在下拉列表框中选择“门”或“窗”选项，如图 2-135 所示。“门”“窗”选项都提供了几种类型的模型，如图 2-136 所示。

图 2-135

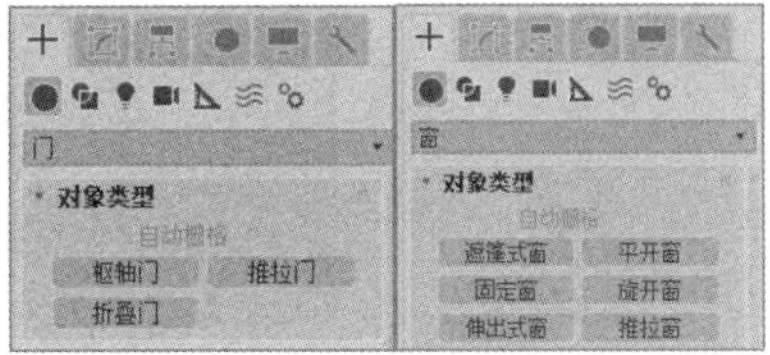

图 2-136

不同门和窗的形态如表 2-17 所示。

表 2-17

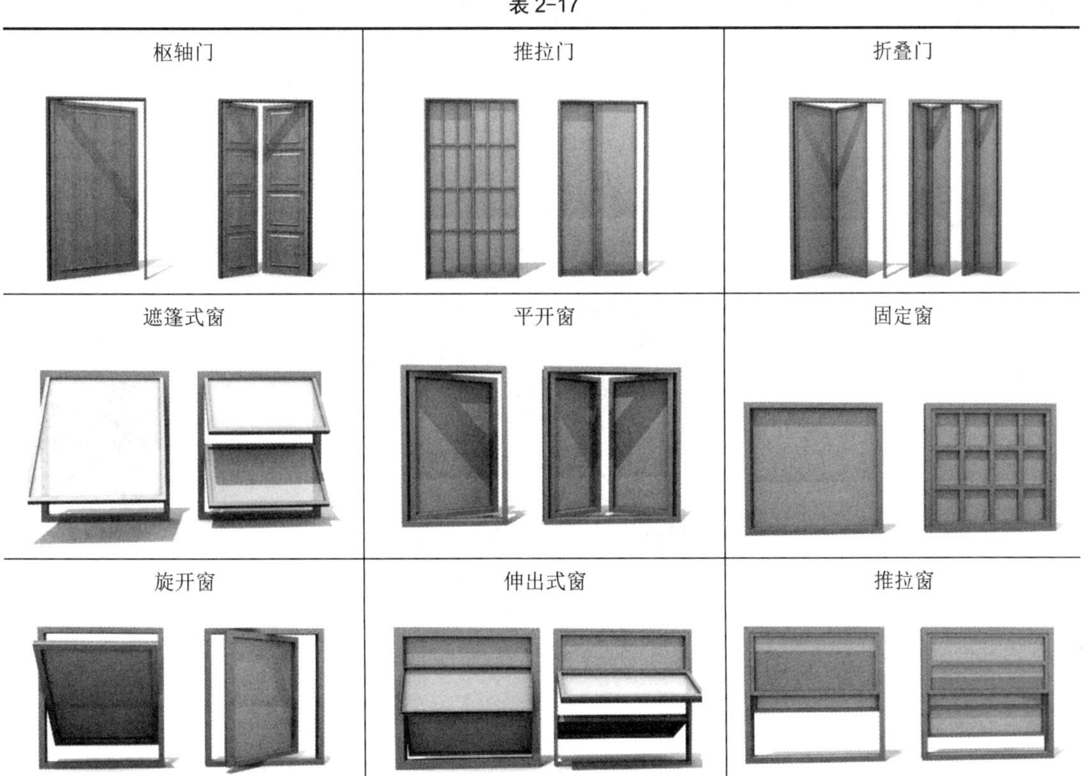

枢轴门	推拉门	折叠门
遮篷式窗	平开窗	固定窗
旋开窗	伸出式窗	推拉窗

2.4 课堂练习——制作沙发模型

【练习知识要点】使用标准基本体和扩展基本体组合模型，并结合图形和简单的修改器制作沙发模型，效果如图 2-137 所示。

【素材文件位置】云盘/贴图。

【参考模型文件位置】云盘/场景/Ch02/沙发.max。

图 2-137

微课视频

制作沙发模型

2.5 课后习题——制作几何壁灯模型

【习题知识要点】使用“管状体”“圆柱体”“移动”工具制作几何壁灯模型，熟练掌握它们的参数设置，效果如图 2-138 所示。

【素材文件位置】云盘/贴图。

【参考模型文件位置】云盘/场景/Ch02/几何壁灯.max。

图 2-138

微课视频

制作几何壁灯模型

第 3 章 二维图形的创建

本章介绍

本章将介绍二维图形的创建和其参数的修改方法，并对线的创建和修改方法进行重点介绍。通过学习本章的内容，读者可以掌握二维图形的创建方法和技巧，并能根据实际需要绘制出精美的二维图形。此外，将知识融会贯通后，使用二维图形的应用技巧可以制作出具有想象力的模型。

学习目标

- 掌握创建线的方法。
- 掌握对线进行编辑和修改的方法。
- 熟练掌握其他二维图形的创建方法。

技能目标

- 掌握中式屏风模型的制作方法和技巧。
- 掌握墙壁置物架模型的制作方法和技巧。

素养目标

- 培养学生的中式审美。
- 提高学生活学活用的能力。

3.1 创建二维线形

平面图形基本都是由直线和曲线组成的。通过创建二维线形来建模是 3ds Max 2020 中一种常用的建模方法。下面介绍二维线形的创建。

3.1.1 课堂案例——制作中式屏风模型

【案例学习目标】熟悉“线”的创建，并结合修改器和“移动”工具进行位置的调整和复制。

【案例知识要点】使用“矩形”“线”工具创建并调整样条线的形状，设置样条线为可渲染；结合“编辑样条线”“挤出”修改器完成屏风的制作，完成的模型效果如图 3-1 所示。

【素材文件位置】云盘/贴图。

【模型文件位置】云盘/场景/Ch03/屏风模型.max。

【参考模型文件位置】云盘/场景/Ch03/屏风.max。

图 3-1

微课视频

制作中式屏风模型

（1）单击“+（创建）> （图形）> 矩形”按钮，在“前”视图中创建矩形，在“参数”卷展栏中设置“长度”为 1800、“宽度”为 400，如图 3-2 所示。

（2）切换到 （修改）面板，为矩形添加“编辑样条线”修改器，将选择集定义为“样条线”，在场景中选中样条线，在“几何体”卷展栏中设置“轮廓”为 20，如图 3-3 所示。

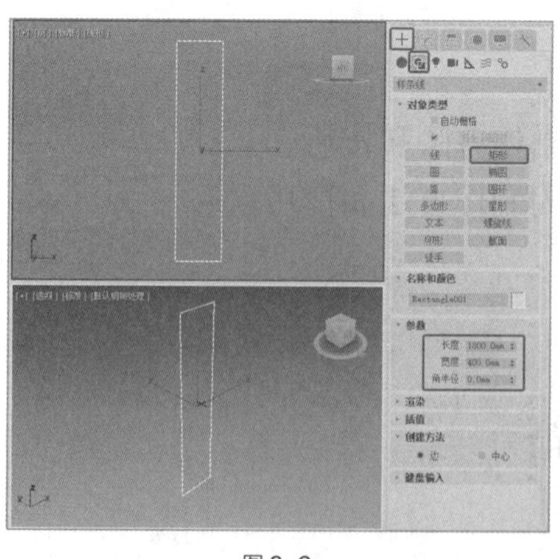

图 3-2

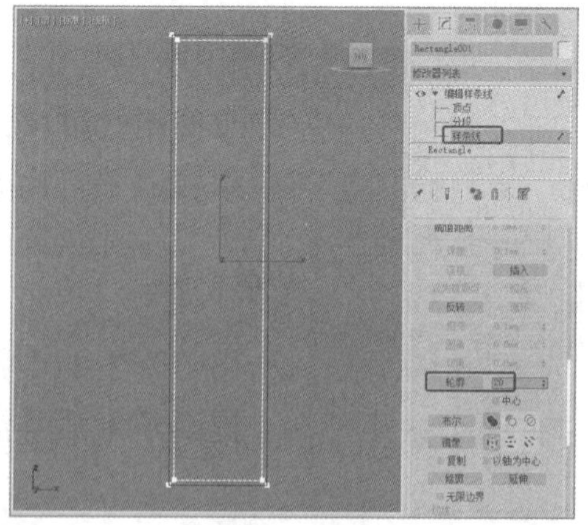

图 3-3

（3）关闭选择集，为图形添加“挤出”修改器，在“参数”卷展栏中设置“数量”为 20，如图 3-4 所示。

（4）单击“+（创建）> （图形）> 线”按钮，在“前”视图中创建可渲染的样条线，在“渲染”卷展栏中勾选“在渲染中启用”和“在视图中启用”复选框，选中“矩形”单选按钮，设置“长度”为 15、“宽度”为 15，如图 3-5 所示。

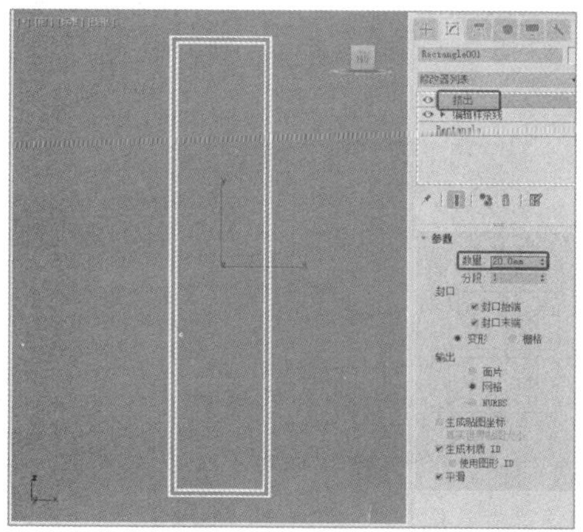
图 3-4

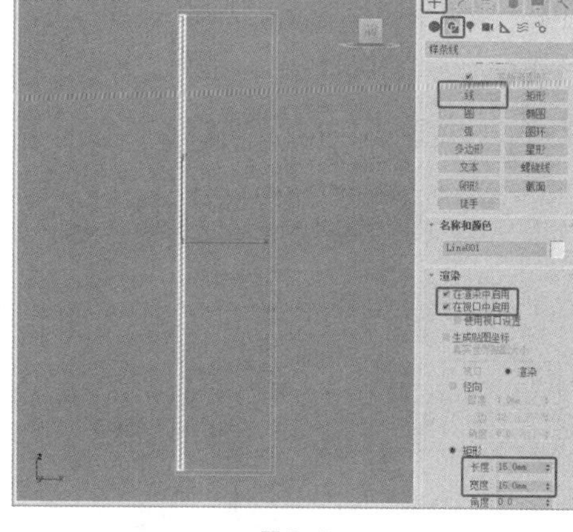
图 3-5

（5）使用 （选择并移动）工具，按住 Shift 键移动复制样条线，如图 3-6 所示。

（6）单击“ + （创建） > （图形） > 线”按钮，在“前”视图中创建图 3-7 所示的图形。

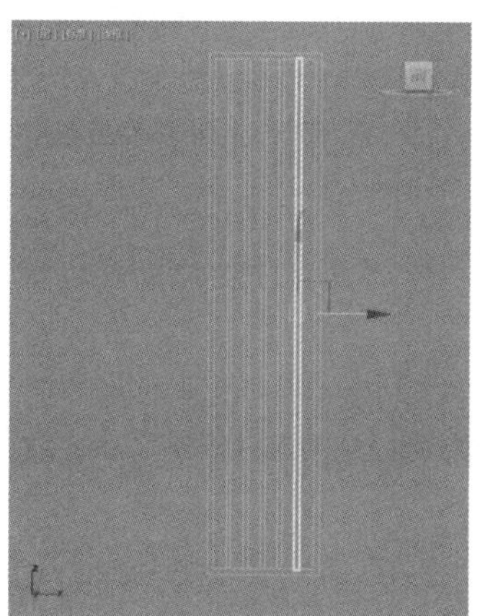
图 3-6

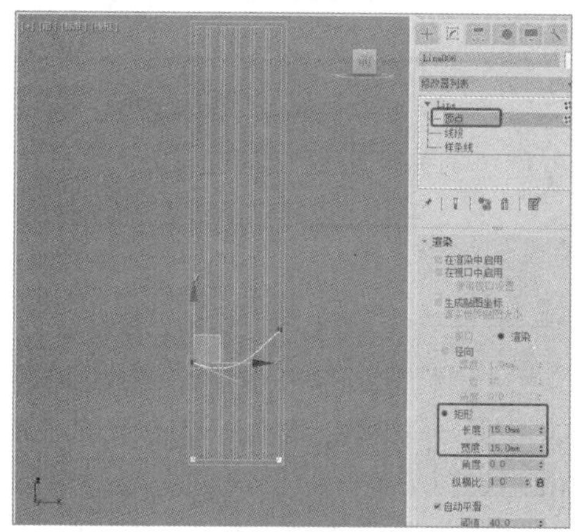
图 3-7

（7）为图形添加“挤出”修改器，在“参数”卷展栏中设置“数量”为 20，效果如图 3-8 所示。

（8）使用同样的方法在上方创建图形并添加“挤出”修改器，设置好参数，如图 3-9 所示。

图 3-8

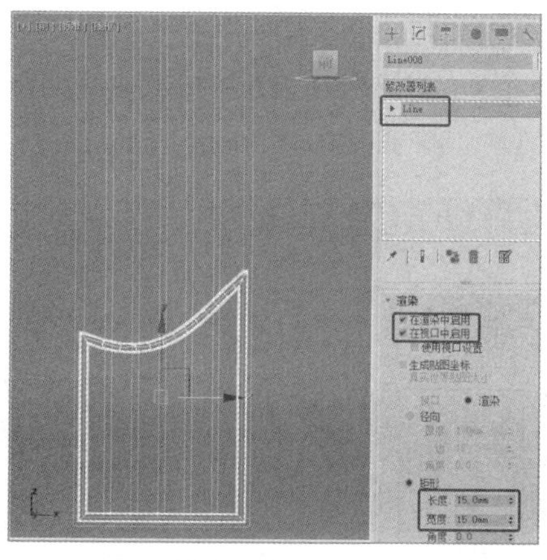
图 3-9

（9）使用同样的方法复制出上方图形的边框，并对单扇屏风模型进行复制，如图 3-10 所示。

（10）在场景中旋转单扇屏风，中式屏风模型制作完成，效果如图 3-11 所示。

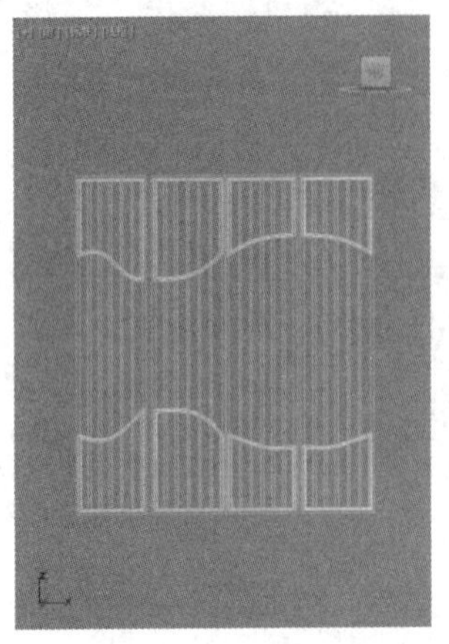

图 3-10

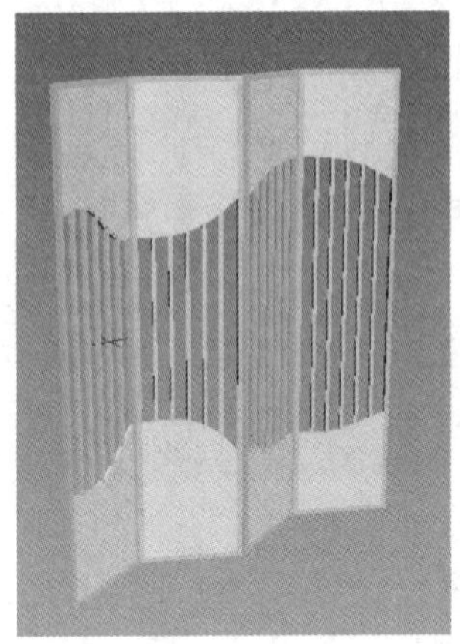

图 3-11

小提示

本案例所涉及的修改器，在后面的内容中将详细介绍，这里仅简单地介绍模型的制作过程和操作方法。

3.1.2 线

“线”用于创建任何形状的开放型或封闭型的线。创建完成后，可以通过调整节点、线段来编辑线的形态。下面介绍线的创建方法及其参数的设置和修改。

1. 创建线的方法

线的创建是学习创建其他二维图形的基础。创建线的操作步骤如下。

（1）单击“+（创建）> （图形）> 样条线 > 线”按钮。

（2）在“顶”视图中单击，确定线的起始点，移动鼠标指针到合适的位置并单击确定节点，生成一条直线，如图 3-12 所示。

（3）继续移动鼠标指针到合适的位置，单击确定节点，并按住鼠标左键不放进行拖曳，生成一条弧状的线，如图 3-13 所示。松开鼠标左键并移动鼠标指针到合适的位置，可以调整出新的曲线，单击确定节点，线的形态如图 3-14 所示。

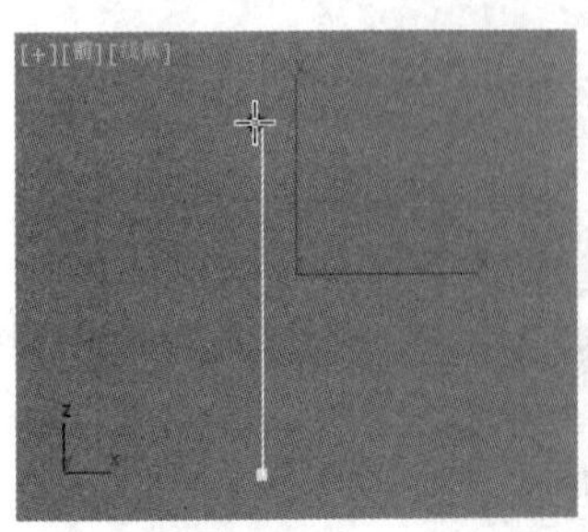

图 3-12

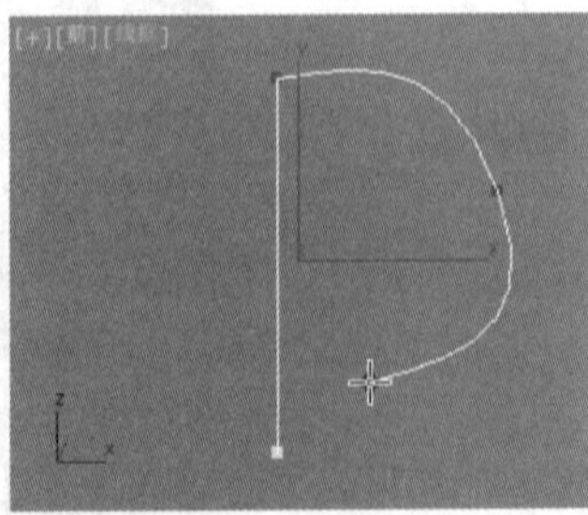

图 3-13

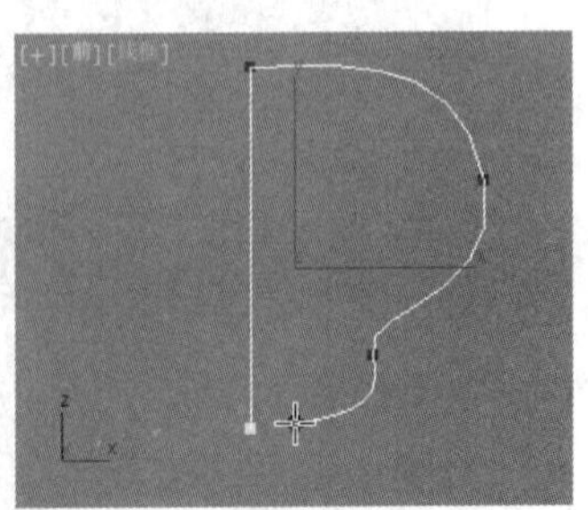

图 3-14

（4）继续移动鼠标指针到合适的位置，并单击确定节点，可以生成一条新的直线，如图 3-15 所示。如果需要创建封闭线，将鼠标指针移动到线的起始点上并单击，弹出“样条线”对话框，如图 3-16 所示。对话框提示用户是否闭合正在创建的线，单击“是”按钮即可闭合创建的线，如图 3-17 所示。单击“否”按钮，则可以继续创建线。

（5）如果需要创建开放的线，单击鼠标右键直接结束线的创建即可。

（6）在创建线时，如果同时按住 Shift 键，可以创建出与坐标轴平行的直线。

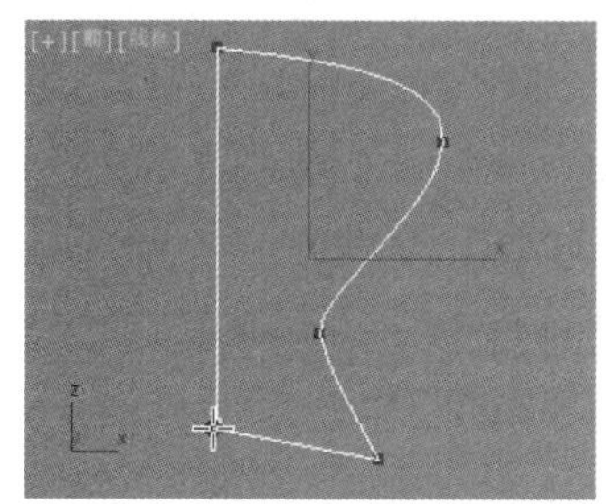

图 3-15

图 3-16

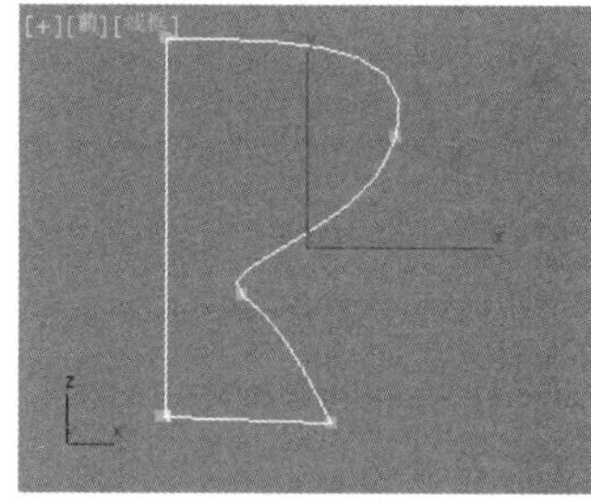

图 3-17

2. 线的创建参数

单击“+（创建）> （图形）> 线”按钮。“创建”面板下方会显示线的创建参数，如图 3-18 所示。

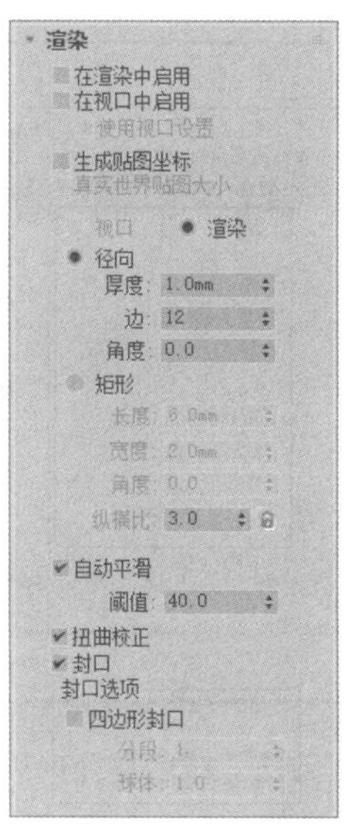

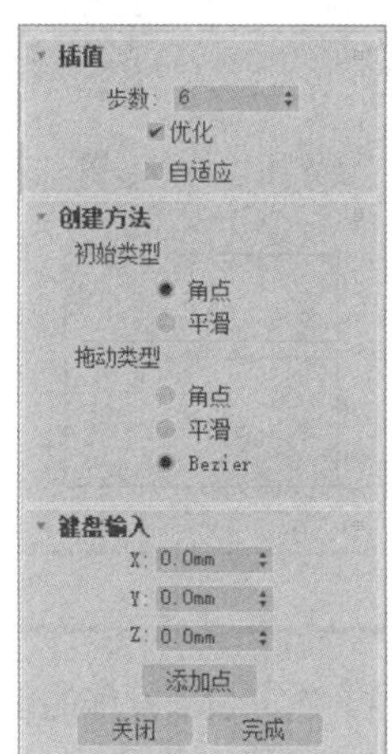

图 3-18

- “渲染”卷展栏中的参数用于设置线的渲染特性，用户可以选择是否对线进行渲染，并设定线的厚度。
  - ◆ 在渲染中启用：勾选该复选框后，使用为渲染器设置的径向或矩形参数将图形渲染为 3D 网格。
  - ◆ 在视口中启用：勾选该复选框后，使用为渲染器设置的径向或矩形参数将图形作为 3D 网格显示在视图中。

- ◆ 厚度：用于设置视图或渲染中线的直径。
- ◆ 边：用于设置视图或渲染中线的侧边数。
- ◆ 角度：用于调整视图或渲染中线的横截面旋转的角度。

- “插值”卷展栏中的参数用于控制线的光滑程度。
  - ◆ 步数：设置程序在每个顶点之间使用的划分的数量。
  - ◆ 优化：勾选此复选框后，可以从样条线的直线段中删除不需要的步数。
  - ◆ 自适应：系统自动根据线状调整分段数。
- “创建方法”卷展栏中的参数用于确定所创建的线的类型。
  - ◆ 初始类型：用于设置单击建立线时所创建的端点的类型。

    角点：用于建立折线，端点之间以直线连接（系统默认设置）。

    平滑：用于建立线，端点之间以线连接，且线的曲率由端点之间的距离决定。
  - ◆ 拖动类型：用于设置按压并拖曳鼠标建立线时所创建的端点的类型。

    角点：选择此方法，建立的线在端点之间为直线。

    平滑：选择此方法，建立的线将在端点处产生圆滑效果。

    Bezier：选择此方法，建立的线将在端点处产生光滑效果。端点之间的线的曲率及方向是通过在端点处移动鼠标指动控制的（系统默认设置）。

“渲染”卷展栏中的参数的修改及效果如表 3-1 所示。

表 3-1

参数	效果	参数	效果
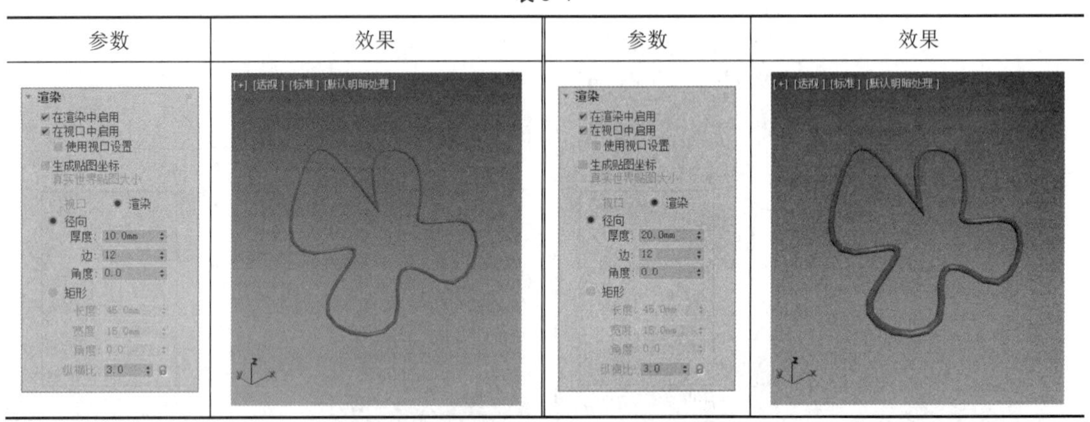			

小提示

创建线时，应该设置好线的创建方法。线创建完成后，则无法通过“创建方法”卷展栏调整线的类型。

3. 线形体的修改

线创建完成后，如果想修改它的形体，以达到令人满意的效果，就需要对节点进行调整。节点有 4 种类型，分别是 Bezier 角点、Bezier、角点和平滑。

下面介绍线形体的修改，操作步骤如下。

（1）单击“+（创建）> （图形）> 样条线 > 线”按钮，在视图中创建线，如图 3-19

所示。

（2）切换到（修改）面板，在修改命令堆栈中单击“Line”命令前面的，展开子层级选项，如图 3-20 所示。“顶点”开启后可以对节点进行修改操作；“线段”开启后可以对线段进行修改操作；“样条线”开启后可以对整条线进行修改操作。

（3）将选择集定义为“顶点”，这时视图中的线会显示出节点，如图 3-21 所示。

（4）单击想要选择的节点将其选中，可以使用（选择并移动）工具调整顶点的位置。

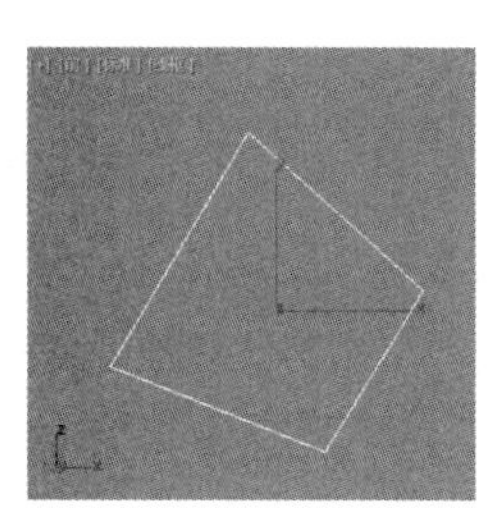

图 3-19

图 3-20

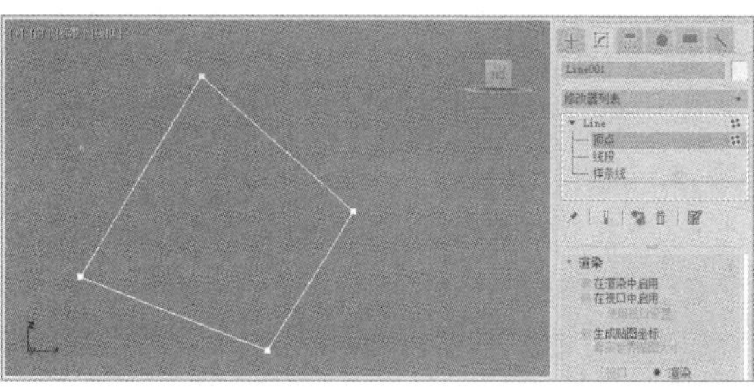

图 3-21

线的形体还可以通过调整节点的类型来修改，操作步骤如下。

（1）单击“+（创建）>（图形）> 样条线 > 线”按钮，在“顶”视图中创建一条线，如图 3-22 所示。

（2）切换到（修改）面板，在修改命令堆栈中单击“Line”命令前面的，展开子层级选项，选中“顶点”选项，在视图中单击中间的节点将其选中，如图 3-23 所示。单击鼠标右键，弹出的快捷菜单中显示了所选择节点的类型，如图 3-24 所示。在快捷菜单中可以看出所选择的点为 Bezier。在快捷菜单中选择其他节点类型命令，节点的类型会随之改变。

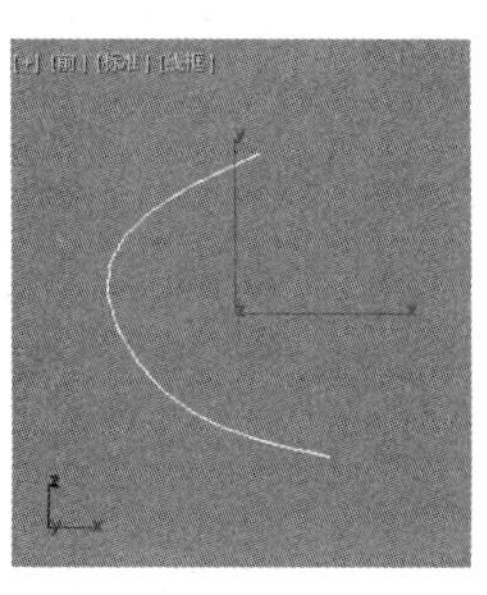

图 3-22

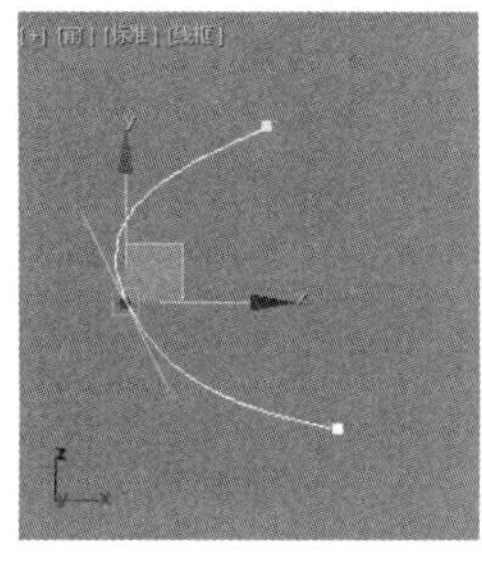

图 3-23

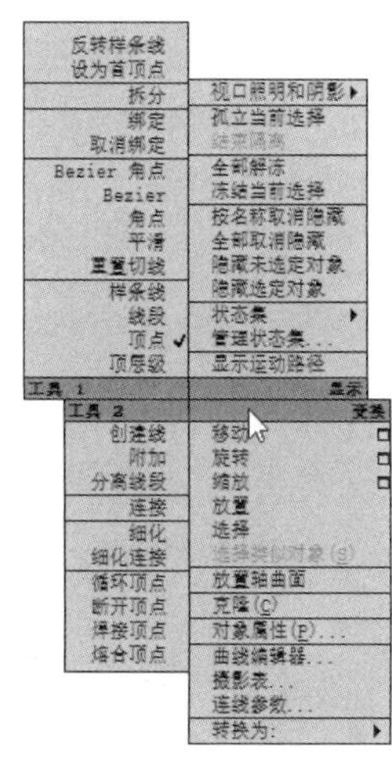

图 3-24

图 3-25 所示为 4 种节点类型，自左向右分别为 Bezier 角点、Bezier、角点和平滑，前两种类型的节点可以通过绿色的控制手柄进行调整，后两种类型的节点可以直接使用（选择并移动）工具进行位置的调整。

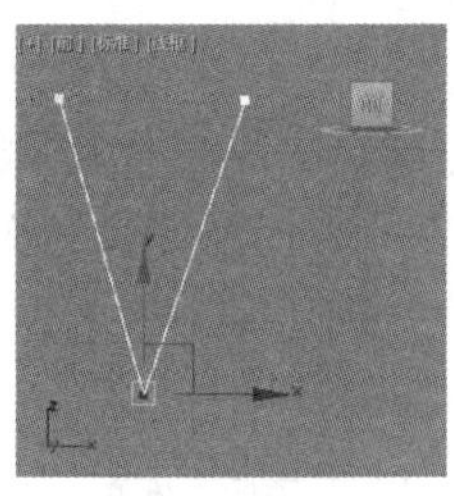
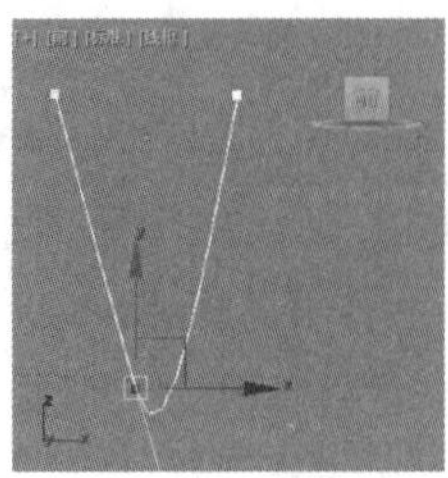
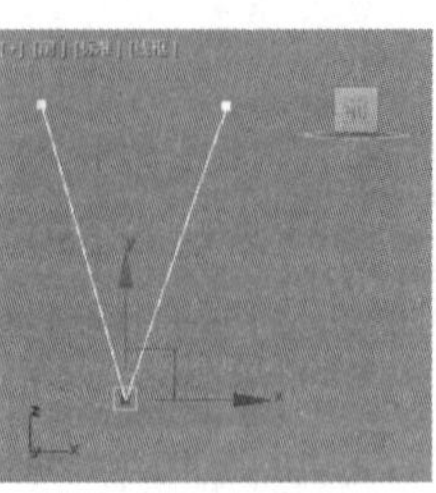
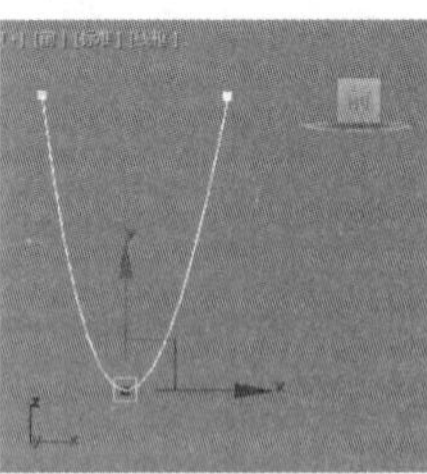

图 3-25

4. 线的修改参数

线创建完成后单击 （修改）按钮，修改命令面板中会显示线的修改参数。线的修改参数分为 5 个部分，如图 3-26 所示。

- “选择”卷展栏中的参数主要用于控制顶点、线段和样条线 3 个次对象级别的选择，如图 3-27 所示。
  - ◆ （顶点）：单击该按钮，可进入节点级子对象层次。节点是样条线次对象的最低级别，因此，修改节点是编辑样条对象最灵活的方法。
  - ◆ （线段）：单击该按钮，可进入线段级子对象层次。线段是中间级别的样条线次对象，对它的修改比较少。
  - ◆ （样条线）：单击该按钮，可进入样条线级子对象层次。样条线是样条线次对象的最高级别，对它的修改比较多。

以上 3 个进入子层级的按钮与修改命令堆栈中的选项是对应的，且使用效果相同。

- “几何体”卷展栏中提供了大量关于样条线的几何参数，在建模中对线的修改主要是对该卷展栏中的参数进行修改，如图 3-28 所示。
  - ◆ 创建线：用于创建一条线并把它加入当前线，使新创建的线与当前线成为一个整体。
  - ◆ 断开：用于断开节点和线段。

图 3-26

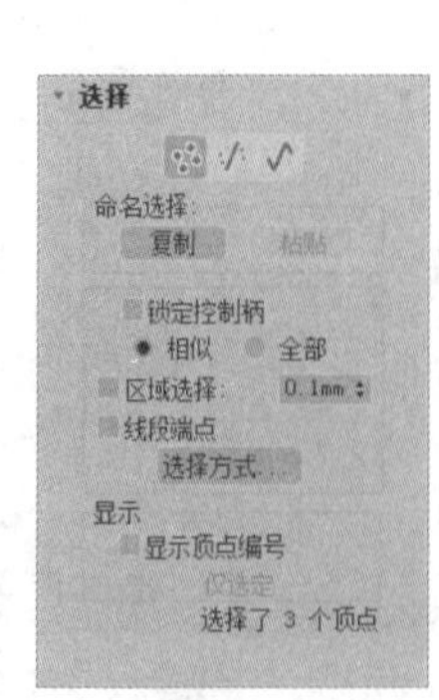

图 3-27

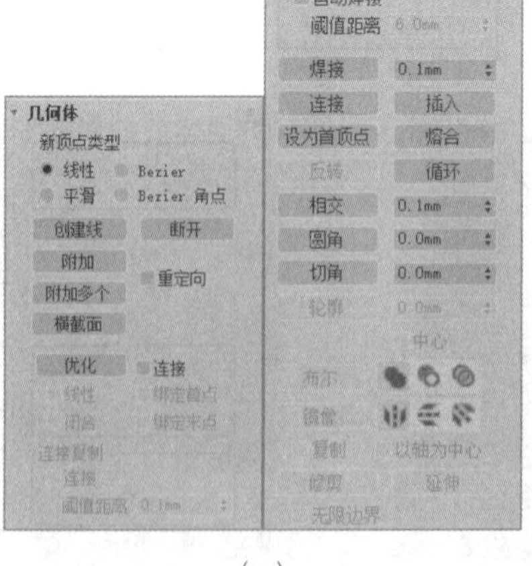

（a）

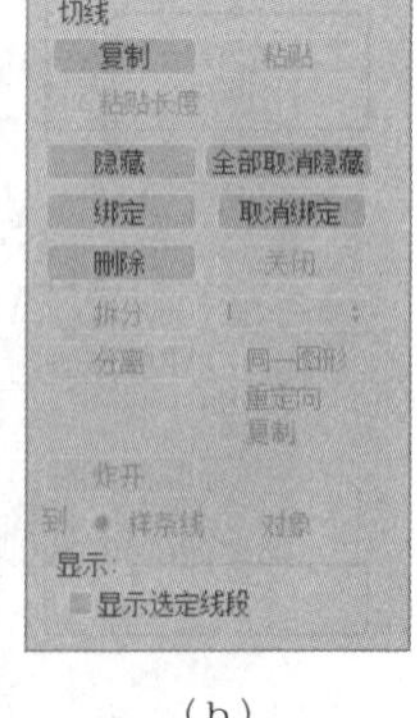

（b）

图 3-28

单击“ （创建）> （图形）> 样条线 > 线”按钮，在“顶”视图中创建一条线，如图 3-29 所示。

将闭合的线断开的方法有以下两种。

第一种方法，在修改命令堆栈中单击“▶ > 顶点”选项，在视图中想要断开的节点上单击将其选中，单击“断开”按钮，节点被断开，移动节点，可以看到节点已经被断开，如图 3-30 所示。

第二种方法，在修改命令堆栈中单击“线段”选项，然后单击“断开”按钮，将鼠标指针移到线上，鼠标指针变为形状，如图 3-31 所示，在线上单击，线被断开，如图 3-32 所示。

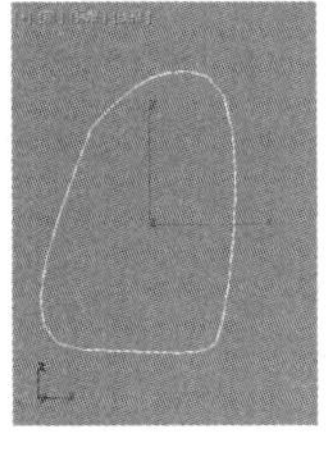
图 3-29

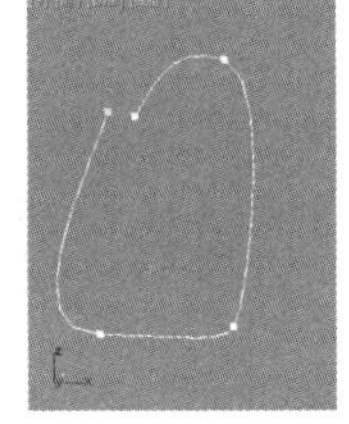
图 3-30

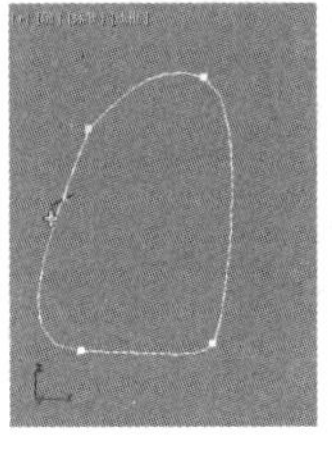
图 3-31

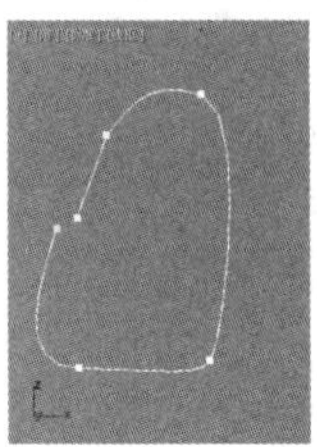
图 3-32

- ◆ 附加：用于将场景中的二维图形与当前线结合，使它们变为一个整体。场景中存在两个以上的二维图形时，才能使用此功能。使用方法为，单击一条线将其选中，然后单击“附加”按钮，在视图中单击另一条线，两条线就会结合为一个整体，如图 3-33 所示。
- ◆ 附加多个：原理与“附加”相同，区别在于单击该按钮后，将弹出“附加多个”对话框，对话框中会显示出场景中线的名称，如图 3-34 所示，用户可以在对话框中选择多条线，然后单击“附加”按钮，将选择的线与当前的线结合为一个整体。

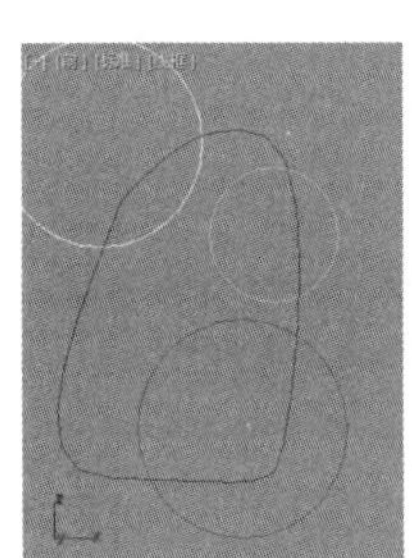

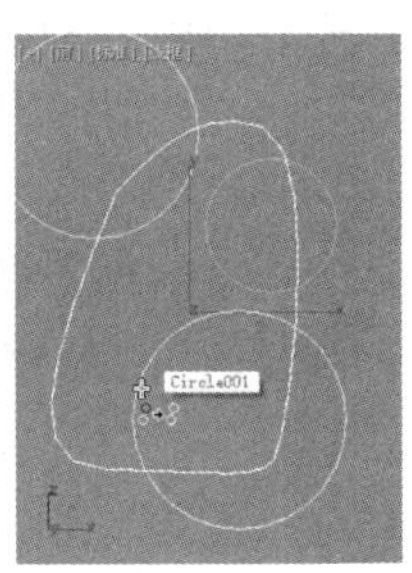

图 3-33

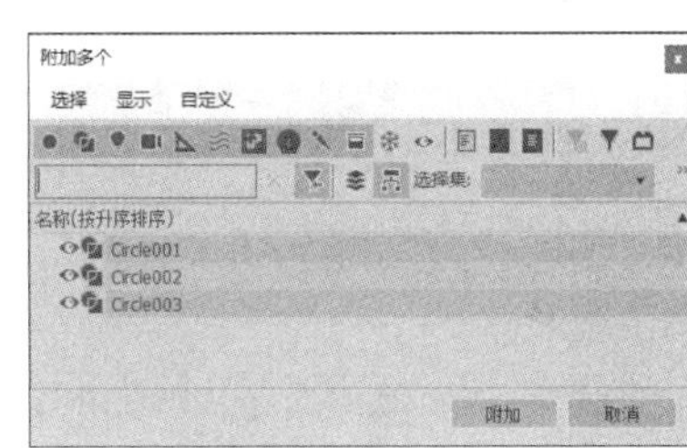

图 3-34

- ◆ 优化：用于在不改变线的形态的前提下，在线上插入节点。使用方法为，单击“优化”按钮，在线上单击，插入新的节点，如图 3-35 所示。
- ◆ 圆角：用于在选择的节点处创建圆角。使用方法为，在视图中单击要修改的节点将其选中，然后单击“圆角”按钮，将鼠标指针移到被选择的节点上，按住鼠标左键不放并进行拖曳，节点会形成圆角，如图 3-36 所示。也可以在数值框中输入数值或通过调节微调器来设置圆角。

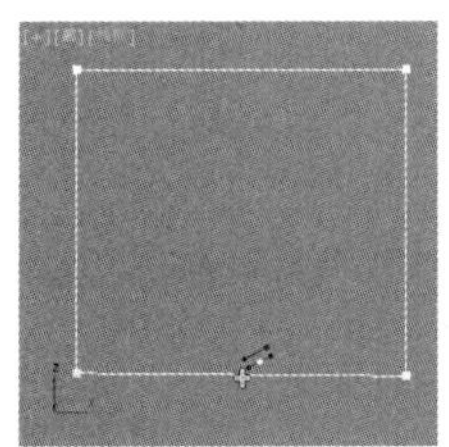

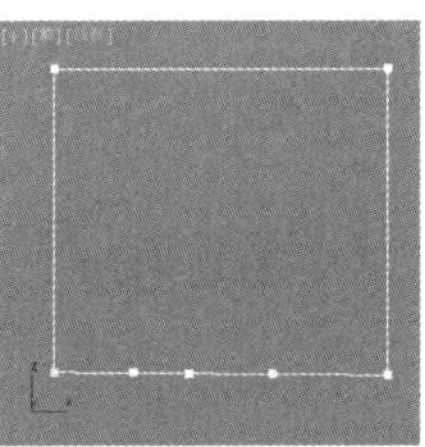

图 3-35

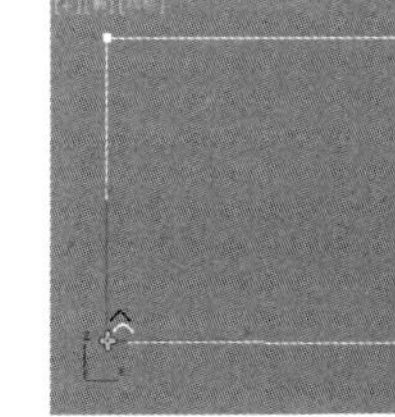

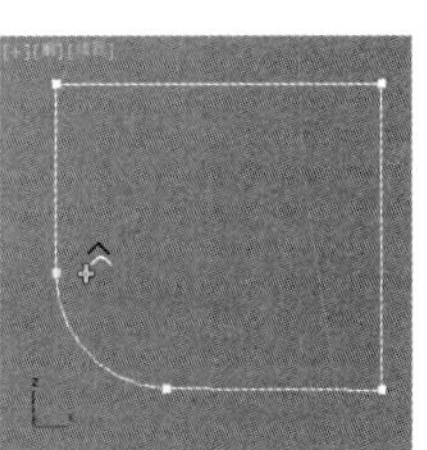

图 3-36

◆ 切角：其功能和操作方法与“圆角”相似，但创建的是切角，如图 3-37 所示。

◆ 轮廓：用于给选择的线设置轮廓，用法和“圆角”相同，如图 3-38 所示，该命令仅在“样条线”层级有效。

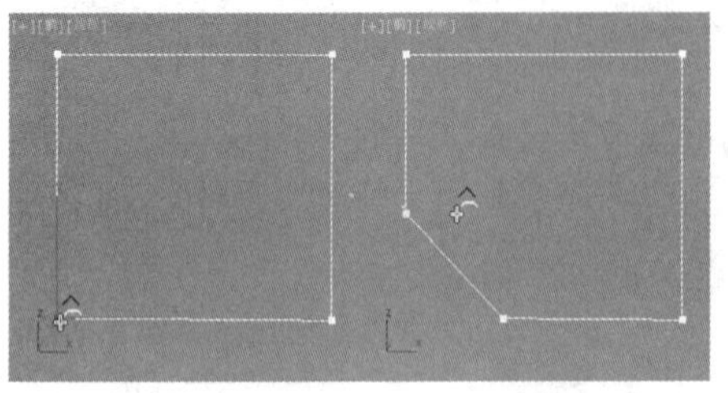

图 3-37

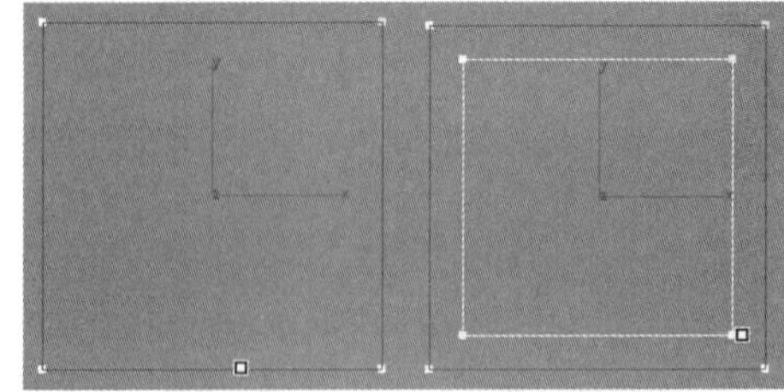

图 3-38

3.2 创建二维图形

3ds Max 2020 提供了一些具有固定形态的二维图形，这些图形的造型比较简单，但都各具特点。通过对二维图形的参数进行设置，能生成很多不同形状的新图形。二维图形也是建模中常用的几何图形。

二维图形是创建复合物体、表面建模和制作动画的重要组成部分。使用二维图形能创建出 3ds Max 2020 内置几何体中没有的特殊形体。创建二维图形是最主要的一种建模方法。

3.2.1 矩形

“矩形”工具用于创建矩形和正方形。下面介绍矩形的创建及其参数的设置和修改。

1. 创建矩形

矩形的创建比较简单，操作步骤如下。

（1）单击“+（创建）> （图形）> 样条线> 矩形”按钮。

（2）将鼠标指针移到视图中，单击并按住鼠标左键进行拖曳，视图中会生成一个矩形，移动鼠标指针调整矩形大小，在合适的位置松开鼠标左键，矩形创建完成，如图 3-39 所示。创建矩形时按住 Ctrl 键，可以创建出正方形。

2. 矩形的参数

单击矩形将其选中，然后单击（修改）按钮，“参数”卷展栏中会显示矩形的参数，如图 3-40 所示。

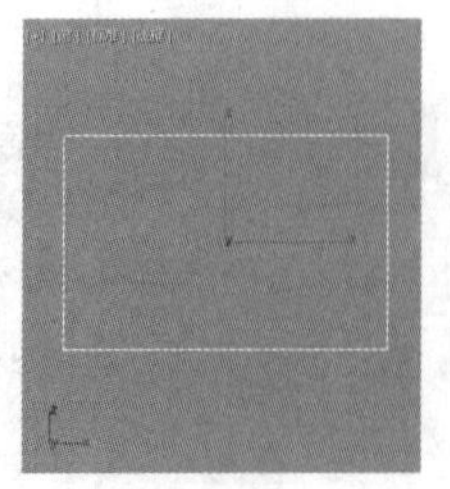

图 3-39

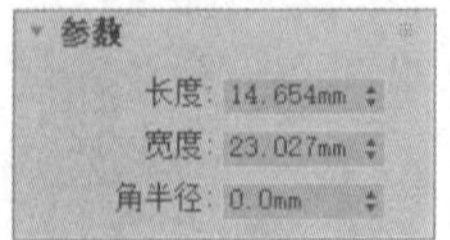

图 3-40

- 长度：用于设置矩形的长度值。
- 宽度：用于设置矩形的宽度值。
- 角半径：用于设置矩形的四角是直角还是有弧度的圆角。若该值为 0，则矩形的 4 个角都为直角。

3. 参数的修改

矩形的参数比较简单，在对应参数的数值框中直接设置数值，矩形的形体便会发生改变，修改效果如图 3-41 所示。

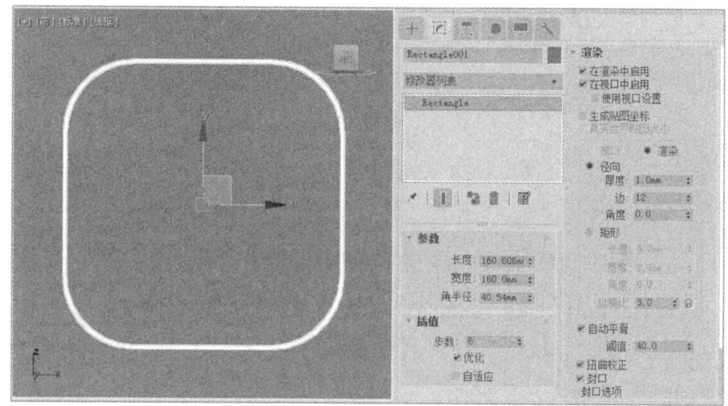

图 3-41

3.2.2 圆和椭圆

圆和椭圆的形态比较相似，创建方法基本相同。下面介绍圆和椭圆的创建方法及其参数的设置。

1. 创建圆和椭圆

下面以圆为例来介绍创建方法，操作步骤如下。

（1）单击“+（创建）>（图形）>样条线 > 圆”按钮。

（2）将鼠标指针移到视图中，单击并按住鼠标左键进行拖曳，视图中会生成一个圆，移动鼠标指针调整圆的大小，在合适的位置松开鼠标左键，圆创建完成。在视图中单击并进行拖曳即可创建椭圆，如图 3-42 所示，左图为圆、右图为椭圆。

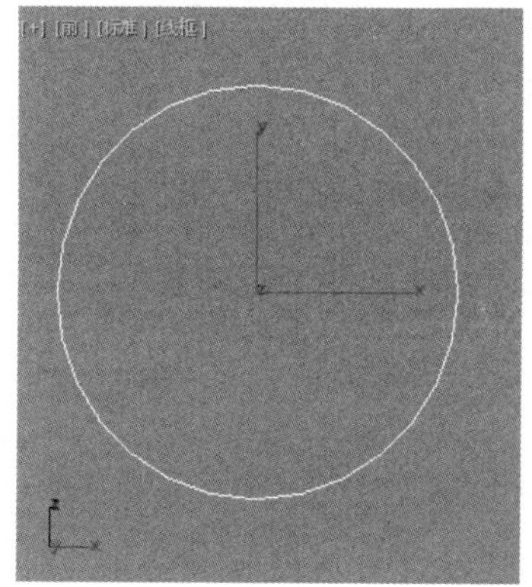

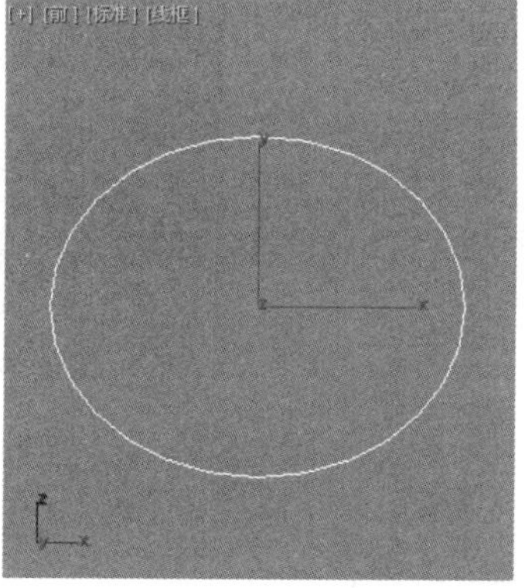

图 3-42

2. 圆和椭圆的参数

单击圆或椭圆将其选中，然后单击 （修改）按钮，修改命令面板中会显示它们的参数，如图 3-43 所示。

“参数”卷展栏中，圆的参数只有半径，椭圆的参数为长度和宽度，用于调整椭圆的长轴和短轴。

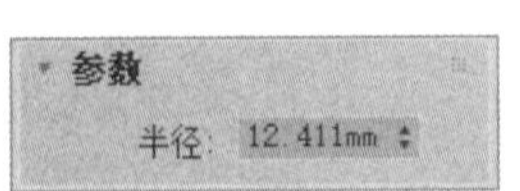

（a）圆的“参数”卷展栏

（b）椭圆的“参数”卷展栏

图 3-43

3.2.3 文本

“文本”工具用于在场景中直接生成二维文字图形或创建三维文字图形。下面介绍文本的创建方法及其参数的设置。

1. 创建文本

文本的创建方法很简单，操作步骤如下。

（1）单击“ （创建）> （图形）> 样条线 > 文本”按钮，在“参数”卷展栏中设置相应参数，在“文本”文本框中输入想要创建的文本内容，如图 3-44 所示。

（2）将鼠标指针移到视图中并单击，文本创建完成，如图 3-45 所示。

2. 文本的参数

单击文本将其选中，然后单击 （修改）按钮，修改命令面板中会显示文本的参数，如图 3-44 所示。

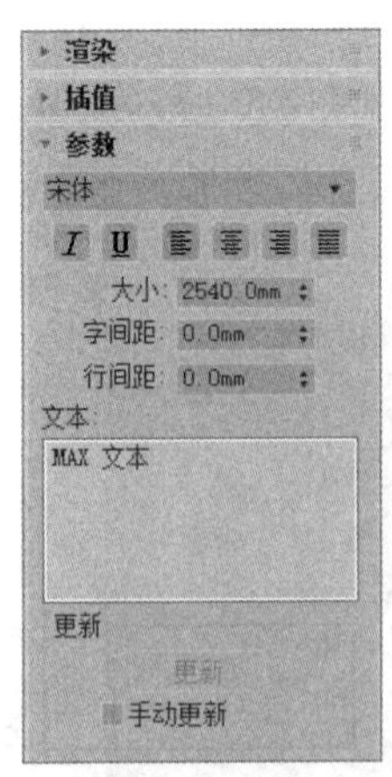

图 3-44

图 3-45

- 字体下拉列表框：用于选择文本的字体。
- *I* 按钮：设置斜体字体。
- U 按钮：设置下画线。

- 按钮：向左对齐。
- 按钮：居中对齐。
- 按钮：向右对齐。
- 按钮：两端对齐。
- 大小：用于设置文字的大小。
- 字间距：用于设置文字之间的间隔距离。
- 行间距：用于设置文字行与行之间的距离。
- 文本：用于输入文本内容，同时可以进行改动。
- 更新：用于设置修改完文本内容后，视图是否立刻进行更新显示。当文本内容非常复杂时，系统可能很难完成自动更新，此时可选择手动更新方式。
- 手动更新：用于手动更新视图。勾选该复选框后，只有单击“更新”按钮，“文本”文本框中当前的内容才会被显示在视图中。

3.2.4 弧

“弧”工具可用于创建弧和扇形。下面介绍弧的创建方法及其参数的设置和修改。

1. 创建弧

弧有两种创建方法：一种是“端点 - 端点 - 中央”创建方法（系统默认设置）；另一种是“中间 - 端点 - 端点”创建方法，如图 3-46 所示。

图 3-46

“端点 - 端点 - 中央”创建方法：创建弧时先引出一条直线，以直线的两端点作为弧的两个端点，然后移动鼠标指针确定弧的半径。

“中间 - 端点 - 端点”创建方法：创建弧时先引出一条直线作为弧的半径，再移动鼠标指针确定弧长。

创建弧的操作步骤如下。

（1）单击“+（创建）> （图形）> 样条线> 弧”按钮。

（2）将鼠标指针移到视图中，单击并按住鼠标左键进行拖曳，视图中会生成一条直线，如图 3-47 所示。松开鼠标左键并移动鼠标指针，调整弧的大小，如图 3-48 所示。在合适的位置单击，弧创建完成，如图 3-49 所示。图 3-49 中显示的是以“端点 - 端点 - 中央”方法创建的弧。

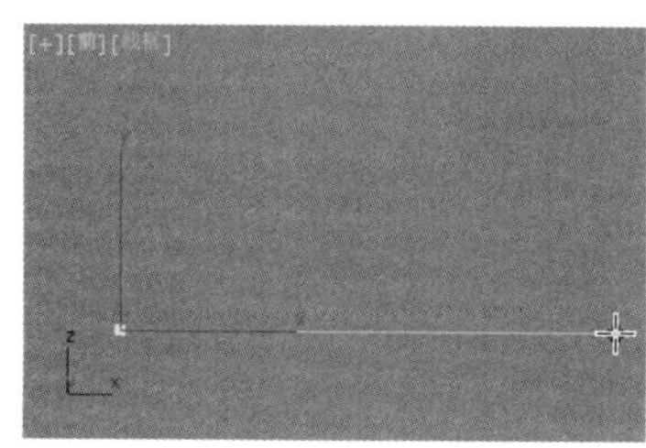
图 3-47

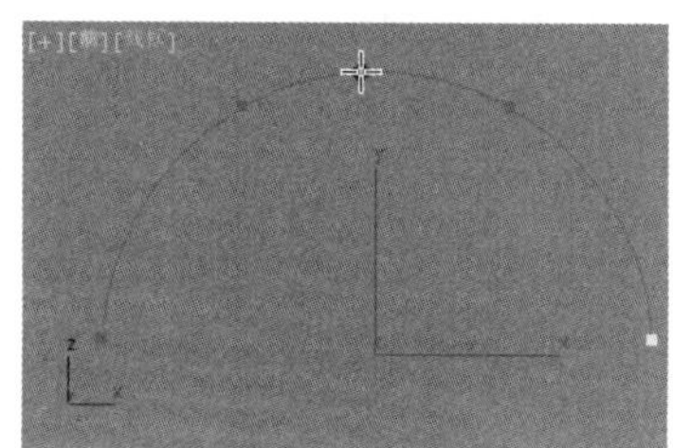
图 3-48

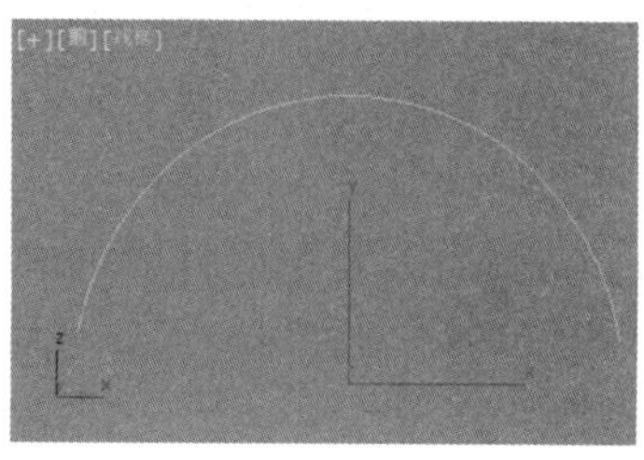
图 3-49

2. 弧的参数

单击弧将其选中，单击 （修改）按钮，修改命令面板中会显示弧的参数，如图 3-50 所示。

图 3-50

- 半径：用于设置弧的半径。

- 从：用于设置创建的弧在其所在圆上的起始点角度。
- 到：用于设置创建的弧在其所在圆上的结束点角度。
- 饼形切片：勾选该复选框，可分别把弧中心和弧的两个端点连接起来构成封闭的图形。

3. 参数的修改

弧的修改参数和创建参数基本相同，只是没有创建方式，参数修改及效果如表 3-2 所示。

表 3-2

参数	效果	参数	效果

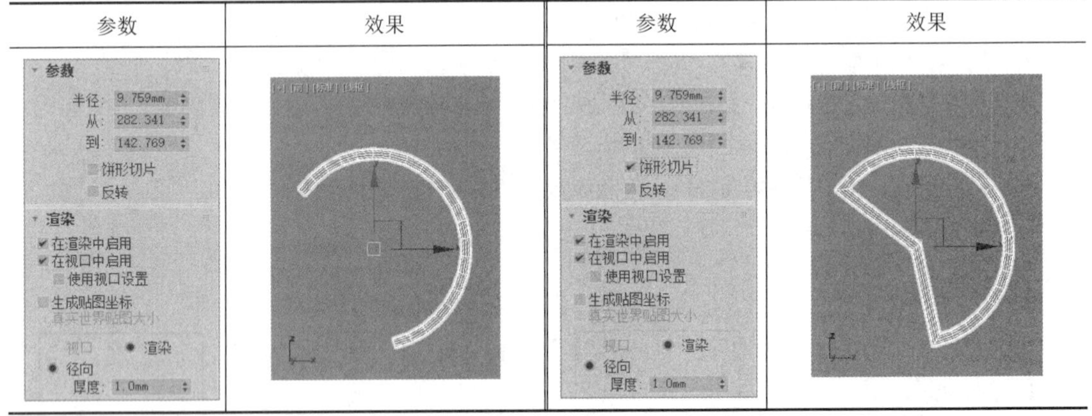

3.2.5 课堂案例——制作墙壁置物架模型

【案例学习目标】熟悉多边形、线和矩形的创建方法，并配合修改器和“移动”工具进行模型位置的调整和模型的复制。

【案例知识要点】使用“多边形”“线”“矩形”工具创建并调整样条线的形状，设置样条线为可渲染，结合其他的工具和“挤出”修改器完成墙壁置物架的制作，完成的模型效果如图 3-51 所示。

图 3-51

微课视频

制作墙壁置物架模型

【素材文件位置】云盘/贴图。

【模型文件位置】云盘/场景/Ch03/墙壁置物架模型.max。

【参考模型文件位置】云盘/场景/Ch03/墙壁置物架.max。

（1）单击“+（创建）> （图形）> 多边形”按钮，在“前”视图中创建多边形，在“参数”卷展栏中设置“半径”为 600、“边数”为 6；在“渲染”卷展栏中勾选“在渲染中启用”“在视口中启用”复选框，选中“矩形”单选按钮，设置“长度”为 35、“宽度”为 35，如图 3-52 所示。

（2）选中多边形，按快捷键 Ctrl+V，在弹出的对话框中选中“实例”单选按钮，单击“确定”按钮，如图 3-53 所示。

（3）在场景中调整模型的位置，如图 3-54 所示。

（4）使用“线”工具在场景中创建两个多边形之间的连接支架，在“渲染”卷展栏中勾选“在渲染中启用”“在视口中启用”复选框，选中“矩形”单选按钮，设置“长度”为 25、“宽度”为 25，如图 3-55 所示。

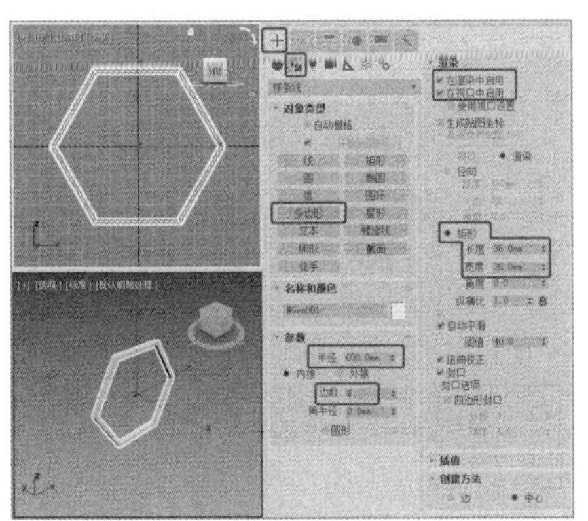

图 3-52

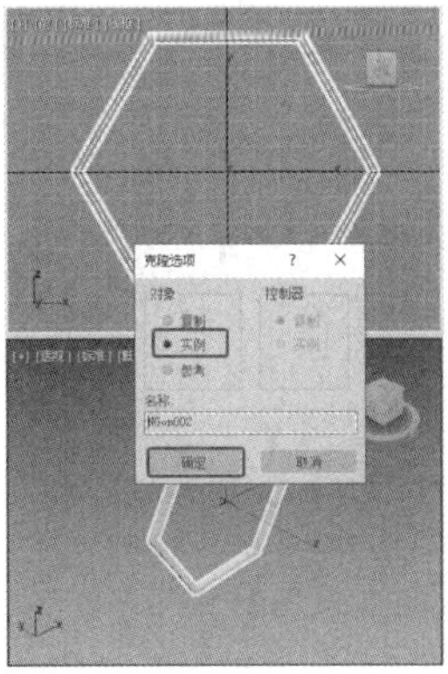

图 3-53

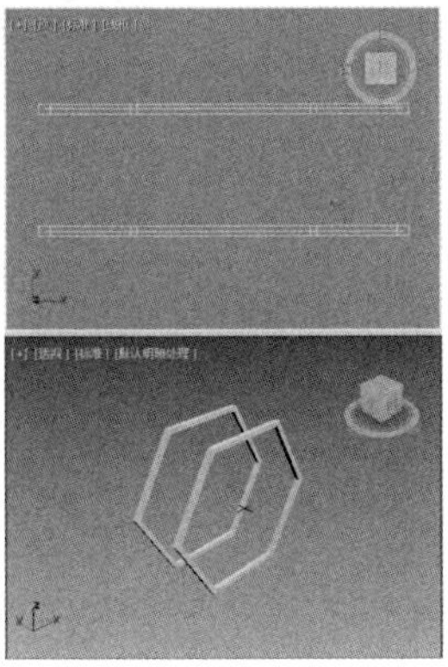

图 3-54

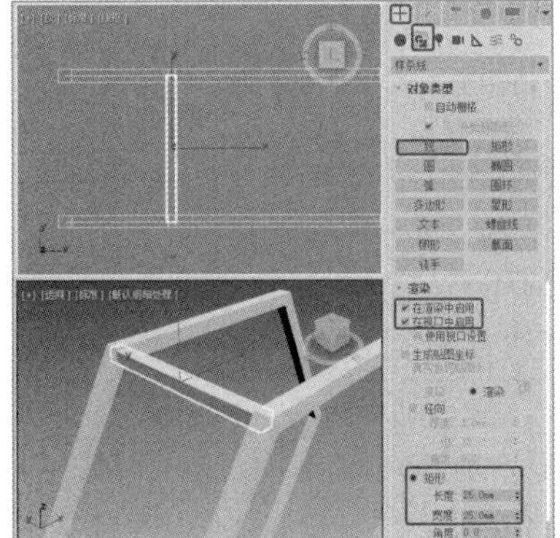

图 3-55

（5）使用 （选择并移动）工具，按住 Shift 键的同时，移动复制的线到每个拐角处，如图 3-56 所示。

（6）使用“线”工具，在“前”视图中创建图 3-57 所示的可渲染的样条线。

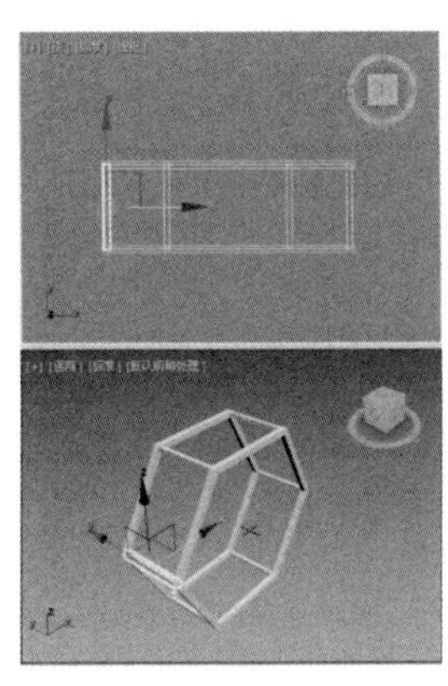

图 3-56

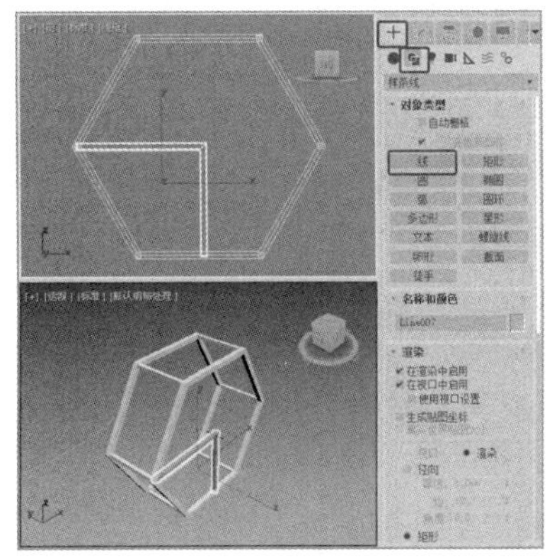

图 3-57

（7）使用“矩形”工具在“顶”视图中创建矩形作为层板，大小合适即可，如图 3-58 所示。

（8）为“矩形”添加“挤出”修改器，在“参数”卷展栏中设置“数量”为 15，如图 3-59 所示。

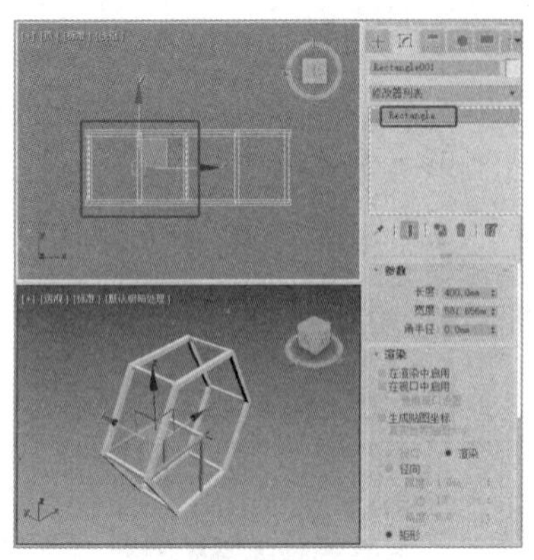
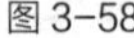
图 3-58

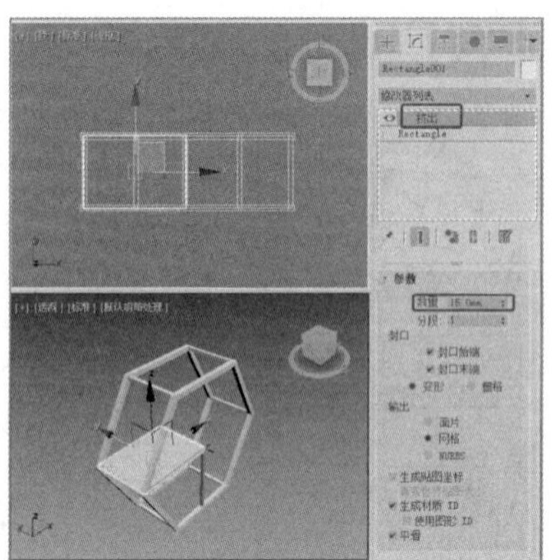
图 3-59

（9）在场景中继续创建层板和支架，墙壁置物架模型制作完成，效果如图 3-60 所示。

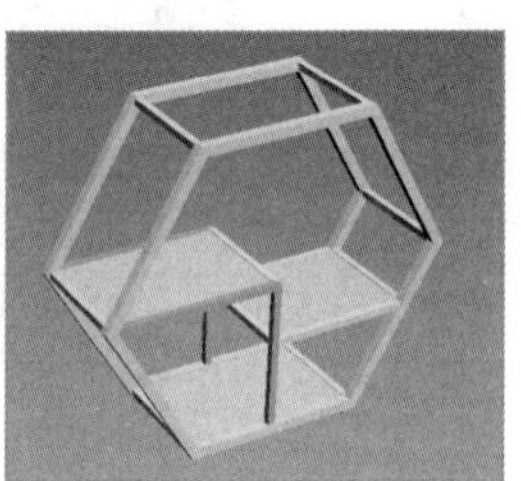
图 3-60

3.2.6 圆环

“圆环”工具用于制作由两个圆组成的圆环。下面介绍圆环的创建方法及其参数的设置。

1. 创建圆环

圆环的创建方法与圆的创建方法类似，也比较简单，具体操作步骤如下。

（1）单击“+（创建）> （图形）> 样条线> 圆环”按钮。

（2）将鼠标指针移到视图中，单击并按住鼠标左键进行拖曳，视图中会生成一个圆，如图 3-61 所示。松开鼠标左键并移动鼠标指针，生成另一个圆，在合适的位置单击，圆环创建完成，如图 3-62 所示。

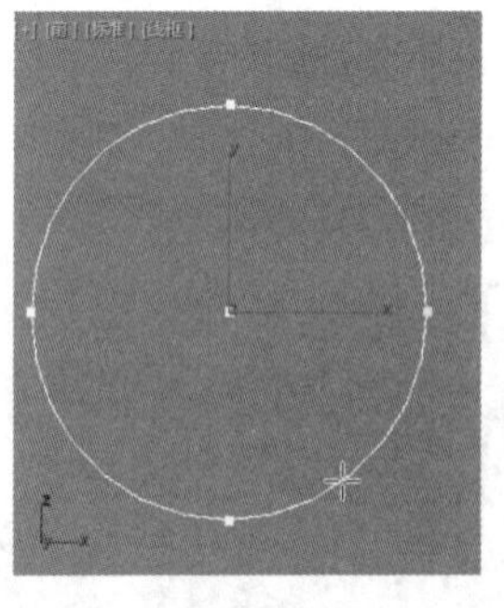
图 3-61

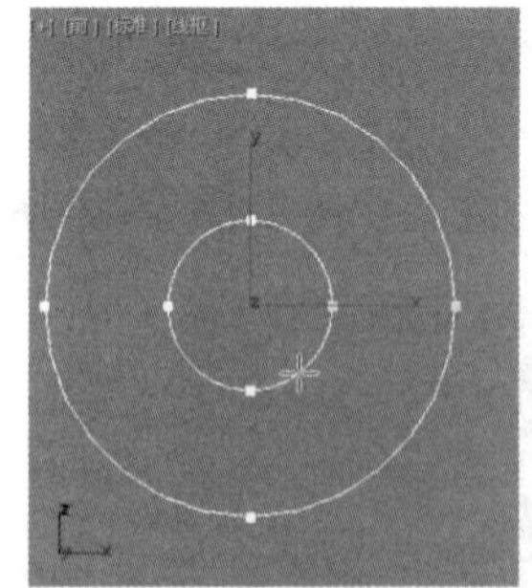
图 3-62

2. 圆环的参数

单击圆环将其选中，单击（修改）按钮，修改命令面板中会显示圆环的参数，如图 3-63 所示。

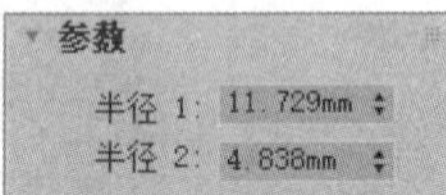

图 3-63

- 半径 1：用于设置第 1 个圆形的半径。
- 半径 2：用于设置第 2 个圆形的半径。

3.2.7 多边形

使用"多边形"工具可以创建任意边数的正多边形，也可以创建圆角多边形。下面介绍多边形的创建方法及其参数的设置和修改。

1. 创建多边形

创建多边形操作步骤如下。

（1）单击"+（创建）>（图形）> 样条线> 多边形"按钮。

（2）将鼠标指针移到视图中，单击并按住鼠标左键进行拖曳，视图中会生成一个多边形，移动鼠标指针调整多边形的大小，在合适的位置松开鼠标左键，多边形创建完成，如图 3-64 所示。

2. 多边形的修改参数

单击多边形将其选中，单击（修改）按钮，修改命令面板中会显示多边形的参数，如图 3-65 所示。

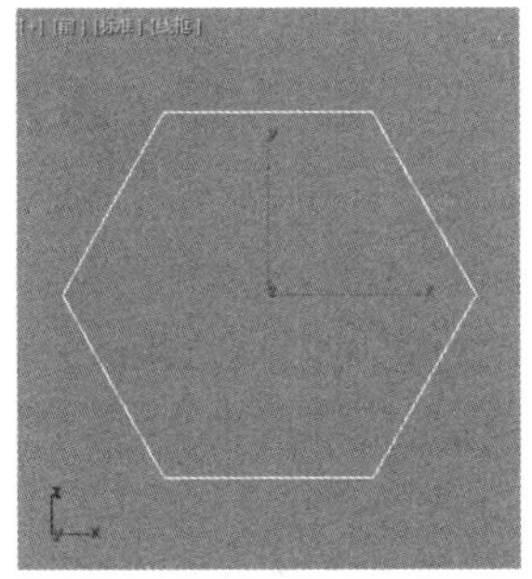

图 3-64

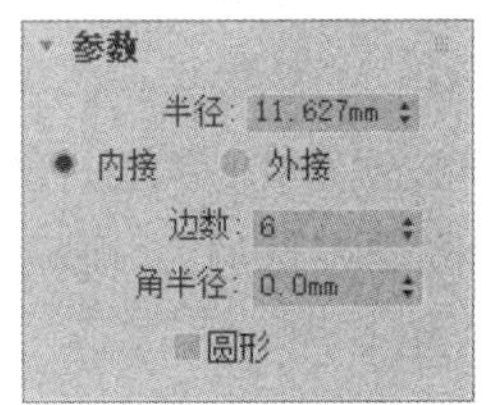

图 3-65

- 半径：用于设置正多边形的半径。
- 内接：使输入的半径为多边形的中心到其边界的距离。
- 外接：使输入的半径为多边形的中心到其顶点的距离。
- 边数：用于设置正多边形的边数，其范围为 3～100。
- 角半径：用于设置多边形在顶点处的圆角半径。
- 圆形：勾选该复选框，设置正多边形为圆形。

3. 参数的修改

多边形的参数不多，但修改参数值后能生成多种形状，如表 3-3 所示。

表 3-3

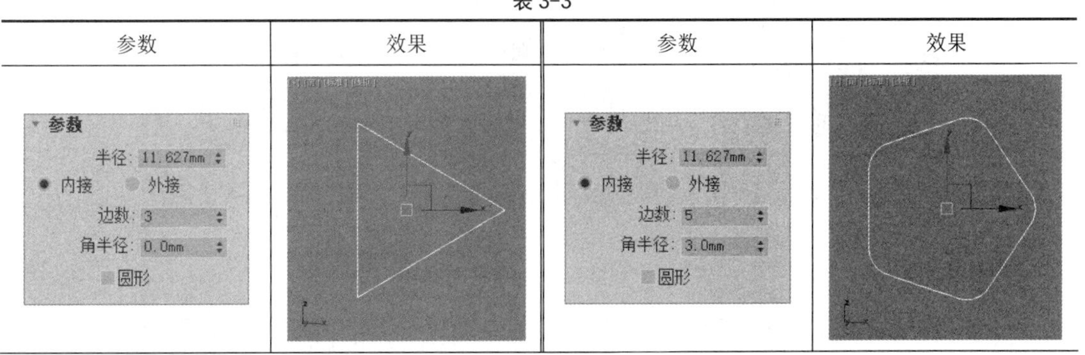

参数	效果	参数	效果
参数 半径: 11.627mm 内接 外接 边数: 3 角半径: 0.0mm 圆形		参数 半径: 11.627mm 内接 外接 边数: 5 角半径: 3.0mm 圆形	

续表

参数	效果	参数	效果
参数 半径：11.627mm ● 内接 ○ 外接 边数：5 角半径：3.0mm ✔圆形		参数 半径：11.627mm ● 内接 ○ 外接 边数：8 角半径：30.0mm 圆形	

3.2.8 星形

使用“星形”工具可以创建多角星形，也可以创建齿轮图案。下面介绍星形的创建方法及其参数的设置和修改。

1. 创建星形

星形的创建方法与圆的创建方法相同，具体操作步骤如下。

（1）单击“+（创建）>（图形）>样条线>星形”按钮。

（2）将鼠标指针移到视图中，单击并按住鼠标左键进行拖曳，视图中会生成一个星形，如图3-66所示，松开鼠标左键并移动鼠标指针，调整星形的形态，在合适的位置单击，星形创建完成，如图3-67所示。

2. 星形的参数

单击星形将其选中，单击（修改）按钮，修改命令面板中会显示星形的参数，如图3-68所示。

- 半径1：用于设置星形的内顶点所在圆的半径。
- 半径2：用于设置星形的外顶点所在圆的半径。
- 点：用于设置星形的顶点数。
- 扭曲：用于设置扭曲值，使星形的齿产生扭曲。
- 圆角半径1：用于设置星形内顶点处圆滑角的半径。
- 圆角半径2：用于设置星形外顶点处圆滑角的半径。

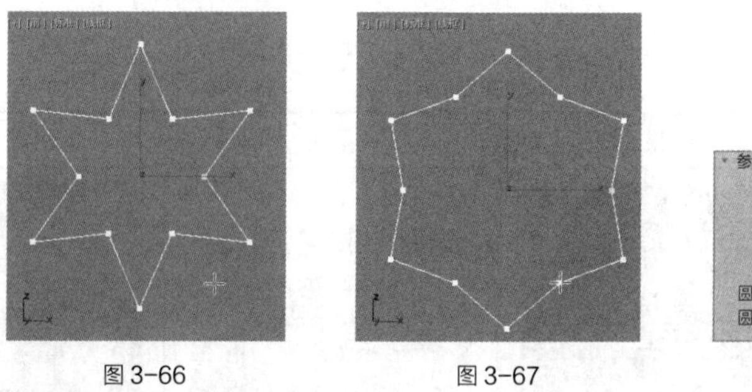

图3-66　　图3-67　　图3-68

3. 参数的修改

对“参数”卷展栏中的参数进行设置，能使星形生成很多不同形状的形体，如表3-4所示。

表 3-4

参数	效果	参数	效果
参数 半径 1: 15.0mm 半径 2: 10.0mm 点: 30 扭曲: 0.0 圆角半径 1: 0.0mm 圆角半径 2: 0.0mm		参数 半径 1: 15.0mm 半径 2: 10.0mm 点: 30 扭曲: 20.0 圆角半径 1: 0.0mm 圆角半径 2: 0.0mm	
参数 半径 1: 15.0mm 半径 2: 10.0mm 点: 5 扭曲: 20.0 圆角半径 1: 3.0mm 圆角半径 2: 0.0mm		参数 半径 1: 15.0mm 半径 2: 10.0mm 点: 5 扭曲: 20.0 圆角半径 1: 3.0mm 圆角半径 2: 3.0mm	
参数 半径 1: 15.0mm 半径 2: 10.0mm 点: 30 扭曲: 20.0 圆角半径 1: 12.0mm 圆角半径 2: 5.0mm		参数 半径 1: 15.0mm 半径 2: 10.0mm 点: 30 扭曲: 50.0 圆角半径 1: 5.0mm 圆角半径 2: 8.0mm	

3.2.9 螺旋线

“螺旋线”工具用于制作平面或空间的螺旋线。下面介绍螺旋线的创建方法及其参数的设置和修改。

1. 创建螺旋线

螺旋线的创建方法与其他二维图形的创建方法不同，操作步骤如下。

（1）单击“+（创建）> G（图形）> 样条线> 螺旋线”按钮。

（2）将鼠标指针移到视图中，单击并按住鼠标左键进行拖曳，视图中会生成一个圆，如图 3-69 所示。松开鼠标左键并移动鼠标指针，调整螺旋线的高度，如图 3-70 所示。单击并移动鼠标指针，调整螺旋线顶半径的大小，再次单击即可完成螺旋线的创建，如图 3-71 所示。

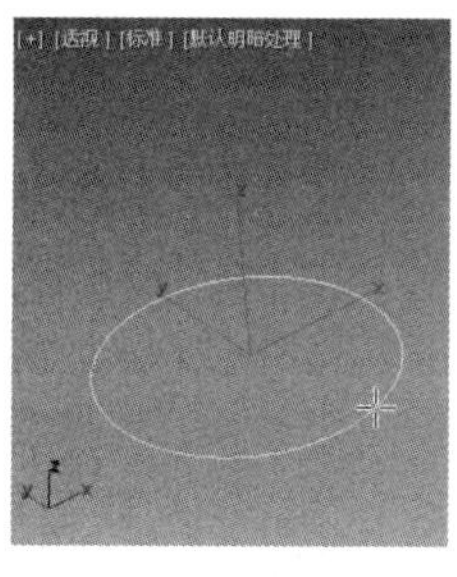

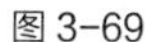
图 3-69

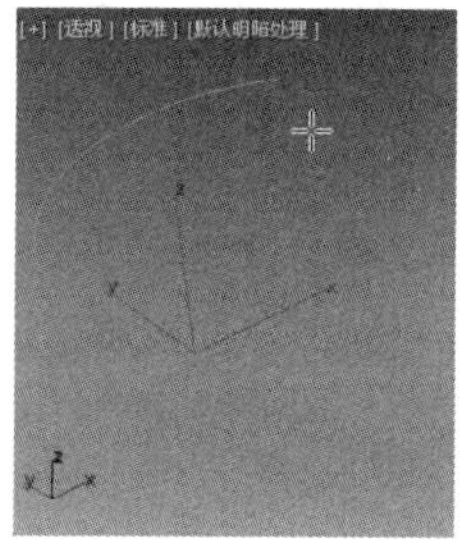
图 3-70

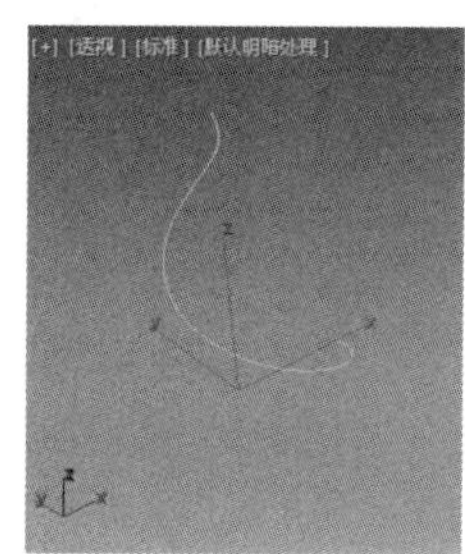
图 3-71

2. 螺旋线的参数

单击螺旋线将其选中，单击（修改）按钮，修改命令面板中会显示螺旋线的参数，如图3-72所示。

参数
半径 1：0.0mm
半径 2：0.0mm
高度：0.0mm
圈数：1.0
偏移：0.0
顺时针 逆时针

图3-72

- 半径1：用于设置螺旋线底圆的半径。
- 半径2：用于设置螺旋线顶圆的半径。
- 高度：用于设置螺旋线的高度。
- 圈数：用于设置螺旋线旋转的圈数。
- 偏移：用于设置螺旋高度上螺旋圈数的偏向强度，以表示螺旋线是靠近底圈，还是靠近顶圈。
- 顺时针/逆时针：用于选择螺旋线旋转的方向。

3. 参数的修改

对“参数”卷展栏的参数值进行设置，能改变螺旋线的形态，如表3-5所示。

表3-5

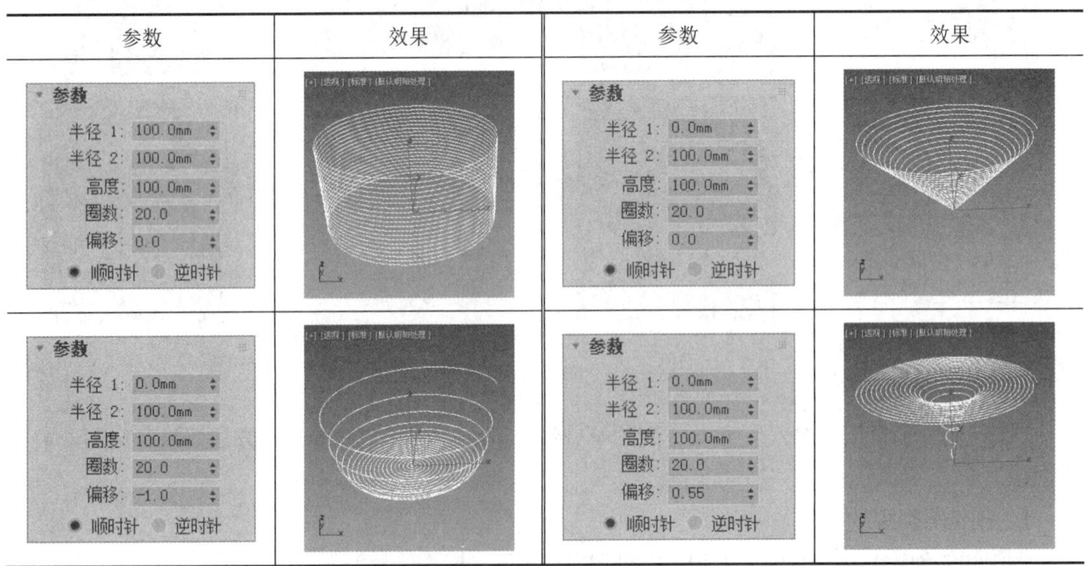

参数	效果	参数	效果
参数 半径 1：100.0mm 半径 2：100.0mm 高度：100.0mm 圈数：20.0 偏移：0.0 顺时针 逆时针		参数 半径 1：0.0mm 半径 2：100.0mm 高度：100.0mm 圈数：20.0 偏移：0.0 顺时针 逆时针	
参数 半径 1：0.0mm 半径 2：100.0mm 高度：100.0mm 圈数：20.0 偏移：-1.0 顺时针 逆时针		参数 半径 1：0.0mm 半径 2：100.0mm 高度：100.0mm 圈数：20.0 偏移：0.55 顺时针 逆时针	

3.3 课堂练习——制作回旋针模型

【练习知识要点】使用“可渲染的线”命令对线进行调整，完成回旋针模型的制作，如图3-73所示。

图3-73

微课视频

制作回旋针模型

【素材文件位置】云盘/贴图。

【参考模型文件位置】云盘/场景/Ch03/回旋针.max。

3.4 课后习题——制作扇形画框模型

【习题知识要点】使用“可渲染的弧”和“可渲染的线”命令对线进行调整，制作扇形画框模型，如图 3-74 所示。

【素材文件位置】云盘/贴图。

【参考模型文件位置】云盘/场景/Ch03/扇形画框.max。

图 3-74

微课视频

制作扇形画框模型

04

第 4 章 三维模型的创建

本章介绍

本章主要对各种常用的修改器命令进行介绍，对修改命令的参数进行编辑，可以使几何体的形体发生改变。通过学习本章的内容，读者可以掌握各种修改命令的属性和作用，并结合使用不同的修改命令，制作出完整、精美的模型。

学习目标

- 熟练掌握将二维图形转化为三维模型的方法。
- 熟练掌握三维模型的修改命令。
- 熟练掌握“编辑样条线”命令的应用。

技能目标

- 掌握花瓶模型的制作方法和技巧。
- 掌握中式案几模型的制作方法和技巧。
- 掌握铁艺床头柜模型的制作方法和技巧。
- 掌握创意沙发凳模型的制作方法和技巧。

素养目标

- 培养学生的中式审美。
- 提高学生举一反三的能力。

4.1 修改命令面板功能简介

使用修改命令面板可以直接对几何体进行修改，还能实现修改命令之间的切换。在前面的内容中我们对几何体的修改过程已经有过接触，接下来将介绍修改命令面板的一些基本功能和应用。

创建几何体后，切换到（修改）面板，面板中显示的是几何体的修改参数，当使用修改命令对几何体进行编辑后，修改命令堆栈中就会显示使用的修改命令，如图 4-1 所示。

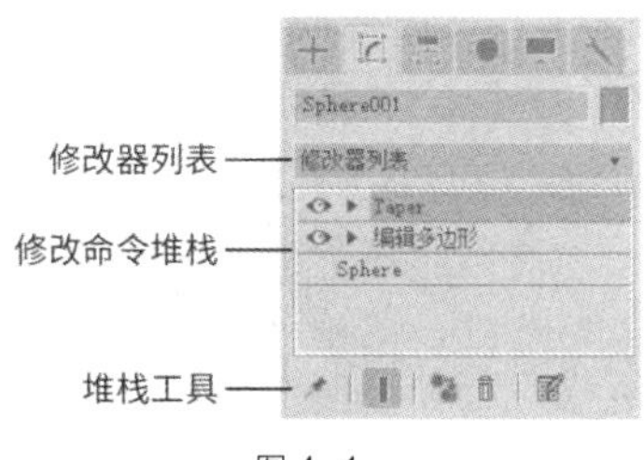

图 4-1

- 修改命令堆栈：用于显示使用的修改命令。
- 修改器列表：用于选择修改命令，单击后会弹出下拉列表框，可以选择想要使用的修改命令。
- （修改命令开关）：用于开启和关闭修改命令。单击后会变为图标，表示该命令被关闭，被关闭的命令不再对物体产生影响，再次单击此图标，命令会重新开启。
- （从堆栈中移除修改器）：用于删除修改命令，在修改命令堆栈中选择修改命令，单击此按钮，即可删除修改命令，修改命令对几何体进行过的编辑也会被撤销。
- （配置修改器集）：用于对修改命令的布局进行重新设置，可以将常用的修改命令以列表或按钮的形式表现出来。

在修改命令堆栈中，有些修改命令左侧有一个图标，如图 4-2 所示。表示该修改命令拥有子层级命令，单击此按钮，子层级就会打开，可以从中选择子层级命令，如图 4-3 所示。选择子层级命令后，该命令会变为蓝色，表示已被启用。

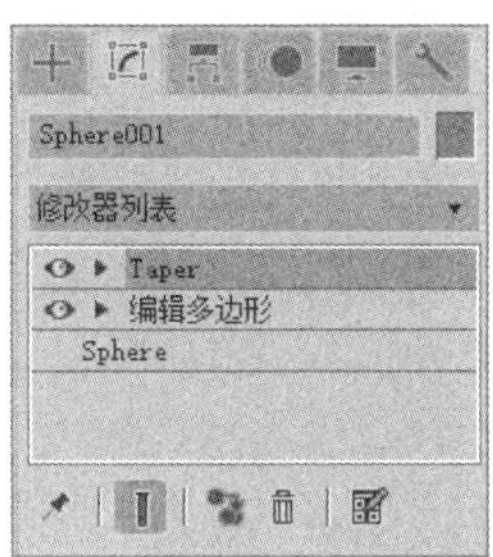

图 4-2

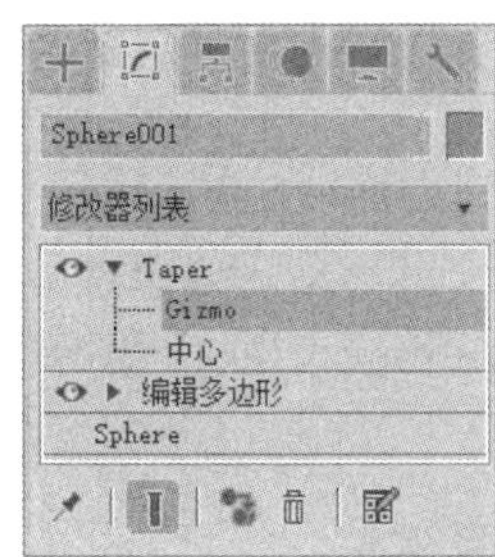

图 4-3

4.2 二维图形转三维模型的方法

在前面的内容中我们介绍了二维图形的创建方法。通过对二维图形基本参数的修改，可以创建出各种形状的图形，但如何把二维图形转化为立体的三维模型并应用到建模中呢？本节将介绍通过修改命令将二维图形转化为三维模型的建模方法。

4.2.1 课堂案例——制作花瓶模型

微课视频

制作花瓶模型

【案例学习目标】熟悉“车削”修改器的使用方法。

【案例知识要点】使用“线”工具创建样条形状，并结合“车削”修改器制作花瓶模型，完成的模型效果如图 4-4 所示。

【素材文件位置】云盘/贴图。

【模型文件位置】云盘/场景/Ch04/花瓶模型.max。

【参考模型文件位置】云盘/场景/Ch04/花瓶.max。

（1）单击“+（创建）> （图形）> 样条线 > 线”按钮，在“前”视图中创建花瓶的截面图形，切换到（修改）面板，调整图形的形状，如图 4-5 所示。

（2）为图形添加“车削”修改器，在“参数”卷展栏中设置“分段”为 50，选择“方向”为 Y，“对齐”为“最小”，如图 4-6 所示。

图 4-4

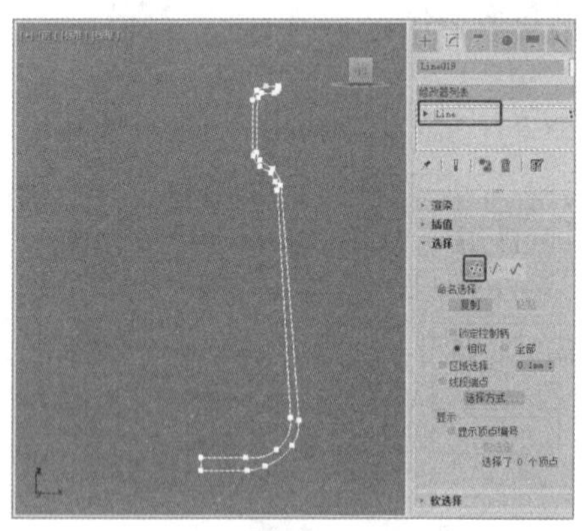

图 4-5

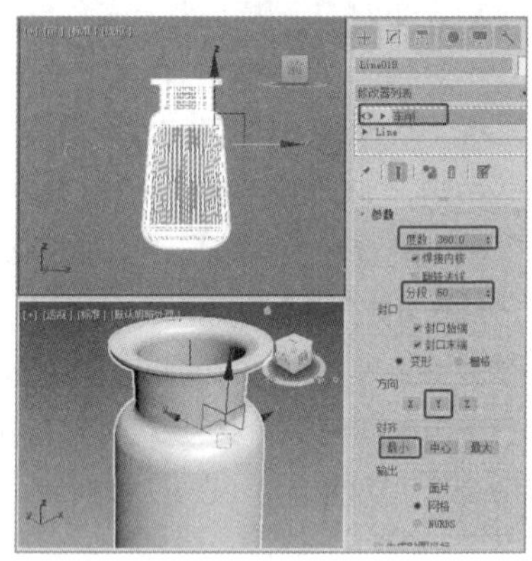

图 4-6

（3）在场景中选择车削的模型，按快捷键 Ctrl+V，在弹出的对话框中选中“复制”单选按钮，单击“确定”按钮，如图 4-7 所示。

（4）在修改命令堆栈中选择“线段”选择集，在场景中删除多余的线段，只留下图 4-8 所示的线段。

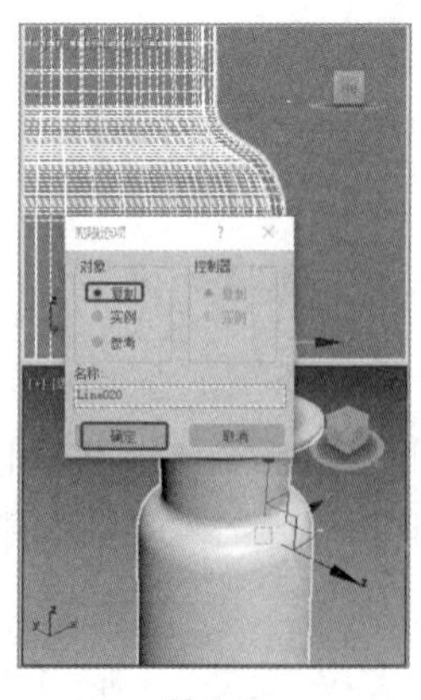

图 4-7

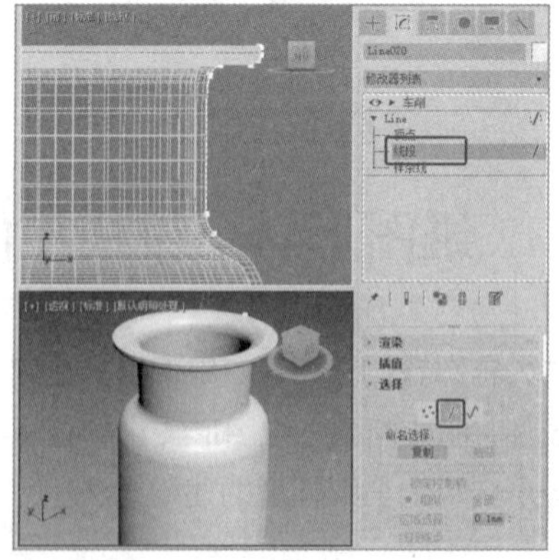

图 4-8

（5）将选择集定义为“样条线”，在场景中选择样条线，在“几何体”卷展栏中单击“轮廓”按钮并设置一个较小的轮廓参数，如图 4-9 所示。

（6）将选择集定义为“顶点”，在“几何体”卷展栏中单击“圆角”按钮，设置图形两端顶点的圆角，如图 4-10 所示。

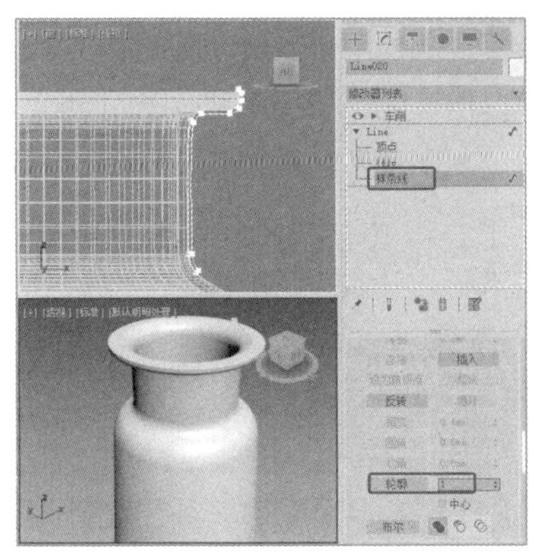
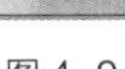

图 4-9

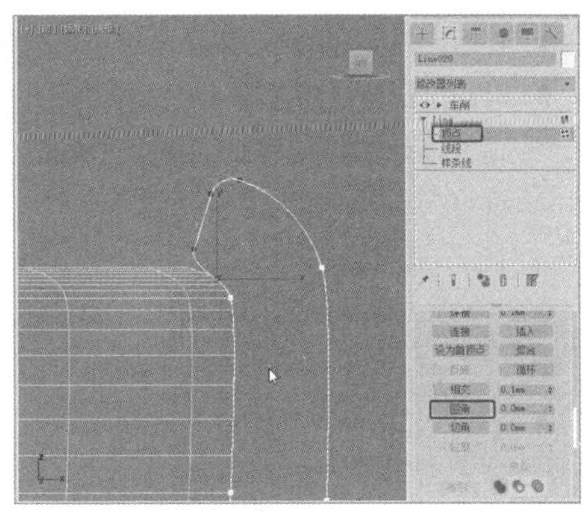

图 4-10

（7）关闭选择集，返回“车削”修改器，花瓶模型制作完成，效果如图 4-11 所示。

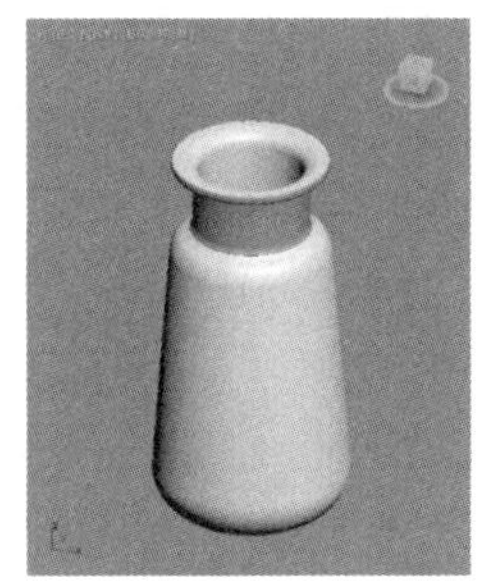

图 4-11

4.2.2 “车削”命令

“车削”命令是将一个图形或 NURBS（Non-Uniform Rational B-Spline，非均匀有理 B 样条）曲线绕轴旋转，进而生成三维形体的命令。通过该命令能得到表面平滑的物体。下面介绍“车削”命令的参数和使用方法。

1. 选择“车削”命令

对所有修改命令来说，都必须在物体被选中时才能对命令进行选择。“车削”命令是用于对二维图形进行编辑的命令，所以只有选择二维形体后才能选择“车削”命令。

在视图中任意创建一个二维图形，首先单击（修改）按钮，然后单击“修改器列表”下拉列表框，在弹出的下拉列表框中选择“车削”命令，如图 4-12 所示。

2. “车削”命令的参数

选择“车削”命令后，修改命令面板中会显示“车削”命令的参数，如图 4-13 所示。

- 度数：用于设置旋转的角度。
- 焊接内核：将旋转轴上重合的点进行焊接精简，以得到结构相对简单的造型。
- 翻转法线：勾选该复选框，将会翻转造型表面的法线方向。
- “封口”选项组。
    - ◆ 封口始端：将挤出的对象顶端加面覆盖。
    - ◆ 封口末端：将挤出的对象底端加面覆盖。

- ◆ 变形：选中该单选按钮，将不进行面的精简计算，以便用于变形动画的制作。
- ◆ 栅格：选中该单选按钮，将进行面的精简计算，但不能用于变形动画的制作。

- “方向”选项组用于设置旋转中心轴的方向。*x*、*y*、*z* 分别用于设置不同的轴向。系统默认 *y* 轴为旋转中心轴。
- “对齐”选项组用于设置曲线与中心轴线的对齐方式。
  - ◆ 最小：将曲线内边界与中心轴线对齐。
  - ◆ 中心：将曲线中心与中心轴线对齐。
  - ◆ 最大：将曲线外边界与中心轴线对齐。

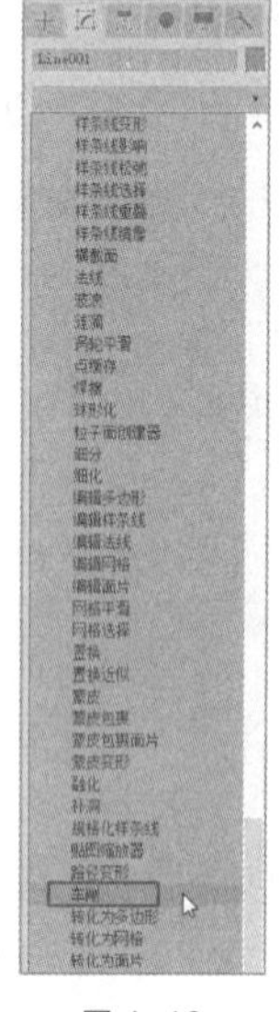
图 4-12

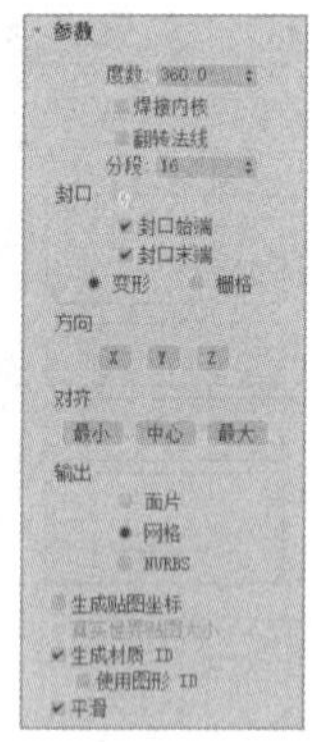

图 4-13

4.2.3 “挤出”命令

“挤出”命令可以使二维图形增加厚度，转化成三维物体。下面介绍“挤出”命令的参数和使用方法。

单击“+（创建）> （图形）> 样条线 > 星形”按钮，在“透视”视图中创建一个星形，参数不用设置，如图 4-14 所示。

单击“修改器列表”下拉列表框，在弹出的下拉列表框中选择“挤出”命令，可以看到星形已经受到“挤出”命令的影响变为一个星形平面，如图 4-15 所示。

图 4-14

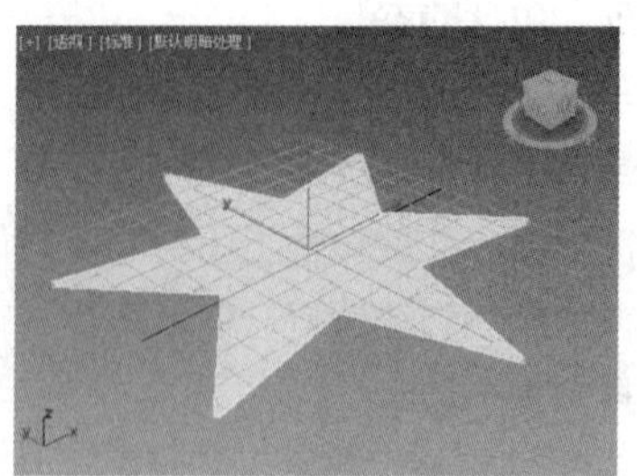
图 4-15

在“参数”卷展栏的“数量”数值框中设置参数，星形的高度会随之变化，如图 4-16 所示。

“挤出”命令的参数如下。

- 数量：用于设置挤出的高度。
- 分段：用于设置挤出高度上的段数。
- “封口”选项组。
    - ◆ 封口始端：将挤出的对象顶端加面覆盖。
    - ◆ 封口末端：将挤出的对象底端加面覆盖。
    - ◆ 变形：选中该单选按钮，将不进行面的精简计算，以便用于变形动画的制作。
    - ◆ 栅格：选中该单选按钮，将进行面的精简计算，不能用于变形动画的制作。
- “输出”选项组用于设置挤出的对象的输出类型。
    - ◆ 面片：将挤出的对象输出为面片造型。
    - ◆ 网格：将挤出的对象输出为网格造型。
    - ◆ NURBS：将挤出的对象输出为 NURBS 曲面造型。

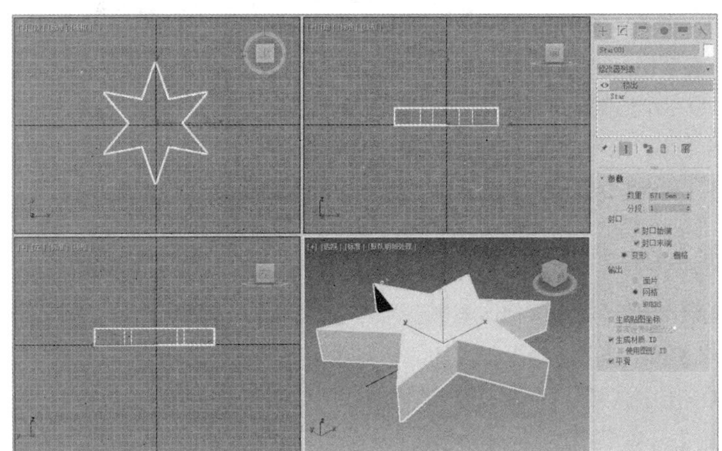

图 4-16

“挤出”命令的用法比较简单，一般情况下，大部分参数保持为默认设置即可，只对“数量”进行设置就能满足一般建模的需要。

4.2.4 “倒角”命令

“倒角”命令只用于二维形体的编辑，用户可以对二维形体进行挤出，还可以对形体边缘进行倒角。下面介绍“倒角”命令的参数和使用方法。

选择“倒角”命令的方法与选择“车削”命令的方法相同，选择时应先在视图中创建二维图形，选中二维图形后再选择“倒角”命令。

选择“倒角”命令后，修改命令面板中会显示其参数，如图 4-17 所示。“倒角”命令的参数主要分为两部分。

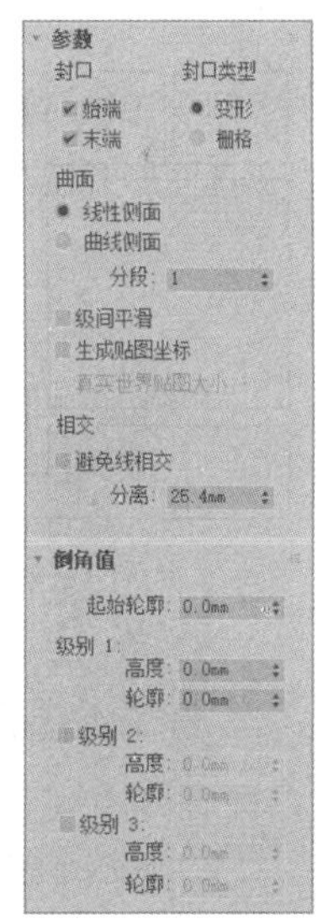

图 4-17

1. “参数”卷展栏

- “封口”选项组：用于对造型两端进行加盖控制。如果对两端都进行加盖处理，则成为封闭实体。

- ◆ 始端：将开始截面封顶加盖。
- ◆ 末端：将结束截面封顶加盖。

- “封口类型”选项组：用于设置封口表面的构成类型。
  - ◆ 变形：不处理表面，以便进行变形操作，制作变形动画。
  - ◆ 栅格：进行表面网格处理，它产生的渲染效果要优于 Morph 方式。
- “曲面”选项组：用于控制侧面的曲率和光滑度，并指定贴图坐标。
  - ◆ 线性侧面：设置倒角内部片段划分为直线方式。
  - ◆ 曲线侧面：设置倒角内部片段划分为弧形方式。
  - ◆ 分段：用于设置倒角内部的段数。其数值越大，倒角越圆滑。
  - ◆ 级间平滑：勾选该复选框，将对倒角进行光滑处理，但总是保持顶盖不被光滑处理。
  - ◆ 生成贴图坐标：勾选该复选框，将为造型指定贴图坐标。
- “相交”选项组：用于在制作倒角时，改善因尖锐的折角而产生的突出变形。
  - ◆ 避免线相交：勾选该复选框，可以防止尖锐的折角产生突出变形。
  - ◆ 分离：用于设置两个边界线之间的距离，以防止越界交叉。

2. “倒角值”卷展栏

“倒角值”卷展栏用于设置不同倒角级别的高度和轮廓。

- ◆ 起始轮廓：用于设置原始图形的外轮廓大小。
- ◆ 级别 1/级别 2/级别 3：可分别设置 3 个级别的高度和轮廓大小。

4.2.5 课堂案例——制作中式案几模型

【案例学习目标】熟悉“倒角”修改器的使用方法。

【案例知识要点】将“线”“矩形”“切角长方体”工具与“倒角”“挤出”修改器结合使用，制作出中式案几模型，完成的模型效果如图 4-18 所示。

微课视频

制作中式案几模型

【素材文件位置】云盘/贴图。

【模型文件位置】云盘/场景/Ch04/中式案几模型.max。

【参考模型文件位置】云盘/场景/Ch04/中式案几.max。

（1）单击“+（创建）> （图形）> 样条线 > 线”按钮，在“前”视图中创建图形并调整图形的形状，如图 4-19 所示。

图 4-18

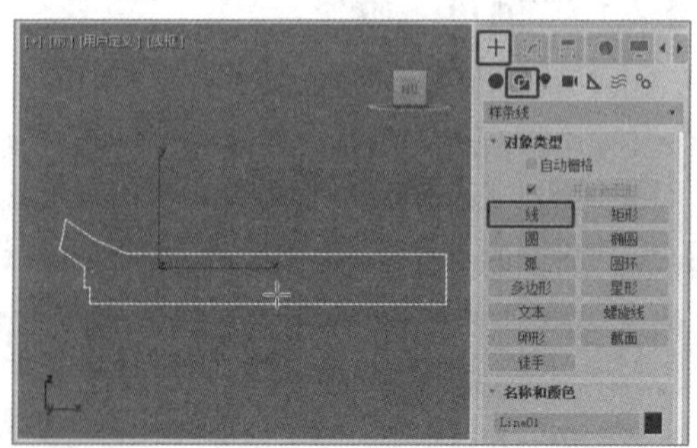

图 4-19

（2）切换到 （修改）面板，将线的选择集定义为“顶点”，在“前”视图中使用“Bezier”工具和移动工具调整图形形状，如图 4-20 所示。

（3）调整图形形状后，关闭选择集，为图形添加“倒角”修改器，在“倒角值”卷展栏中设置合适的倒角参数，如图 4-21 所示。

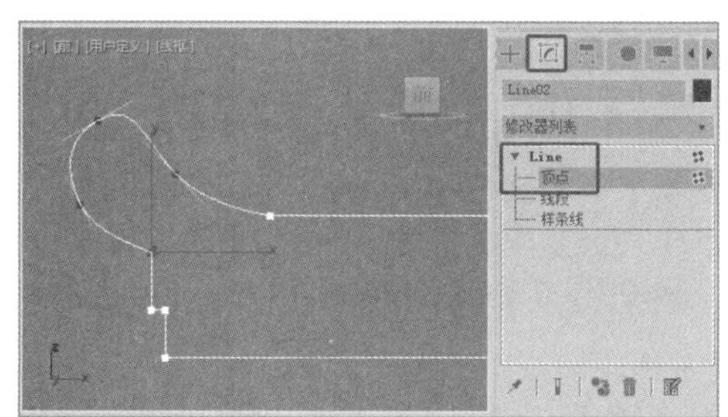

图 4-20

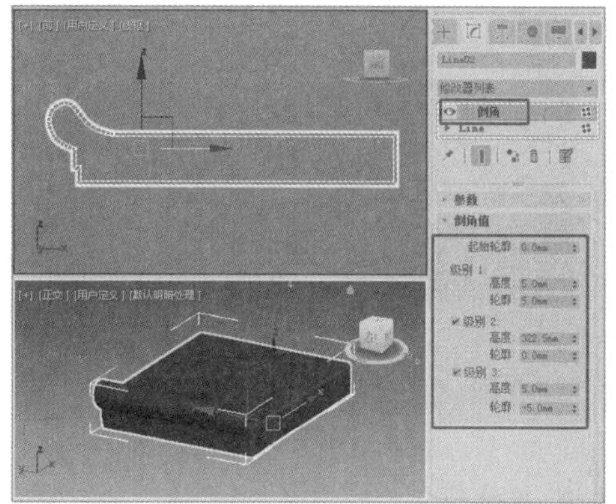

图 4-21

（4）单击“+（创建）> （图形）> 样条线 > 线”按钮，在场景中创建图 4-22 所示的图形。

（5）调整图形的顶点，制作出图 4-23 所示的效果。

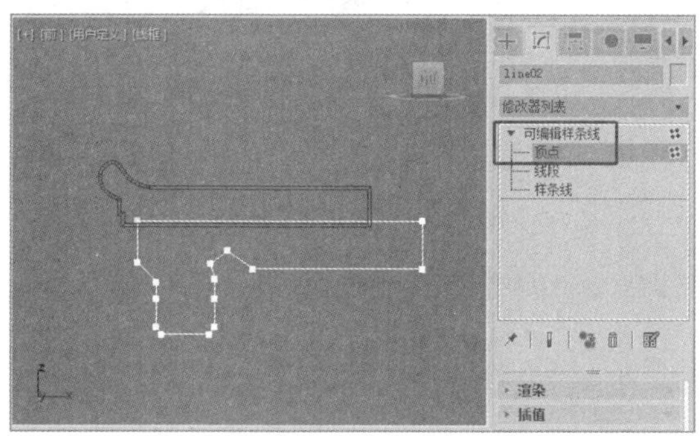

图 4-22

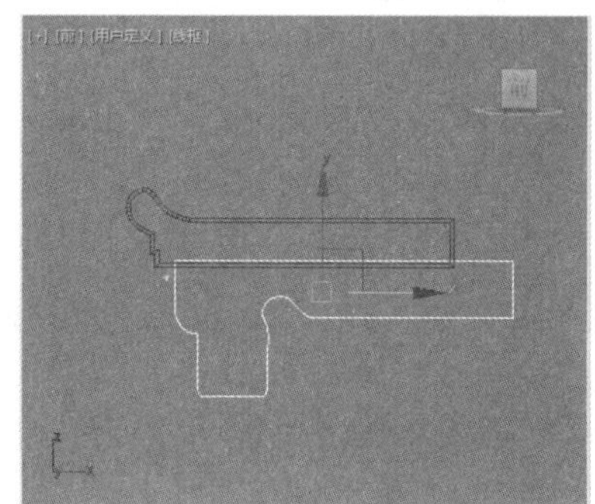

图 4-23

（6）调整图形形状后关闭选择集，为图形添加“挤出”修改器，设置合适的挤出参数，复制模型并调整其位置，如图 4-24 所示。继续创建图 4-25 所示的图形。

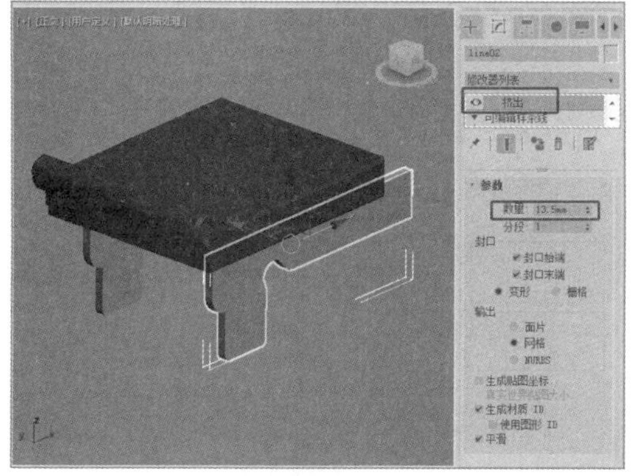

图 4-24

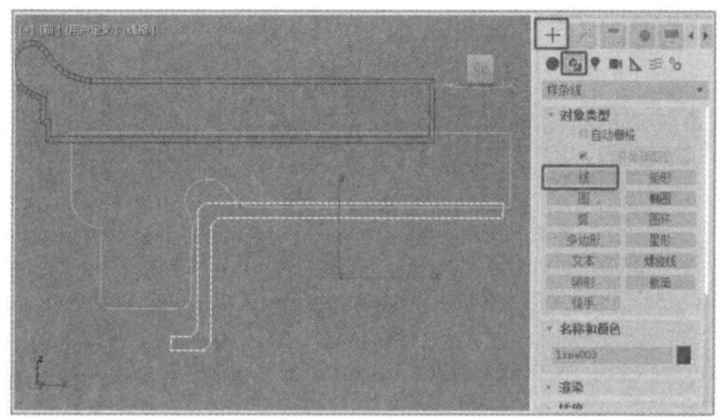

图 4-25

（7）调整图形的形状，制作出图 4-26 所示的效果。为图形添加“挤出”修改器，设置合适的参数，调整图形至合适的位置并对其进行复制，如图 4-27 所示。

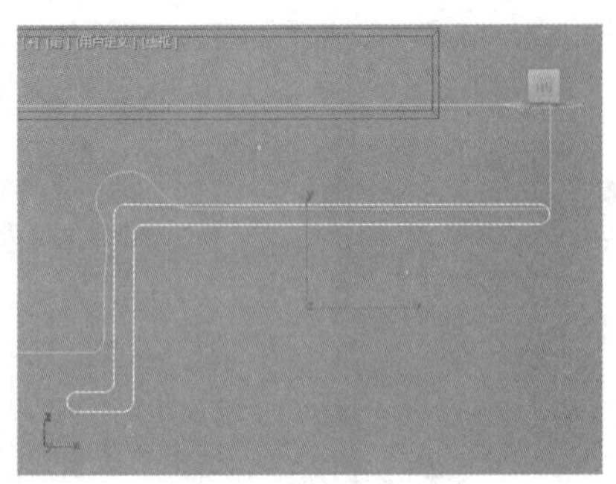

图 4-26

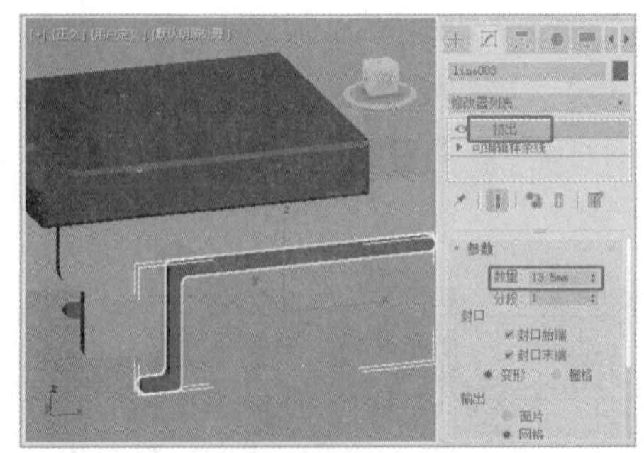

图 4-27

（8）单击“+（创建）> （图形）> 样条线 > 矩形”按钮，在“顶”视图中创建矩形，设置合适的参数，如图 4-28 所示。

（9）切换到 （修改）命令面板，在“修改器列表”中选择“挤出”修改器，设置合适的挤出参数，如图 4-29 所示，调整模型的位置，并将其复制为一侧的腿。

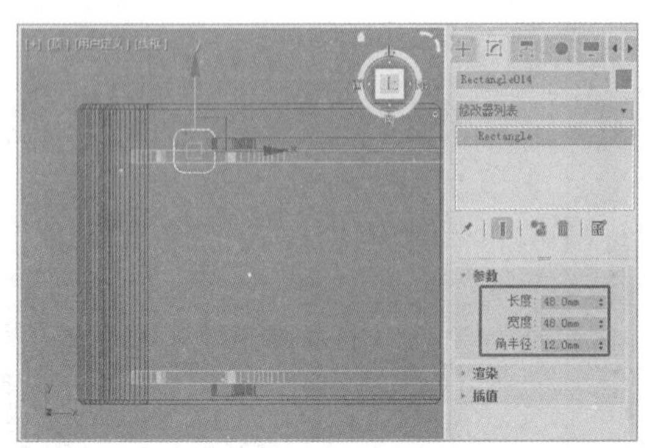

图 4-28

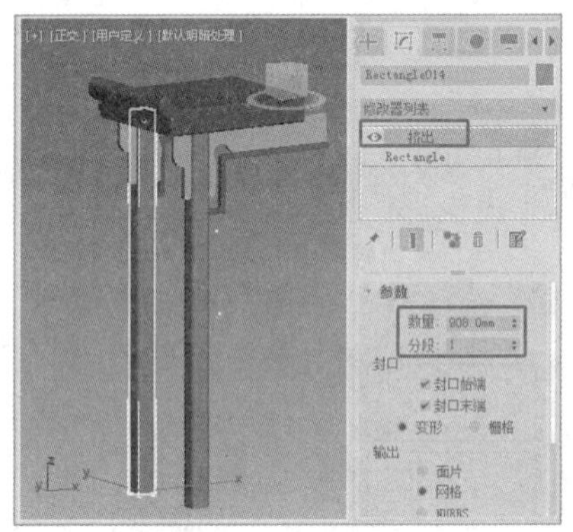

图 4-29

（10）单击“+（创建）> （几何体）> 扩展基本体 > 切角长方体”按钮，在“顶”视图中创建切角长方体，在“参数”卷展栏中设置合适的参数，如图 4-30 所示。

（11）复制切角长方体，修改切角长方体的参数，生成抽屉模型，如图 4-31 所示。

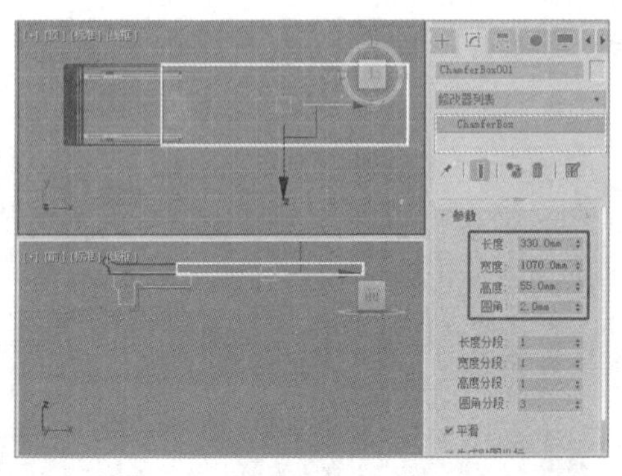

图 4-30

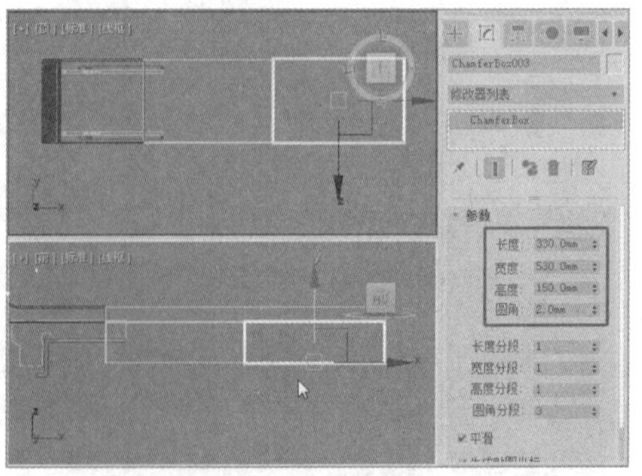

图 4-31

（12）继续复制切角长方体，修改其参数生成抽屉把，随后复制出多个抽屉把，如图 4-32 所示。

（13）在“前”视图中框选除了中间台面和抽屉以外的所有模型，在工具栏中单击（镜像）按钮，在弹出的对话框中设置“镜像轴”为 x 轴、“偏移”为 1420、“克隆当前选择”为实例，如图 4-33 所示，单击“确定”按钮，复制模型。

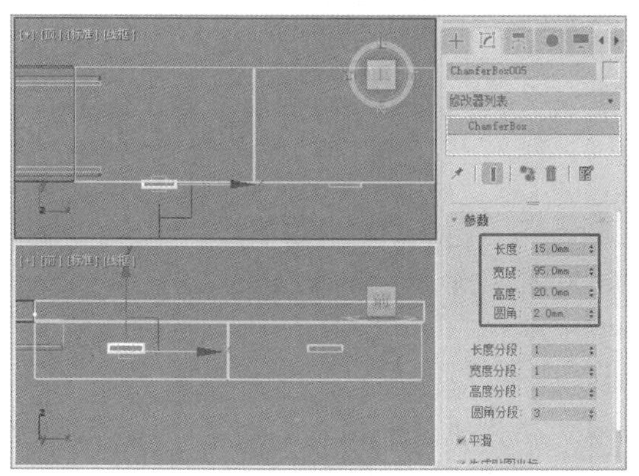

图 4-32

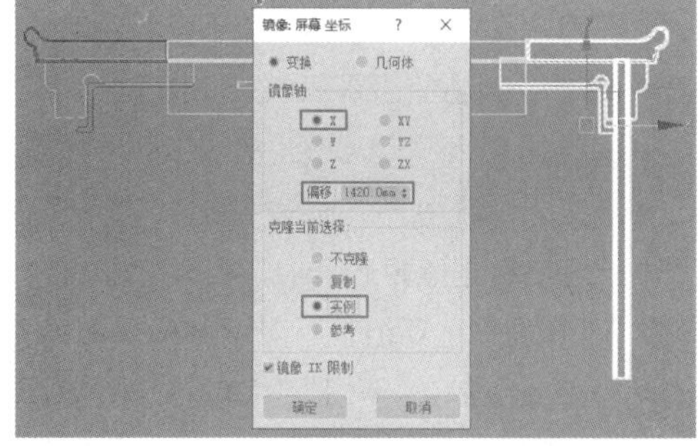

图 4-33

（14）调整复制出的模型至合适的位置，中式案几模型制作完成，效果如图 4-34 所示。

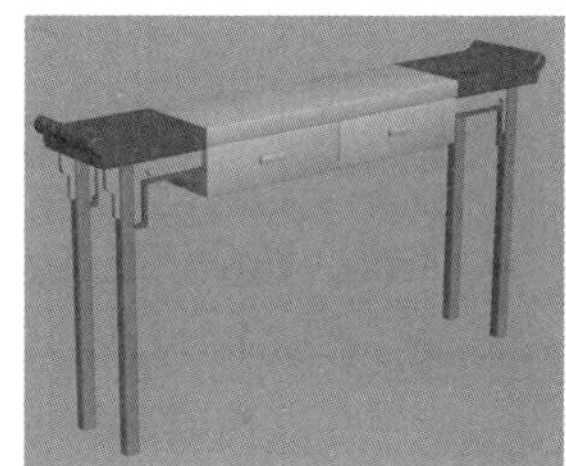

图 4-34

4.2.6 “倒角剖面”命令

“倒角剖面”修改器使用一个图形作为路径或使用“倒角剖面”来挤出另一个图形。它是“倒角”修改器的一种变量。

小提示

如果删除原始倒角剖面，则倒角剖面失效。与提供图形的“放样”对象不同，“倒角剖面”只是一个简单的修改器。

为图形添加“倒角剖面”修改器后，（修改）面板中会显示其修改参数，如图 4-35 所示，其中有两种版本的倒角剖面参数，一种是“经典”，另一种是“改进”。

“剖面 Gizmo”子对象层级：在修改器堆栈中将选择集定义为“剖面 Gizmo”，可以调整剖面坐标的角度或位置。

在场景中选择需要添加“倒角剖面”修改器的图形，如图 4-36 所示。在“修改器列表”中选择“倒角剖面”修改器，如图 4-37 所示。单击“拾取剖面”按钮，拾取剖面图形，如图 4-38 所示。

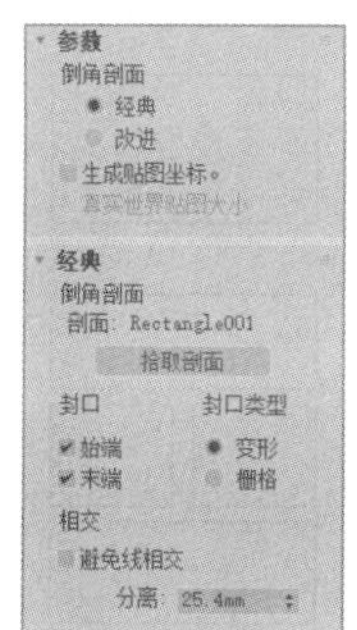

图 4-35

图 4-36

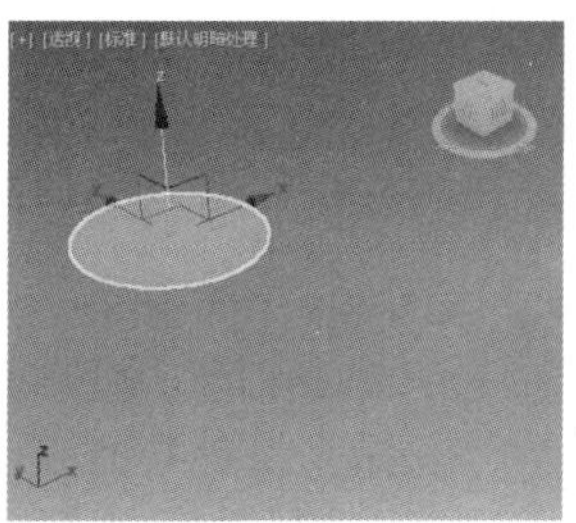

图 4-37

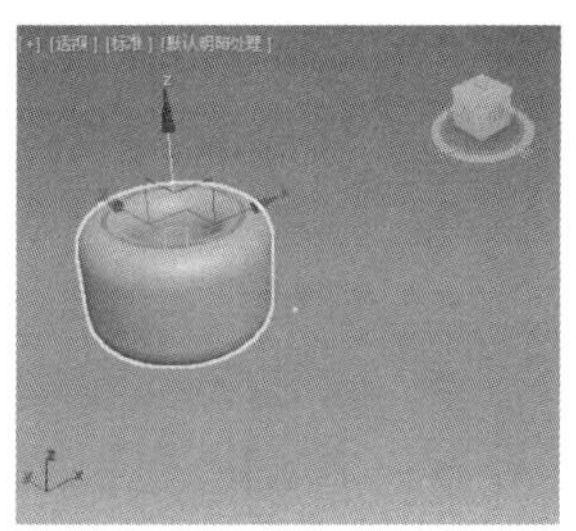

图 4-38

“参数”卷展栏中“经典”面板的介绍如下。

- 拾取剖面：选中一个图形或 NURBS 曲线用于剖面路径。
- 生成贴图坐标：指定 UV 坐标。
- 真实世界贴图大小：控制应用于该对象的纹理贴图材质所使用的缩放方法。

“封口”选项组：用来设置封口始端、末端。

- 始端：对挤出图形的底部进行封口。
- 末端：对挤出图形的顶部进行封口。

“封口类型”选项组：用来选择封口的类型。

- 变形：选中一个确定性的封口方法，它为对象间的变形提供相等数量的顶点。
- 栅格：创建更适合封口变形的栅格封口。

“相交”选项组：用来设置相交相关的选项。

- 避免线相交：防止倒角曲面自相交。这需要更多的处理器计算，而且在复杂几何体中很消耗时间。
- 分离：设定侧面为防止相交而分开的距离。

4.2.7 “扫描”命令

“扫描”修改器用于沿着基本样条线或 NURBS 曲线路径挤出横截面。类似于“放样”复合对象，但它是一种更有效的方法。

对于创建结构钢细节、建模细节或任何需要沿着样条线挤出截面的情况，该修改器都非常有用。

为场景中的指定图形添加“扫描”修改器，其相关的参数如图 4-39 所示。

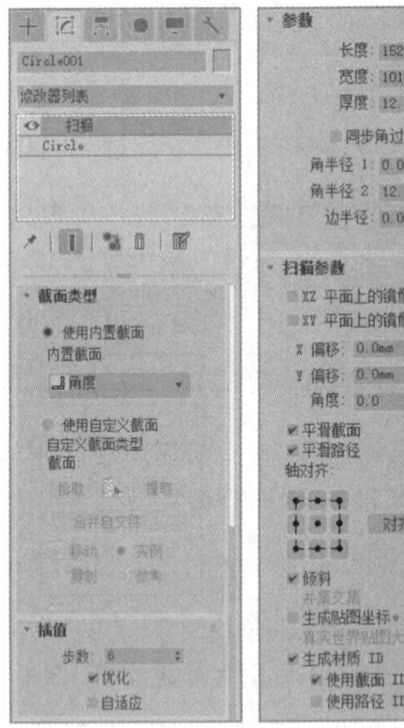

图 4-39

首先我们来看一下“截面类型”卷展栏。

- 使用内置截面：选中该单选按钮可使用一个内置的备用截面。

“内置截面”选项组：从该选项组中可以看到“内置截面”下拉列表框，单击下拉按钮可以在弹出的下拉列表框中看到常用结构截面。

- 角度 角度截面：沿着样条线扫描结构角度截面。默认的截面为角度。
- 条 条截面：沿着样条线扫描 2D 矩形截面。
- 通道 通道截面：沿着样条线扫描结构通道截面。
- 圆柱体 圆柱体截面：沿着样条线扫描实心 2D 圆截面。
- 半圆 半圆截面：沿着样条线该截面生成一个半圆挤出。
- 管道 管道截面：沿着样条线扫描圆形空心管道截面。
- 1/4 圆 1/4 圆截面：用于建模细节，沿着样条线该截面生成一个 1/4 圆形挤出。
- T 形 T 形截面：沿着样条线扫描结构 T 形截面。
- 管状体 管状体截面：根据方形，沿着样条线扫描空心管道截面。与管道截面类似。

- 宽法兰 宽法兰截面：沿着样条线扫描结构宽法兰截面。
- 卵形 卵形截面：沿着样条线扫描结构卵形截面。
- 椭圆 椭圆截面：沿着样条线扫描结构椭圆截面。
- 使用自定义截面：如果已经创建了自定义截面，或者当前场景中含有另一个形状，或者想要使用另一 MAX 文件作为截面，那么可以选中该单选按钮。
- 截面：显示所选择的自定义图形的名称。该区域为空白直到选择了自定义图形。
- 拾取：如果想使用的自定义图形在视图中可见，那么可以单击“拾取”按钮，然后直接从场景中拾取图形。
- 拾取图形：单击该按钮可按名称选择自定义图形，打开的对话框仅显示当前位于场景中的有效图形。其控件类似于“场景资源管理器”控件。
- 提取：在场景中创建一个新图形，这个新图形可以是副本、实例或当前自定义截面的参考。单击该按钮将打开“提取图形”对话框。
- 合并自文件：选择储存在另一个 MAX 文件中的截面。单击该按钮将打开“合并文件”对话框。
- 移动：沿着指定的样条线扫描自定义截面。与“实例”“复制”“参考”单选按钮不同的是，其选中的截面会向样条线移动。在视图中编辑原始图形不影响“扫描”网格。
- 复制：沿着指定样条线扫描选中截面的副本。
- 实例：沿着指定样条线扫描选中截面的实例。
- 参考：沿着指定样条线扫描选中截面的参考。

“扫描”修改器的“插值”卷展栏中控件的工作方式，与它们对任何其他样条线所执行的操作完全一样。但是，控件只影响选中的内置截面，而不会影响截面扫描所沿的样条线。

- 步数：设置 3ds Max 2020 在每个内置的截面顶点间所使用的分割数（或步数）。带有急剧曲线的样条线需要许多步数才能显得平滑，而平缓曲线需要的步数则较少。
- 优化：勾选此复选框后，可以从样条线的线段中删除不需要的步数。默认设置为启用。
- 自适应：勾选此复选框后，可以自动设置每个样条线的步数，以生成平滑曲线。

“参数”卷展栏是上下文相关的，并且会根据所选择的沿着样条线扫描的内置截面显示不同的设置。例如，较复杂的截面，如角度截面，有 7 个可以更改的设置，而 1/4 圆截面则只有一个设置。

“扫描参数”卷展栏用于设置扫描的截面参数。

- XZ 平面上的镜像：勾选该复选框后，截面相对于应用“扫描”修改器的样条线垂直翻转。默认未启用。
- XY 平面上的镜像：勾选该复选框后，截面相对于应用“扫描”修改器的样条线水平翻转。默认未启用。
- X 偏移：相对于基本样条线水平移动截面。
- Y 偏移：相对于基本样条线垂直移动截面。
- 角度：相对于基本样条线所在的平面旋转截面。
- 平滑截面：提供平滑曲面，该曲面环绕着沿基本样条线扫描的截面的周界。默认设置为启用。
- 平滑路径：沿着基本样条线的长度提供平滑曲面。对曲线路径这类平滑十分有用。默认未启用。
- 轴对齐：提供帮助用户将截面与基本样条线路径对齐的 2D 栅格。使用 9 个按钮之一来围绕样条线路径移动截面的轴。

- 对齐轴：启用该选项后，“轴对齐”栅格在视图中以 3D 外观显示。只能看到 3×3 的对齐栅格、截面和基本样条线路径。实现满意的对齐后，就可以关闭“对齐轴”按钮或右击以查看扫描。
- 倾斜：勾选该复选框后，只要路径弯曲且其局部 z 轴的高度有所改变，截面便围绕样条线路径旋转。
- 并集交集：如果使用多个交叉样条线，比如栅格，那么勾选该复选框可以生成清晰且更真实的交叉点。
- 使用截面 ID：使用指定给截面分段的材质 ID 值，该截面是沿着基本样条线或 NURBS 曲线扫描的。默认设置为启用。
- 使用路径 ID：使用指定给基本曲线中基本样条线或曲线子对象分段的材质 ID 值。

4.3 三维变形修改器

三维变形修改器用于对三维模型和特殊的图形进行变形处理，常用的变形修改器包括锥化、扭曲、弯曲、球形化、FFD 等。

4.3.1 “锥化”命令

“锥化”命令主要用于对物体进行锥化处理，通过缩放物体的两端可以产生锥形轮廓，同时可以加入光滑的曲线轮廓。通过调节锥化的倾斜度和曲线轮廓的曲度，还能产生局部锥化效果。

1. “锥化”命令的参数

单击“+（创建）>（几何体）>标准基本体>圆柱体”按钮，在“透视”视图中创建一个圆柱体。切换到（修改）面板，然后单击“修改器列表”下拉列表框，在弹出的下拉列表框中选择“锥化”命令，修改命令面板中会显示“锥化”命令的参数，圆柱体周围会出现“锥化”命令的套框，如图 4-40 所示。

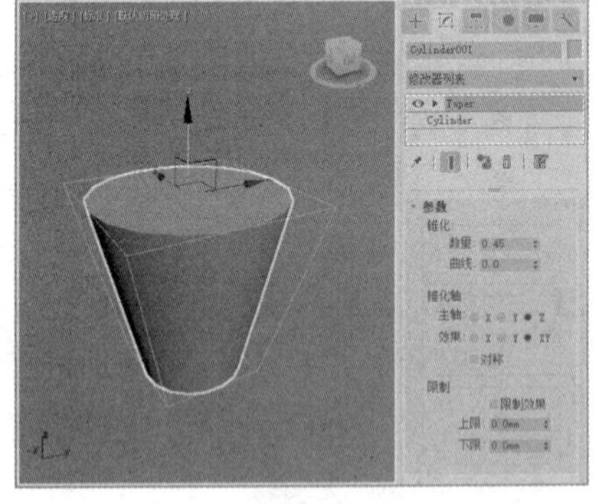

图 4-40

“锥化”命令的参数如下。

- “锥化”选项组。
  - ◆ 数量：用于设置锥化倾斜的程度。
  - ◆ 曲线：用于设置锥化曲线的曲率。
- “锥化轴”选项组用于设置锥化所依据的坐标轴向。
  - ◆ 主轴：用于设置基本的锥化依据轴向。
  - ◆ 效果：用于设置锥化所影响的轴向。
  - ◆ 对称：勾选该复选框，将会产生相对于主坐标轴对称的锥化效果。
- “限制”选项组用于控制锥化的影响范围。
  - ◆ 限制效果：勾选该复选框，打开限制影响，将允许用户设置锥化影响的上限值和下限值。

◆ 上限/下限：用于设置锥化影响的区域。

2. “锥化”命令参数的修改

对圆柱体进行锥化处理，在“数量”数值框中设置数值，即可使圆柱体产生锥化效果，如表 4-1 所示。

表 4-1

参数	效果	参数	效果
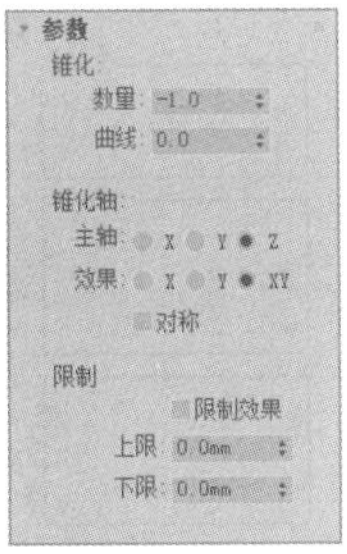 参数 锥化: 数量: -1.0 曲线: 0.0 锥化轴: 主轴: X Y Z 效果: X Y XY 对称 限制 限制效果 上限: 0.0mm 下限: 0.0mm	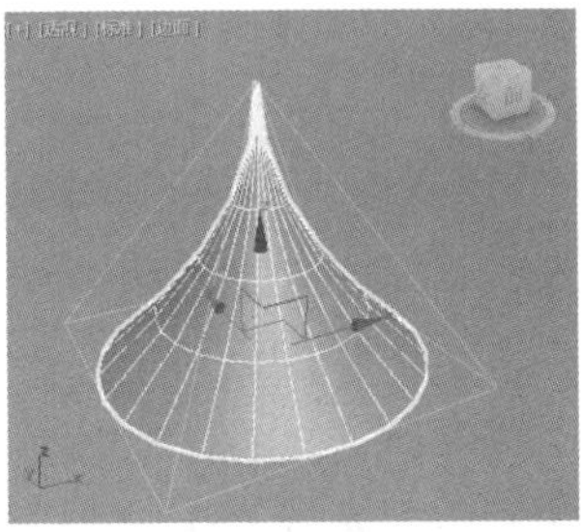	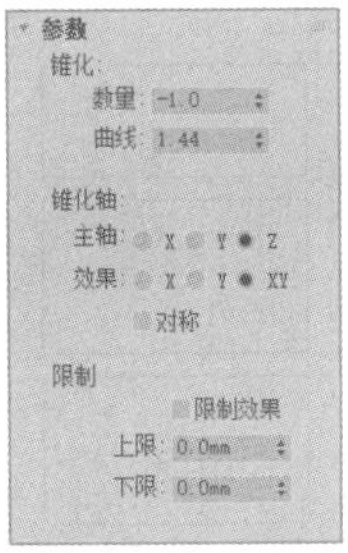 参数 锥化: 数量: -1.0 曲线: 1.44 锥化轴: 主轴: X Y Z 效果: X Y XY 对称 限制 限制效果 上限: 0.0mm 下限: 0.0mm	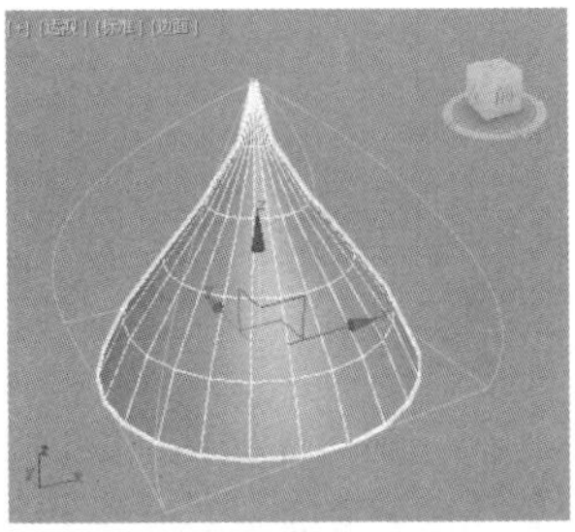
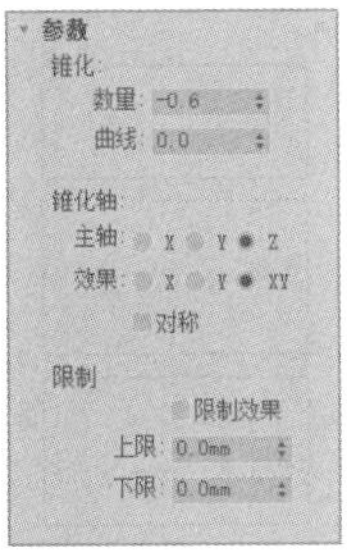 参数 锥化: 数量: -0.6 曲线: 0.0 锥化轴: 主轴: X Y Z 效果: X Y XY 对称 限制 限制效果 上限: 0.0mm 下限: 0.0mm	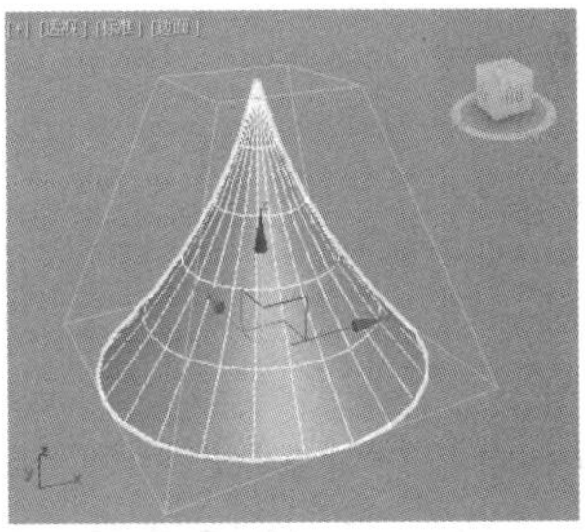	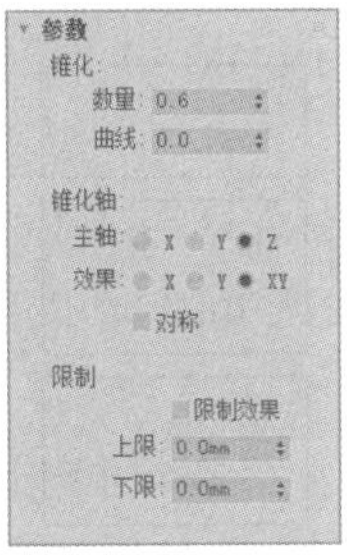 参数 锥化: 数量: 0.6 曲线: 0.0 锥化轴: 主轴: X Y Z 效果: X Y XY 对称 限制 限制效果 上限: 0.0mm 下限: 0.0mm	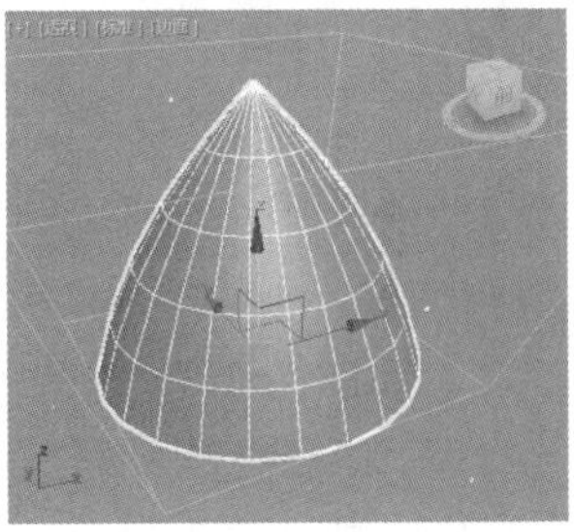
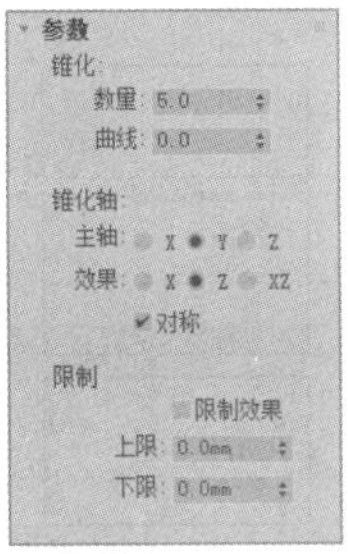 参数 锥化: 数量: 5.0 曲线: 0.0 锥化轴: 主轴: X Y Z 效果: X Z XZ 对称 限制 限制效果 上限: 0.0mm 下限: 0.0mm	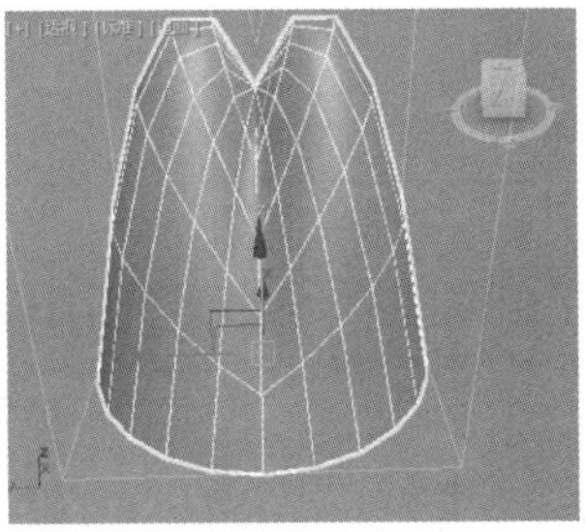	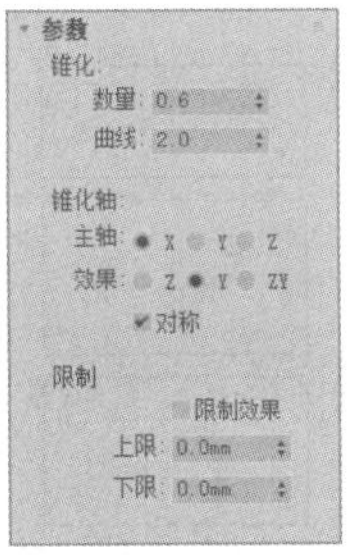 参数 锥化: 数量: 0.6 曲线: 2.0 锥化轴: 主轴: X Y Z 效果: Z Y ZY 对称 限制 限制效果 上限: 0.0mm 下限: 0.0mm	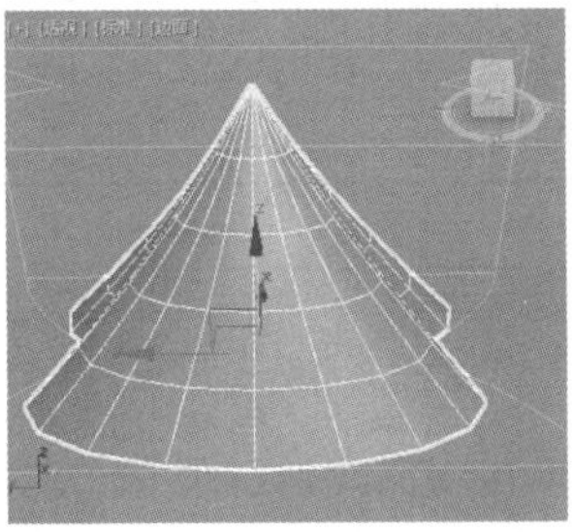

小提示

几何体的分段数对锥化的效果有很大影响，段数越多，锥化后物体表面就越平滑。以圆柱体为例，改变段数观察锥化效果的变化。

4.3.2 “扭曲”命令

“扭曲”命令主要用于对模型进行扭曲处理。通过调整扭曲的角度和偏移值，可以得到各种扭曲效果，同时可以通过设置参数使扭曲效果限定在固定的区域内。

1. “扭曲”命令的参数

单击“+（创建）> ●（几何体）> 标准基本体 > 四棱锥”按钮，在“透视”视图中创建一个四棱锥。切换到 （修改）面板，单击“修改器列表”下拉列表框，在弹出的下拉列表框中选择“扭曲”命令，修改命令面板中会显示“扭曲”命令的参数，如图 4-41 所示。“透视”视图中长方体周围会出现“扭曲”命令的套框，如图 4-42 所示。

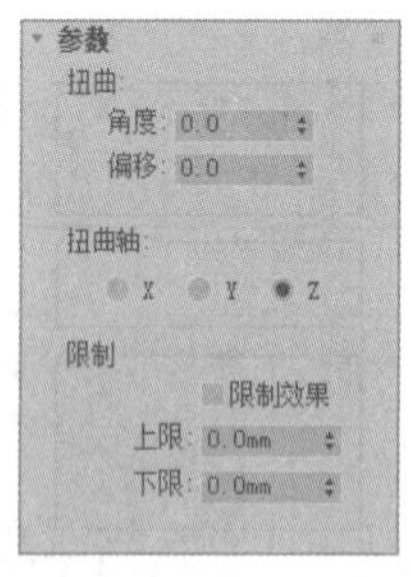

图 4-41

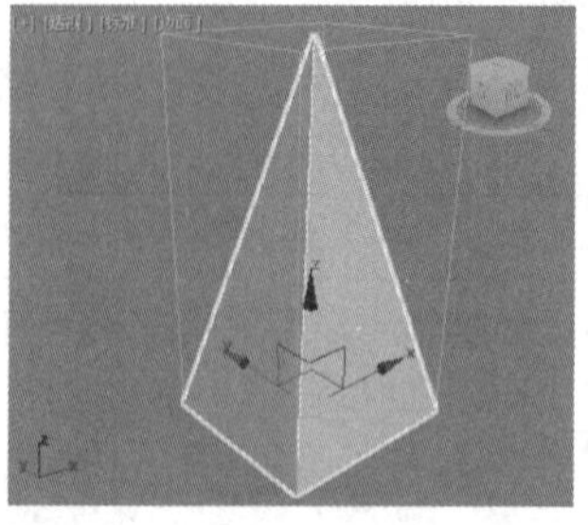
图 4-42

- “扭曲”选项组。
  - ◆ 角度：用于设置扭曲的角度。
  - ◆ 偏移：用于设置扭曲向上或向下的偏向度。
- “扭曲轴”选项组：用于设置扭曲依据的坐标轴向。
- “限制”选项组。
  - ◆ 限制效果：勾选该复选框，打开限制影响。
  - ◆ 上限/下限：用于设置扭曲影响的区域。

2. “扭曲”命令参数的修改

由于四棱锥的参数在默认设置下各个方向上的段数都为“1”，所以这时调整“扭曲”命令的参数是看不出扭曲效果的，应该先设置四棱锥的段数，将各个方向上的段数都改为“10”。这时再调整“扭曲”命令的参数，就可以看到四棱锥发生了扭曲效果，如表 4-2 所示。

表 4-2

参数	效果	参数	效果
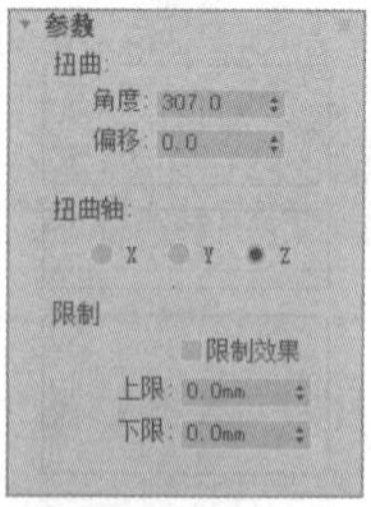 参数 扭曲: 角度: 307.0 偏移: 0.0 扭曲轴: X Y Z 限制 限制效果 上限: 0.0mm 下限: 0.0mm	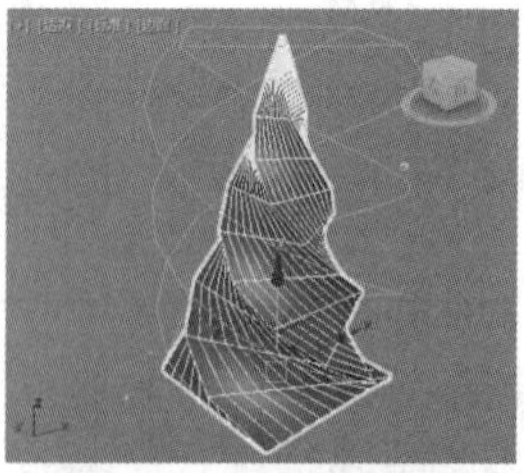	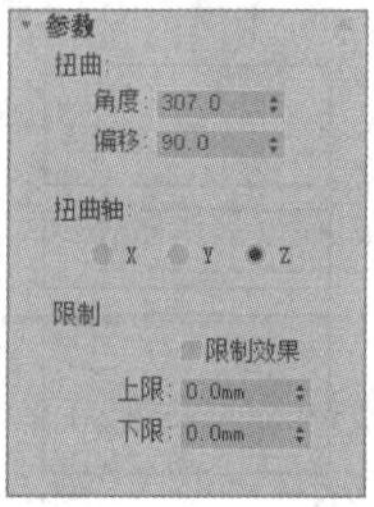 参数 扭曲: 角度: 307.0 偏移: 90.0 扭曲轴: X Y Z 限制 限制效果 上限: 0.0mm 下限: 0.0mm	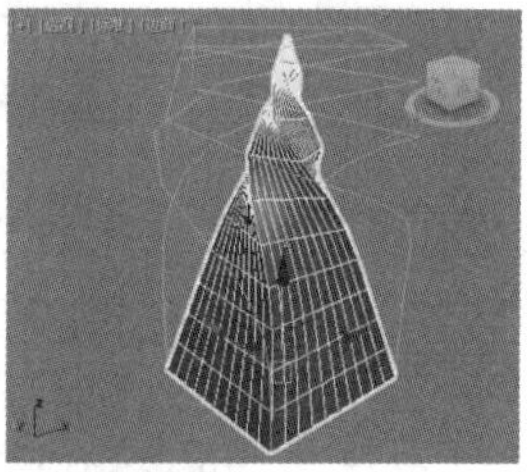
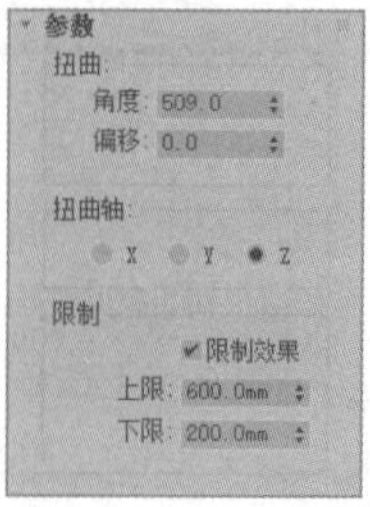 参数 扭曲: 角度: 509.0 偏移: 0.0 扭曲轴: X Y Z 限制 ✔限制效果 上限: 600.0mm 下限: 200.0mm	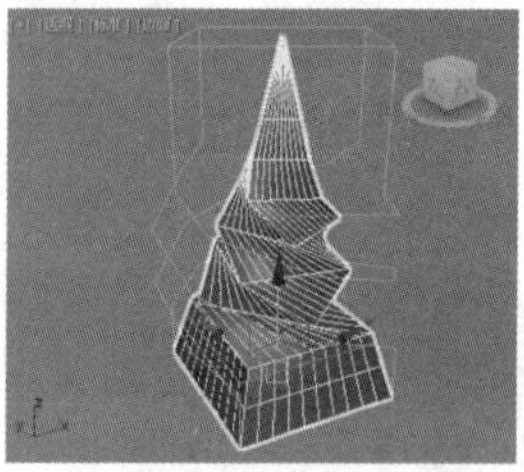	—	—

使用“扭曲”命令时，应对物体设定合适的段数。灵活运用限制参数也能很好地达到扭曲效果。

4.3.3 课堂案例——制作铁艺床头柜模型

微课视频

制作铁艺床头柜模型

【案例学习目标】熟悉“晶格”“锥化”“挤出”修改器的使用方法。

【案例知识要点】将“圆柱体”“圆”工具与“晶格”“锥化”“挤出”修改器结合使用，制作出铁艺床头柜模型，完成的模型效果如图 4-43 所示。

【素材文件位置】云盘/贴图。

【模型文件位置】云盘/场景/Ch04/铁艺床头柜模型.max。

【参考模型文件位置】云盘/场景/Ch04/铁艺床头柜.max。

（1）单击“+（创建）>●（几何体）>标准基本体>圆柱体”按钮，在“顶”视图中创建圆柱体并设置合适的参数，如图 4-44 所示。

图 4-43

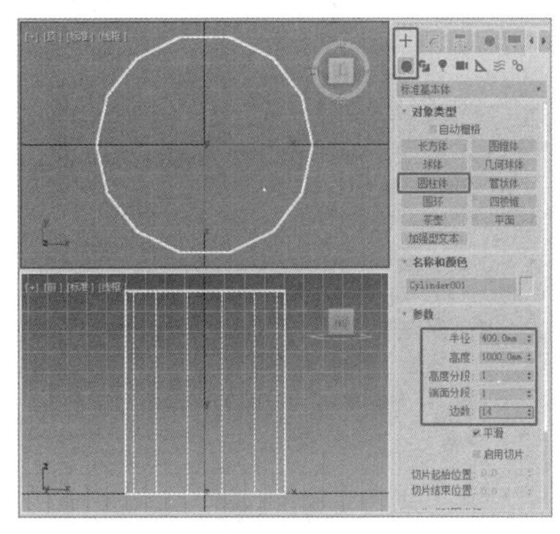

图 4-44

（2）切换到（修改）面板，为“圆柱体”添加“晶格”修改器，并设置合适的参数，如图 4-45 所示。

> 小提示
>
> “晶格”修改器是一个比较重要的修改器，该修改器可以将模型的线段或边转化为圆柱体结构，并在顶点上产生可选的关节多面体。使用它可基于网格拓扑创建可渲染的几何体结构，或者获得线框渲染效果，由于篇幅的限制，这里仅简单介绍，希望读者可以通过该案例掌握该修改器的使用方法，举一反三，并能进行实战操作。

（3）为模型添加“编辑多边形”修改器，将选择集定义为“元素”，在场景中选择不需要的元素，按 Delete 键删除元素，效果如图 4-46 所示。

（4）单击“+（创建）>（图形）>样条线>圆”按钮，在“顶”视图中创建圆，为圆设置合适的尺寸和渲染参数，如图 4-47 所示。

（5）复制圆到图 4-48 所示的位置，并选择晶格模型，定义选择集为“元素”，选择顶部的一圈元素，按 Delete 键删除元素。

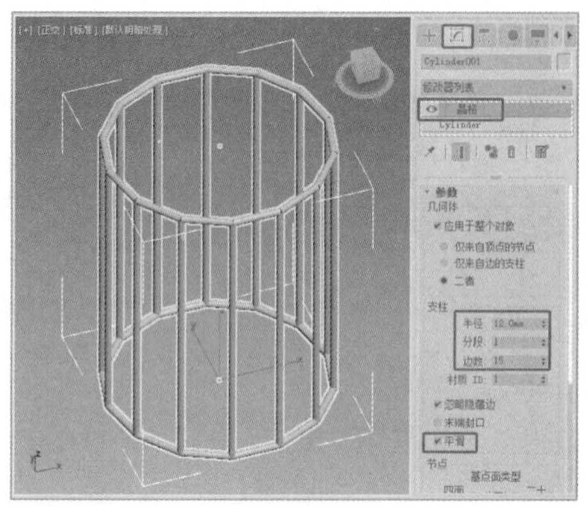

图 4-45

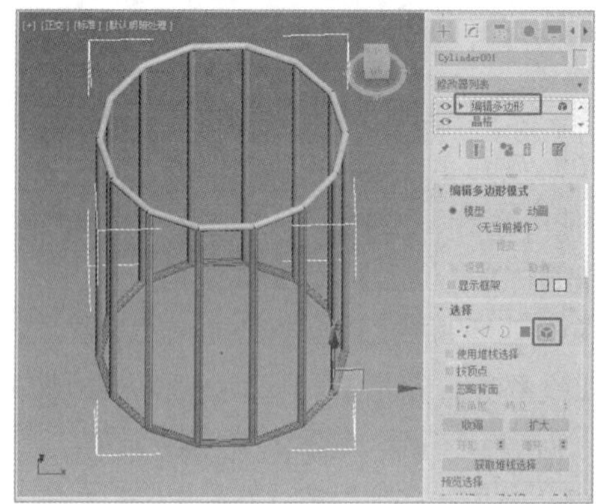

图 4-46

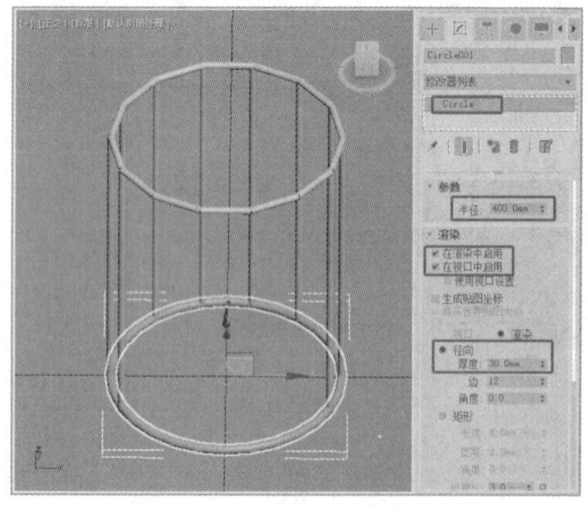

图 4-47

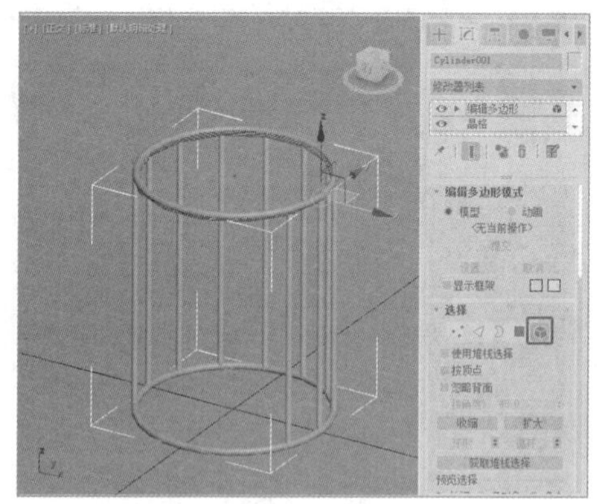

图 4-48

（6）关闭选择集，单击“附加”按钮，将顶、底的可渲染的两个圆附加到晶格模型上，如图 4-49 所示。

（7）为模型添加“锥化”修改器并设置合适的锥化参数，如图 4-50 所示。

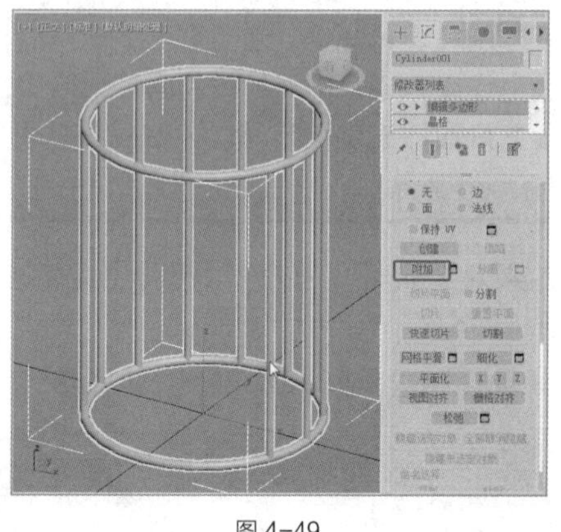

图 4-49

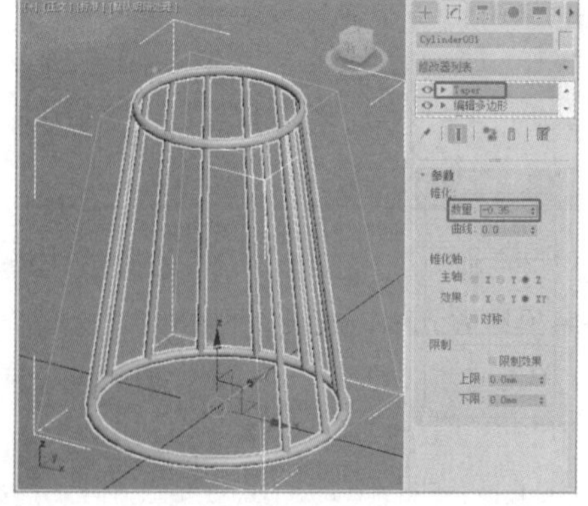

图 4-50

（8）创建可渲染的圆并设置合适的参数，如图 4-51 所示。

（9）调整圆的位置后，按快捷键 Ctrl+V，在弹出的对话框中选中“复制”单选按钮，单击“确定”按钮，如图 4-52 所示。

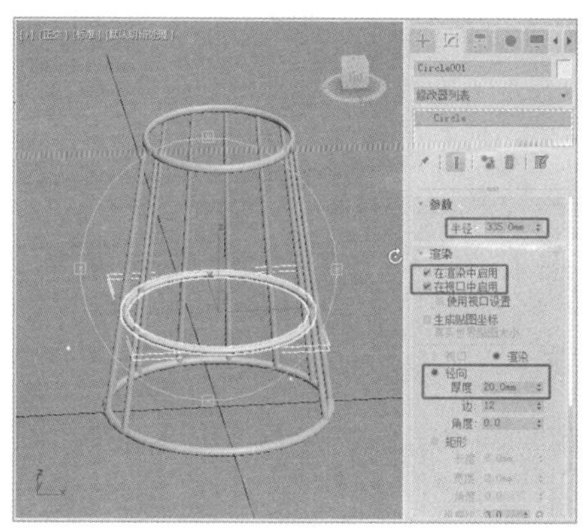

图 4-51

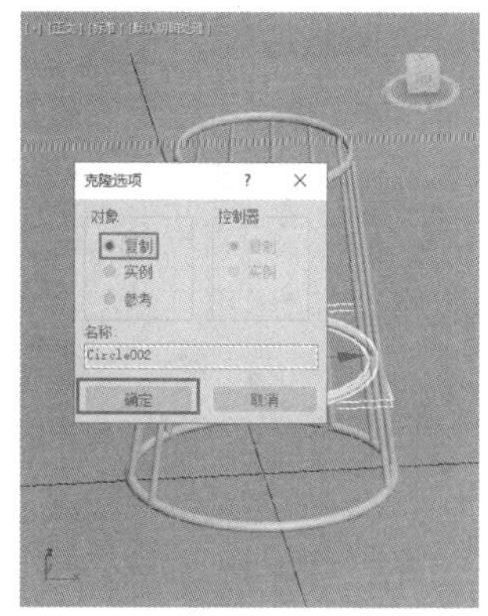

图 4-52

（10）复制圆后，为圆添加“挤出”修改器，设置合适的参数，并调整模型至合适的位置作为床头柜的底部层板，如图 4-53 所示。

（11）将底部层板复制到模型的上方作为床头柜面，铁艺床头柜模型制作完成，效果如图 4-54 所示。

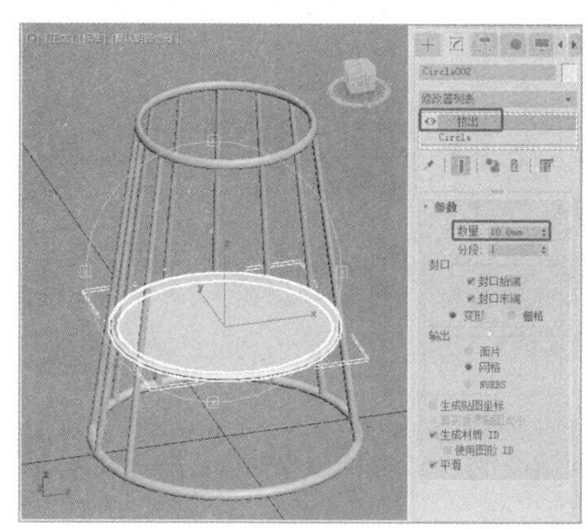

图 4-53

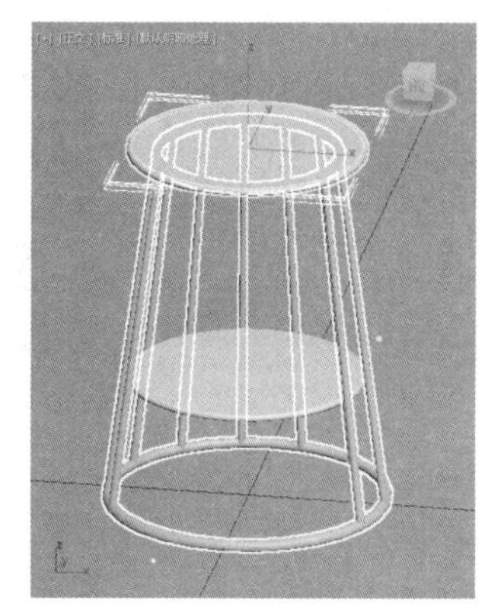

图 4-54

4.3.4 “弯曲”命令

“弯曲”命令是一个比较简单的命令，可以使物体产生弯曲效果，可以调节弯曲的角度和方向以及弯曲所依据的坐标轴向，还可以将弯曲效果限制在一定区域内。

1. “弯曲”命令的参数

单击“+（创建）> ●（几何体）> 标准基本体 > 圆柱体”按钮，在视图中创建一个圆柱体，切换到 （修改）面板，然后单击“修改器列表”下拉列表框，在弹出的下拉列表框中选择“弯曲”命令，修改命令面板中会显示“弯曲”命令的参数，“圆柱体”周围会出现“弯曲”命令的套框，如图 4-55 所示。

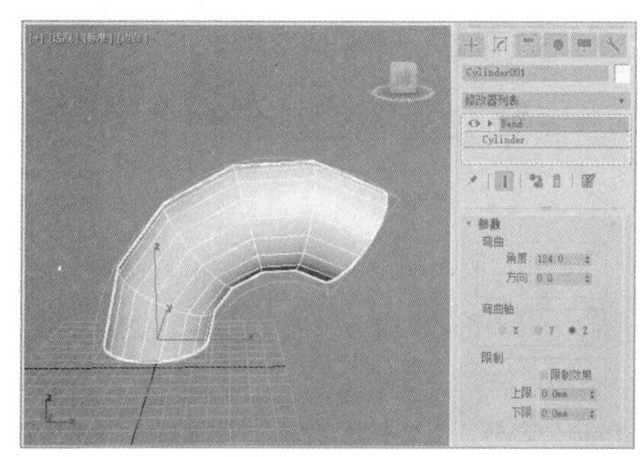

图 4-55

“弯曲”命令的参数如下。

- “弯曲”选项组用于设置弯曲的角度和方向。
  - ◆ 角度：用于设置沿垂直面弯曲的角度。
  - ◆ 方向：用于设置弯曲相对于水平面的方向。
- “弯曲轴”选项组用于设置弯曲所依据的坐标轴向。
  - ◆ x、y、z：用于指定将被弯曲的轴。
- “限制”选项组用于控制弯曲的影响范围。
  - ◆ 限制效果：勾选该复选框，将为对象指定弯曲影响的区域，该区域由下面的上限和下限值确定。
  - ◆ 上限：设置弯曲的上限，在此限度以上的区域将不会受到弯曲的影响。
  - ◆ 下限：设置弯曲的下限，在此限度与上限之间的区域都将受到弯曲的影响。

2. “弯曲”命令参数的修改

在参数面板中对“角度”的值进行调整，圆柱体会随之发生弯曲，如图 4-56 所示。

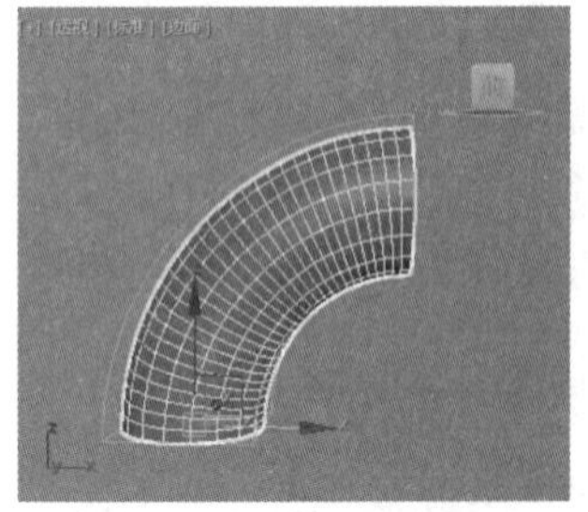

（a）“角度”为 90°

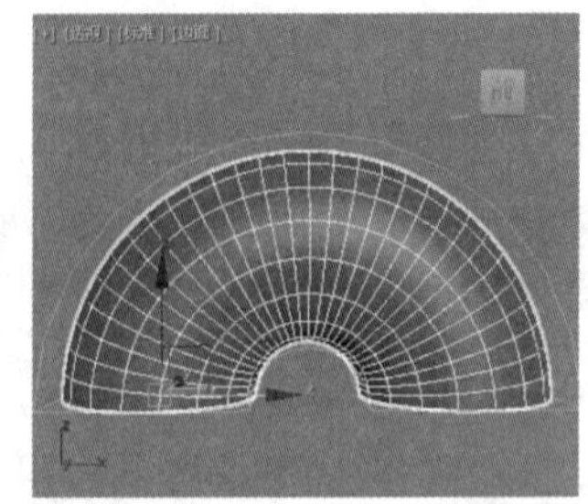

（b）“角度”为 180°

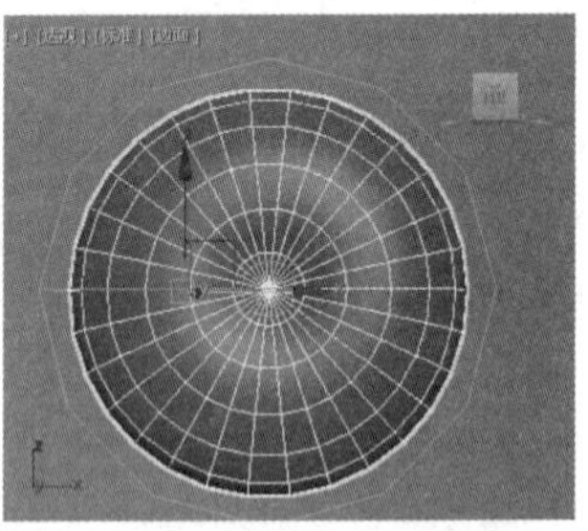

（c）“角度”为 360°

图 4-56

将弯曲角度设置为 90°，依次选择“弯曲轴”选项组中的 3 个轴向，圆柱体的弯曲方向会随之发生变化，如图 4-57 所示。

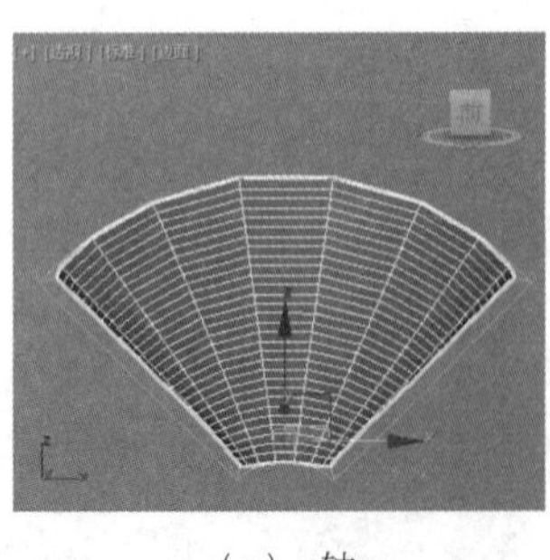

（a）x 轴

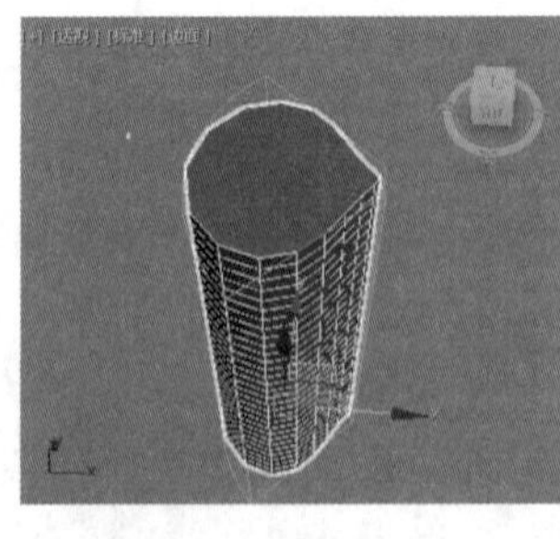

（b）y 轴

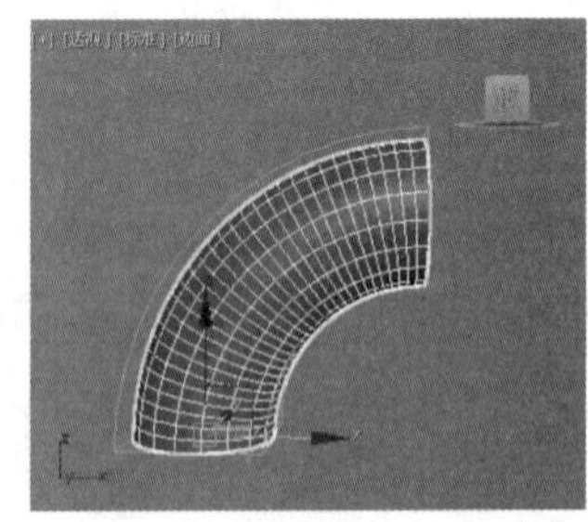

（c）z 轴

图 4-57

几何体的分段数与弯曲效果也有很大关系。几何体的分段数越多，弯曲表面就越光滑。对于同一几何体，“弯曲”命令的参数不变，如果改变几何体的分段数，形体也会发生很大变化。

在修改命令堆栈中单击“弯曲”命令前面的▶按钮，会展开“弯曲”命令的两个选项，如图 4-58 所示。单击“Gizmo”选项，视图中会出现黄色的套框，如图 4-59 所示。

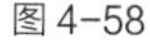
图 4-58

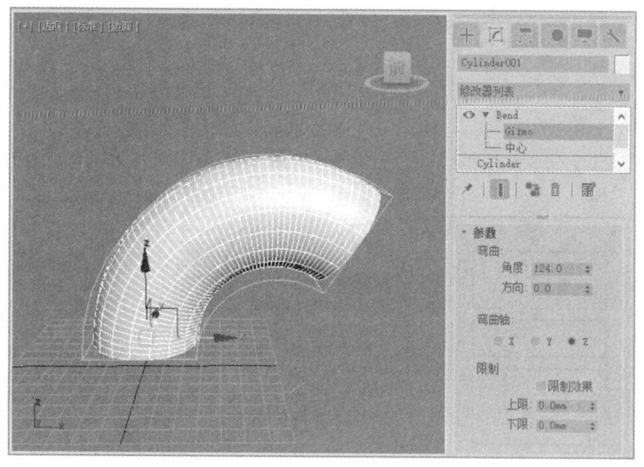

图 4-59

使用（选择并移动）工具在视图中移动套框，圆柱体的弯曲效果会随之发生变化，如图 4-60 所示。

单击“中心”选项，视图中弯曲中心点的颜色会变为橘黄色，如图 4-61 所示，使用（选择并移动）工具改变弯曲中心的位置，圆柱体的弯曲效果会随之发生变化。

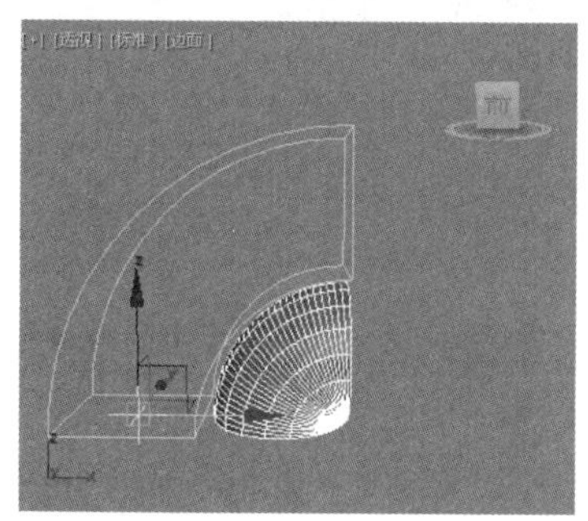

图 4-60

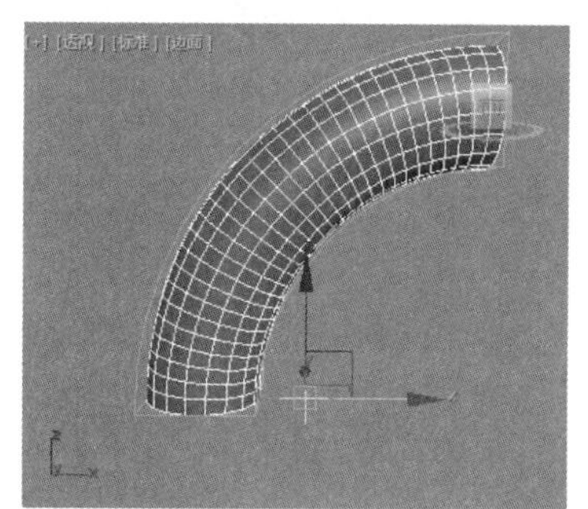

图 4-61

4.3.5 课堂案例——制作创意沙发凳模型

【案例学习目标】熟悉“弯曲”“锥化”修改器的使用方法。

【案例知识要点】将“球体”“切角圆柱体”“圆柱体”工具与“弯曲”“锥化”修改器结合使用，制作出创意沙发凳模型，完成的模型效果如图 4-62 所示。

【素材文件位置】云盘/贴图。

【模型文件位置】云盘/场景/Ch04/创意沙发凳模型.max。

【参考模型文件位置】云盘/场景/Ch04/创意沙发凳.max。

微课视频

制作创意沙发凳模型

（1）单击“（创建）>（几何体）> 标准基本体 > 球体”按钮，在“顶”视图中创建“球体”，并设置合适的参数，如图 4-63 所示。

（2）选择球体，在“透视”视图中，使用（选择并均匀缩放）工具在场景中沿着 z 轴缩放模型至 385，如图 4-64 所示。继续在“顶”视图中缩放模型到合适的大小，如图 4-65 所示。

图 4-62

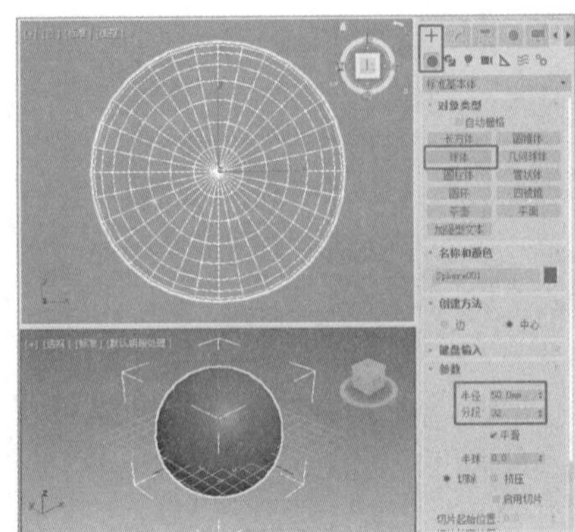
图 4-63

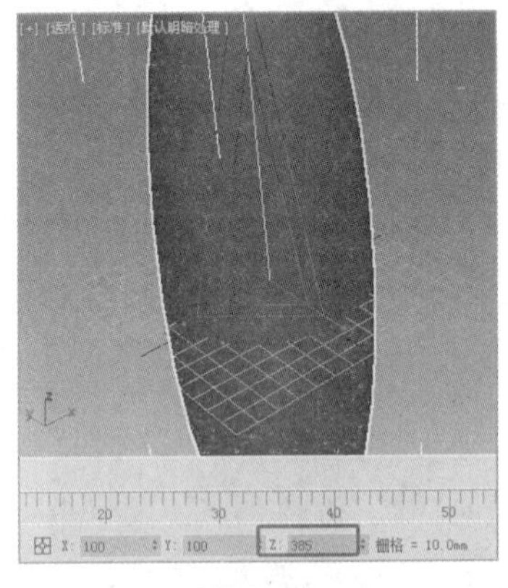
图 4-64

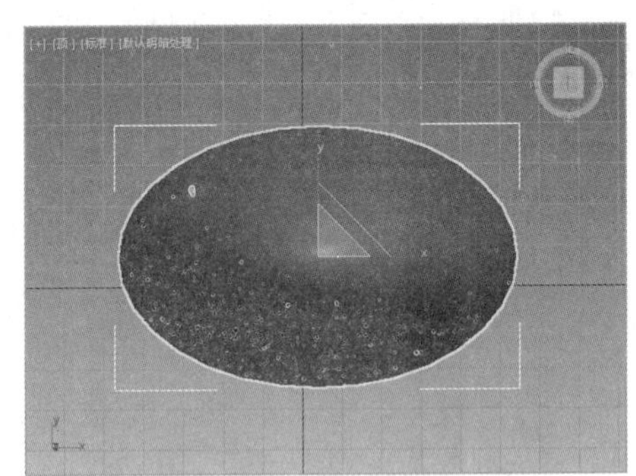
图 4-65

（3）在场景中选择模型，使用（选择并移动）工具，在“前”视图中按住 Shift 键的同时沿着 x 轴移动模型，在合适的位置松开鼠标，在弹出的对话框中选中“复制”单选按钮，设置“副本数”为 8，如图 4-66 所示，单击“确定”按钮，复制模型。

（4）复制模型后，选择所有的模型，为其添加“锥化”修改器并设置合适的锥化参数，如图 4-67 所示。

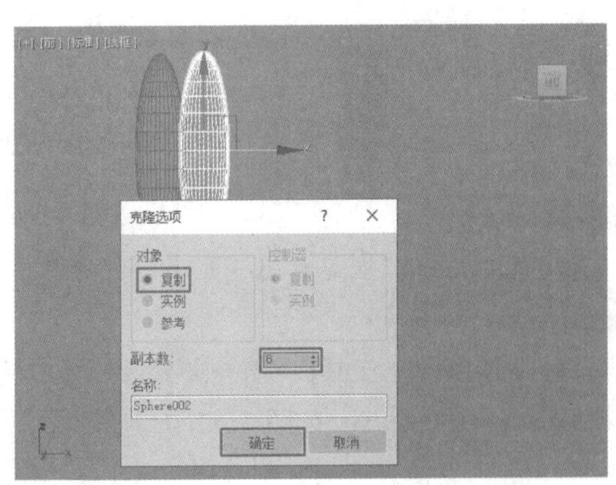

图 4-66

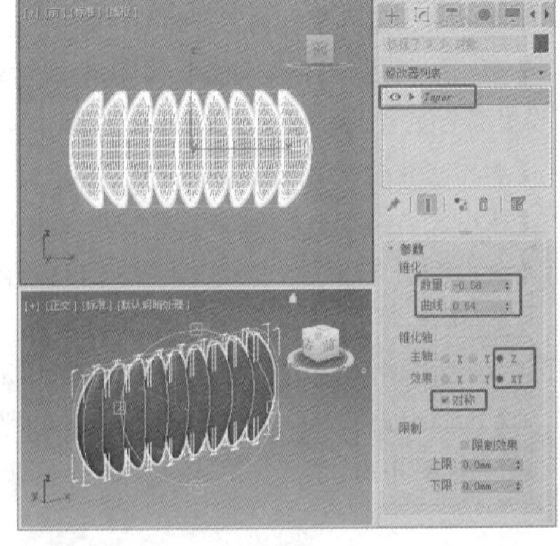

图 4-67

（5）继续为模型添加“弯曲”修改器，设置合适的弯曲参数，如图 4-68 所示。

（6）单击“+（创建）>●（几何体）>扩展基本体>切角圆柱体”按钮，在“顶”视图中创建切角圆柱体，设置合适的参数，如图 4-69 所示。

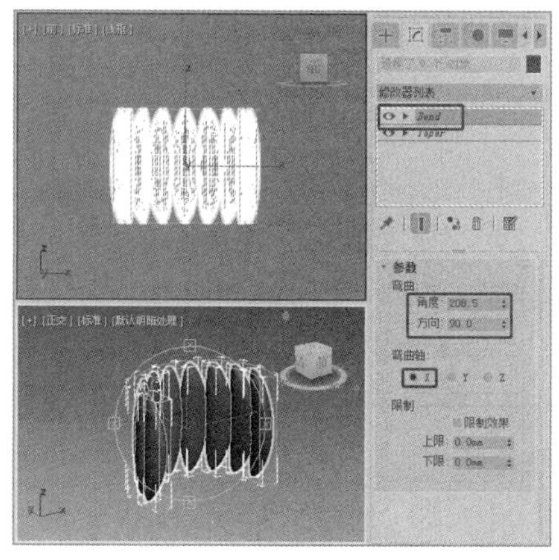

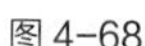
图 4-68

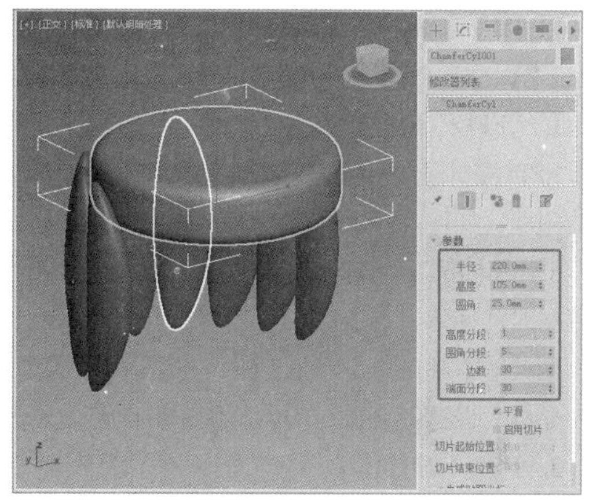

图 4-69

（7）创建“圆柱体”并设置合适的参数，生成支架。复制“圆柱体”并设置合适的参数，生成垫子。创意沙发凳模型制作完成，效果如图 4-70 所示。

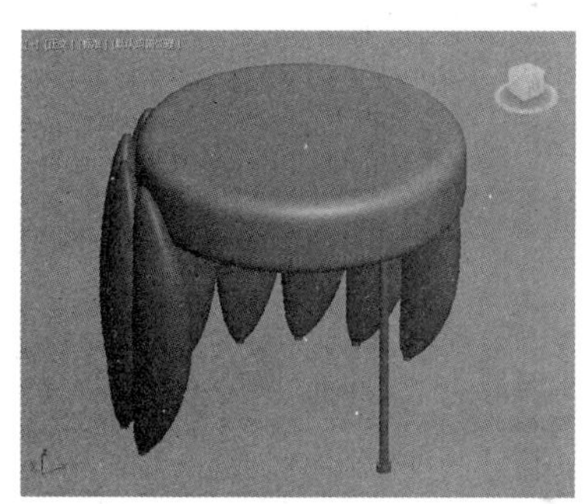
图 4-70

4.3.6 “球形化”命令

“球形化”修改器可以将对象扭曲为球形。此修改器只有一个参数（百分比），可以将对象尽可能地变形为球形。

单击“+（创建）>●（几何体）>标准基本体>长方体”按钮，在视图中创建一个长方体并设置合适的参数。切换到 （修改）面板，单击“修改器列表”下拉列表框，在弹出的下拉列表框中选择“球形化”命令，修改命令面板中会显示“球形化”命令的参数，长方体即可根据球形化的参数改变形状，如图 4-71 所示。

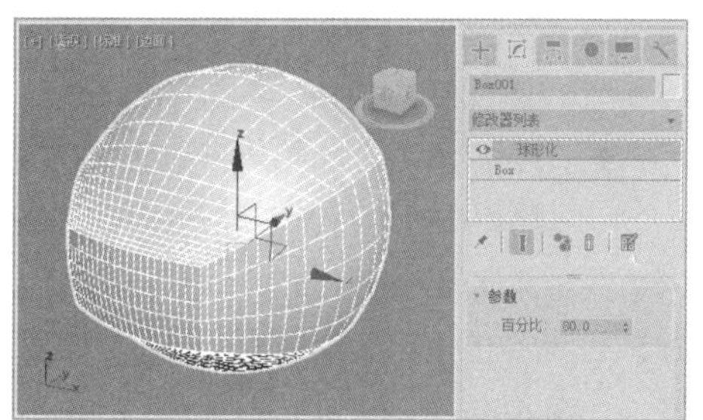

图 4-71

“球形化”命令的参数如下。

百分比：设置应用于对象的球形化扭曲的百分比。

4.3.7 FFD

FFD（Free-Form Deformation，自由形式变形）可应用于类似舞蹈、汽车或坦克的计算机动画中，也可用于构建类似椅子和雕塑的图形。

“FFD”修改器使用晶格框包围选中的几何体，通过调整晶格的控制点可以改变封闭几何体的形状。

1. “FFD”命令介绍

FFD提供了3种晶格解决方案和两种形体解决方案。控制点相对原始晶格的偏移会引起受影响对象的扭曲，如图4-72所示。

3种晶格解决方案包括FFD 2×2×2、FFD 3×3×3与FFD 4×4×4，可以提供具有相应数量控制点的晶格对几何体进行变形。

两种形体解决方案包括FFD（长方体）和FFD（圆柱体）。使用FFD（长方体/圆柱体）修改器，可在晶格上设置任意数目的点，使它们比基本修改器的功能更强大。

2. FFD（圆柱体）

FFD（圆柱体）是“FFD”命令中比较常用的修改器，可以通过自由设置控制点对几何体进行变形。

在视图中创建一个球体，切换到（修改）面板。在“修改器列表”中选择“FFD 4×4×4”命令，可看到几何体上出现了“FFD”控制点，如图4-73所示。在修改命令堆栈中单击按钮，显示出子层级选项，如图4-74所示。

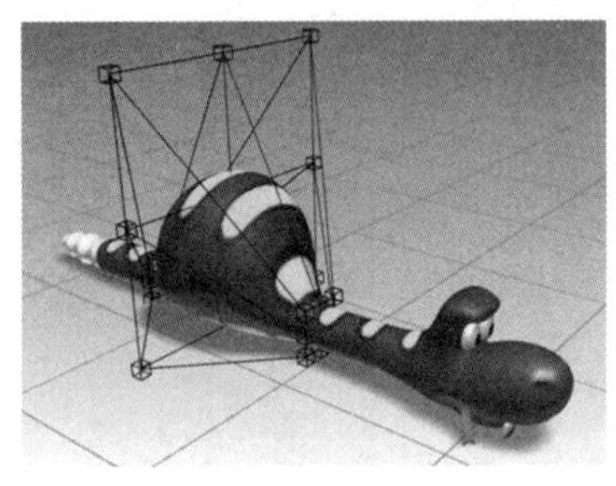

图4-72

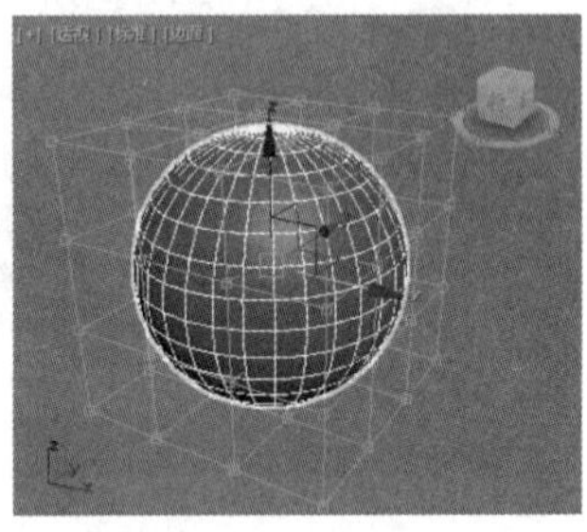

图4-73

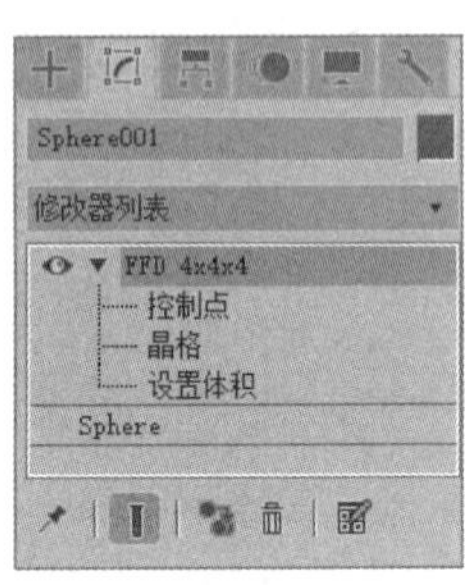

图4-74

- 控制点：可以选择并操纵晶格的控制点，也可以一次处理一个或以组为单位处理多个几何体。操纵控制点将影响基本对象的形状。
- 晶格：可从几何体中单独摆放、旋转或缩放晶格框。当首次应用FFD时，默认晶格是一个包围几何体的边界框。移动或缩放晶格时，仅位于边界框内的顶点子集合可应用局部变形。
- 设置体积：此时晶格的控制点变为绿色，可以选择并操作控制点而不影响修改对象。这使晶格更精确地符合不规则形状的对象，为变形提供更好的控制。

在对几何体进行“FFD”命令编辑时，必须考虑到几何体的分段数，如果几何体的分段数很低，“FFD”命令的应用效果也不会明显，如图4-75所示。当增加几何体的分段数后，几何体会变得更圆滑，如图4-76所示。

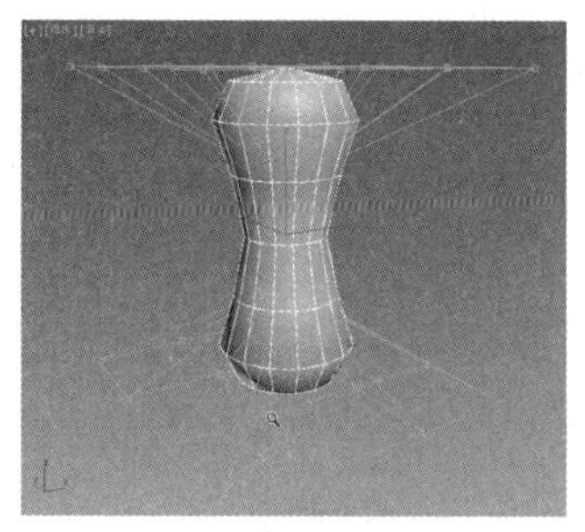
图 4-75

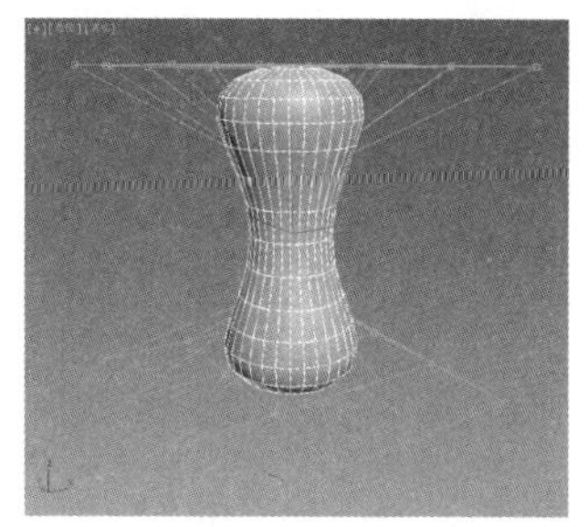
图 4-76

4.4 “编辑样条线”修改器

“编辑样条线”修改器为选定图形的不同层级提供显示的编辑工具：顶点、分段或者样条线。“编辑样条线”修改器可以匹配基础“可编辑样条线”对象的所有功能。

“编辑样条线”命令：专门用于编辑二维图形的修改命令，在建模中的使用率非常高。“编辑样条线”命令的参数与线的修改参数相同，但该命令可以用于所有二维图形的编辑和修改。

在视图中任意创建一个二维图形，切换到（修改）面板，然后单击“修改器列表”下拉列表框，在弹出的下拉列表框中选择“编辑样条线”命令，修改命令面板中会显示其参数，如图 4-77 所示。

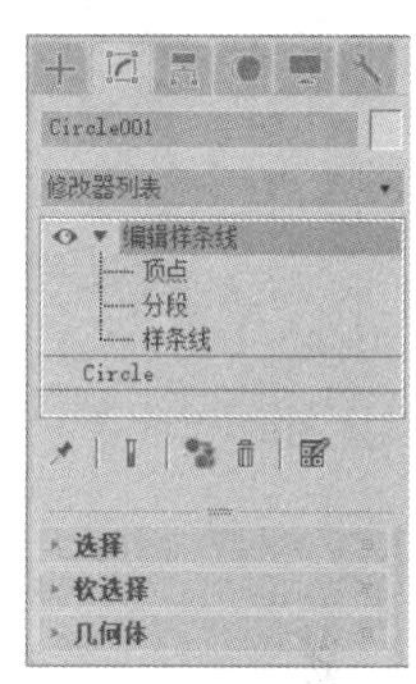

图 4-77

“几何体”卷展栏中提供了关于样条曲线的大量几何参数，其参数面板很繁杂，包含了大量的命令按钮和参数选项。

打开“几何体”卷展栏，依次激活“编辑样条线”命令的子层级命令，观察“几何体”卷展栏下的各参数（激活子层级命令，相对应的参数也会被激活）。下面对各子层级命令中的参数进行介绍，个别参数请参见第 3 章中的相关内容。

- 顶点参数：“顶点”层级的参数使用率比较高，是主要的参数。在修改命令堆栈中单击“顶点”选项，相应的参数被激活，如图 4-78 所示。

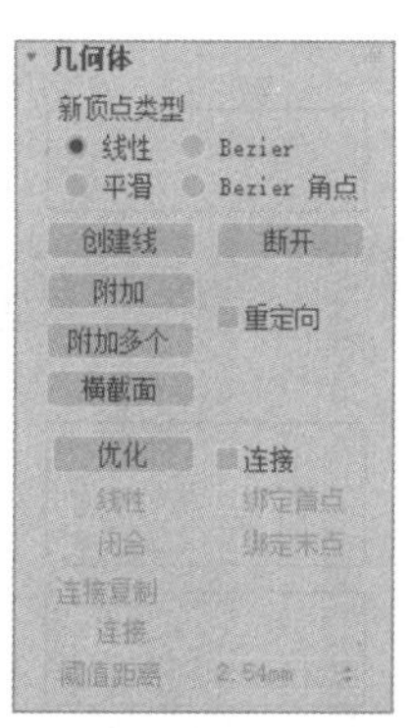

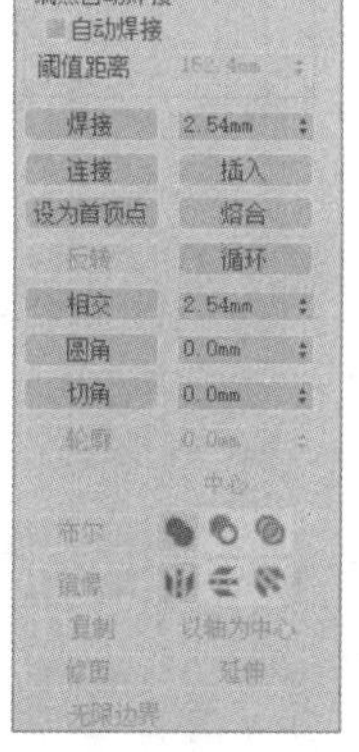

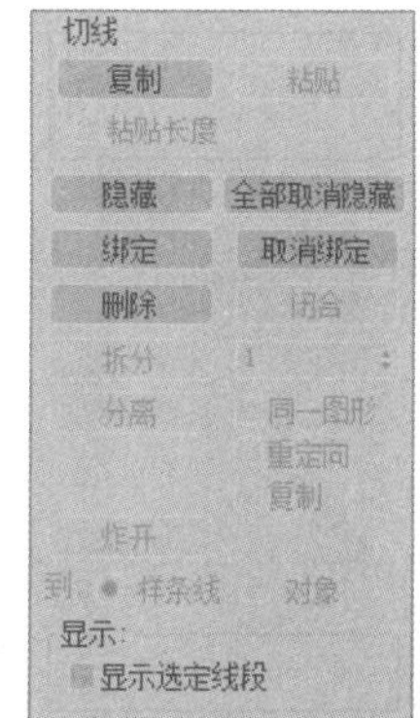

图 4-78

◆ 自动焊接：勾选该复选框，阈值距离范围内，线的两个端点自动焊接。该选项所有次对象级都可用。

◆ 阈值距离：用于设置进行自动焊接的节点之间的距离。

◆ 焊接：可以将两个或多个节点合并为一个节点。

单击"+（创建）>（图形）>样条线>圆"按钮，在"前"视图中创建圆。切换到（修改）面板，然后单击"修改器列表"下拉列表框，在弹出的下拉列表框中选择"编辑样条线"命令；在修改命令堆栈中单击" > 顶点"选项，在视图中使用鼠标指针框选两个节点，如图4-79所示。在参数面板中设置"焊接"的数值，然后单击"焊接"按钮，选择的点将被焊接，如图4-80所示。"焊接"的数值表示焊接范围，范围内的节点才会被焊接。

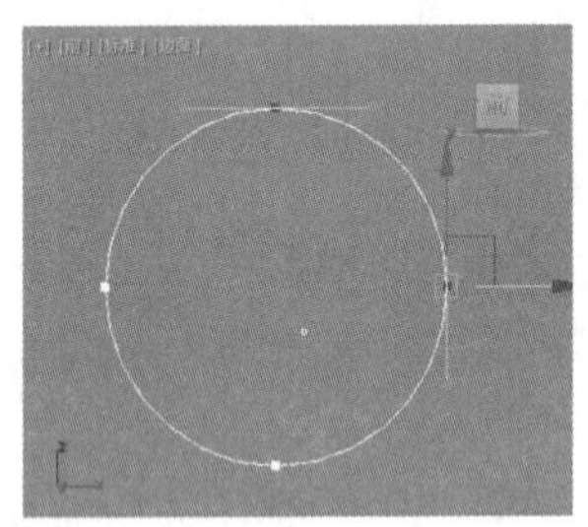
图4-79

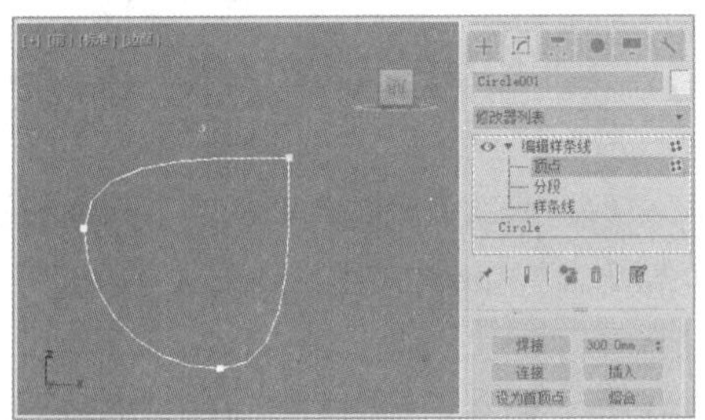
图4-80

焊接只能在一条线的节点间进行，并且只能在相邻的节点间进行，不能越过节点进行焊接。

◆ 连接：用于连接两个断开的点。单击"连接"按钮，将鼠标指针移到线的一个端点上，鼠标指针变为形状，按住鼠标左键不放并拖曳到另一个端点上，如图4-81所示，松开鼠标左键，两个端点会连接在一起，如图4-82所示。

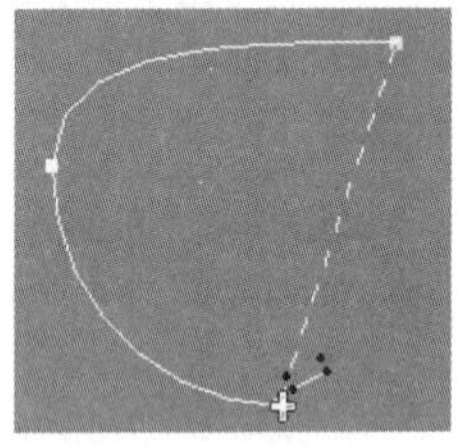
图4-81

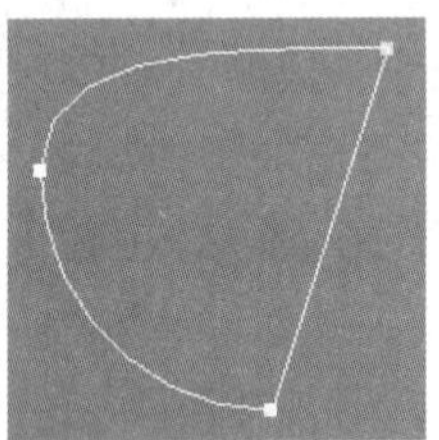
图4-82

◆ 插入：用于在二维图形上插入节点。单击"插入"按钮后，将鼠标指针移到要插入节点的位置，鼠标指针变为形状，如图4-83所示。单击，节点即被插入，插入的节点会跟随鼠标指针移动，如图4-84所示。不断单击则可以插入更多的节点，单击鼠标右键结束操作，如图4-85所示。

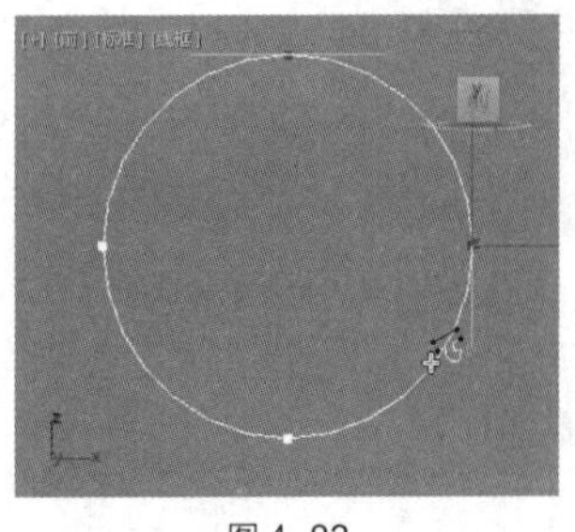
图4-83

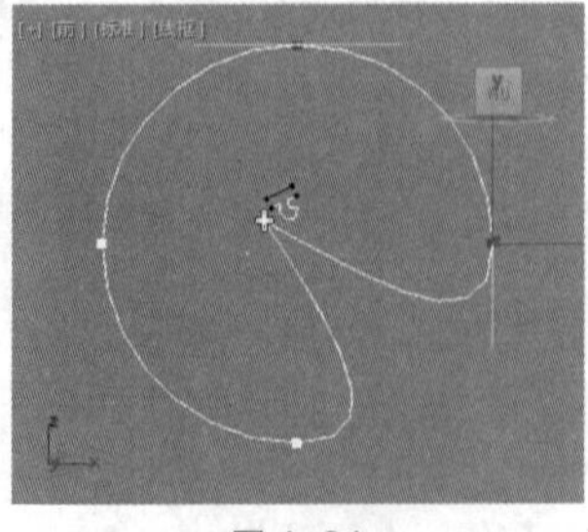
图4-84

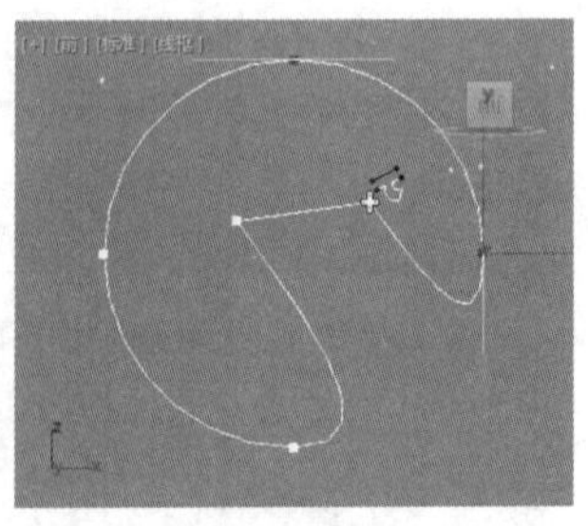
图4-85

◆ 设为首顶点：用于将线上的一个节点指定为曲线起点。

◆ 熔合：用于将所选中的多个节点移动到它们的平均中心位置。选择多个节点后，单击“熔合”按钮，所选择的节点都会移到同一个位置，如图 4-86 所示。被熔合的节点是相互独立的，可以单独选择并编辑，如图 4-87 所示。

◆ 循环：用于循环选择节点。选择一个节点后单击此按钮，可以按节点的创建顺序循环更换选择目标。

◆ 圆角：可以在选定的节点处创建一个圆角。

◆ 切角：可以在选定的节点处创建一个切角。

◆ 删除：用于删除所选择的对象。

● 分段参数：“分段”层级的参数比较少，使用率也相对较低。在修改命令堆栈中单击“分段”选项，相应的参数被激活，如图 4-88 所示。

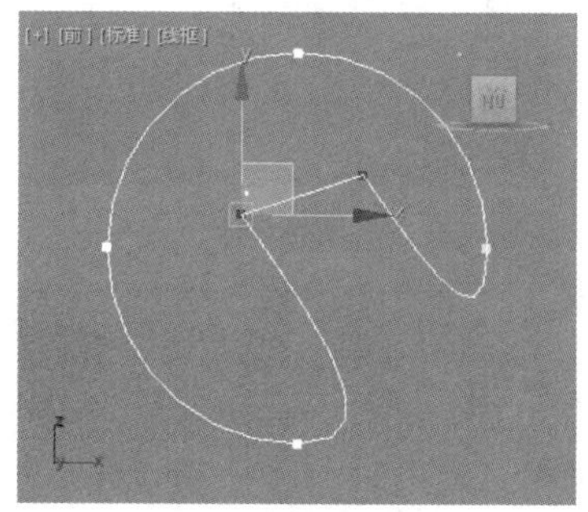

图 4-86

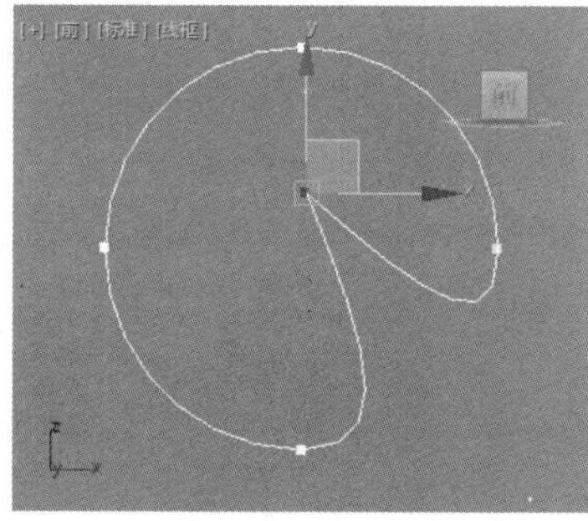

图 4-87

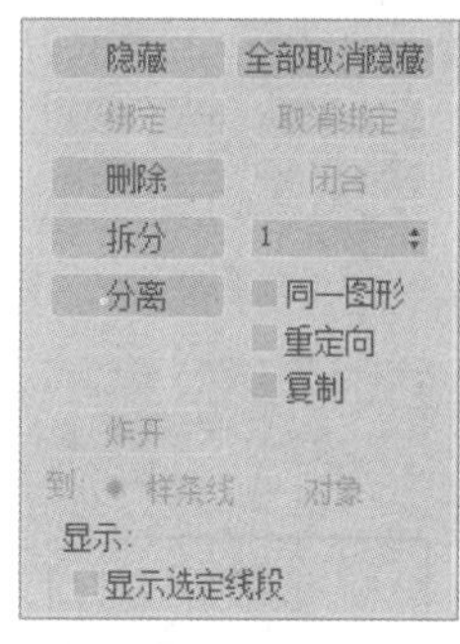

图 4-88

◆ 拆分：用于平均分割线段。选择一个线段，然后单击“拆分”按钮，可在线段上插入指定数目的节点，从而将一条线段分割为多条线段，如图 4-89 所示。

◆ 分离：用于将选中的线段或样条曲线从样条曲线中分离出来。系统提供了 3 种分离方式，分别为同一图形、重定向和复制。

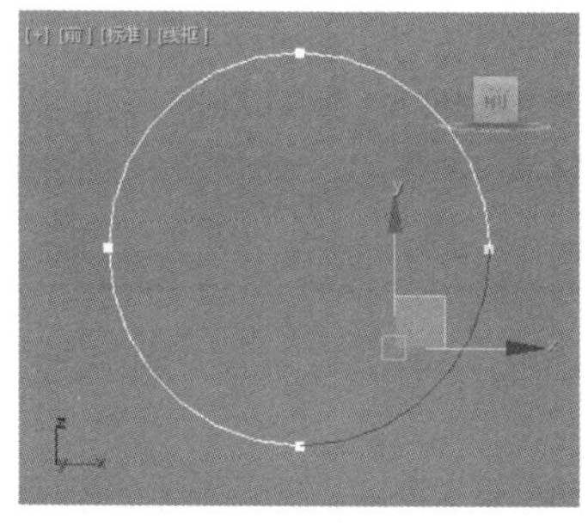

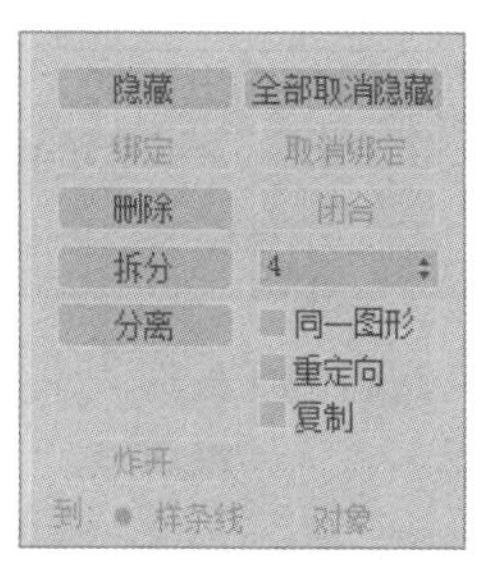

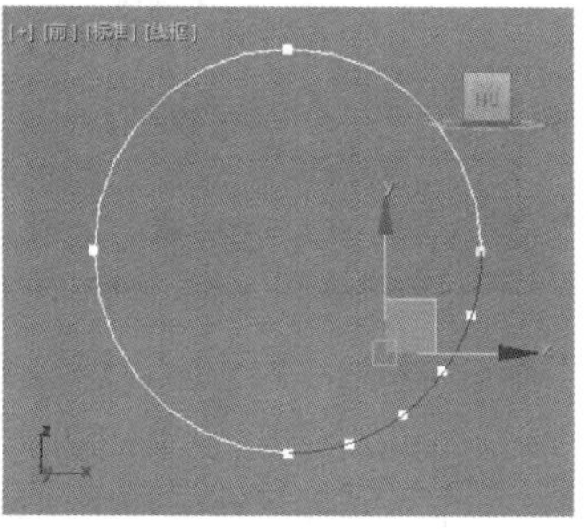

图 4-89

● 样条线参数：“样条线”层级的参数使用率较高。下面着重介绍其中常用的参数，如图 4-90 所示。

◆ 反转：用于颠倒样条曲线的首末端点。选择一个样条曲线，然后单击“反转”按钮，可以将选择的样条曲线的第一个端点和最后一个端点颠倒。

◆ 轮廓：用于给选定的线设置轮廓。

◆ 布尔：用于将两个二维图形按指定的方式合并到一起，有3种运算方式分别为（并集）、（差集）和（相交）。

在“前”视图中创建一个矩形和一个星形，如图4-91所示，单击矩形将其选中。切换到（修改）面板，单击“修改器列表”下拉列表框，在弹出的下拉列表框中选择“编辑样条线”命令，在“几何体”卷展栏中单击“附加”按钮，然后单击星形，如图4-92所示，将它们结合为一个物体。在修改命令堆栈中单击按钮，显示出子层级选项，选择“样条线”选项，将“矩形”选中，选择运算方式后单击“布尔”按钮，在视图中单击“星形”，完成运算，如图4-93所示。

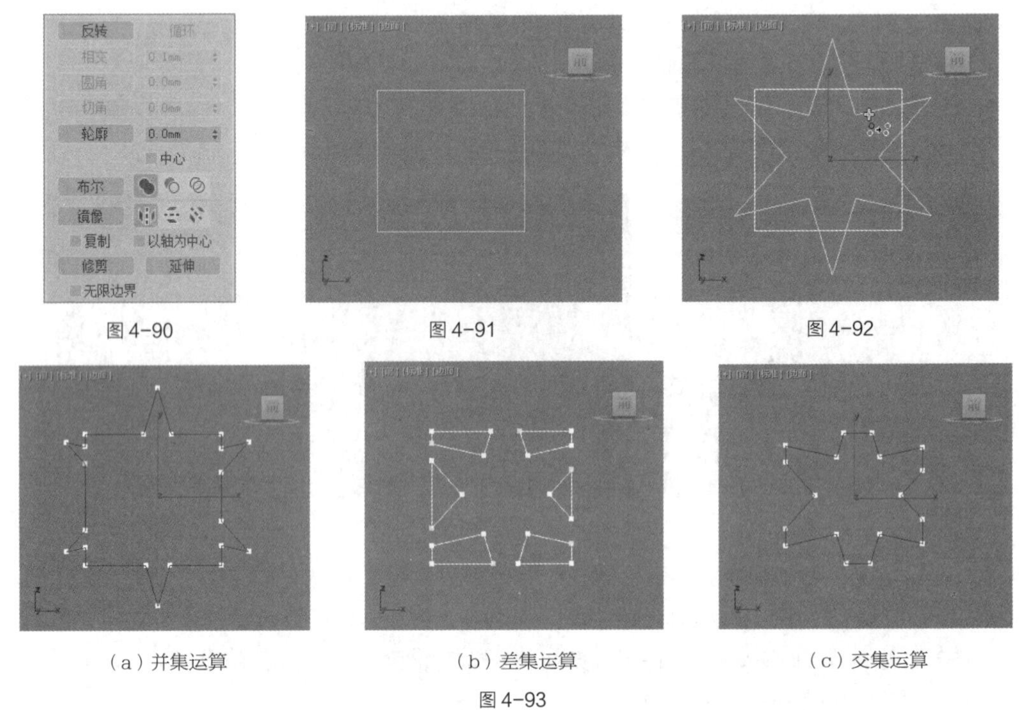

图4-90　图4-91　图4-92

（a）并集运算　（b）差集运算　（c）交集运算

图4-93

小提示

进行布尔运算的必须是同一个二维图形的样条线对象，如果是单独的几个二维图形，应先使用“附加”工具将图形附加为一个二维图形，再对其进行布尔运算。进行布尔运算的线必须是封闭的，样条曲线本身不能自相交，要进行布尔运算的线之间不能有重叠部分。

◆ 镜像：用于对所选择的曲线进行镜像处理。系统提供了3种镜像方式分别为（水平镜像）、（垂直镜像）和（双向镜像）。

“镜像”下方有两个复选框。“复制”复选框，勾选该复选框可以将样条曲线复制并镜像，从而产生一个镜像复制品。“以轴为中心”复选框，用于决定镜向的中心位置，若勾选该复选框，将以样条曲线自身的轴心点为中心镜像曲线；未勾选时，则以样条曲线的几何中心为中心来镜像曲线。“镜像”的使用方法与“布尔”相同。

◆ 修剪：用于删除交叉的样条曲线。

◆ 延伸：用于将开放样条曲线最接近拾取点的端点扩展到曲线的交叉点，一般在应用“修剪”后使用此命令。

以上介绍了"编辑样条线"命令中比较重要的参数，它们都是在实际建模中会经常使用到的。该命令的参数比较多，大家想要熟练掌握还需进行实际操作。下面的章节将会通过几个典型实例来帮助大家熟练运用。

4.5 课堂练习——制作果盘模型

【练习知识要点】将"圆柱体"工具与"编辑多边形""涡轮平滑""锥化"修改器结合使用，制作出果盘模型，效果如图 4-94 所示。

【素材文件位置】云盘/贴图。

【参考模型文件位置】云盘/场景/Ch04/果盘.max。

图 4-94

微课视频

制作果盘模型

4.6 课后习题——制作杯子架模型

【习题知识要点】将"矩形""切角圆柱体""线"工具与"编辑样条线""倒角""锥化"修改器结合使用，制作出杯子架模型，效果如图 4-95 所示。

【素材文件位置】云盘/贴图。

【参考模型文件位置】云盘/场景/Ch04/杯子架.max。

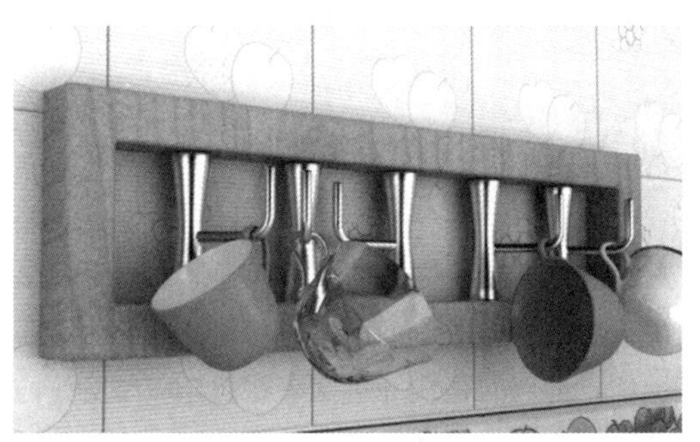

图 4-95

微课视频

制作杯子架模型

第 5 章 复合对象的创建

本章介绍

本章将介绍复合对象的创建方法，以及布尔工具和放样工具中“变形”的使用方法。通过学习本章内容，读者可以掌握复合对象的创建方法和技巧，制作出具有想象力的模型。

学习目标

- 熟练掌握布尔运算建模。
- 熟练掌握“放样”命令建模。
- 熟练掌握放样工具的“变形”。

技能目标

- 掌握蜡烛模型的制作方法和技巧。
- 掌握灯笼吊灯模型的制作方法和技巧。

素养目标

- 培养学生的逻辑思维。
- 提高学生的想象力。

5.1 “复合对象”创建工具简介

3ds Max 2020 的基本内置模型是创建复合物体的基础，多个内置模型组合在一起可以产生出千变万化的模型。“布尔”运算工具和“放样”工具曾经是 3ds Max 2020 的主要建模手段。虽然这两个建模工具已渐渐退出主要地位，但仍然是快速创建一些复杂模型的好方法。

复合物体由两个及以上的物体组合而成。本章将学习使用复合物体的创建工具，主要包括变形、散布、一致、连接、水滴网格、图形合并、地形、放样、网格化、ProBoolean、ProCutter、布尔。

单击“+（创建）> ●（几何体） > 复合对象”，如图 5-1 所示，进入复合对象的创建面板。3ds Max 2020 提供了 12 种用于创建复合对象的工具，如图 5-2 所示。

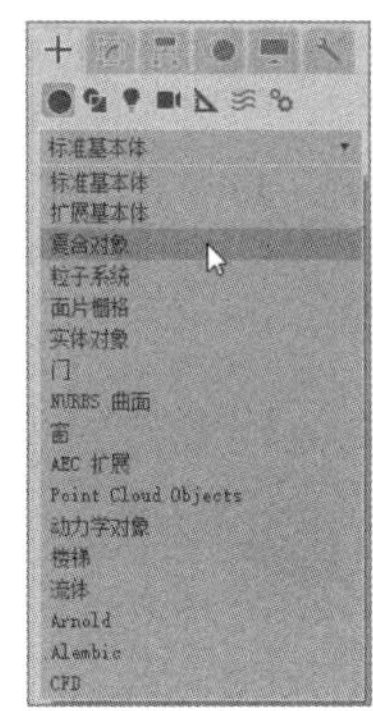

图 5-1

图 5-2

- 变形：一种与 2D 动画中的中间动画类似的动画技术。“变形”可以合并两个或多个对象，方法是插补第一个对象的顶点，使其与另外一个对象的顶点位置相符。如果随时执行这项插补操作，将会生成变形动画。
- 散布：复合对象的一种形式，将所选的源对象散布为阵列，或散布到分布对象的表面，可以制作头发、胡须和草地等物体。
- 一致：一种复合对象，将“包裹器”的顶点投影至另一个对象“包裹器对象”的表面，可以制作公路。
- 连接：使用“连接”可通过对象表面的“洞”连接两个或多个对象。执行此操作，要删除每个对象的面，在其表面创建一个或多个洞，并确定洞的位置，以使洞与洞之间面对面，然后应用“连接”。
- 水滴网格：“水滴网格”可以通过几何体或粒子创建一组球体，还可以将球体连接起来，就好像这些球体是由柔软的液态物质构成的一样，如果球体在离另外一个球体的一定范围内移动，它们就会连接在一起；如果这些球体相互移开，将会重新显示球体的形状。
- 图形合并：使用“图形合并”可以创建包含网格对象和一个或多个图形的复合对象。这些图形嵌入在网格中（将更改边与面的模式），或从网格中消失。
- 地形：想要创建地形，可以选择表示海拔轮廓的可编辑样条线，然后对样条线使用“地形”工具，以建立地形物体。
- 放样：“放样”对象是沿着第三个轴挤出的二维图形。从两个或多个现有样条线对象中创建放样对象时，这些样条线之一会作为路径，其余的样条线会作为放样对象的横截面或图形。
- 网格化：“网格化”以每帧为基准将程序对象转化为网格对象，这样可以应用修改器，如“弯曲”或“UVW 贴图”等。它可应用于任何类型的对象，但主要为使用粒子系统而设计。“网格化”对于复杂修改器堆栈的低空的实例化对象同样有用。
- ProBoolean：“ProBoolean”复合对象在执行布尔运算之前，采用了 3ds Max 网格并增加了额外的功能。首先它组合了拓扑，然后确定了共面三角形并移除了附带的边。接着，不是在这些三角形上而是在多边形上执行布尔运算。完成布尔运算之后，对结果执行重复三角算法，最后在共面的边隐藏的情况下将结果发送回 3ds Max 中。这样额外工作的结果有双重意义：布尔对象的可靠性非常高；有更少的小边和三角形，因此结果输出更清晰。

- ProCutter：“ProCutter”复合对象能够使用户执行特殊的布尔运算，主要目的是分裂或细分对象。ProCutter 运算的结果尤其适合在动态模拟中使用，在动态模拟中，使对象炸开，或由于外力或另一个对象使对象破碎。
- 布尔：“布尔”通过对两个对象执行布尔运算将它们组合起来。在 3ds Max 中，布尔对象是由两个重叠对象生成的。原始的两个对象是操作对象（A 和 B），而布尔对象自身是运算的结果。

5.2 布尔运算建模

制作蜡烛模型

在建模过程中，经常会遇到两个或多个物体需要相加和相减的情况，这时就要用到布尔运算工具。

布尔运算是一种逻辑计算方法，可以通过对两个或两个以上的物体进行并集、差集和交集的运算，得到新形态的物体。

5.2.1 课堂案例——制作蜡烛模型

【案例学习目标】熟悉“ProBoolean”工具的使用方法。

【案例知识要点】将“切角长方体”“圆柱体”“ProBoolean”“长方体”“线”工具与“编辑多边形”修改器结合使用，制作出蜡烛模型，完成的模型效果如图 5-3 所示。

图 5-3

【素材文件位置】云盘/贴图。

【模型文件位置】云盘/场景/Ch05/蜡烛模型.max。

【参考模型文件位置】云盘/场景/Ch05/蜡烛.max。

（1）单击“+（创建）>（几何体）>扩展基本体>切角长方体”按钮，在“顶”视图中创建切角长方体，在“参数”卷展栏中设置“长度”为 150、“宽度”为 150、“高度”为 150、“圆角”为 2、“圆角分段”为 3，如图 5-4 所示。

（2）单击“+（创建）>（几何体）>标准基本体>圆柱体”按钮，在“顶”视图中创建圆柱体，在“参数”卷展栏中设置“半径”为 58、“高度”为 200、“边数”为 50，如图 5-5 所示。

（3）在场景中调整圆柱体的位置，按快捷键 Ctrl+V，在弹出的对话框中选中“复制”单选按钮，单击“确定”按钮，如图 5-6 所示。

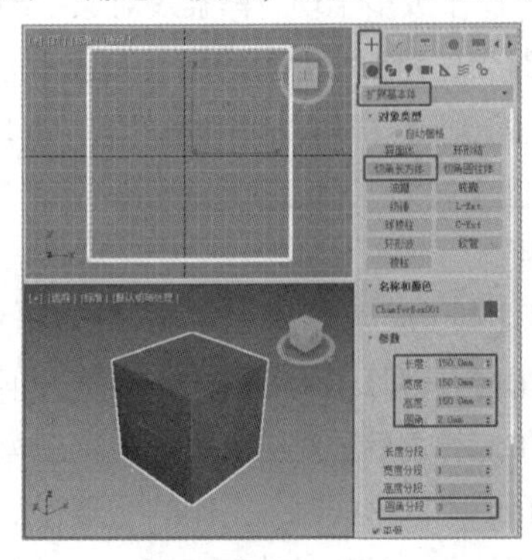

图 5-4

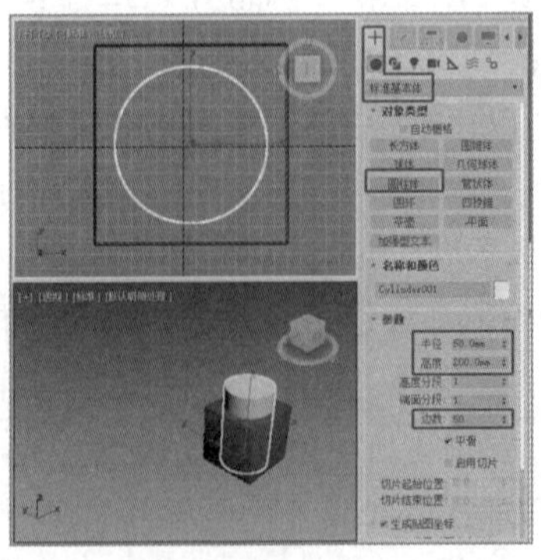

图 5-5

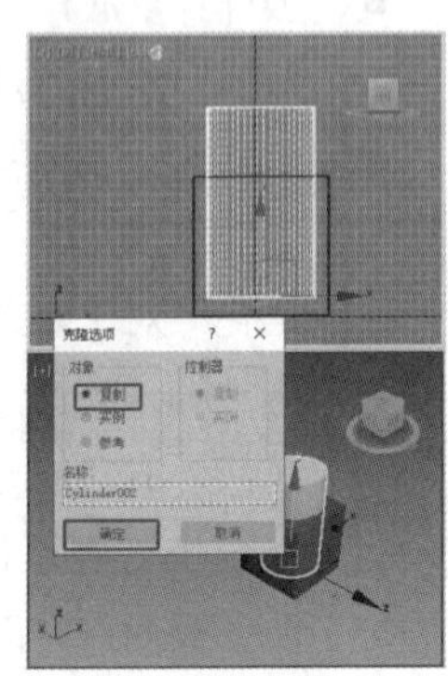

图 5-6

（4）在场景中选择切角长方体，单击“（创建）>（几何体）>复合对象 >ProBoolean”按钮，在场景中拾取圆柱体，如图 5-7 所示。

（5）切换到（修改）面板，在场景中选择另一个圆柱体，在“修改器列表”中选择“编辑多边形”修改器，将选择集定义为“顶点”，在场景中调整顶点，如图 5-8 所示。

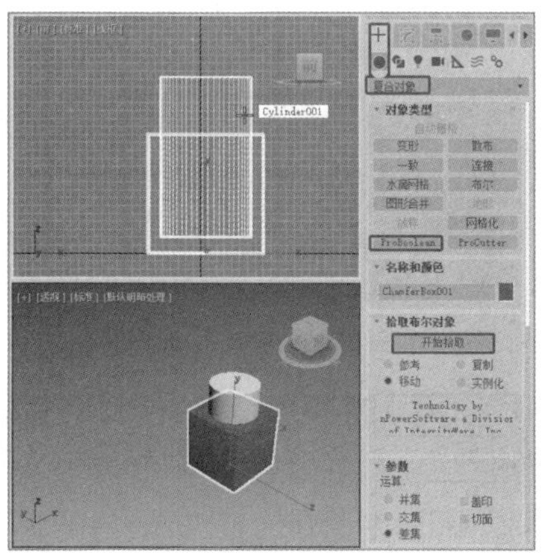
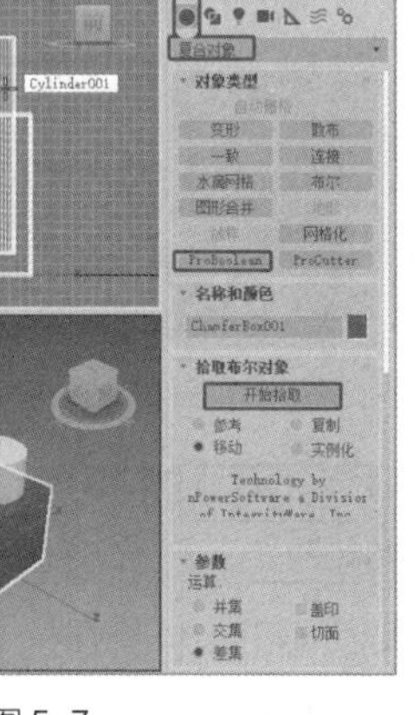

图 5-7

图 5-8

（6）将选择集定义为“边”，在场景中选择圆柱体顶部的一圈边，如图 5-9 所示。

（7）选择边后，在“编辑边”卷展栏中单击“切角”后的（设置）按钮，在弹出的助手小盒中设置“切角量”为 2.5、“切角分段”为 3，单击（确定）按钮，如图 5-10 所示。

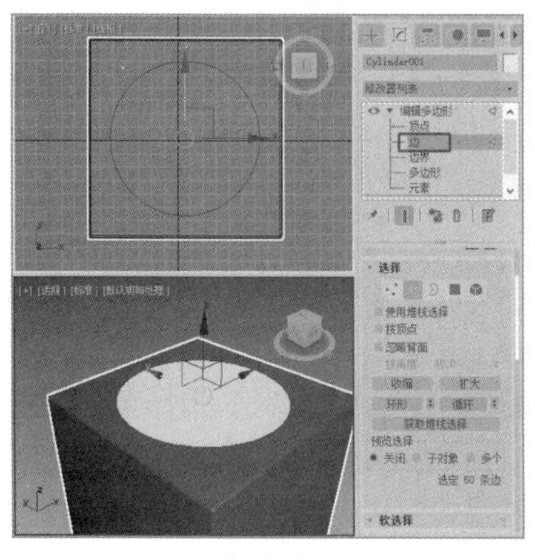
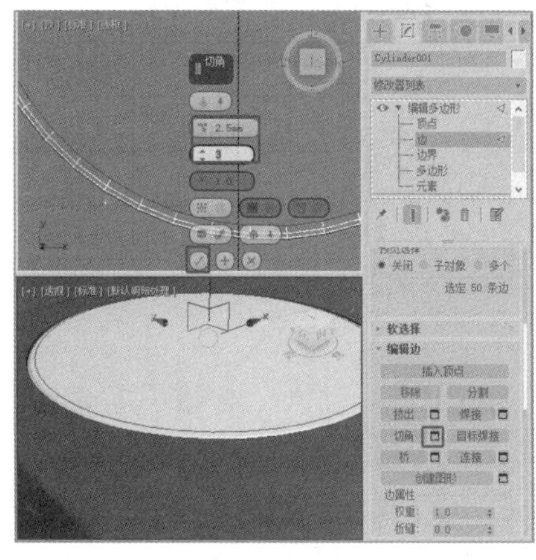

图 5-9

图 5-10

（8）在工具栏中右击（选择并均匀缩放）工具，在弹出的“缩放变换输入”窗口中设置“偏移：世界”选项为 99.5%，如图 5-11 所示。

（9）单击“（创建）>（图形）>样条线 >线”按钮，在“前”视图中创建曲线，并在“渲染”卷展栏中勾选“在渲染中启用”“在视口中启用”复选框，设置“径向”的“厚度”为 1，如图 5-12 所示。

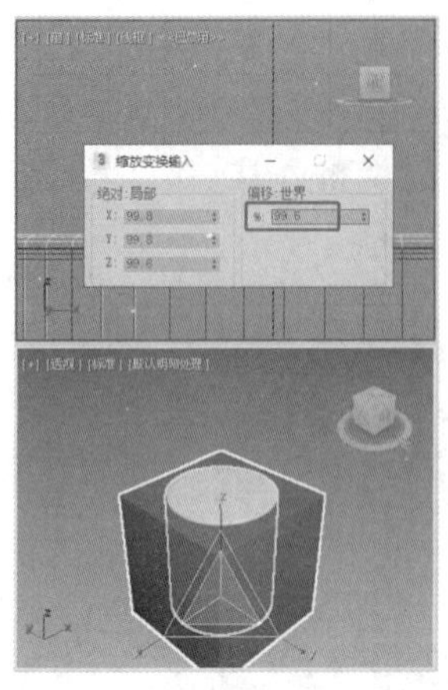

图 5-11

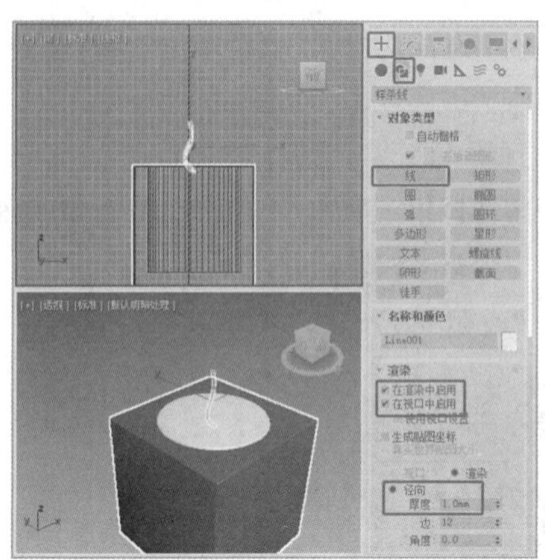

图 5-12

（10）在场景中选择蜡烛模型，使用（选择并移动）工具，按住 Shift 键，移动并复制模型，为复制出的模型添加“编辑多边形”修改器，将选择集定义为“顶点”，在场景中调整顶点，如图 5-13 所示。使用相同的方法再次复制并调整模型，制作出图 5-14 所示的效果。

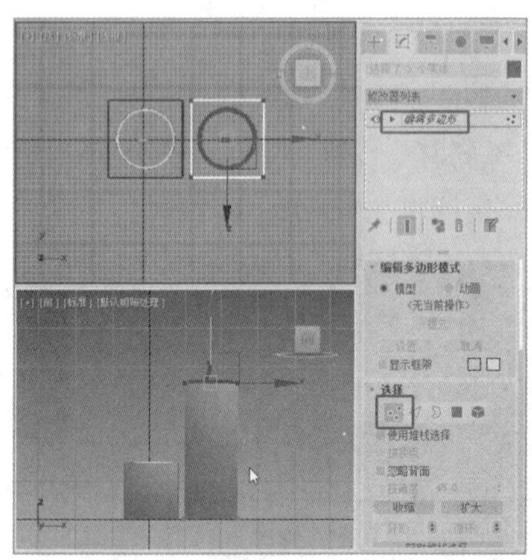

图 5-13

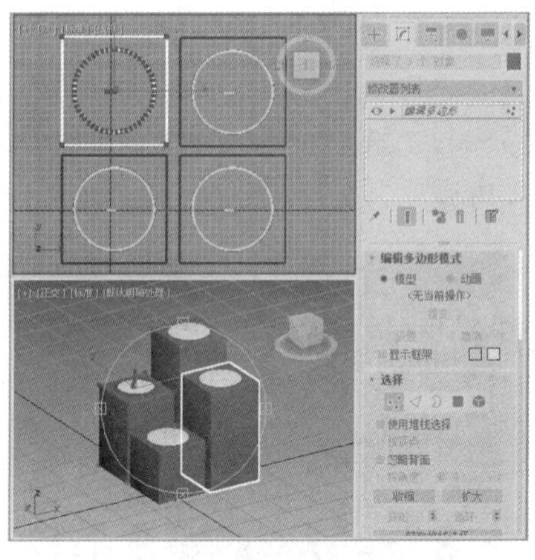

图 5-14

（11）单击“（创建）>（几何体）> 标准基本体 > 长方体”按钮，在“顶”视图中创建长方体，在“参数”卷展栏中设置“长度”为 400、“宽度”为 400、“高度”为-50，如图 5-15 所示。

（12）切换到（修改）面板，为长方体添加“编辑多边形”修改器，将选择集定义为“多边形”，在场景中选择模型顶部的多边形，在“编辑多边形”卷展栏中单击“倒角”后的（设置）按钮，在弹出的助手小盒中设置“倒角”的“轮廓”为-20，单击（确定）按钮，如图 5-16 所示。

（13）单击“挤出”后的（设置）按钮，在弹出的助手小盒中设置“挤出高度”为-30，单击（确定）按钮，如图 5-17 所示。将选择集定义为“边”，在场景中选择需要的边，如图 5-18 所示。

（14）在“编辑边”卷展栏中单击“切角”后的（设置）按钮，在弹出的助手小盒中设置“切角量”为 2、“切角分段”为 2，单击（确定）按钮，如图 5-19 所示。蜡烛模型制作完成，效果如图 5-20 所示。

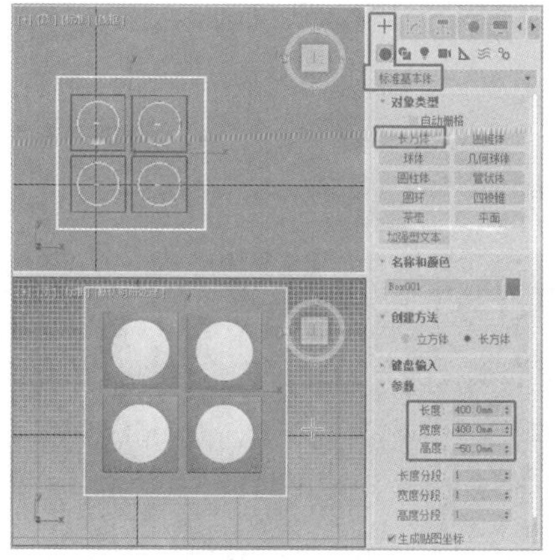

图 5-15

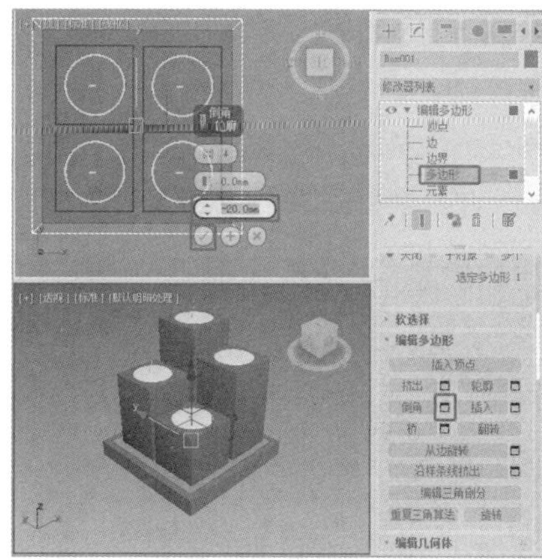

图 5-16

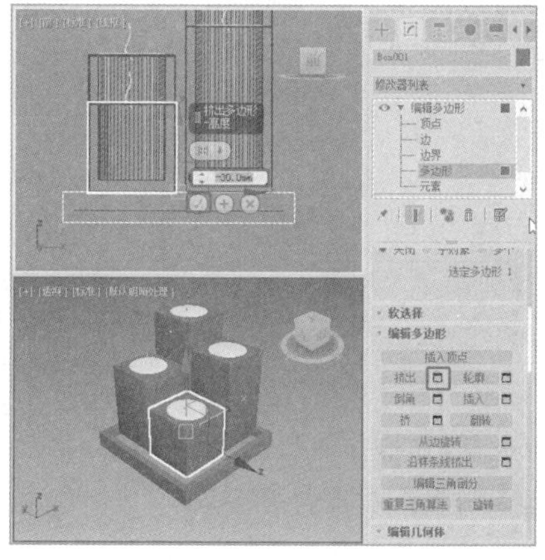

图 5-17

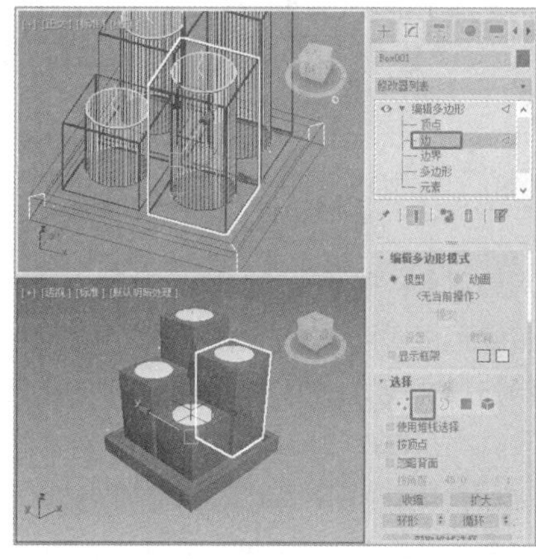

图 5-18

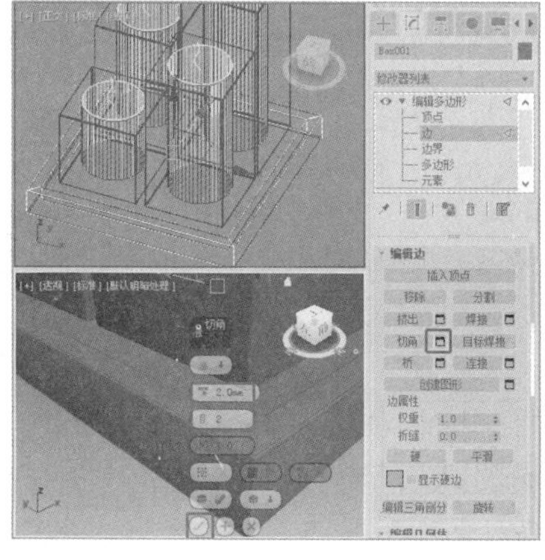

图 5-19

图 5-20

5.2.2 布尔工具

系统提供了 3 种布尔运算方式：并集、交集和差集。其中，差集包括 A-B 和 B-A 两种方式。下面举例介绍布尔工具的基本用法，操作步骤如下。

（1）场景中必须有原始对象和操作对象，如图 5-21 所示。

（2）选择其中一个模型，单击“+（创建）> ●（几何体）> 复合对象 > 布尔”按钮，在“布尔参数”卷展栏中单击“添加运算对象”按钮，在场景中拾取另外一个模型，在“运算对象参数”卷展栏中选择布尔类型，例如“差集”，效果如图 5-22 所示。

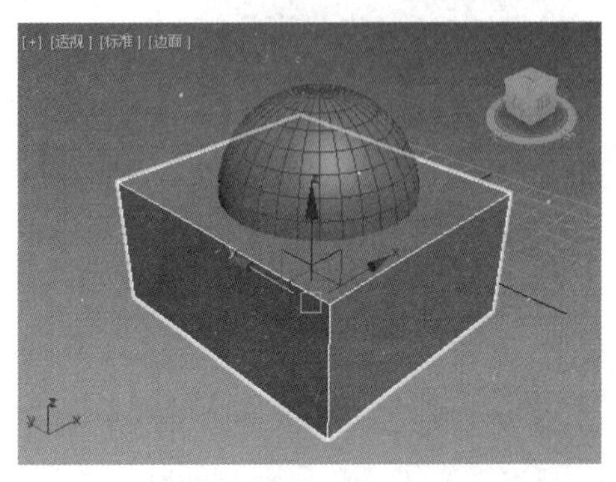

图 5-21

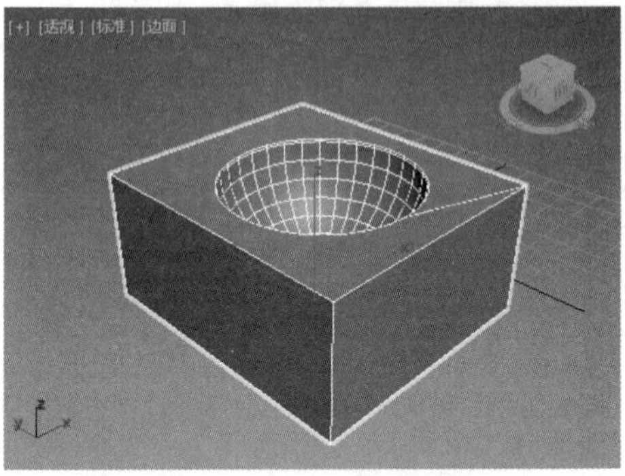

图 5-22

“布尔参数”卷展栏，如图 5-23 所示，介绍如下。

- 添加运算对象：单击此按钮能够选择参与布尔运算的第 2 个对象。
- 运算对象：显示当前的操作对象。
- 移除运算对象：在“运算对象”列表中选中不需要的运算对象，单击“移除运算对象”按钮，可以将选中的运算对象移除出“运算对象”列表。
- 打开布尔操作资源管理器：单击该按钮，可以打开“布尔操作资源管理器”窗口，使用“布尔操作资源管理器”可在装配复杂的复合对象时跟踪操作对象。当在“布尔参数”卷展栏中添加运算对象时，运算对象将自动显示在“布尔操作资源管理器”中。也可以将对象从“场景资源管理器”拖入“布尔操作资源管理器”，以将其添加为新运算对象。在“布尔参数”卷展栏中对运算对象及其运算顺序的所有更改会在“布尔操作资源管理器”中自动更新。

图 5-23

“运算对象参数”卷展栏，如图 5-24 所示，介绍如下。

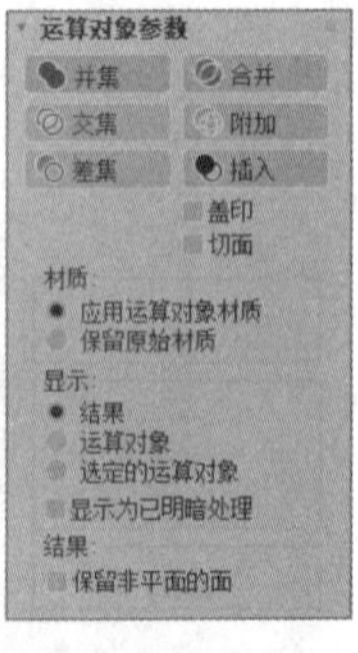

- 并集：布尔对象包含两个原始对象的体积，但将移除相交部分或重叠部分。
- 交集：保留两个原始对象的重叠部分，剩余部分会被丢弃。
- 差集：从基础（最初选定）对象移除相交的部分。
- 合并：使两个网格相交并组合，不移除任何原始多边形。在相交的位置创建新边。对于需要有选择地移除网格的某些部分的情况，这可能很有用。
- 附加：将多个对象合并成一个对象，而不影响各对象的拓扑；各对象实质上是复合对象中的独立元素。
- 插入：从运算对象 A（当前结果）减去运算对象 B（新添加的运算对象）的边界图形，运算对象 B 的图形不受此操作的影响。实际上“插入”操作会将第一个运算对象视为“液体”，因此，如果插入的运算对象存在孔洞或存在使“液体”进入其体积的其他途经，则的确会将其视为液体体积。

图 5-24

- 盖印：勾选“盖印”复选框可在运算对象与原始网格之间插入（盖印）相交边，而不移除或添加面。“盖印”只分割面，并将新边添加到基础（最初选定）对象的网格中。
- 切面：勾选“切面”复选框可执行指定的布尔运算，但不会将运算对象的面添加到原始网格中。选定运算对象的面未添加到布尔结果中。可以使用该功能在网格中剪切一个洞，或获取网格在另一对象内部的部分。
- “材质”选项组：设置布尔运算结果的材质属性。
  - ◆ 应用运算对象材质：将已添加运算对象的材质应用于整个复合对象。
  - ◆ 保留原始材质：保留应用到复合对象的现有材质。
- “显示”选项组：设置显示结果。
  - ◆ 结果：显示布尔运算的最终结果。
  - ◆ 运算对象：显示没有执行布尔运算的运算对象。运算对象的轮廓会以一种显示当前所执行布尔运算的颜色标出。
  - ◆ 选定的运算对象：显示选定的运算对象。运算对象的轮廓会以一种显示当前所执行布尔运算的颜色标出。
  - ◆ 显示为已明暗处理：如果启用，则在视图中会显示已明暗处理的运算对象。此选项会关闭颜色编码显示。
- “结果”选项组：选择是否要保留非平面的面，是否启用该功能视情况而定。

通过改变运算类型，可以生成不同的形体，如表 5-1 所示。

表 5-1

参数	效果	参数	效果
 运算对象参数 并集 合并 交集 附加 差集 插入 盖印 切面	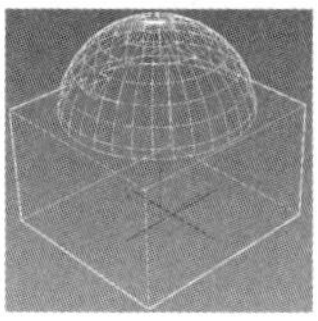	 运算对象参数 并集 合并 交集 附加 差集 插入 盖印 切面	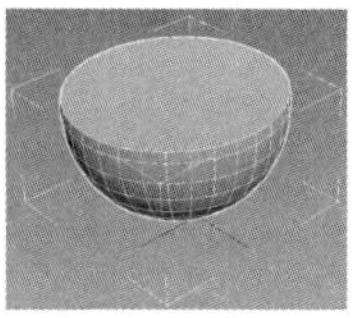
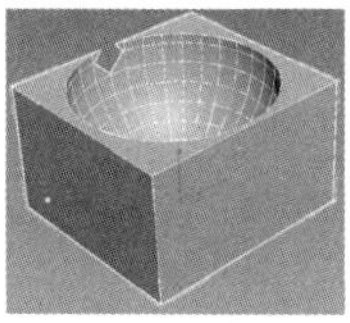	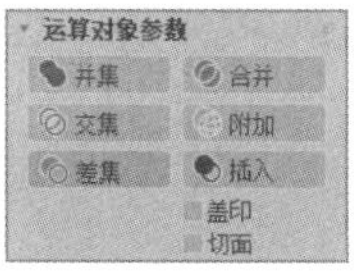 运算对象参数 并集 合并 交集 附加 差集 插入 盖印 切面	 运算对象参数 并集 合并 交集 附加 差集 插入 盖印 切面	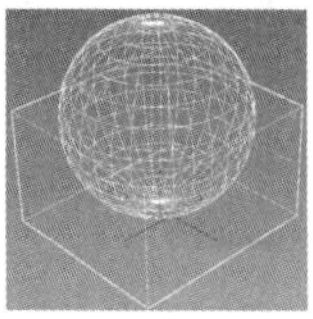
 运算对象参数 并集 合并 交集 附加 差集 插入 盖印 切面	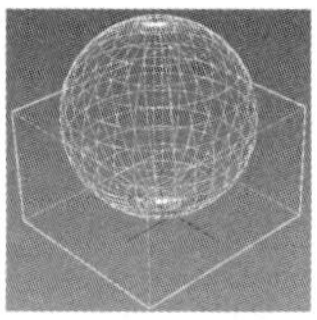	 运算对象参数 并集 合并 交集 附加 差集 插入 盖印 切面	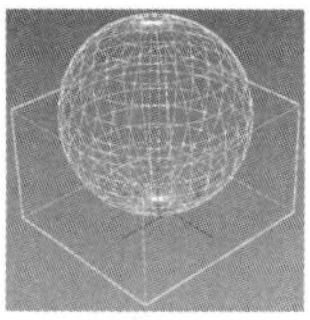
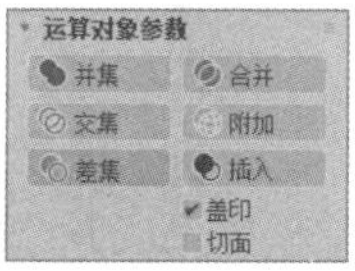 运算对象参数 并集 合并 交集 附加 差集 插入 ✔盖印 切面		 运算对象参数 并集 合并 交集 附加 差集 插入 盖印 ✔切面	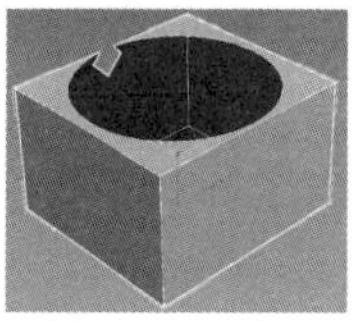

5.2.3 ProBoolean

ProBoolean 是高级布尔工具，它比普通的布尔工具在制作模型时更细腻，使用方法与布尔工具相同。

这里主要介绍一下“高级选项”卷展栏，其他参数可以参考布尔工具中的介绍。“高级选项”卷展栏（见图 5-25）介绍如下。

高级选项
更新:
始终
手动
仅限选定时
仅限渲染时
更新
消减 %: 0.0
四边形镶嵌
设为四边形
四边形大小 %: 3.0
移除平面上的边
全部移除
只移除不可见
不移除边

图 5-25

- “更新”选项组：用于确定进行更改后，何时在布尔对象上执行更新。
  - ◆ 始终：只要更改了布尔对象，就会进行更新。
  - ◆ 手动：仅在单击“更新”按钮时进行更新。
  - ◆ 仅限选定时：只要选定了布尔对象，就会进行更新。
  - ◆ 仅限渲染时：仅在渲染或单击“更新”按钮时才将更新应用于布尔对象。
  - ◆ 更新：对布尔对象应用更改。
  - ◆ 消减%：从布尔对象中的多边形上移除边，从而减少多边形数目的边百分比。
- “四边形镶嵌”选项组：用于启用布尔对象的四边形镶嵌。
  - ◆ 设为四边形：勾选该复选框后，会将布尔对象的镶嵌从三角形改为四边形。

小提示

当勾选“设为四边形”复选框后，对“消减%”设置没有影响。“设为四边形”可以使用四边形网格算法重设平面曲面的网格。将该功能与“网格平滑”“涡轮平滑”“可编辑多边形”中的细分曲面工具结合使用可以产生动态效果。

  - ◆ 四边形大小%：确定四边形的大小作为总体布尔对象长度的百分比。
- “移除平面上的边”选项组：用于确定如何处理平面上的多边形。
  - ◆ 全部移除：移除一个面上的所有其他共面的边，这样该面本身将定义多边形。
  - ◆ 只移除不可见：移除每个面上的不可见边。
  - ◆ 不移除边：不对边进行移除操作。

5.3 放样建模

对于很多复杂的模型，很难用基本的几何体组合或修改得到，这时就要使用放样工具来实现。放样建模是指先创建一个二维截面，然后使它沿着一个预先设定好的路径进行变形，从而得到三维物体的过程。放样建模是一种非常重要的建模方式。

放样是一种传统的三维建模方法，使截面图形沿着路径放样形成三维物体，在路径的不同位置可以有多个截面图形。

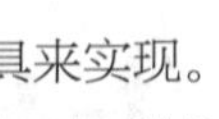

微课视频

制作灯笼吊灯模型

5.3.1 课堂案例——制作灯笼吊灯模型

【案例学习目标】熟悉放样工具的使用方法。

【案例知识要点】创建路径和截面图形，使用放样工具来制作灯笼吊灯，结合

“编辑多边形”修改器制作灯笼龙骨，完成的模型效果如图 5-26 所示。

【素材文件位置】云盘/贴图。

【模型文件位置】云盘/场景/Ch05/灯笼吊灯模型.max。

【参考模型文件位置】云盘/场景/Ch05/灯笼吊灯.max。

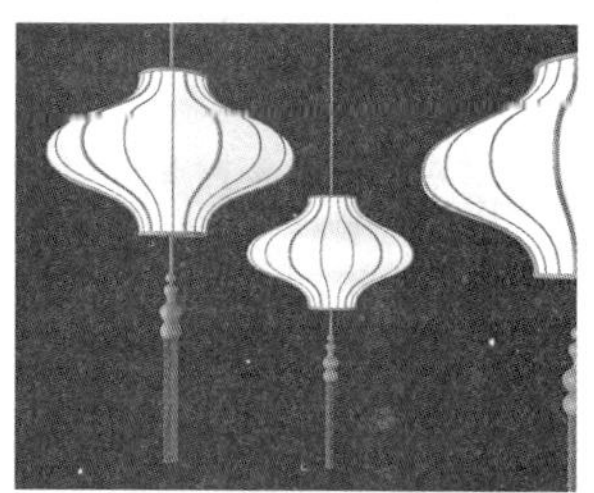

图 5-26

（1）单击“+（创建）>（图形）> 样条线 > 圆”按钮，在“顶”视图中创建圆，作为放样的图形，如图 5-27 所示。

（2）单击“+（创建）>（图形）> 样条线 > 线”按钮，在“前”视图中创建线，作为放样的路径，如图 5-28 所示。

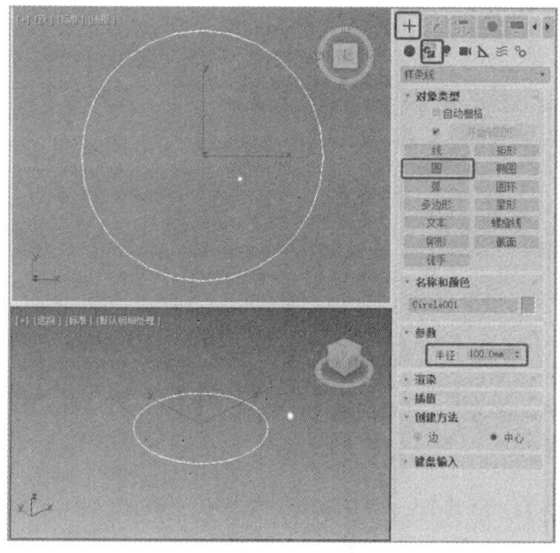

图 5-27

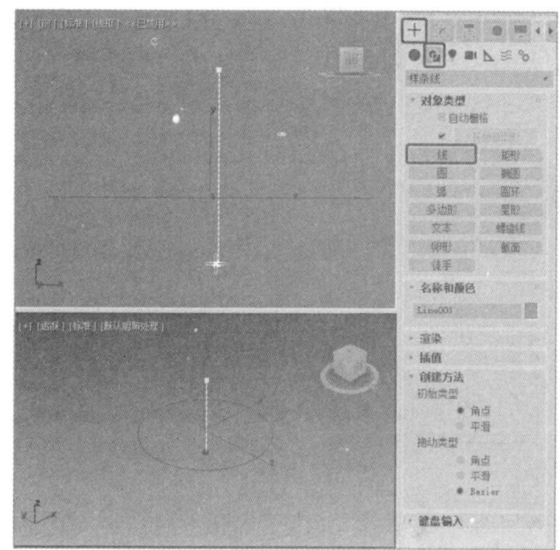

图 5-28

（3）在场景中选择作为路径的线，单击“+（创建）>（几何体）> 复合对象 > 放样”按钮，在“创建方法”卷展栏中单击“获取图形”按钮，在场景中拾取圆，如图 5-29 所示。

（4）在“蒙皮参数”卷展栏中取消勾选“封口始端”“封口末端”复选框，如图 5-30 所示。

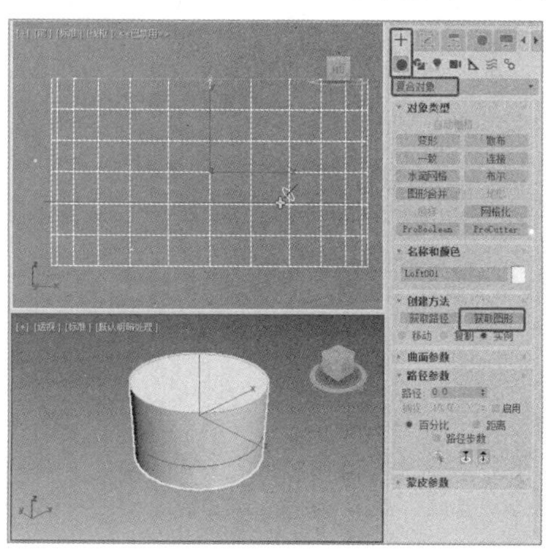

图 5-29

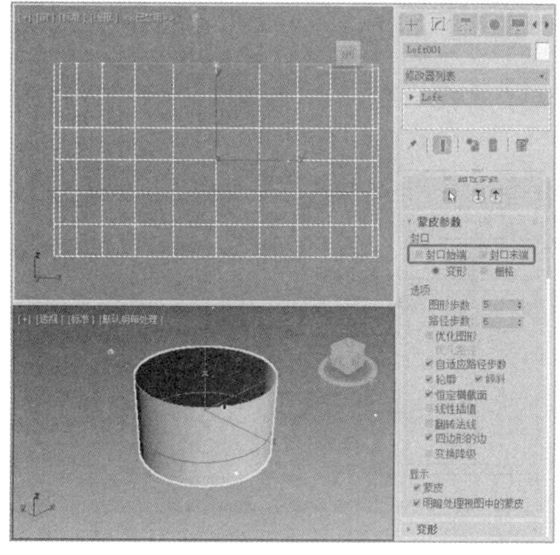

图 5-30

（5）在“变形”卷展栏中单击“缩放”按钮，在弹出的“缩放变形”窗口中单击（插入角点）按钮，在变形曲线上添加角点，右击角点，在弹出的快捷菜单中选择“Bezier-平滑”命令，如图 5-31 所示。

（6）调整角点，并设置两端顶点的类型为“Bezier-角点”，如图5-32所示。

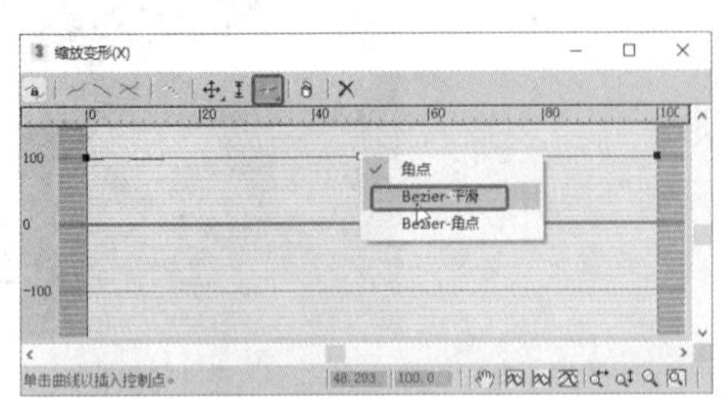

图5-31

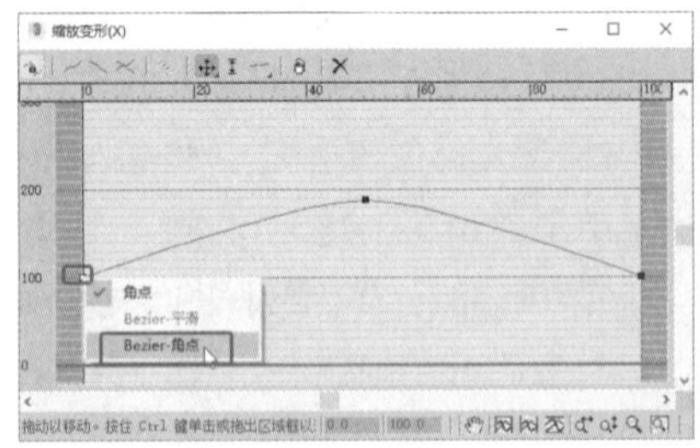

图5-32

（7）调整变形曲线的形状，如图5-33所示。

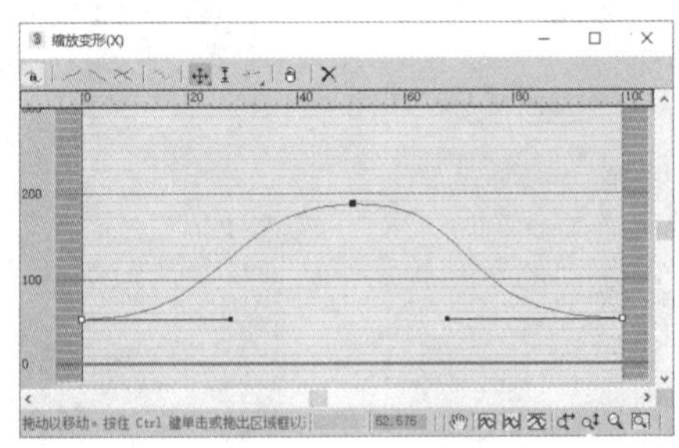

图5-33

（8）调整好模型后，在“蒙皮参数”卷展栏中设置“图形步数”为15、“路径步数”为10，如图5-34所示，使模型更平滑。

（9）在修改器堆栈中选择“Loft > 路径”，选择“Line > 顶点”，在场景中将放样模型的路径顶点调整至合适的高度，如图5-35所示。

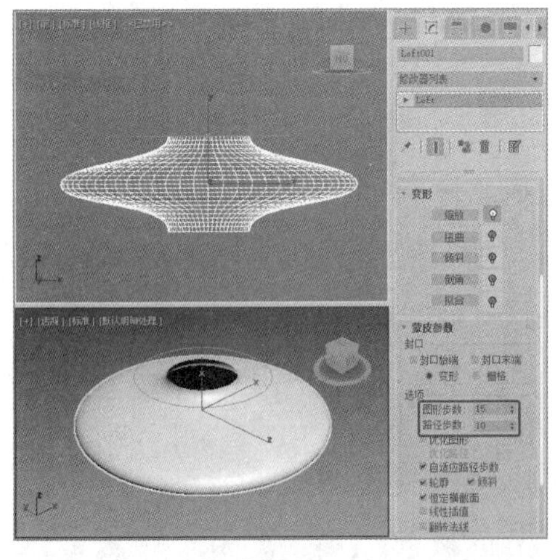

图5-34

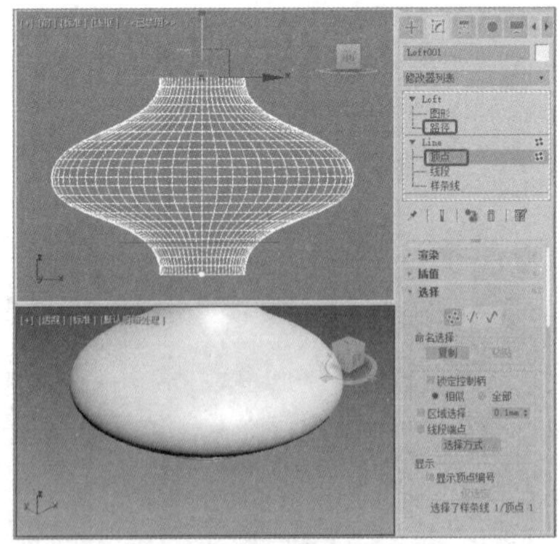

图5-35

（10）为模型添加“编辑多边形”修改器，将选择集定义为“边”，在场景中选择图5-36所示的边。在“选择”卷展栏中单击“循环”按钮，选择图5-37所示的一圈边。

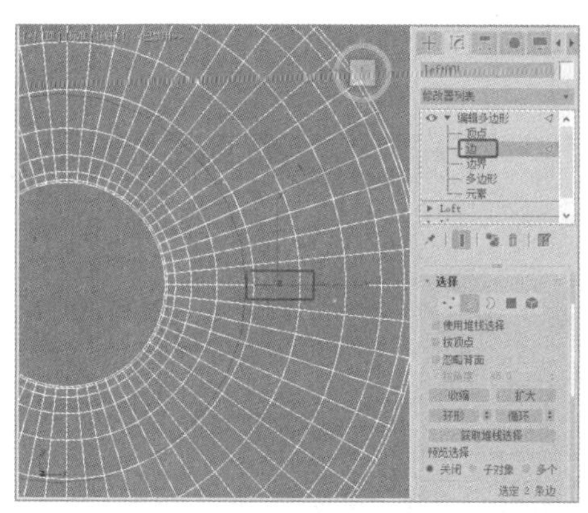

图 5-36

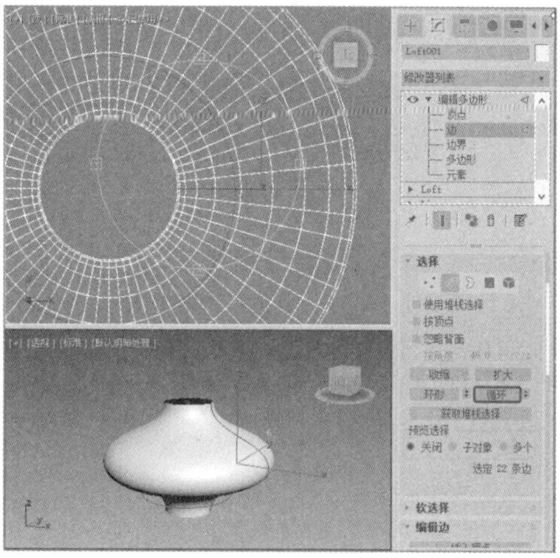

图 5-37

（11）选择边后，在“编辑边”卷展栏中单击“创建图形”按钮，如图 5-38 所示。创建图形后，关闭选择集，在场景中选择创建的图形，在“渲染”卷展栏中勾选“在渲染中启用”“在视口中启用”复选框，设置渲染的“厚度”为 6，如图 5-39 所示。

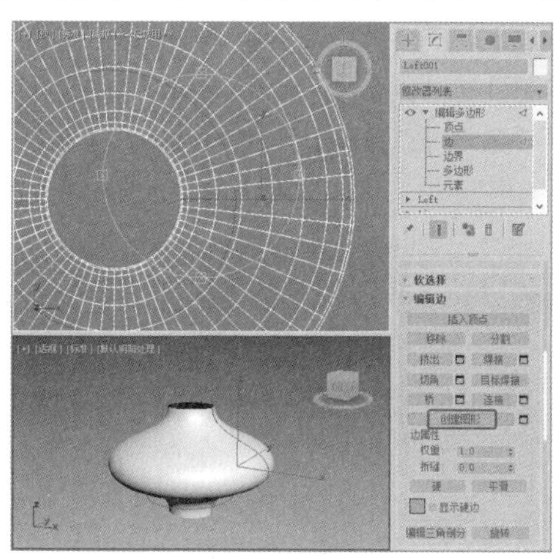

图 5-38

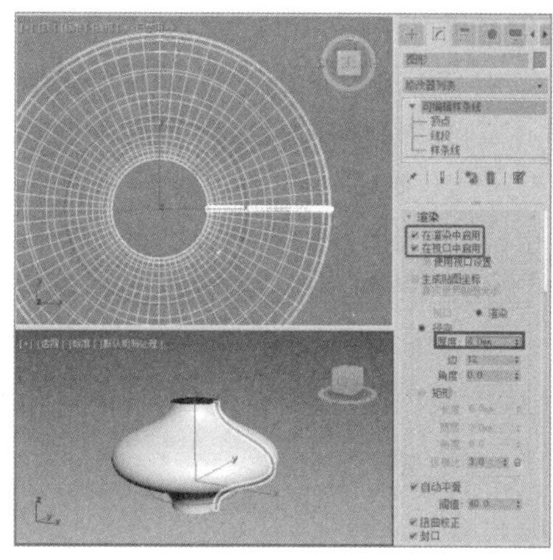

图 5-39

（12）激活“顶”视图，在场景中选择可渲染的样条线，在菜单栏中选择“工具 > 阵列”命令，在弹出的“阵列”对话框中设置“旋转 > 总计”的“Y”为 360 度，设置“阵列维度 > 1D”的“数量”为 6，单击“确定”按钮，如图 5-40 所示。阵列出的模型如图 5-41 所示。

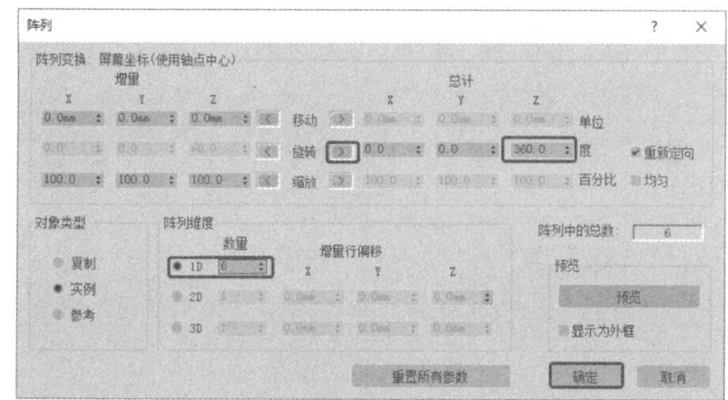

图 5-40

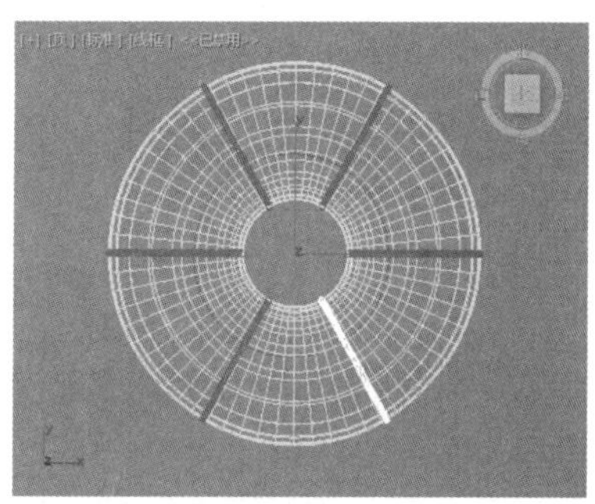

图 5-41

（13）在场景中选择一个可渲染的样条线，按快捷键 Ctrl+V，在弹出的“克隆选项”对话框中选中“复制”单选按钮，单击“确定”按钮，如图 5-42 所示。在场景中选择复制出的样条线，设置渲染的“厚度”为 3，如图 5-43 所示。

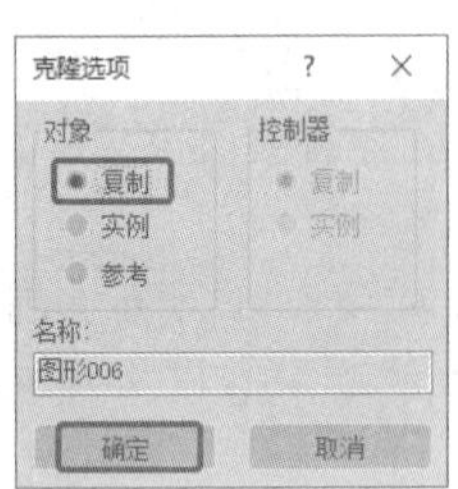

图 5-42

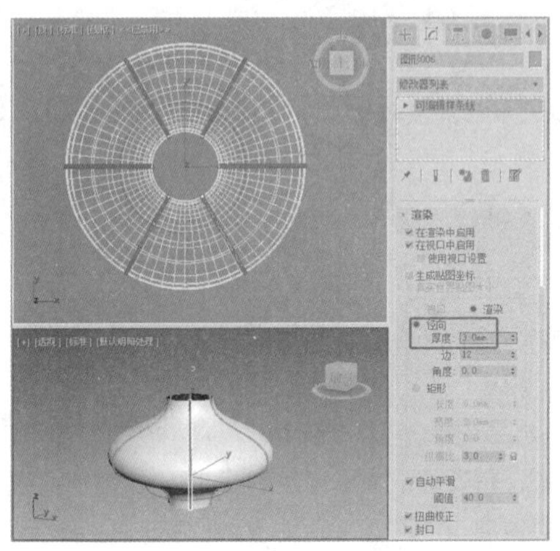

图 5-43

（14）激活“顶”视图，在场景中选择复制出的可渲染的样条线，在菜单栏中选择“工具 >阵列”命令，在弹出的对话框中设置“旋转 > 总计”的“Y”为 360 度，设置“阵列维度 > 1D”的“数量”为 18，单击“确定”按钮，如图 5-44 所示。阵列出的模型如图 5-45 所示。

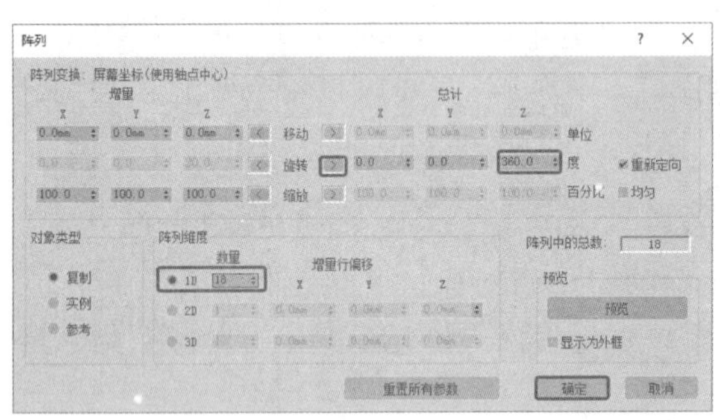

图 5-44

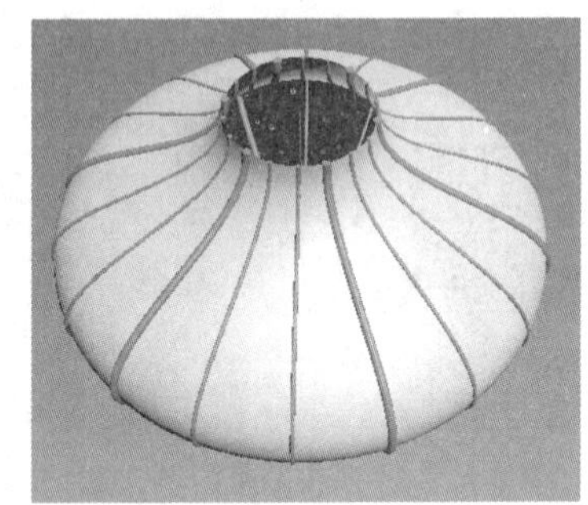

图 5-45

（15）选择放样的模型，将选择集定义为“边界”，在场景中选择顶底的边界，在“编辑边界”卷展栏中单击“创建图形”按钮，如图 5-46 所示。

（16）创建并选择图形，在“渲染”卷展栏中勾选“在渲染中启用”“在视口中启用”复选框，设置渲染的“厚度”为 6，如图 5-47 所示。

（17）在场景中创建“线”，并设置线的可渲染，如图 5-48 所示。使用“线”工具在“前”视图中创建并调整图形，如图 5-49 所示。

（18）为创建的图形添加“车削”修改器，在“参数”卷展栏中设置“分段”为 16、“方向”为 Y、“对齐”为“最小”，如图 5-50 所示。继续创建可渲染的样条线，设置渲染的“厚度”为 1，如图 5-51 所示。

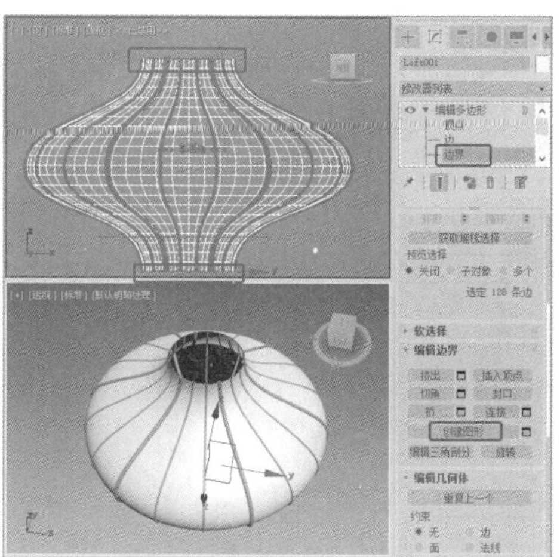

图 5-46

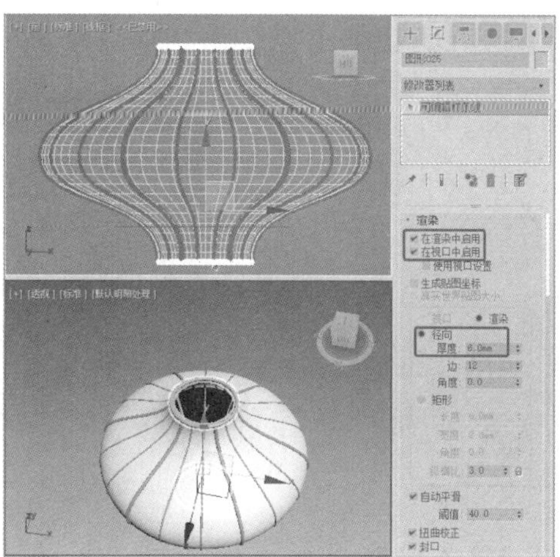

图 5-47

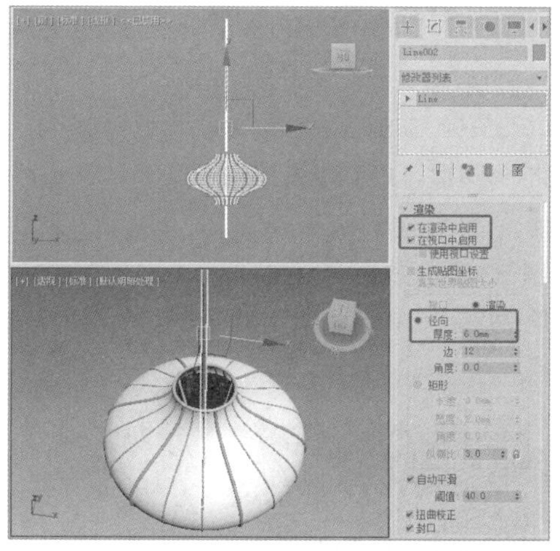

图 5-48

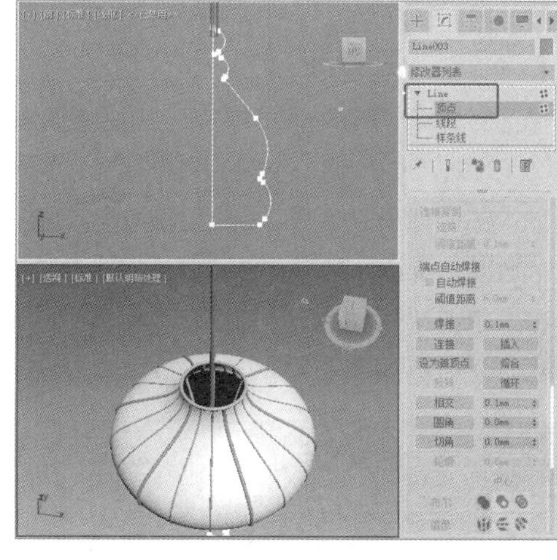

图 5-49

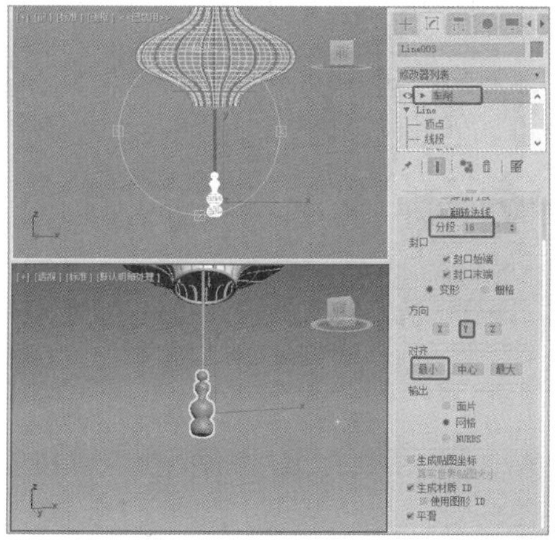

图 5-50

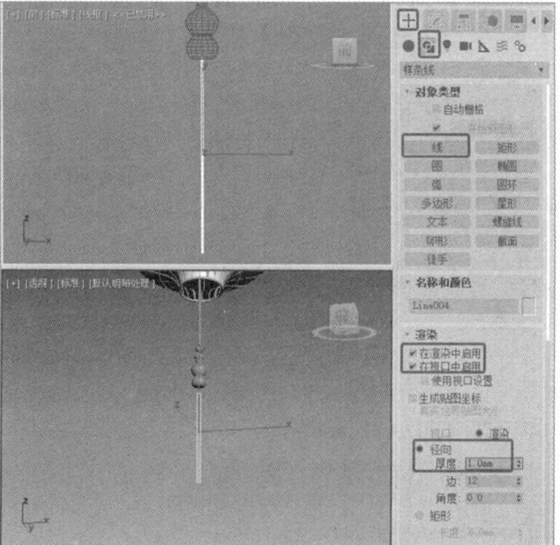

图 5-51

（19）在场景中对样条线进行复制，灯笼吊灯模型制作完成，效果如图 5-52 所示。

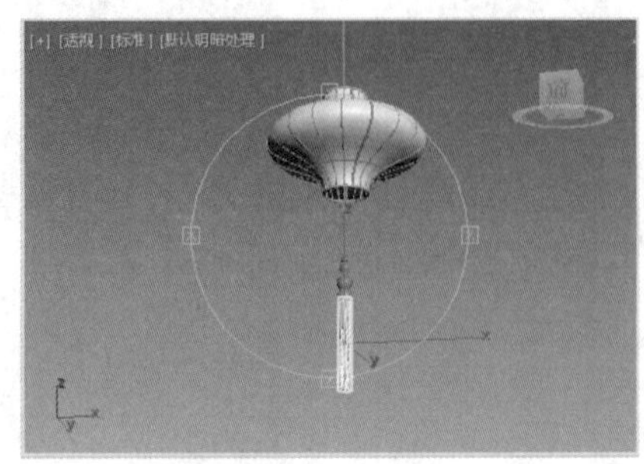

图 5-52

5.3.2 放样工具

放样的应用分为两种：一种是单截面放样变形，只用一次放样变形即可制作出所需要的形体；另一种是多截面放样变形，用于制作较复杂的几何形体，在制作过程中要进行多个路径的放样变形。

1. 单截面放样变形

单截面放样变形是放样的基础，也是使用比较普遍的放样方法。

（1）在视图中创建一个圆和一个星形。这两个二维图形可以随意创建。

（2）选择星形，单击“+（创建）> ●（几何体）> 复合对象”，在“对象类型”卷展栏中单击“放样”按钮，其下方会显示放样的参数，如图 5-53 所示。

（3）单击“获取图形”按钮，在视图中单击圆，拾取图形后即可创建三维放样模型，如图 5-54 所示。

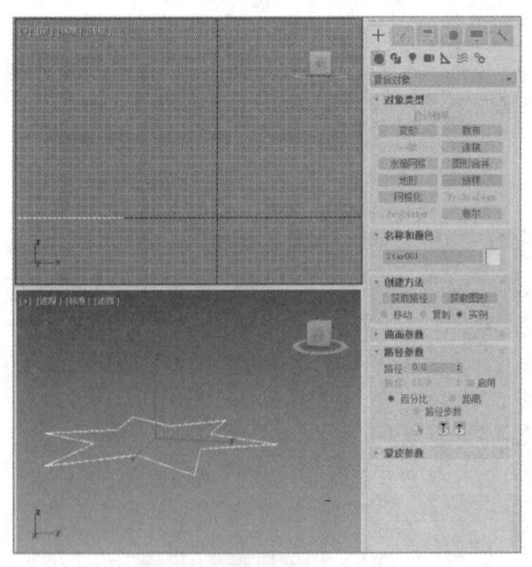

图 5-53

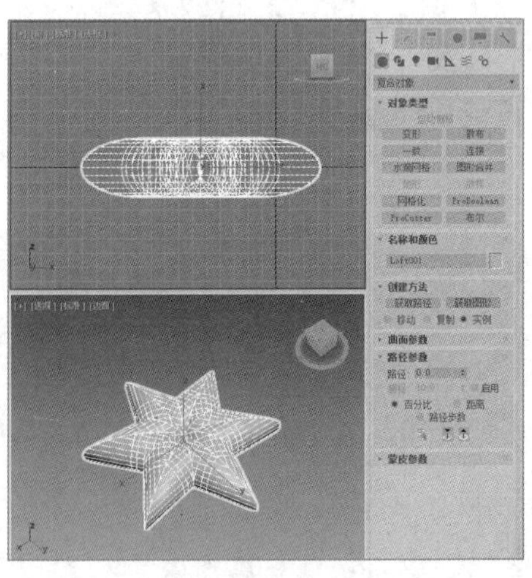

图 5-54

2. 多截面放样变形

在实际制作过程中，有些模型仅使用单截面放样变形是不能完成的，复杂的造型往往由不同的截面结合而成，所以要使用多截面放样变形。

（1）在“顶”视图中分别创建圆、星形和多边形，在“前”视图中绘制一条直线，这几个二维图形可以随意创建。

（2）单击直线将其选中，然后单击“+（创建）> ●（几何体）> 复合对象 > 放样”按钮，在“创建方法”卷展栏中单击“获取图形”按钮，在视图中单击圆，这时直线变为圆柱体，如图 5-55 所示。

（3）在“路径参数”卷展栏中设置“路径”为 45，单击“获取图形”按钮，在视图中单击星形，如图 5-56 所示。

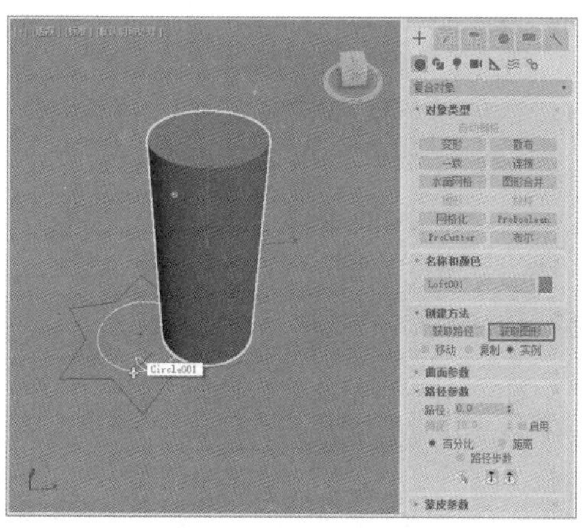

图 5-55

图 5-56

（4）将“路径”设置为 80，单击“获取图形”按钮，在视图中单击多边形，如图 5-57 所示。

（5）切换到（修改）面板，在修改命令堆栈中将选择集定义为“图形”，这时命令面板中会出现新的参数，在场景中框选 3 个放样图形，如图 5-58 所示。

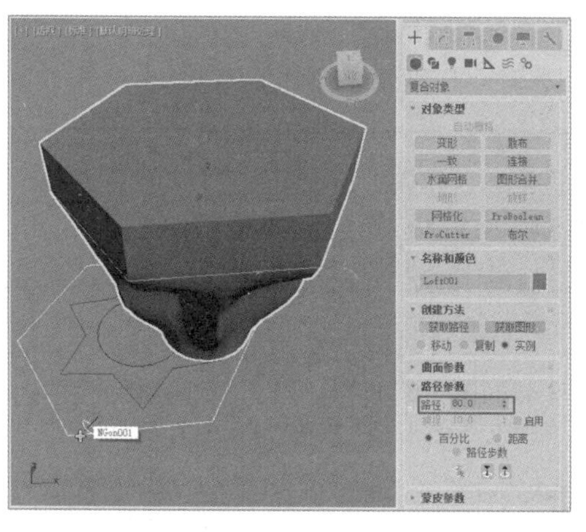

图 5-57

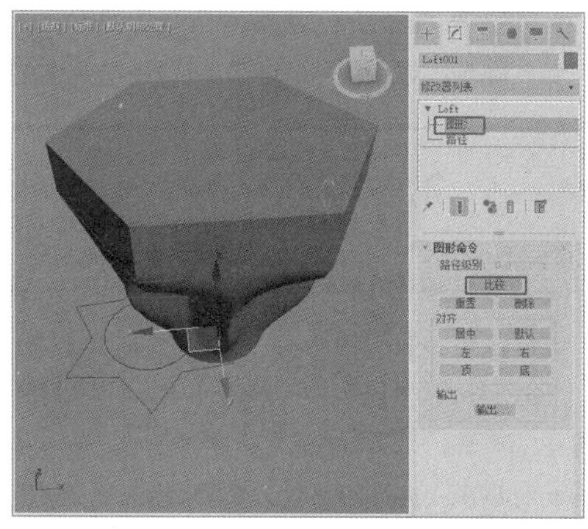

图 5-58

（6）单击“比较”按钮，弹出“比较”窗口，如图 5-59 所示。在“比较”窗口中单击（拾取图形）按钮，在视图中分别在放样物体的 3 个截面上单击，将 3 个截面拾取到“比较”窗口中，如图 5-60 所示。

从“比较”窗口中可以看到 3 个截面的起始点，如果起始点没有对齐，可以使用（选择并旋转）工具手动调整，使之对齐。

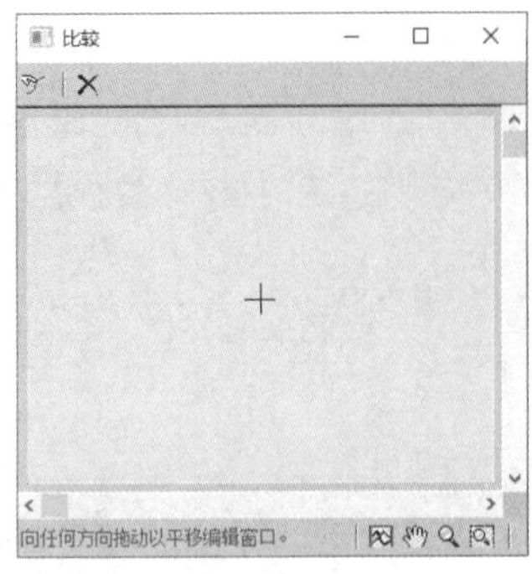

图 5-59

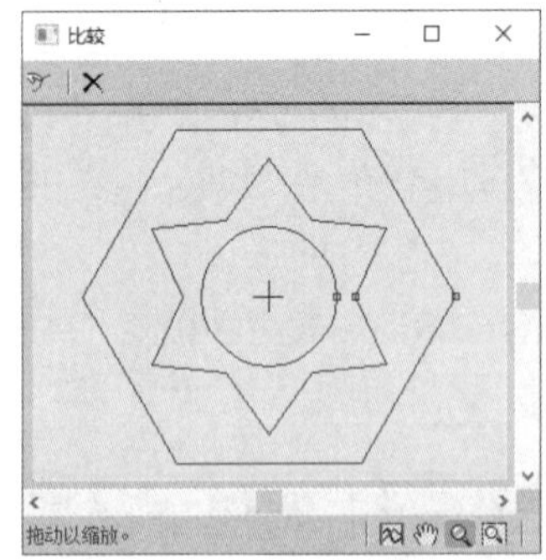

图 5-60

3. 放样的参数

放样的参数由 5 部分组成，包括创建方法、曲面参数、路径参数、蒙皮参数和变形，如图 5-61 所示。

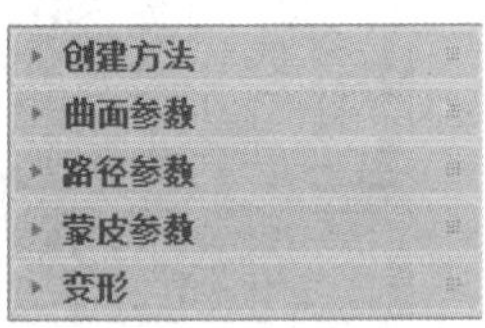

图 5-61

“创建方法”卷展栏用于决定在放样过程中使用哪一种方式来进行放样，如图 5-62 所示。

图 5-62

- 获取路径：如果已经选择了路径，则单击该按钮，到视图中拾取将要作为截面的图形。
- 获取图形：如果已经选择了截面，则单击该按钮，到视图中拾取将要作为路径的图形。
- 移动：直接用原始二维图形进入放样系统。
- 复制：复制一个二维图形进入放样系统，而其本身并不发生任何改变，此时原始二维图形和复制图形是完全独立的。
- 实例：原来的二维图形将继续保留，进入放样系统的只是它们各自的关联物体。可以将它们隐藏，以后需要对放样造型进行修改时，直接去修改它们的关联物体即可。

小提示

对于是先指定路径，再拾取截面图形，还是先指定截面图形，再拾取路径，本质上对造型的形态没有影响，只是出于位置放置的需要而选择不同的方式。

4. “路径参数”卷展栏

“路径参数”卷展栏用于设置放样物体路径上各个截面图形的间隔，如图 5-63 所示。

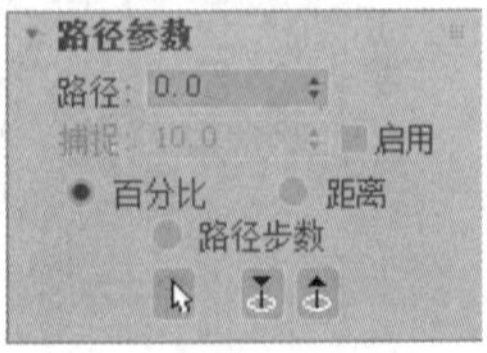

图 5-63

- 路径：通过调整微调器或输入一个数值设置插入点在路径上的位置。“路径”的值取决于所选定的测量方式，并随着测量方式的改变而变化。
- 捕捉：设置放样路径上截面图形固定的间隔距离。“捕捉”的数值也取决于所选定的测量方式，并随着测量方式的改变而变化。
- 启用：勾选该复选框，则激活“捕捉”数值框。系统提供了以下 3 种测量方式。
    - ◆ 百分比：将全部放样路径设为 100%，以百分比的形式来确定插入点的位置。
    - ◆ 距离：以全部放样路径的实际长度为总数，以绝对距离长度形式来确定插入点的位置。

◆ 路径步数：以路径的分段形式来确定插入点的位置。

- 拾取图形：单击该按钮，在放样物体中手动拾取放样截面，此时“捕捉”关闭，并用所拾取到的放样截面的位置来确定当前“路径”数值框中的值。
- 上一个图形：选择当前截面的前一个截面。
- 下一个图形：选择当前截面的后一个截面。

5. “变形”卷展栏

“变形”卷展栏（见图 5-64）介绍如下。

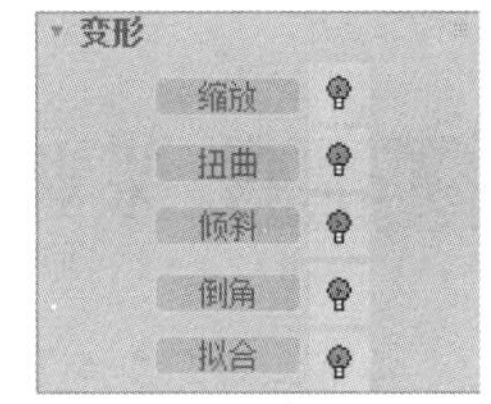

图 5-64

- 缩放：可以从单个图形中放样对象（如列和小喇叭等），该图形在其沿着路径移动时只改变其缩放。当想要制作这些类型的对象时，需要使用“缩放”变形。
- 扭曲：使用“扭曲”变形可以沿着对象的长度创建盘旋或扭曲的对象。扭曲将沿着路径指定旋转量。
- 倾斜：“倾斜”变形围绕局部 x 轴和 y 轴旋转图形。当在“蒙皮参数”卷展栏中选择“轮廓”时，“倾斜”是 3ds Max 自动选择的变形。当手动控制轮廓效果时，需要使用“倾斜”变形。
- 倒角：在真实世界中碰到的每一个对象几乎都需要倒角。这是因为制作一个非常尖的边很困难且耗时间，现实中创建的大多数对象都具有已切角化、倒角或减缓的边，使用“倒角”变形可以模拟这些效果。
- 拟合：“拟合”变形可以使用两条“拟合”曲线来定义对象的顶部和侧剖面。当想要通过绘制放样对象的剖面来生成放样对象时，需要使用“拟合”变形。

变形曲线首先是作为使用常量值的直线。想要生成更精细的曲线，可以插入控制点并更改它们的属性。使用变形对话框工具栏中的按钮可以插入和更改变形曲线控制点，下面以“倒角变形”窗口为例来介绍，如图 5-65 所示。

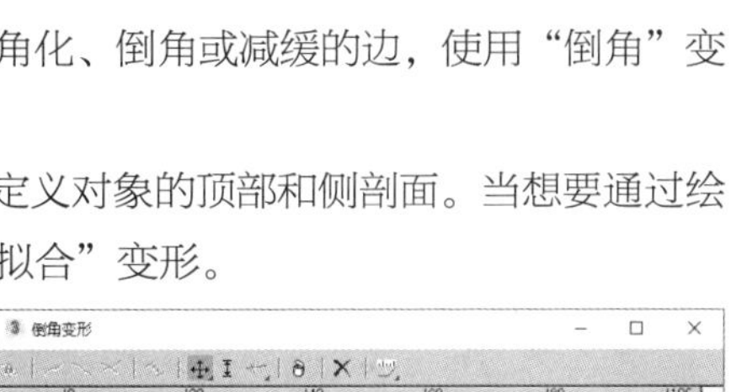

图 5-65

- 均衡：均衡是一个动作按钮，也是一种曲线编辑模式，可以用于对轴和形状应用相同的变形。
- 显示 X 轴：仅显示红色的 x 轴变形曲线。
- 显示 Y 轴：仅显示绿色的 y 轴变形曲线。

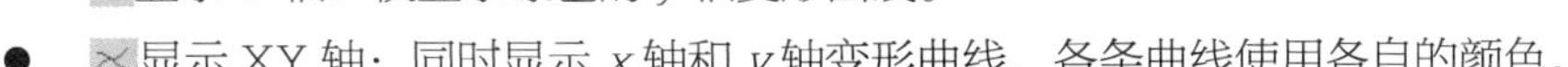

- 显示 XY 轴：同时显示 x 轴和 y 轴变形曲线，各条曲线使用各自的颜色。
- 变换变形曲线：在 x 轴和 y 轴之间复制曲线。此按钮在启用均衡时是禁用的。
- 移动控制点：更改变形的量（垂直移动）和变形的位置（水平移动）。
- 缩放控制点：更改变形的量，而不更改位置。
- 插入角点：单击变形曲线上的任意位置可以在该位置插入角点控制点。
- 删除控制点：删除所选的控制点，也可以通过按 Delete 键来删除所选的控制点。
- 重置曲线：删除所有控制点（两端的控制点除外）并恢复曲线的默认值。
- 数值字段：仅当选择了一个控制点时，才能访问这两个字段。第一个字段提供了点的水平位置，第二个字段提供了点的垂直位置（或值）。可以使用键盘编辑这些字段。
- 平移：在视图中拖动以使曲线向任意方向移动。
- 最大化显示：更改视图放大值，使整个变形曲线可见。

- 水平方向最大化显示：更改沿路径长度进行的视图放大值，使整个路径区域在窗口中可见。
- 垂直方向最大化显示：更改沿变形值进行的视图放大值，使整个变形区域在窗口中可见。
- 水平缩放：更改沿路径长度进行的放大值。
- 垂直缩放：更改沿变形值进行的放大值。
- 缩放：更改沿路径长度和变形值进行的放大值，保持曲线纵横比不变。
- 缩放区域：在变形栅格中拖动区域，区域会相应放大，以填充窗口。

5.4 课堂练习——制作鱼缸模型

【练习知识要点】创建 3 个图形作为放样的 3 个截面，创建“线”作为放样路径，结合“编辑多边形”“平滑”“壳”“涡轮平滑”修改器制作鱼缸模型，效果如图 5-66 所示。

【素材文件位置】云盘/贴图。

【参考模型文件位置】云盘/场景/Ch05/鱼缸.max。

图 5-66

微课视频

制作鱼缸模型

5.5 课后习题——制作刀架模型

【习题知识要点】创建图形并为图形添加“挤出”修改器制作出基本刀盒模型，创建长方体和圆柱体进行布尔运算生成刀洞，制作出刀架模型，效果如图 5-67 所示。

【素材文件位置】云盘/贴图。

【参考模型文件位置】云盘/场景/Ch05/刀架.max。

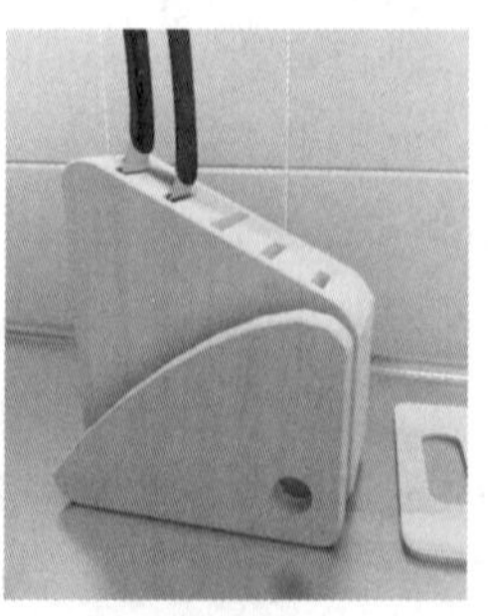

图 5-67

微课视频

制作刀架模型

第 6 章 高级建模

本章介绍

前面讲解了 3ds Max 2020 的基础建模，以及使用常用的修改器对基本模型进行修改产生新的模型和复合建模。然而这些建模方法只能够制作一些简单或者较粗糙的基本模型，想要表现和制作一些更加精细、真实、复杂的模型就要使用高级建模的技巧才能实现。通过本章的学习，读者可以掌握常用的“多边形建模”“网格建模”“NURBS 建模”“面片建模”这 4 种高级建模。

学习目标

- ✔ 熟练掌握多边形建模。
- ✔ 熟练掌握网格建模。
- ✔ 熟练掌握 NURBS 建模。
- ✔ 熟练掌握面片建模。

技能目标

- ✔ 掌握办公椅模型的制作方法和技巧。
- ✔ 掌握盆栽模型的制作方法和技巧。

素养目标

- ✔ 培养学生精益求精的工作作风。
- ✔ 培养学生不畏困难的精神。

6.1 多边形建模

多边形建模是指使用“可编辑多边形”修改器和“编辑多边形”修改器来制作模型。

“编辑多边形”修改器与“可编辑多边形”修改器大部分功能都相同。但“可编辑多边形”修改器中包含“细分曲面”“细分置换”卷展栏，以及一些具体的设置选项。而“编辑多边形”修改器具有“模型”“动画”两种操作模式，在“模型”模式下，可以使用各种工具编辑多边形；在“动画”模式下可以结合“自动关键点”或“设置关键点”工具对多边形的参数进行更改，从而设置动画，其中只有用于设置动画的功能可用，下面我们学习多边形建模。

6.1.1 课堂案例——制作办公椅模型

【案例学习目标】学习多边形建模的方法和技巧。

【案例知识要点】使用基本的几何体创建基础模型，结合“编辑多边形”“涡轮平滑”“弯曲”等修改器制作办公椅模型，完成的模型效果如图6-1所示。

图6-1

微课视频

制作办公椅模型

【素材文件位置】云盘/贴图。

【模型文件位置】云盘/场景/Ch06/办公椅模型.max。

【参考模型文件位置】云盘/场景/Ch06/办公椅.max。

（1）单击“+（创建）>（几何体）>标准基本体>长方体”按钮，在“前”视图中创建长方体，在“参数”卷展栏中设置合适的参数，如图6-2所示。

（2）切换到（修改）面板，在修改器堆栈下单击（配置修改器集）按钮，在弹出的菜单中选择“配置修改器集”命令，如图6-3所示，弹出“配置修改器集”对话框，设置“按钮总数”为8；在左侧的“修改器”列表框中双击常用的修改器，相应修改器将会显示在右侧的“修改器”按钮组中，从而完成常用修改器集的配置，如图6-4所示，单击“确定”按钮。

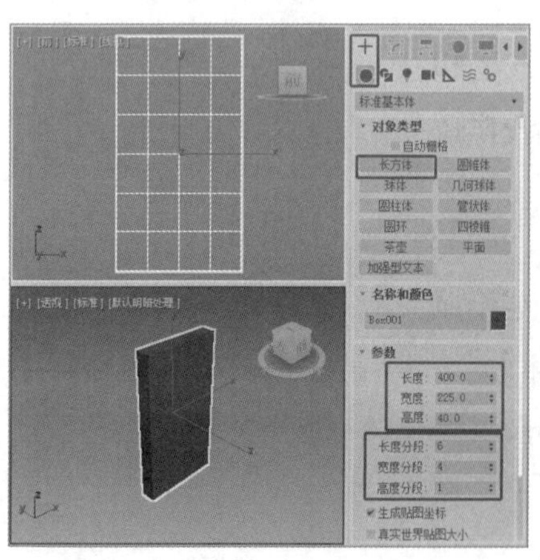

图6-2

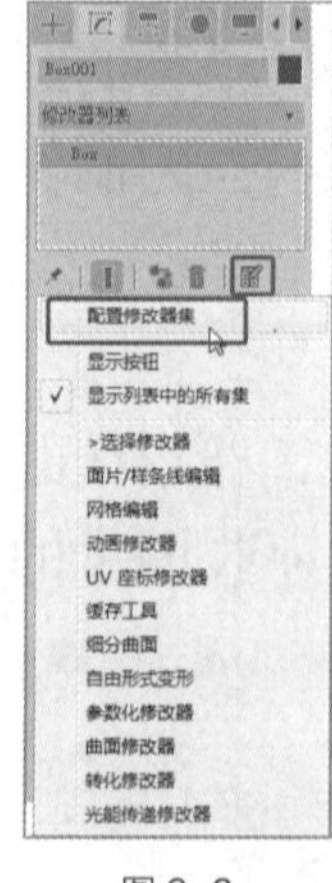

图6-3

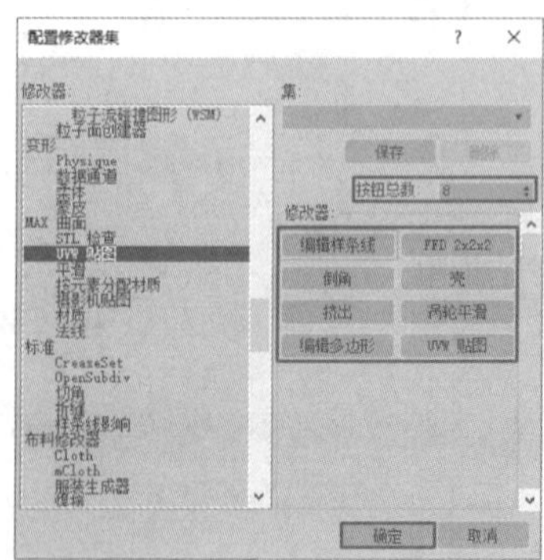

图6-4

（3）在修改器堆栈下单击▣（配置修改器集）按钮，在弹出的菜单中选择“显示按钮”命令，如图 6-5 所示。

（4）为模型添加“编辑多边形”修改器，将选择集定义为“多边形”，在场景中选择正面的多边形，在“编辑几何体”卷展栏中单击“隐藏未选定对象”按钮，隐藏没有选择的多边形，如图 6-6 所示。

（5）将选择集定义为“顶点”，在场景中框选图 6-7 所示的顶点，在“编辑顶点”卷展栏中单击“挤出”后的▣（设置）按钮，在弹出的助手小盒中设置挤出参数并确定。

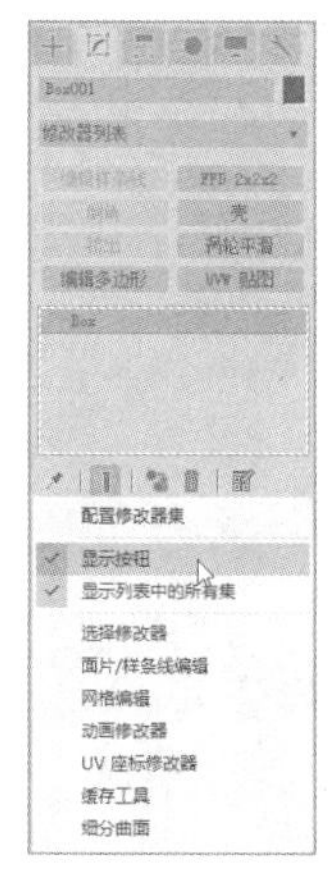

图 6-5

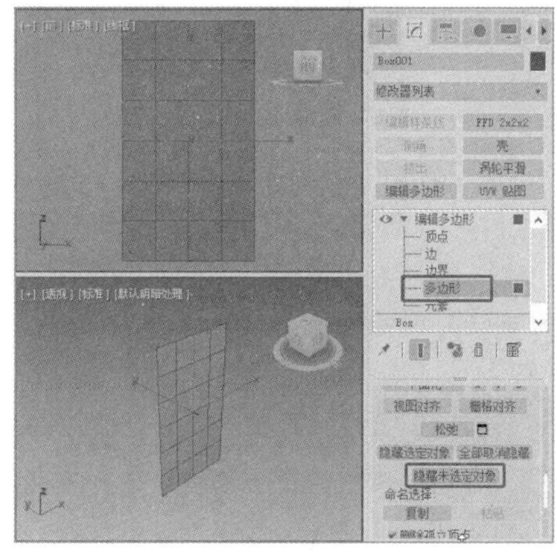

图 6-6

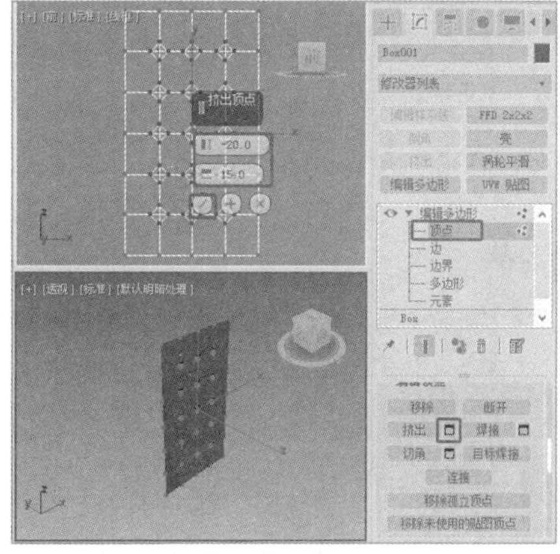

图 6-7

（6）将选择集定义为“边”，在场景中选择图 6-8 所示的边。在“编辑边”卷展栏中单击“挤出”后的▣（设置）按钮，在弹出的助手小盒中设置挤出参数，单击⊘（确定）按钮，如图 6-9 所示。

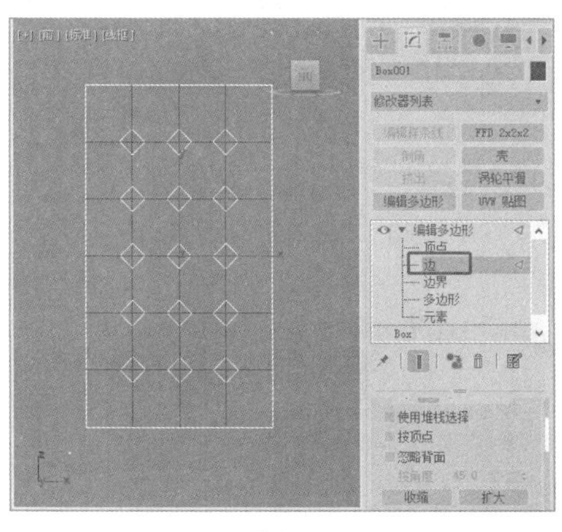

图 6-8

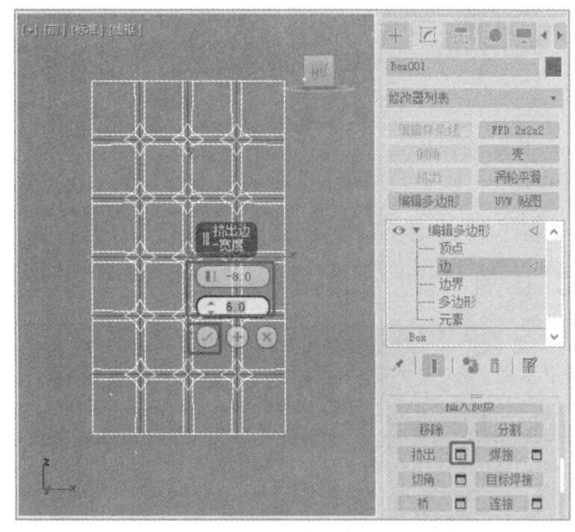

图 6-9

（7）将选择集定义为“多边形”，在“编辑几何体”卷展栏中单击“全部取消隐藏”按钮，将隐藏的多边形全部取消隐藏，如图 6-10 所示。将选择集定义为“边”，在场景中选择图 6-11 所示的边。

（8）在“编辑边”卷展栏中单击“切角”后的▣（设置）按钮，在弹出的助手小盒中设置“切角量”为 3、“分段”为 1，单击⊘（确定）按钮，如图 6-12 所示。

（9）关闭选择集，为模型添加“涡轮平滑”修改器，在“涡轮平滑”卷展栏中设置“迭代次数”为2，如图6-13所示。

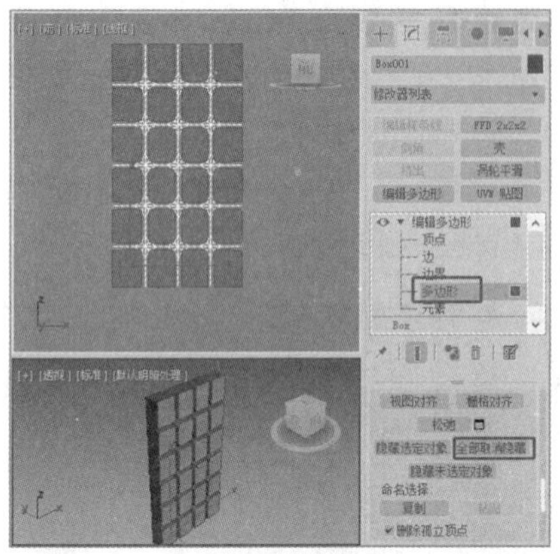
图6-10

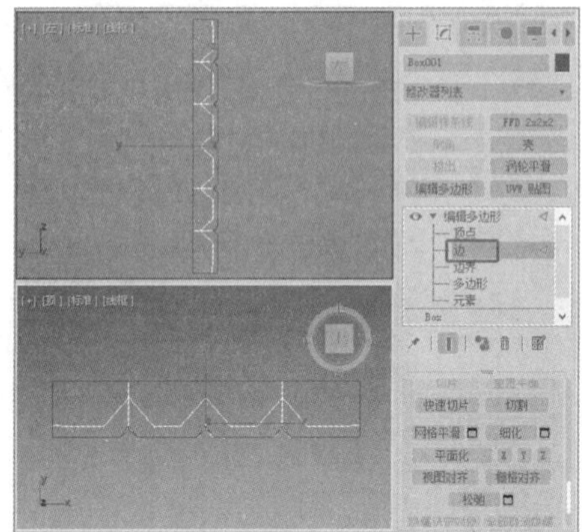
图6-11

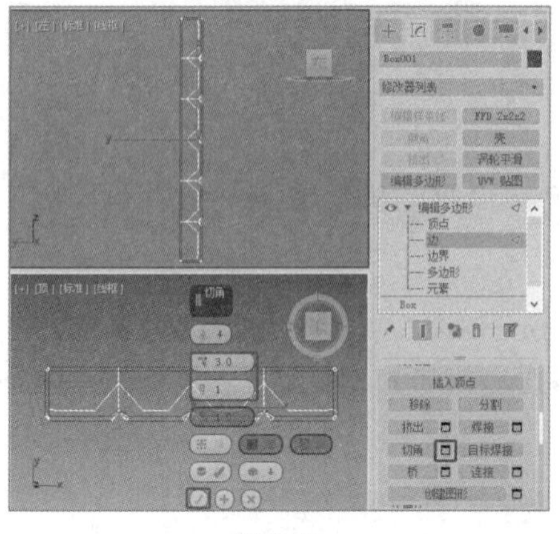
图6-12

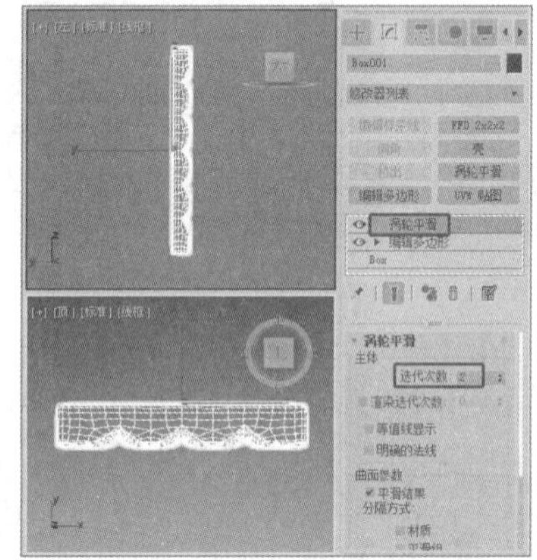
图6-13

（10）为模型添加“弯曲”修改器，在“参数”卷展栏中设置合适的参数，如图6-14所示。在修改器堆栈中将选择集定义为“Gizmos”，在“左”视图中调整Gizmos，并调整弯曲角度，如图6-15所示。

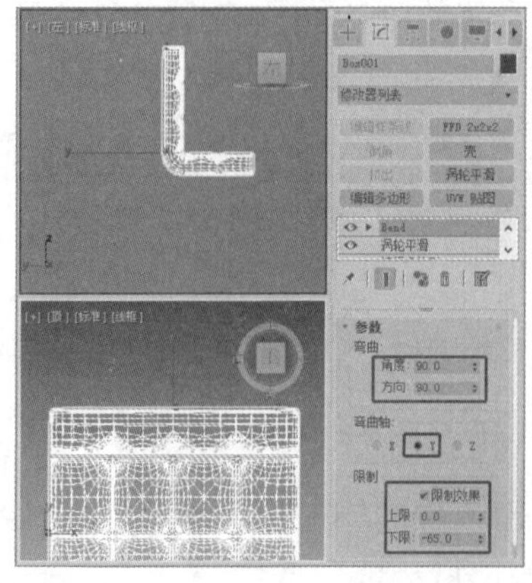
图6-14

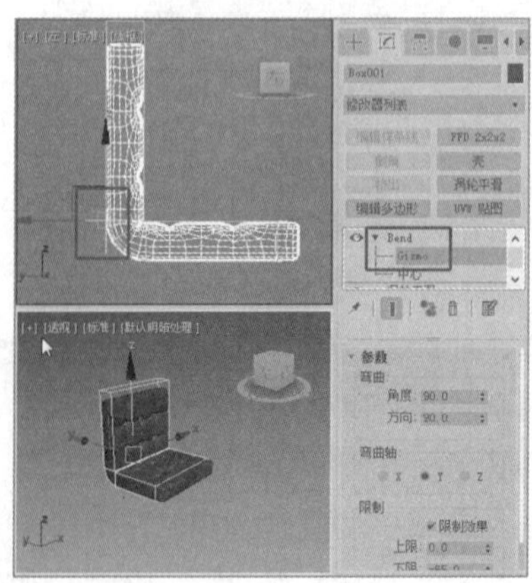
图6-15

（11）单击“+（创建）>（图形）> 样条线 > 矩形”按钮，在场景中创建矩形，设置合适的参数，如图 6-16 所示。

（12）为可渲染的矩形添加“编辑样条线”修改器，将选择集定义为“分段”，在场景中删除分段，如图 6-17 所示。

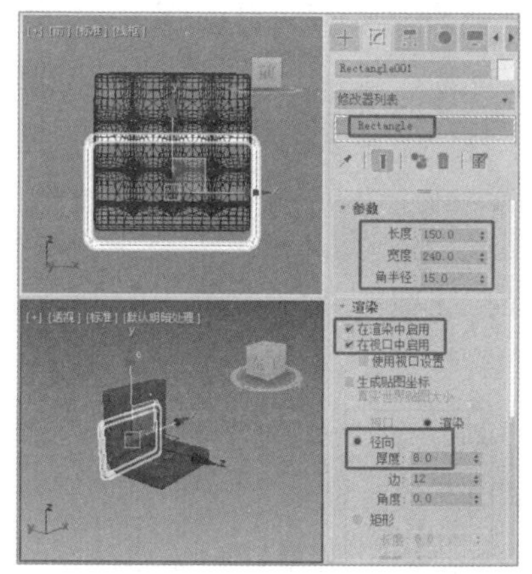

图 6-16

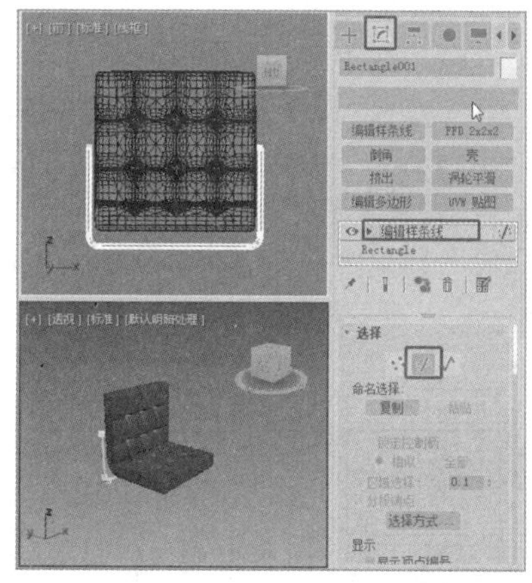

图 6-17

（13）将选择集定义为“顶点”，在“几何体”卷展栏中单击“优化”按钮，在可渲染的样条线上添加控制点，如图 6-18 所示。调整顶点以制作出扶手，如图 6-19 所示。

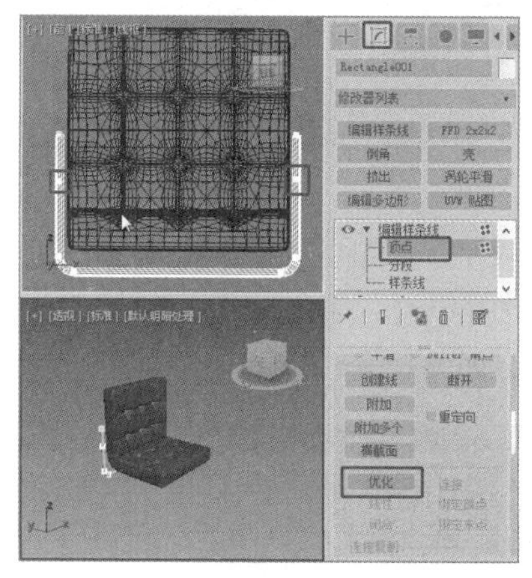

图 6-18

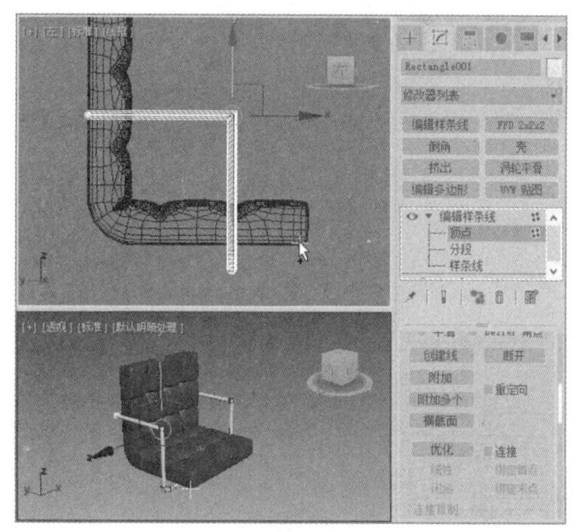

图 6-19

（14）在“几何体”卷展栏中，使用“圆角”工具调整出扶手顶点的圆角效果，如图 6-20 所示。

（15）单击“+（创建）>（几何体）> 扩展基本体 > 切角圆柱体”按钮，在“前”视图中创建切角圆柱体，并在场景中调整模型的位置。在“参数”卷展栏中设置合适的参数，并对模型进行复制，如图 6-21 所示。

（16）单击“+（创建）>（几何体）> 标准基本体 > 圆柱体”按钮，在“顶”视图中创建圆柱体，然后在“参数”卷展栏中设置合适的参数，如图 6-22 所示。

（17）单击“+（创建）>（几何体）> 扩展基本体 > 切角圆柱体”按钮，在“顶”视图中创建切角圆柱体，然后在“参数”卷展栏中设置合适的参数，如图 6-23 所示。

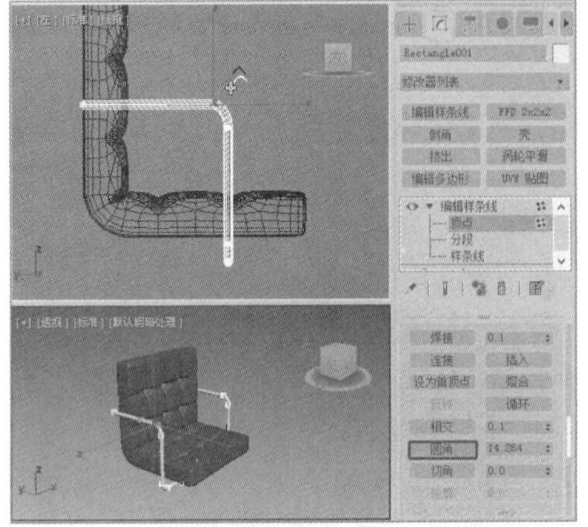
图 6-20

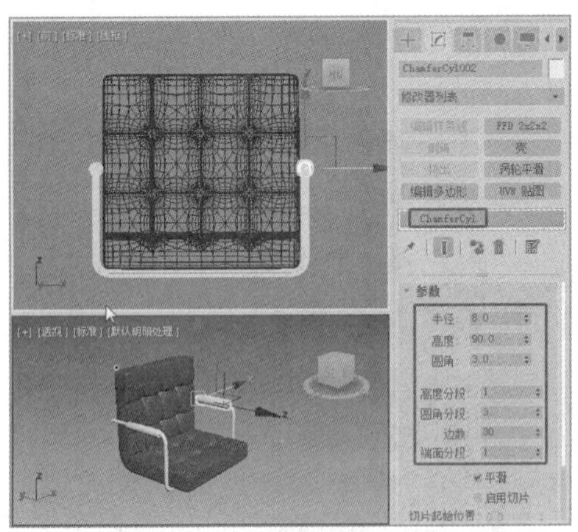
图 6-21

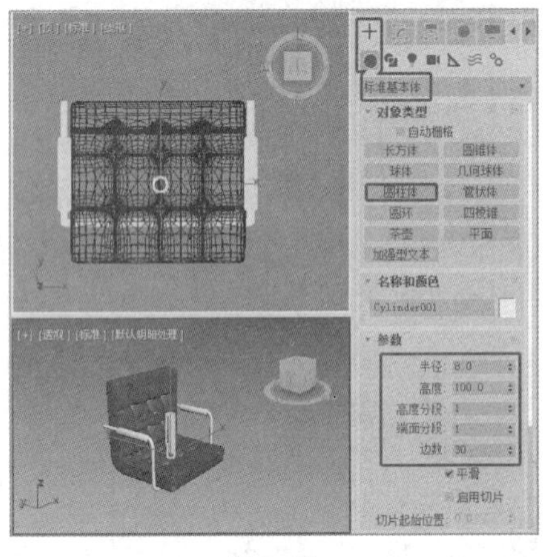
图 6-22

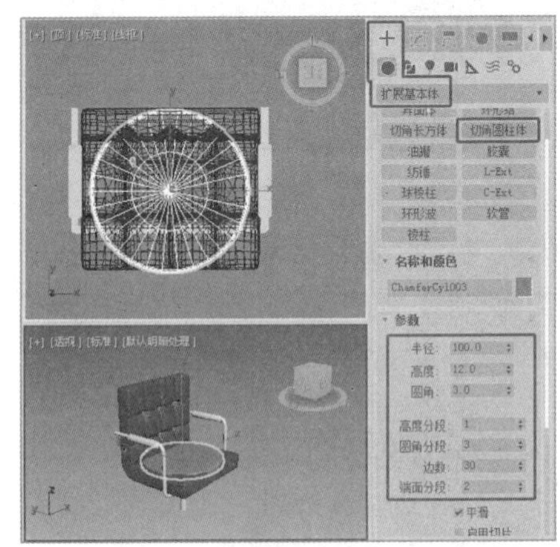
图 6-23

（18）为切角圆柱体添加“编辑多边形”修改器，将选择集定义为“顶点”，在“顶”视图中缩放顶点，如图 6-24 所示。在“前”视图中向上移动顶点，如图 6-25 所示。

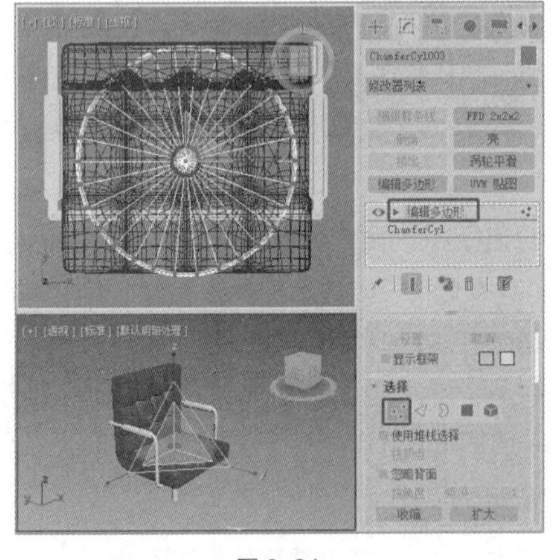
图 6-24

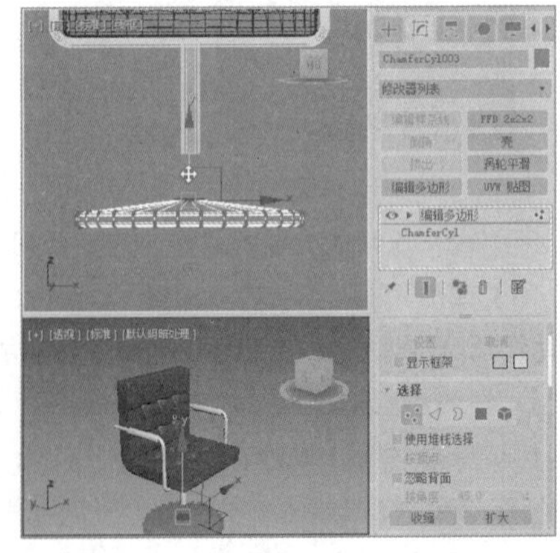
图 6-25

（19）将选择集定义为“多边形”，在场景中选择缩放顶点中的多边形，在“编辑多边形”卷展栏中单击“挤出”后的■（设置）按钮，在弹出的助手小盒中设置合适的参数，单击⊘（确定）按钮，如图 6-26 所示。

（20）调整各个模型的位置，办公椅模型制作完成，效果如图 6-27 所示。

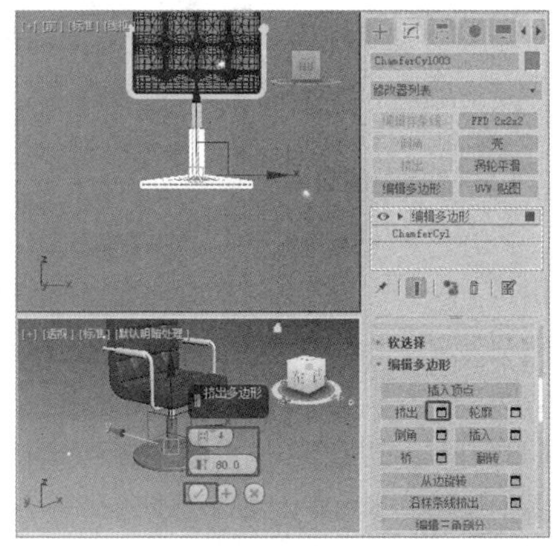

图 6-26

图 6-27

6.1.2 “编辑多边形”修改器

“编辑多边形”对象也是一种网格对象，它在功能和使用上几乎和“编辑网格”是一致的。不同的是，“编辑网格”是由三角形面构成的框架结构，而“编辑多边形”对象不仅可以是三角网格模型，也可以是四边形或者其他多边形，其功能也比“编辑网格”更强大。

创建一个三维模型后，确定该物体处于被选中状态，切换到☑（修改）面板，在“修改器列表”中选择“编辑多边形”修改器即可。也可以在创建模型后右击模型，在弹出的快捷菜单中选择“转换为 > 转换为可编辑多边形”命令，将模型转换为“可编辑多边形”模型。

“编辑多边形”修改器与“可编辑多边形”修改器的卷展栏的不同之处如图 6-28 所示。

- “编辑多边形”修改器具有修改器状态所说明的所有属性，包括在修改器堆栈中将“编辑多边形”放到基础对象和其他修改器上方，在修改器堆栈中将修改器移动到不同位置以及对同一对象应用多个“编辑多边形”修改器（每个修改器包含不同的建模或动画操作）的功能。
- “编辑多边形”修改器有两种不同的操作模式：“模型”“动画”。
- “编辑多边形”修改器中不再包括始终启用的“完全交互”开关功能。

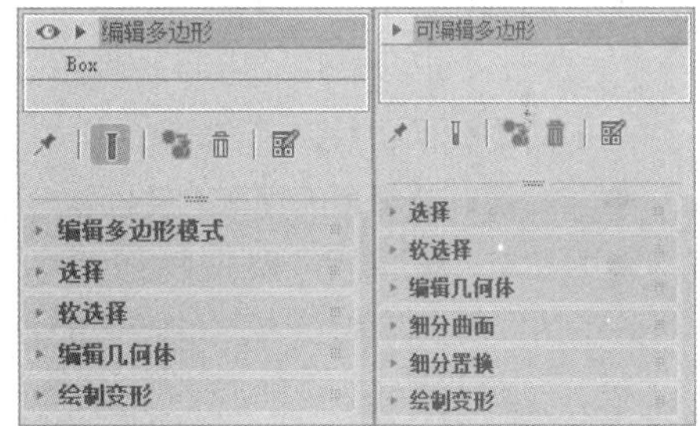

图 6-28

- “编辑多边形”修改器提供了两种从堆栈下部获取现有选择的新方法：“使用堆栈选择”“获取堆栈选择”。
- “编辑多边形”修改器中缺少“可编辑多边形”修改器的“细分曲面”“细分置换”卷展栏。
- 在“动画”模式中，通过单击“切片”而不是“切片平面”来开始切片操作，也需要单击“切片平面”来移动平面，可以设置“切片平面”的动画。

6.1.3 “编辑多边形”修改器的参数

1. 子物体层级

“编辑多边形”修改器的子物体层级（见图 6-29）详解如下。

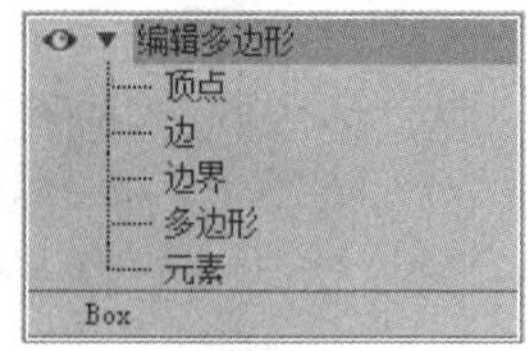

图 6-29

- 顶点：位于相应位置的点，用于定义构成多边形对象的其他子对象的结构。当移动或编辑顶点时，由它们形成的几何体也会受影响。顶点也可以独立存在，这些孤立顶点可以用来构建其他几何体，但在渲染时，它们是不可见的。当定义为“顶点”时可以选择单个或多个顶点，并且使用标准方法移动它们。
- 边：连接两个顶点形成多边形的边。边不能由两个以上的多边形共享。另外，两个多边形的法线应相邻。如果不相邻，应卷起共享顶点的两条边。当将选择集定义为“边”时，可选择一条或多条边，然后使用标准方法变换它们。
- 边界：网格的线性部分，通常可以描述为孔洞的边缘。它通常是多边形仅位于一面时的边序列。例如，长方体没有边界，但茶壶对象有若干边界，如壶盖、壶身和壶嘴上有边界，还有两个在壶把上。如果创建圆柱体，然后删除末端多边形，相邻的一行边会形成边界。当将选择集定义为“边界”时，可选择一个或多个边界，然后使用标准方法变换它们。
- 多边形：通过曲面连接的 3 条或多条边的封闭序列。多边形提供“编辑多边形”对象的可渲染曲面。当将选择集定义为“多边形”时可选择单个或多个多边形，然后使用标准方法变换它们。
- 元素：两个或两个以上可组合为一个更大对象的单个网格对象。

2. “编辑多边形模式”卷展栏

“编辑多边形模式”卷展栏是“编辑多边形”修改器中的公共参数卷展栏，无论当前处于何种选择集，都有该卷展栏，如图 6-30 所示。

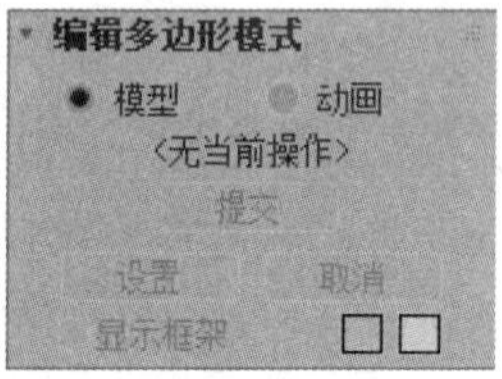

图 6-30

- 模型：使用“编辑多边形”功能建模。在“模型”模式下，不能设置操作的动画。
- 动画：使用“编辑多边形”功能设置动画。除选中“动画”单选按钮外，必须启用“自动关键点”或使用“设置关键点”才能设置子对象变换和参数更改的动画。
- 标签：显示当前存在的任何命令，当前无命令则显示为“<无当前操作>”。
- 提交：在“模型”模式下，使用小盒接受任何更改并关闭小盒（单击小盒上的确定按钮相同）。在“动画”模式下，冻结已设置动画的选择在当前帧的状态，然后关闭对话框，会丢失所有现有关键帧。
- 设置：切换当前命令的小盒。
- 取消：取消最近使用的命令。
- 显示框架：在修改或细分之前，切换显示编辑多边形对象的两种颜色线框的显示。框架颜色显示为复选框右侧的色样。第一种颜色表示未选定的子对象，第二种颜色表示选定的子对象。单击色样可以更改颜色。“显示框架”切换只能在子对象层级使用。

3. “选择”卷展栏

“选择”卷展栏是“编辑多边形”修改器中的公共参数卷展栏，无论当前处于何种选择集，都有该卷展栏，比较实用，如图 6-31 所示。

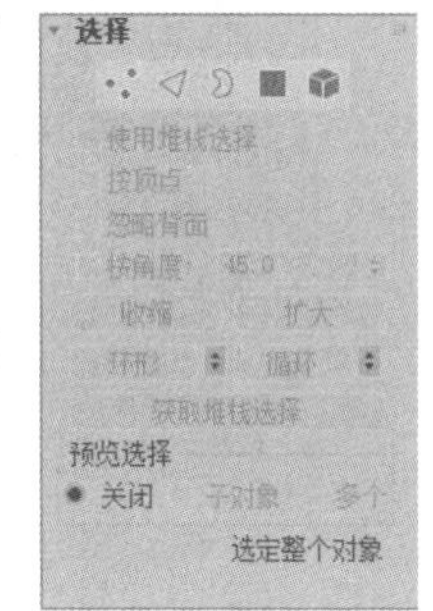

图 6-31

（顶点）：访问“顶点”子对象层级，可从中选择鼠标指针处的顶点，也可框选区域中的顶点。

（边）：访问“边”子对象层级，可从中选择鼠标指针处的多边形的边，也可框选区域中的多条边。

（边界）：访问“边界”子对象层级，可从中选择构成网格中孔洞边框的一系列边。

（多边形）：访问“多边形”子对象层级，可选择鼠标指针处的多边形，也可框选区域中的多个多边形。

（元素）：访问“元素”子对象层级，可以选择对象中所有相邻的多边形，也可框选区域中的多个元素。

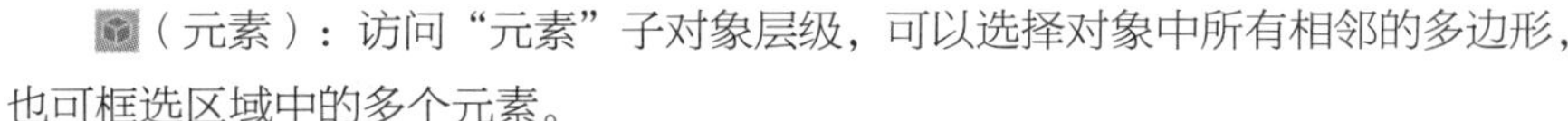

使用堆栈选择：启用后，编辑多边形自动使用在堆栈中向上传递的任何现有子对象选择，并禁止用户手动更改选择。

- 按顶点：启用后，只有通过选择所用的顶点，才能选择子对象。单击顶点时，将选择使用该选定顶点的所有子对象。该功能在“顶点”子对象层级上不可用。
- 忽略背面：启用后，选择子对象将只影响朝向用户的那些对象。
- 按角度：启用后，选择一个多边形会基于该复选框右侧的角度设置同时选择相邻多边形。该值可以确定要选择的邻近多边形之间的最大角度。该功能仅在“多边形”子对象层级可用。
- 收缩：取消选择最外部的子对象，缩小子对象的选择区域。如果不再减少选择区域的面积，则可以取消选择其余的子对象，如图 6-32 所示。
- 扩大：朝所有可用方向扩展选择区域，如图 6-33 所示。

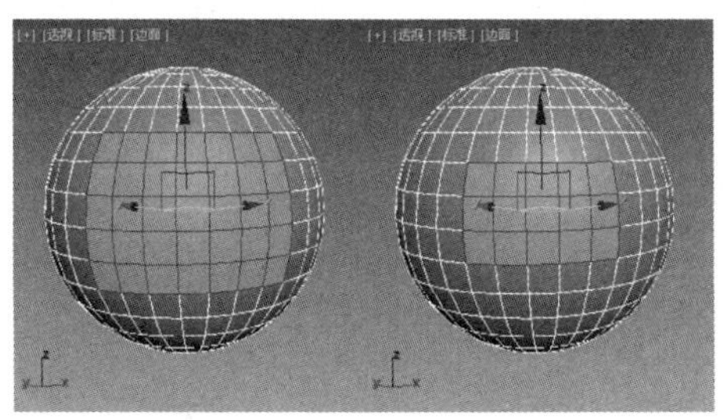

图 6-32

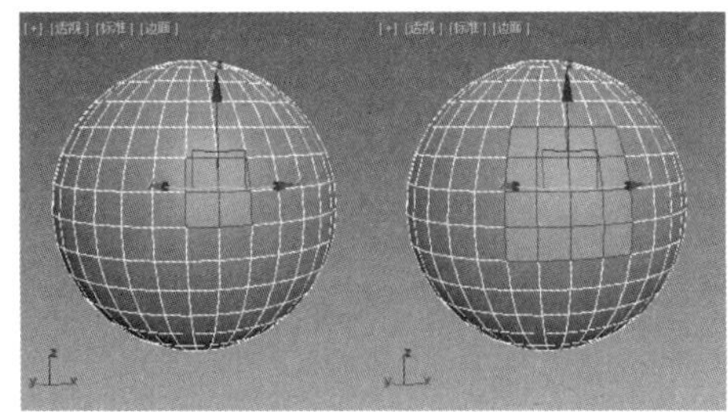

图 6-33

- 环形：“环形”按钮旁边的微调器允许用户在任意方向将选择的边移动到相同环上的其他边，即相邻的平行边，如图 6-34 所示。如果选择了循环，则可以使用该功能选择相邻的循环。循环只适用于“边”“边界”子对象层级。
- 循环：在与所选边对齐的同时，尽可能远地扩展边的选定范围。循环选择仅通过四向连接进行传播，如图 6-35 所示。
- 获取堆栈选择：使用在堆栈中向上传递的子对象选择替换当前选择。可以使用标准方法修改此选择。

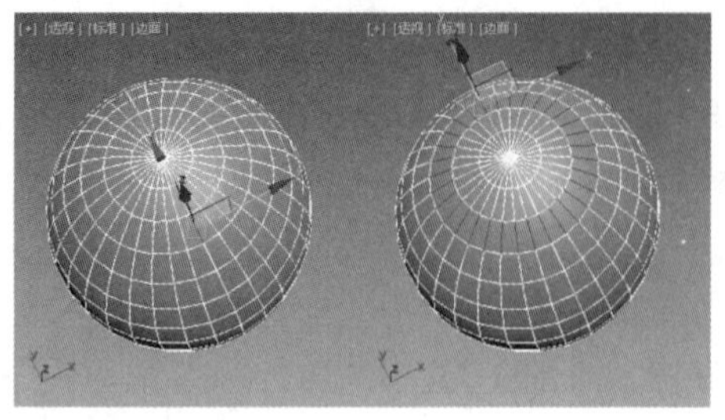
图 6-34

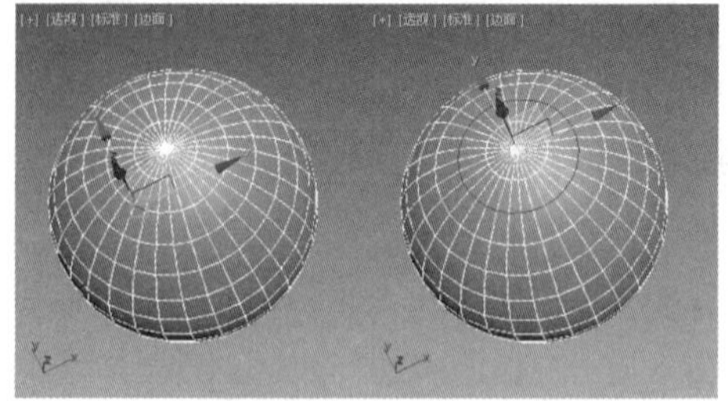
图 6-35

- “预览选择”选项组：提交到子对象选择之前，该选项允许预览它。根据鼠标指针的位置，用户可以在当前子对象层级预览，或者自动切换子对象层级。
    - ◆ 关闭：预览不可用。
    - ◆ 子对象：仅在当前子对象层级启用预览，如图 6-36 所示。
    - ◆ 多个：可在当前子对象层级启用预览，根据鼠标指针的位置，也可在“顶点”“边”“多边形”子对象层级之间自动变换。

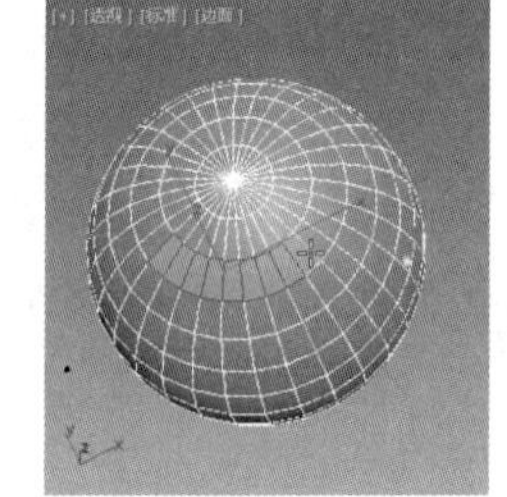
图 6-36

- 选定整个对象：“选择”卷展栏底部是一个文本显示区域，提供有关当前选择的信息。如果没有选中子对象，或者选中了多个子对象，那么该区域的文本将给出选择的数目和类型。

4. “软选择”卷展栏

“软选择”卷展栏是“编辑多边形”修改器中的公共参数卷展栏，无论当前处于何种选择集，都有该卷展栏，如图 6-37 所示。

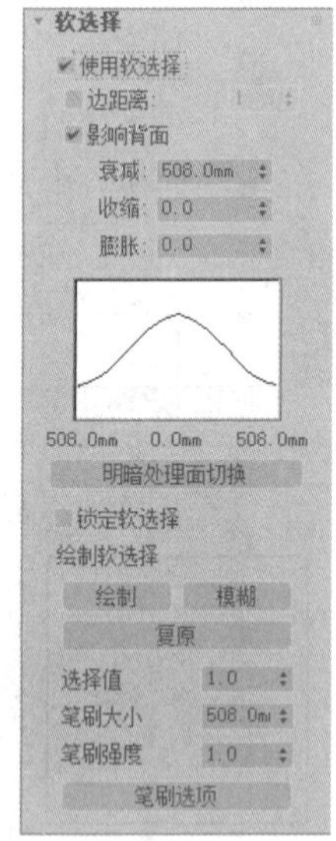

图 6-37

- 使用软选择：勾选该复选框后，3ds Max 2020 会将样条线曲线变形应用到所变换的选择周围的未选定子对象。想要产生效果，必须在变换或修改选择之前勾选该复选框。
- 边距离：勾选该复选框后，将软选择限制到指定的面数，该选择在进行选择的区域和软选择的最大范围之间。
- 影响背面：勾选该复选框后，那些法线方向与选定子对象平均法线方向相反的、取消选择的面就会受到软选择的影响。
- 衰减：用于定义影响区域的距离，它是用当前单位表示的从中心到球体的边的距离。使用越高的衰减设置，就可以实现更平缓的斜坡，具体情况取决于几何体比例。
- 收缩：用于沿着垂直轴提高并降低曲线的顶点，设置区域的相对“突出度”。值为负数时，将生成凹陷，而不是点；值为 0 时，收缩将跨越该轴生成平滑变换。
- 膨胀：用于沿着垂直轴展开和收缩曲线。
- 明暗处理面切换：显示颜色渐变，它与软选择权重相适应。
- 锁定软选择：勾选该复选框将禁用标准软选择的选项，通过锁定标准软选择的一些调节数值的选项，避免程序选择对其进行更改。
- “绘制软选择”选项组：可以通过鼠标指针在视图上指定软选择；可以通过绘制不同权重的

不规则形状来表达想要的选择效果。与标准软选择相比，绘制软选择可以更灵活地控制软选择图形的范围，使其不再受固定衰减曲线的限制。

◆ 绘制：单击该按钮，在视图中拖动鼠标指针，可在当前对象上绘制软选择。

◆ 模糊：绘制以软化现有绘制的软选择的轮廓。

◆ 复原：单击该按钮，在视图中拖动鼠标指针，可复原当前的软选择。

◆ 选择值：用于设置绘制或复原软选择的最大权重，最大值为 1。

◆ 笔刷大小：用于设置绘制软选择的笔刷大小。

◆ 笔刷强度：用于设置绘制软选择的笔刷强度，强度越大，达到完全值的速度越快。

◆ 笔刷选项：可打开“绘制选项”窗口来自定义笔刷的形状、镜像、压力等相关属性。

5. “编辑几何体”卷展栏

“编辑几何体”卷展栏是“编辑多边形”修改器中的公共参数卷展栏，无论当前处于何种选择集，都有该卷展栏。该卷展栏在调整模型时是使用最多的，如图 6-38 所示。

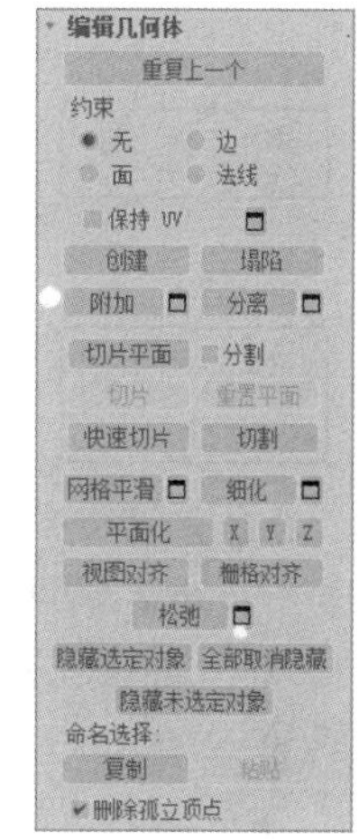

图 6-38

- 重复上一个：重复最近使用的命令。
- “约束”选项组：可以使用现有的几何体约束子对象的变换。
  - ◆ 无：没有约束。默认选项。
  - ◆ 边：约束子对象到边界的变换。
  - ◆ 面：约束子对象到单个面（曲面）的变换。
  - ◆ 法线：约束每个子对象到其法线（或平均法线）的变换。
- 保持 UV：勾选该复选框可以编辑子对象，而不影响对象的 UV 贴图。
- 创建：创建新的几何体。
- 塌陷：通过将对象顶点与选择中心的顶点焊接，使连续选定子对象的组产生塌陷，如图 6-39 所示。

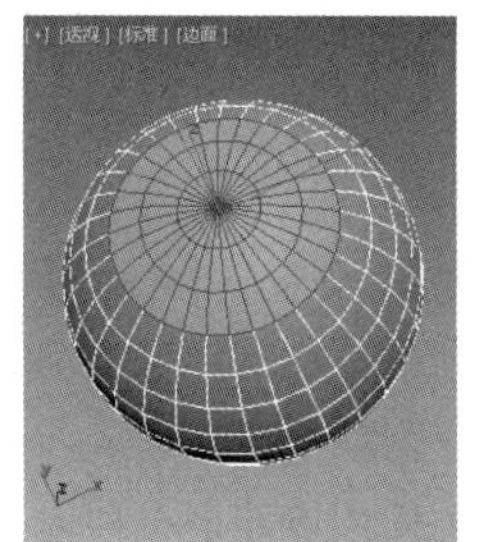
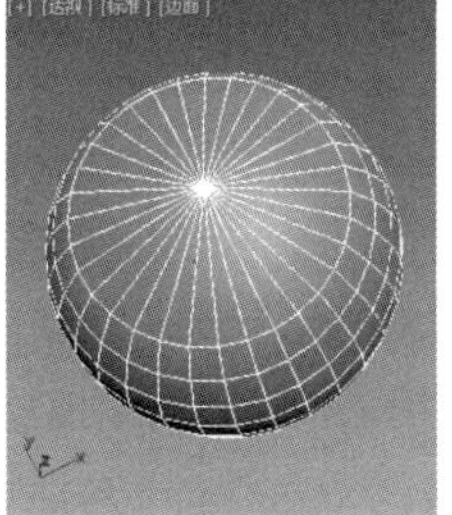

图 6-39

- 附加：用于将场景中的其他对象附加到选定的多边形对象。单击 ■（附加列表）按钮，在弹出的对话框中可以选择一个或多个对象进行附加。
- 分离：将选定的子对象和附加到子对象的多边形作为单独的对象或元素进行分离。单击 ■（设置）按钮，弹出“分离”对话框，使用该对话框可设置多个选项。
- 切片平面：为切片平面创建 Gizmo，可以定位和旋转它，以指定切片位置。同时启用“切片”“重置平面”；单击“切片”按钮可在平面与几何体相交的位置创建新边。

- 分割：启用后，通过“快速切片”“切割”操作，可以在划分边的位置处的点创建两个顶点集。
- 切片：在切片平面位置处执行“切片”操作。只有启用“切片平面”才能使用该按钮。
- 重置平面：将切片平面恢复到其默认位置和方向。只有启用“切片平面”才能使用该按钮。
- 快速切片：可以将对象快速切片，而不操纵 Gizmo。使用方法为，进行选择并单击“快速切片”按钮，然后在切片的起点处单击，再在其终点处单击。激活该按钮后，可以继续对选定内容执行“切片”操作。想要停止切片操作，请在视图中单击鼠标右键，或者重新单击“快速切片”按钮将其关闭。
- 切割：用于创建一个多边形到另一个多边形的边，或在多边形内创建边。使用方法为，单击起点，并移动鼠标指针，然后单击，以便创建新的连接边。右击可以退出当前“切割”操作，然后开始新的切割，或者再次右击退出“切割”模式。
- 网格平滑：使用当前设置平滑对象。
- 细化：根据细化设置细分对象中的所有多边形。单击■（设置）按钮，以便指定平滑的应用方式。
- 平面化：强制所有选定的子对象共面。该平面的法线是选择的平均曲面法线。
- X、Y、Z：平面化选定的所有子对象，并使该平面与对象的局部坐标系中的相应平面对齐。例如，使用的平面是与按钮对应的轴相垂直的平面，因此，单击“X”按钮后，可以使该对象与局部 y 轴和 z 轴对齐。
- 视图对齐：使对象中的所有顶点与活动视图所在的平面对齐。在子对象层级，此功能只会影响选定顶点或属于选定子对象的顶点。
- 栅格对齐：使选定对象中的所有顶点与活动视图所在的平面对齐。在子对象层级，只会对齐选定的子对象。
- 松弛：使用当前的松弛设置将松弛功能应用于当前选择。松弛可以规格化网格空间，方法是朝着邻近对象的平均位置移动每个顶点。单击■（设置）按钮，以便指定松弛功能的应用方式。
- 隐藏选定对象：隐藏选定的子对象。
- 全部取消隐藏：将隐藏的子对象恢复为可见。
- 隐藏未选定对象：隐藏未选定的子对象。
- 命名选择：用于复制和粘贴对象之间的子对象的命名选择集。
    - ◆ 复制：打开“复制命名选择”对话框，使用该对话框可以指定要放置在复制缓冲区中的命名选择集。
    - ◆ 粘贴：从复制缓冲区中粘贴命名选择集。
- 删除孤立顶点：若启用，在删除连续子对象的选择时删除孤立顶点；若未启用，删除子对象会保留所有顶点。默认设置为启用。

6. “绘制变形”卷展栏

“绘制变形”卷展栏是“编辑多边形”修改器中的公共参数卷展栏，无论当前处于何种选择集，都有该卷展栏，如图 6-40 所示。

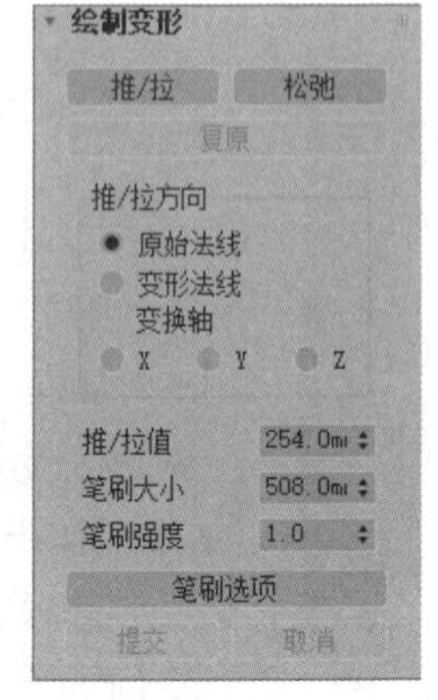

图 6-40

- 推/拉：将顶点移入对象曲面内（推）或移出曲面（拉）。推/拉的方向和范围由“推/拉值”确定。

- 松弛：将每个顶点移到由它的邻近顶点平均位置所计算出来的位置上，以规格化顶点之间的距离，使用方法与“松弛”修改器相同。
- 复原：通过绘制可以逐渐擦除反转“推/拉”或“松弛”的效果，仅影响从最近的提交操作开始变形的顶点。如果没有顶点可以复原，“复原”按钮就不可用。
- “推/拉方向”选项组：此设置用以指定对顶点的推/拉是根据曲面法线、原始法线或变形法线进行，还是沿着指定轴进行。
  - ◆ 原始法线：选中此单选按钮后，对顶点的推/拉会使顶点以它变形之前的法线方向进行移动。重复应用绘制变形总是使每个顶点朝着它最初移动时的相同方向进行移动。
  - ◆ 变形法线：选中此单选按钮后，对顶点的推/拉会使顶点朝着它现在的法线（即变形后的法线）方向进行移动。
  - ◆ 变换轴（X、Y、Z）：选中对应轴的单选按钮后，对顶点的推/拉会使顶点沿着指定的轴进行移动。
- 推/拉值：用于确定单个“推/拉”操作应用的方向和最大范围。正值将顶点拉出对象曲面，负值将顶点推入曲面。
- 笔刷大小：用于设置圆形笔刷的半径。
- 笔刷强度：用于设置笔刷应用“推/拉值”的速率。低强度值应用效果的速率要比高强度值慢。
- 笔刷选项：单击此按钮会打开“绘制选项”窗口，在该窗口中可以设置各种与笔刷相关的参数。
- 提交：使变形的更改永久化，将它们烘焙到对象几何体中。进行“提交”操作后，就不可以将“复原”应用到更改上。
- 取消：取消自最初应用绘制变形以来的所有更改，或取消最近的“提交”操作。

7. “编辑顶点”卷展栏

只有将选择集定义为“顶点”时，才会显示该卷展栏，如图 6-41 所示。

- 移除：删除选中的顶点，并接合起使用这些顶点的多边形，如图 6-42 所示。

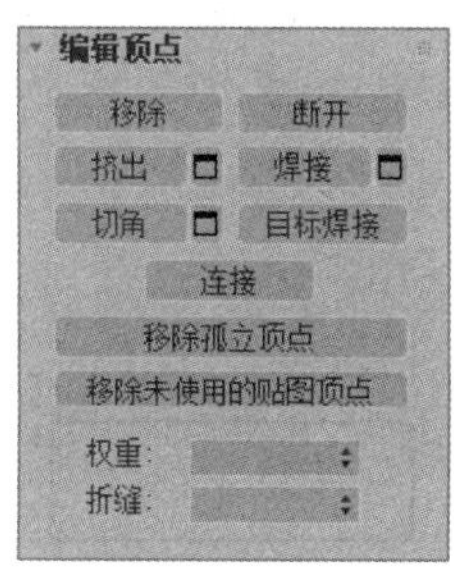

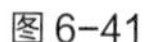
图 6-41

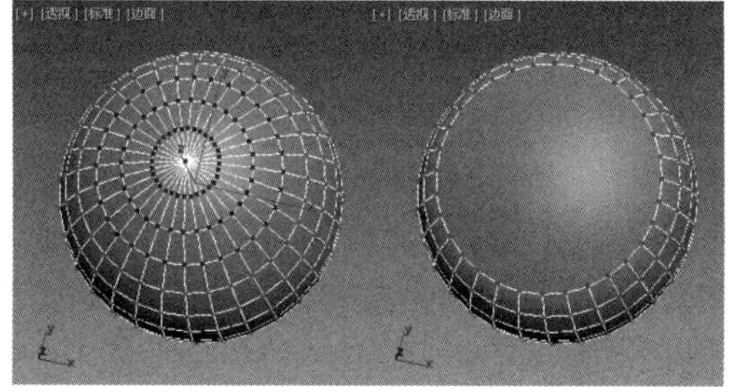

图 6-42

- 断开：在与选定顶点相连的每个多边形上都创建一个新顶点，这可以使多边形的转角相互分开，不再相连于原来的顶点上。如果顶点是孤立的或者只有一个多边形使用，则顶点将不受影响。

- 挤出：可以手动挤出顶点，方法是在视图中直接操作。单击此按钮，然后垂直拖动到任何顶点上，就可以挤出此顶点。挤出顶点时，它会沿法线方向移动，并且创建新的多边形，形成挤出的面，将顶点与对象相连。挤出对象的面的数目与原来使用挤出顶点的多边形数目一样。单击■（设置）按钮打开挤出顶点助手，以便交互式执行“挤出”操作。
- 焊接：对焊接助手中指定的公差范围内选定的连续顶点进行合并。所有边都会与产生的单个顶点连接。单击■（设置）按钮打开焊接顶点助手以便设定焊接阈值。
- 切角：单击此按钮，然后在活动对象中拖动顶点以设置切角。如果想准确地设置切角，先单击■（设置）按钮，然后设置切角量的值，如图 6-43 所示。如果选定多个顶点，那么它们都会被设置出同样的切角。

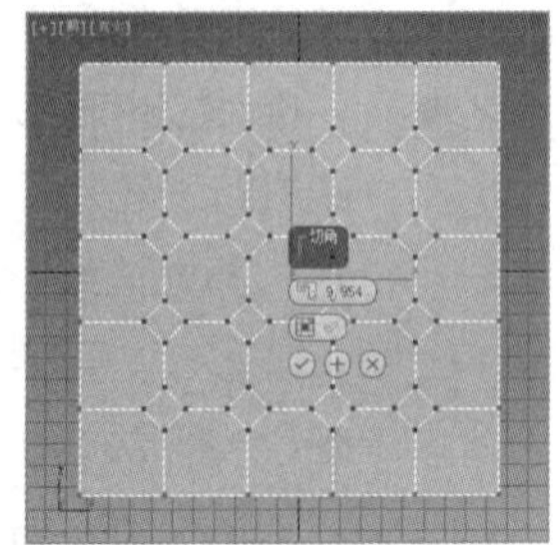
图 6-43

- 目标焊接：可以选择一个顶点，并将它焊接到相邻目标顶点，如图 6-44 所示。目标焊接只焊接成对的连续顶点，也就是说，顶点由一个边相连。
- 连接：在选中的顶点对之间创建新的边，如图 6-45 所示。

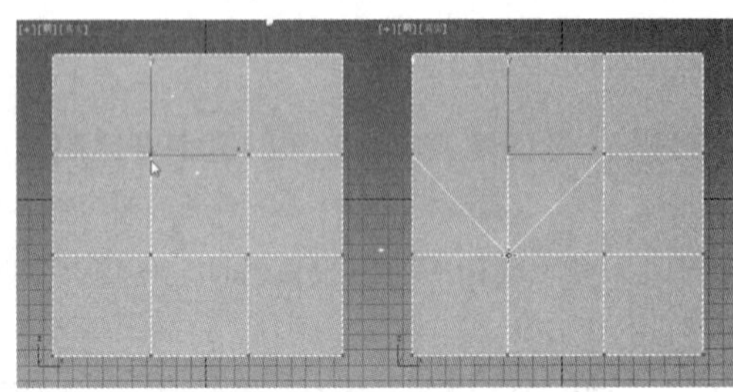
图 6-44

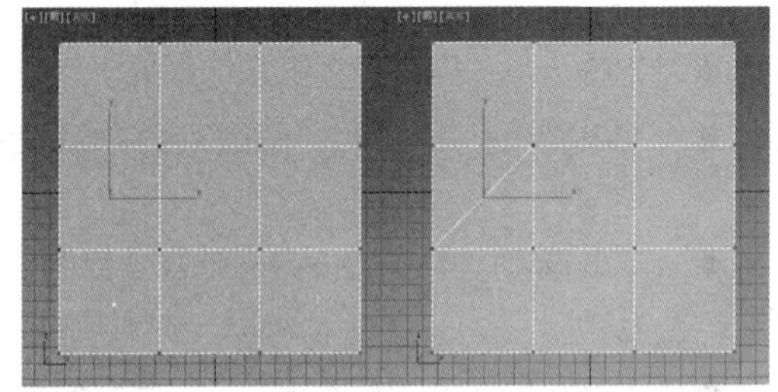
图 6-45

- 移除孤立顶点：将所有不属于任何多边形的顶点删除。
- 移除未使用的贴图顶点：某些建模操作会留下未使用的（孤立）贴图顶点，它们会显示在展开的 UVW 编辑器中，但是不能用于贴图。可以使用这一按钮来自动删除这些贴图顶点。
- 权重：设置选定顶点的权重，供 NURMS 细分选项和“网格平滑”修改器使用。增加顶点权重将把平滑结果拉向顶点。
- 折缝：设置选定顶点的折缝值，供“OpenSubdiv”“CreaseSet”修改器使用。增加顶点折缝将把平滑结果拉向顶点并锐化点。

8. “编辑边”卷展栏

只有将选择集定义为“边”时，才会显示该卷展栏，如图 6-46 所示。

- 插入顶点：用于手动细分可视的边。启用后，单击某边即可在该位置处添加顶点。
- 移除：删除选定边并组合使用这些边的多边形。
- 分割：沿着选定边分割网格。对网格中心的单条边应用时，不会起任何作用。影响边末端的顶点必须是孤立的，以便能使用该按钮。例如，因为边界顶点可以一分为二，所以可以在与现有的边界相交的单条边上使用该按钮。另外，因为共享顶点可以进行分割，所以可以在栅格或球体的中心处分割两个相邻的边。
- 桥：使用多边形的桥连接对象的边。桥只连接边界边，也就是只在一侧有多边形的边。创建边循环或剖面时，该工具特别有用。单击（设置）按钮打开跨越边助手，以便通过交互式在边对之间添加多边形，如图 6-47 所示。

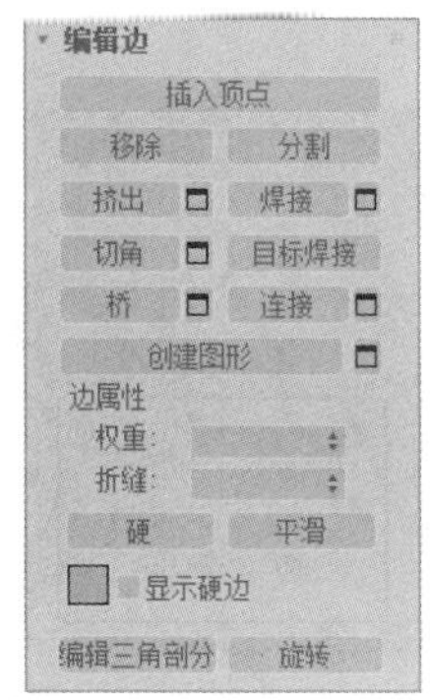

图 6-46

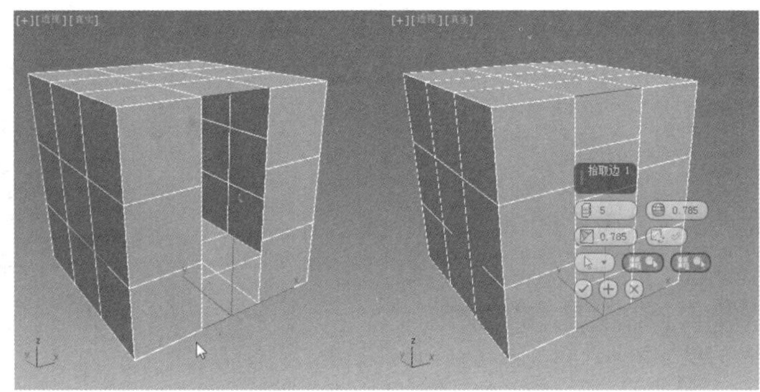

图 6-47

- 创建图形：选择一条或多条边来创建新的曲线。
- 编辑三角剖分：通过绘制内边或对角线来修改多边形，将其细分为三角形。
- 旋转：通过单击对角线来修改多边形，将其细分为三角形。激活“旋转”后，对角线在线框和边面视图中显示为虚线。在“旋转”模式下，单击对角线可更改其位置。想要退出“旋转”模式，在视图中单击鼠标右键或再次单击“旋转”按钮即可。

9. “编辑边界”卷展栏

只有将选择集定义为“边界”时，才会显示该卷展栏，如图 6-48 所示。

- 封口：使用单个多边形封住整个边界环，如图 6-49 所示。
- 创建图形：通过选择边界来创建新的曲线。
- 编辑三角剖分：通过绘制内边或对角线来修改多边形，将其细分为三角形。
- 旋转：通过单击对角线来修改多边形，将其细分为三角形。

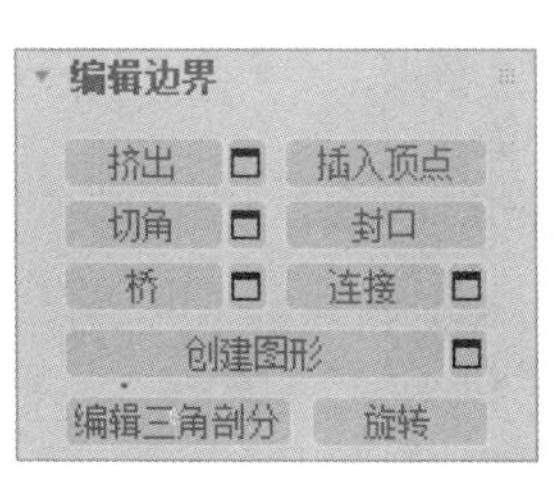

图 6-48

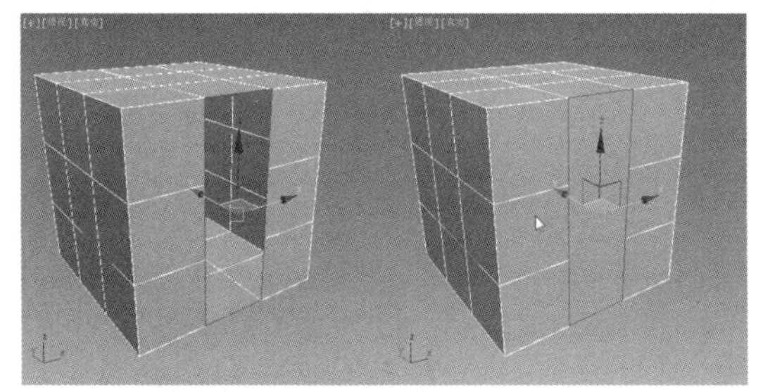

图 6-49

10. “编辑多边形”卷展栏

只有将选择集定义为“多边形”时，才会显示该卷展栏，如图 6-50 所示。

- 轮廓：用于增大或减小每组连续的选定多边形的外边，单击（设置）按钮打开多边形以添加轮廓助手，以便通过数值设置添加轮廓操作，如图 6-51 所示。
- 倒角：直接在视图中执行手动倒角操作。单击（设置）按钮打开倒角助手，以便交互式执行倒角操作，如图 6-52 所示。

- 插入：执行没有高度的倒角操作，如图 6-53 所示，即在选定多边形的平面内执行该操作。单击“插入”按钮，然后垂直拖动任何多边形，以便将其插入。单击 （设置）按钮打开插入助手，以便交互式插入多边形。

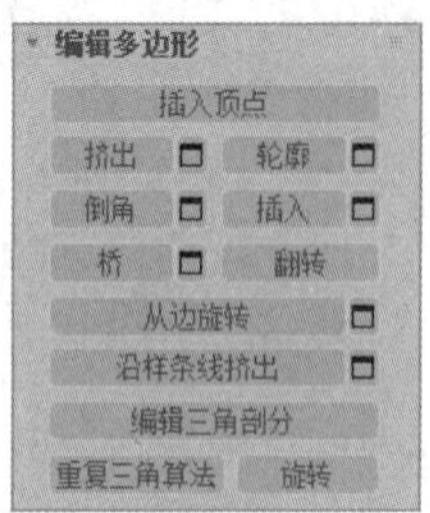

图 6-50

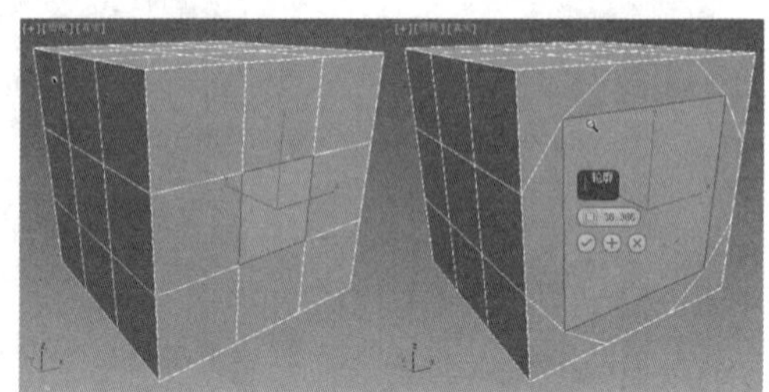

图 6-51

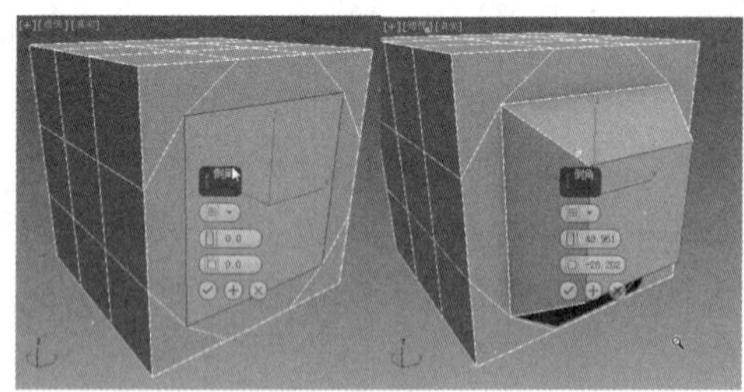

图 6-52

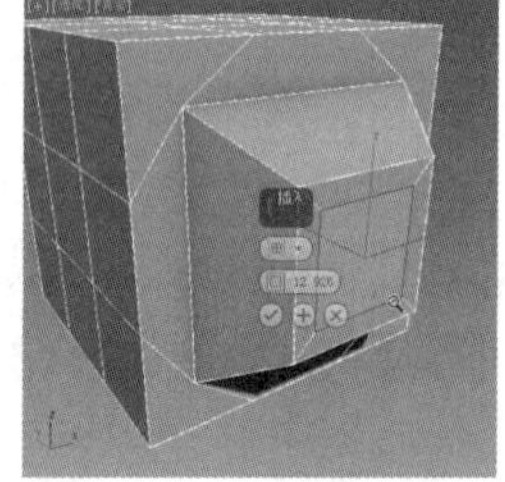

图 6-53

- 翻转：反转选定多边形的法线方向。
- 从边旋转：直接在视图中执行手动旋转操作。单击 （设置）按钮打开从边旋转助手，以便交互式旋转多边形。
- 沿样条线挤出：沿样条线挤出当前的选定内容。单击 （设置）按钮打开沿样条线挤出助手，以便通过交互式沿样条线挤出。
- 编辑三角剖分：可以通过绘制内边修改多边形，将其细分为三角形，如图 6-54 所示。

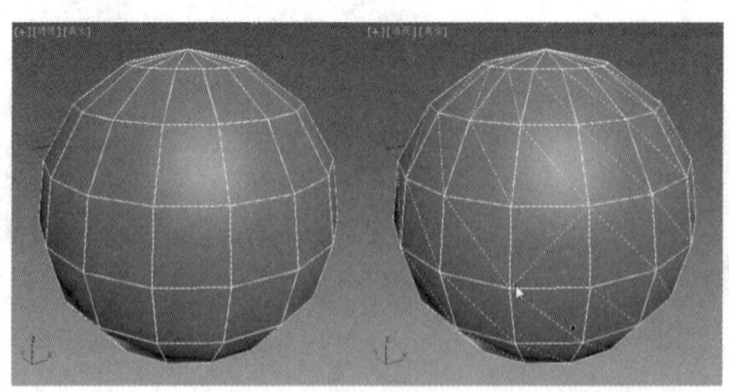

图 6-54

- 重复三角算法：允许 3ds Max 2020 对多边形或当前选定的多边形自动执行最佳的三角剖分操作。
- 旋转：通过单击对角线来修改多边形，将其细分为三角形。

11. “多边形：材质 ID”卷展栏和“多边形：平滑组”卷展栏

只有将选择集定义为“多边形”时，才会显示这两个卷展栏，如图 6-55 所示。

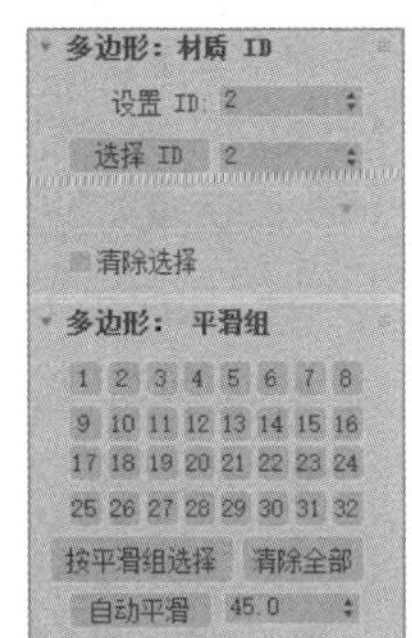

图 6-55

- 设置 ID：用于向选定的面片分配特殊的材质 ID 编号，以供多维/子对象材质和其他应用使用。
- 选择 ID：选择与相邻 ID 字段中指定的材质 ID 对应的子对象。使用方法为，输入或使用该微调器指定 ID，然后单击“选择 ID”按钮。
- 清除选择：启用后，选择新 ID 或材质名称，将会取消选择以前选定的所有子对象。
- 按平滑组选择：弹出说明当前平滑组的对话框。
- 清除全部：从选定面片中删除所有的平滑组分配多边形。
- 自动平滑：基于多边形之间的角度设置平滑组。如果任何两个相邻多边形的法线之间的角度小于阈值角度（由该按钮右侧的微调器设置），那么它们会被包含在同一平滑组中。

小提示

“元素”选择集的卷展栏中的相关命令与“多边形”选择集的相同，这里不重复介绍，具体命令参考“多边形”选择集即可。

6.2 网格建模

“编辑网格”修改器与“编辑多边形”修改器的各项命令和参数基本相同，重复的命令和参数可参考 6.1 节的相关内容。

6.2.1 子物体层级

为模型添加“编辑网格”修改器后，在修改器堆栈中可以查看该修改器的子物体层级，如图 6-56 所示。

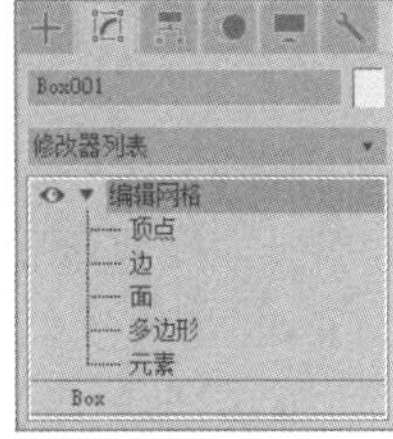

图 6-56

“编辑网格”修改器子物体层级的具体介绍请参考“编辑多边形”修改器子物体层级，这里不重复介绍。

6.2.2 公共参数卷展栏

“选择”卷展栏（见图 6-57）介绍如下。

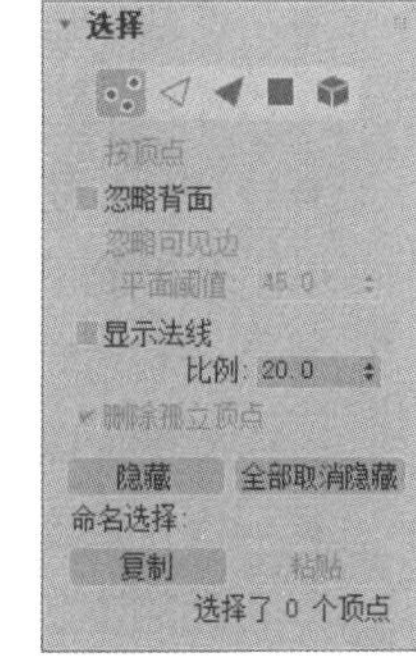

图 6-57

- 忽略可见边：当将选择集定义为“多边形”时，该功能将可用。当“忽略可见边”处于未启用状态（默认情况）时，单击一个面，无论“平面阈值”微调器的设置如何，选择都不会超出可见边；当该功能处于启用状态时，面选择将忽略可见边，使用“平面阈值”设置作为指导。
- 平面阈值：用于指定阈值，该值决定对“多边形”选择集来说哪些面是共面。
- 显示法线：勾选该复选框后，3ds Max 2020 会在视图中显示法线，法线显示为蓝线。在“边”模式中会显示法线不可用。

- 比例："显示法线"复选框处于启用状态时，用来指定视图中显示的法线的比例。
- 删除孤立顶点：在启用状态下，删除子对象的连续选择时，3ds Max 2020 将消除所有孤立顶点；在未启用状态下，删除子对象的连续选择会保留所有的顶点。该功能在"顶点"子对象层级上不可用，可用时默认设置为启用。
- 隐藏：隐藏任何选定的子对象。边不能被隐藏。
- 全部取消隐藏：还原任何隐藏对象，使之可见。只有在处于"顶点"子对象层级时才能将隐藏的顶点取消隐藏。
- 命名选择：用于在不同对象之间传递命令选择信息。要求这些对象必须是同一类型，而且是在相同的子对象级别。例如，两个可编辑网格对象，在其中一个的"顶点"子对象级别先进行选择，然后在工具栏中为这个选择集命名，接着单击"复制"按钮，从弹出的对话框中选择刚刚设置的选择集名称，进入另一个网格对象的"顶点"子对象级别，单击"粘贴"按钮，刚才复制的名称会粘贴到当前的"顶点"子对象级别。

"编辑几何体"卷展栏（见图 6-58）介绍如下。

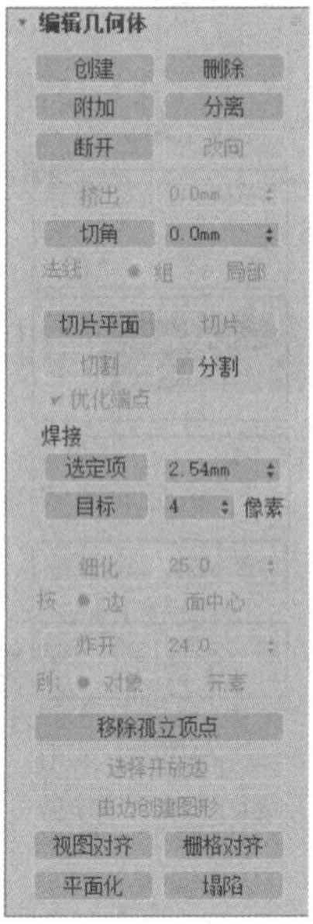

- 创建：可以在物体上创建顶点、面、多边形、元素。
- 删除：删除选择的对象。
- 附加：从名称列表中选择需要合并的对象进行合并，可以一次合并多个对象。
- 断开：为每一个附加到选定顶点的面创建新的顶点，可以移动面，使之远离它们曾经在原始顶点连接起来的地方。如果顶点是孤立的或者只有一个面使用，则将不受影响。
- 改向：将对角面中间的边转向，改为另一种对角方式，从而使三角面的划分方式改变，通常用于处理不正常的扭曲裂痕效果。
- 挤出：为当前选择集的子对象添加一个厚度，使它凸出或凹入表面，厚度值在其右侧的数值框中设置。
- 切角：将所选面挤出成形。
- 法线：选中"组"单选按钮时，选择的面片将沿着面片组平均法线方向挤出。选中"局部"单选按钮时，面片将沿着自身法线方向挤出。

图 6-58

- 切片平面：一个方形化的平面，可通过移动或旋转来改变待剪切对象的位置。单击该按钮后，"切片"按钮为关闭状态。
- 切片：单击该按钮后，可以在切片平面相交的位置创建子对象，否则切片平面将没有切割作用。
- 切割：通过在边上添加点来细分子对象。单击该按钮后，在需要细分的边上单击，移动鼠标指针到下一条边，依次单击，完成细分。
- 分割：启用时，通过"切片""切割"操作，可以在划分边的位置创建两个顶点集。这使删除新面以创建孔洞或将新面作为独立元素设置动画变得简单。
- 优化端点：勾选该复选框后，会在相邻面之间进行平滑过渡。反之，则在相邻面之间产生生硬的边。
- 焊接：用于顶点之间的焊接操作，这种空间焊接技术比较复杂，要求在三维空间内调整以确定顶点的位置，有以下两种焊接方法。

◆ 选定项：焊接在焊接阈值微调器（位于按钮的右侧）中指定的公差范围内的选定顶点。所有线段都会与产生的单个顶点连接。

◆ 目标：在视图中将选择的点（或点集）拖动到焊接的顶点上（尽量接近），这样会自动进行焊接。

- 细化：单击此按钮，会根据其下的细分方式对所选表面进行分裂复制处理，产生更多的表面，用于平滑处理。选中“边”单选按钮时，以所选面的边为依据进行分裂复制。选中“面中心”单选按钮时，以所选面的中心为依据进行分裂复制。
- 炸开：单击此按钮，可以将当前选择的面爆炸分离（不是产生爆炸效果，只是各自独立）。依据两种方式以获得不同的结果，选中“对象”单选按钮时，将所有面爆炸为各自独立的新对象；选中“元素”单选按钮时，将所有面爆炸为各自独立的新元素，但仍属于对象本身，这是进行元素拆分的一个途径。
- 移除孤立顶点：单击此按钮后，将删除所有孤立的顶点，不管是否选中点。
- 选择开放边：选择对象的边缘线。
- 由边创建图形：在选择一个或更多的边后，单击此按钮将以选择的边界为模板创建新的曲线，也就是把选择的边变成曲线独立使用。
- 视图对齐：单击此按钮后，选择的子对象将被放置在同一平面，且这一平面平行于选择视图。
- 栅格对齐：单击此按钮后，选择的子对象将被放置在同一平面，且这一平面平行于视图的栅格平面。
- 平面化：将所有选择的面强制压成一个平面（不是合成，只是同处于一个平面上）。
- 塌陷：将选择的子对象删除，留下一个顶点与四周的面连接，产生新的表面。这种方法不同于删除面，它是将多余的表面吸收掉。

6.2.3 子物体层级卷展栏

下面将为大家介绍“编辑网格”修改器中的一些子物体层级的相关卷展栏。将选择集定义为“顶点”，会出现图6-59所示的卷展栏，介绍如下。

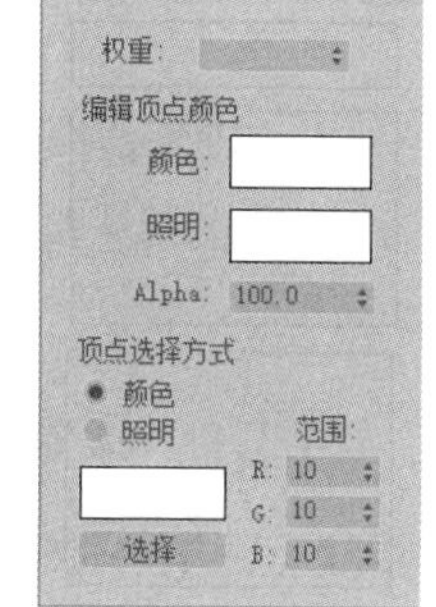

图6-59

- 权重：用于显示和修改NURBS操作的顶点权重。
- “编辑顶点颜色”选项组：用于设置颜色、照明颜色（着色）和选定顶点的“透明”值。

◆ 颜色：单击色样可更改选定顶点的颜色。

◆ 照明：单击色样可以更改选定顶点的照明颜色。该功能可以更改顶点的照明颜色而不更改顶点的颜色。

◆ Alpha：用于向选定的顶点分配Alpha（透明）值。微调器的值是百分比，省略3%，0表示完全透明，100表示完全不透明。

- “顶点选择方式”选项组的介绍如下。

◆ 颜色：按照顶点的“颜色”值选择顶点，选中该单选按钮后需要单击“选择”按钮。

◆ 照明：按照顶点的“照明”值选择顶点，选中该单选按钮后需要单击“选择”按钮。

◆ 范围：指定颜色匹配的范围。所有顶点颜色或者照明颜色中的RGB值必须匹配“顶点选择方式”中“颜色”指定的颜色，或者在一个范围之内，这个范围由显示颜色加上或减去“范围”值决定，默认为 10。

- ◆ 选择：选择的所有顶点应该满足一定的条件，即这些顶点的“颜色”值或者“照明”值要么匹配色样，要么在 RGB 微调器指定的范围内。要满足哪个条件取决于选中的单选按钮。

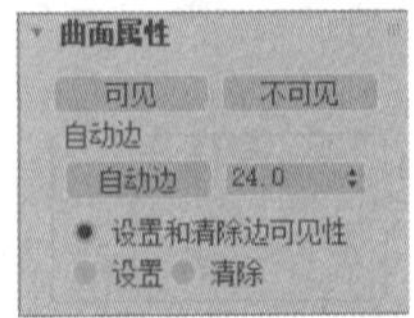

图 6-60

将选择集定义为“边”，会出现图 6-60 所示的卷展栏，介绍如下。

- 可见：使选中的边可见。
- 不可见：使选中的边不可见。
- “自动边”选项组的介绍如下。
  - ◆ 自动边：根据共享边的面之间的夹角来确定边的可见性，面之间的角度由该按钮右边的阈值微调器设置。
  - ◆ 设置和清除边可见性：根据阈值设定更改所有选定边的可见性。
  - ◆ 设置：当边超过阈值设定时，使原先可见的边变为不可见，但不清除任何边。
  - ◆ 清除：当边小于阈值设定时，使原先不可见的边变为可见，并不让其他任何边可见。

图 6-61

将选择集定义为“面”“多边形”“元素”时，会出现图 6-61 所示的卷展栏，介绍如下。

- 翻转：翻转选定面片的曲面法线的方向。
- 统一：翻转对象的法线，使其指向相同的方向，通常是向外。
- 翻转法线模式：翻转单击的任何面的法线。想要退出该模式，请再次单击此按钮，或者右击 3ds Max 2020 操作界面中的任意位置。

6.3 NURBS 建模

NURBS 建模是一种先进的建模方式，常用来制作非常圆滑且具有复杂表面的物体，如汽车、动物、人物以及其他流线型物体。Maya 和 Rhino 等各种三维软件都支持 NURBS 建模技术，基本原理非常相似。

6.3.1 课堂案例——制作盆栽模型

【案例学习目标】学习 NURBS 建模的方法和技巧。

【案例知识要点】将 NURBS 工具箱中的“CV 曲面”命令与“壳”“网格平滑”“编辑多边形”“涡轮平滑”等修改器结合使用，制作出盆栽模型，完成的模型效果如图 6-62 所示。

【素材文件位置】云盘/贴图。

【模型文件位置】云盘/场景/Ch06/盆栽模型.max。

图 6-62

微课视频

制作盆栽模型

【参考模型文件位置】云盘/场景/Ch06/盆栽.max。

（1）单击"+（创建）>●（几何体）>NURBS 曲面 >CV 曲面"按钮，在场景中创建 CV 曲面，在"创建参数"卷展栏中设置合适的参数，如图 6-63 所示。

（2）切换到（修改）面板中，将选择集定义为"曲面 CV"，在"顶"视图中调整 CV 点，如图 6-64 所示。

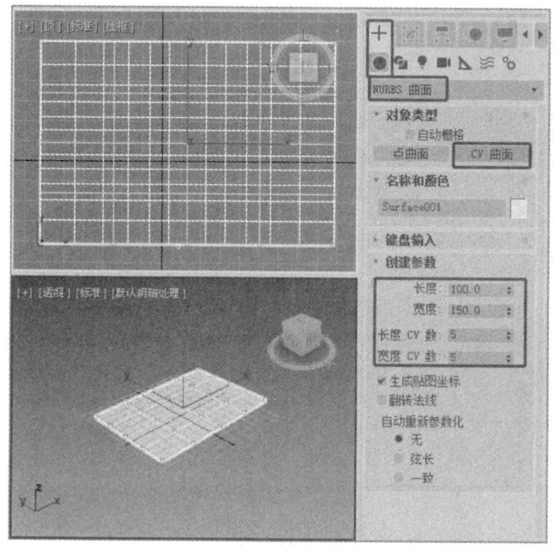

图 6-63

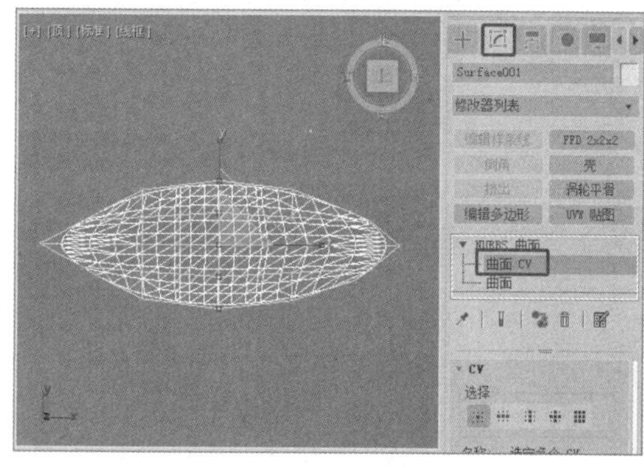

图 6-64

（3）在"左"视图中调整 CV 点，如图 6-65 所示。在"前"视图中调整 CV 点，如图 6-66 所示。

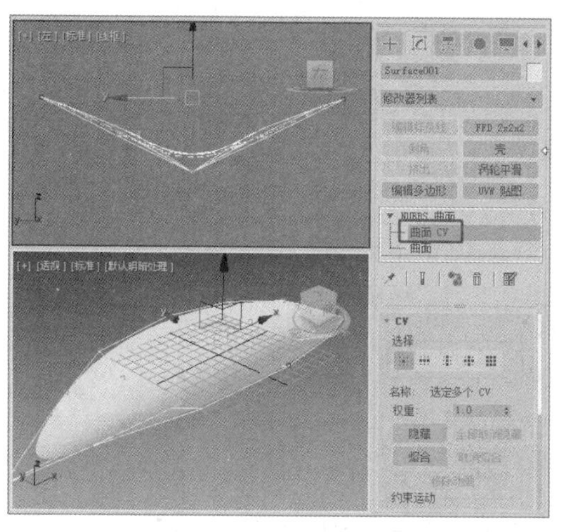

图 6-65

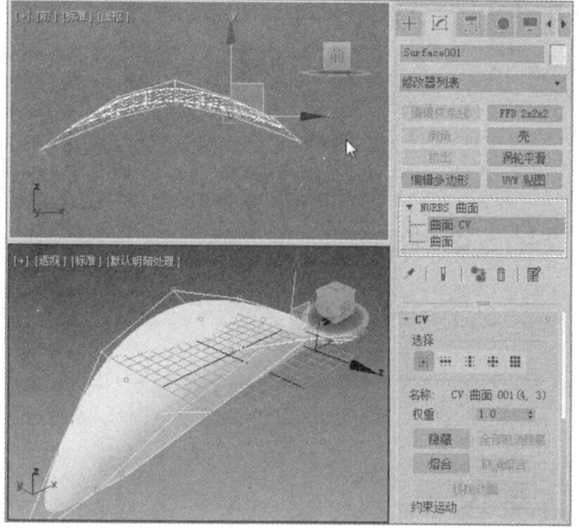

图 6-66

（4）调整好曲面的形状后，为模型添加"壳"修改器，在"参数"卷展栏中设置"外部量"为 1.5，如图 6-67 所示。为模型添加"涡轮平滑"修改器，使用默认的参数，如图 6-68 所示。

（5）切换到（层次）面板，单击"仅影响轴"按钮，在场景中调整轴到叶子的根部，如图 6-69 所示。

（6）调整好轴后，关闭"仅影响轴"按钮，在场景中旋转叶子并对其进行复制，如图 6-70 所示。

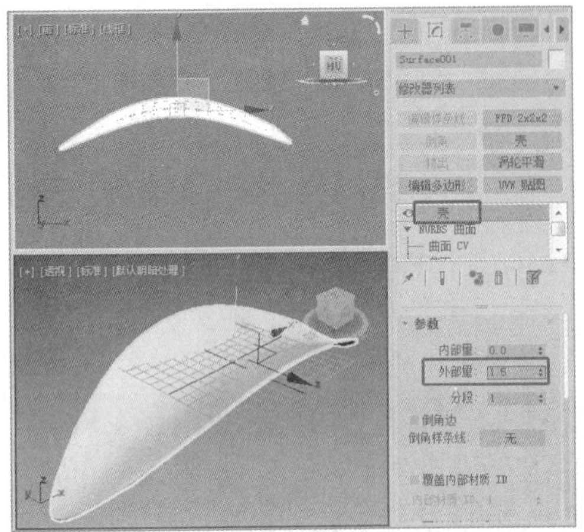

图 6-67

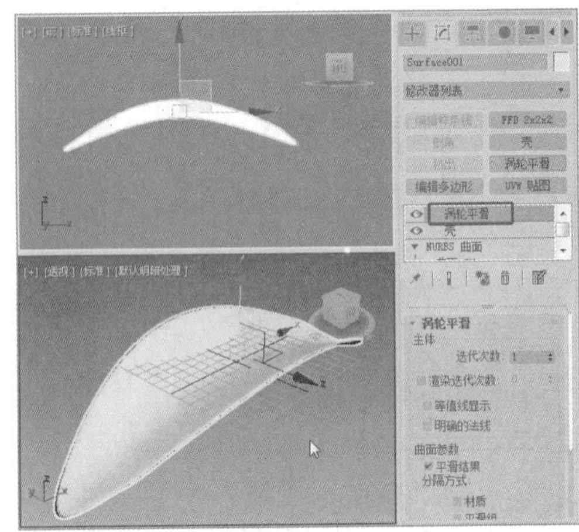

图 6-68

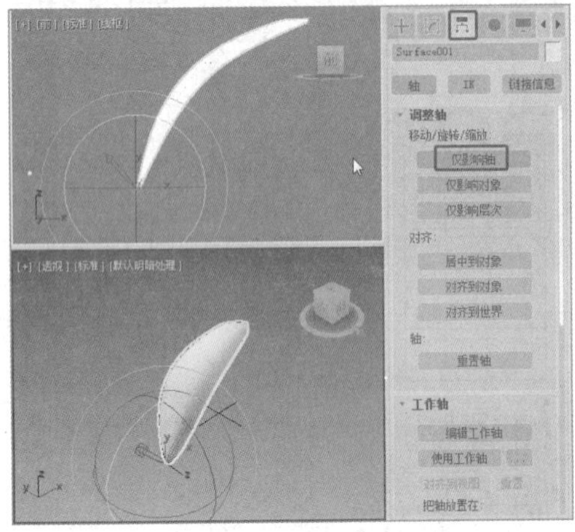

图 6-69

图 6-70

（7）继续复制模型得到植株效果，如图 6-71 所示。

（8）创建花盆模型。在“顶”视图中创建长方体并设置合适的参数，如图 6-72 所示。

图 6-71

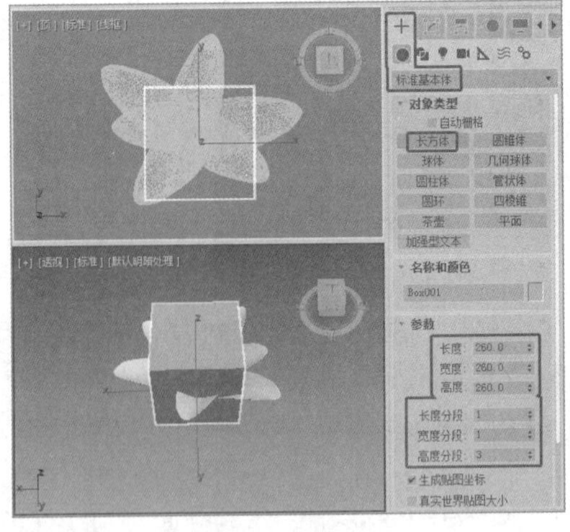

图 6-72

（9）切换到（修改）面板，为模型添加“编辑多边形”修改器，将选择集定义为“顶点”，在场景中调整顶点的位置，如图 6-73 所示。

（10）将选择集定义为“多边形”，在场景中选择图 6-74 所示的多边形，在“编辑多边形”卷展栏中单击“挤出”后的（设置）按钮，在弹出的助手小盒中设置合适的参数，单击（确定）按钮。

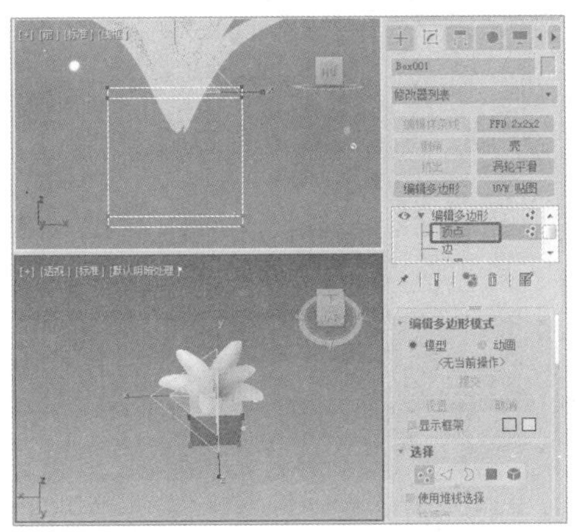

图 6-73

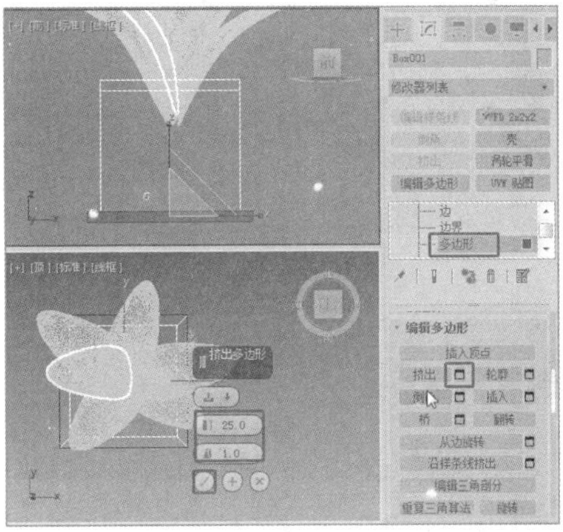

图 6-74

（11）选择图 6-75 所示的多边形，在“编辑多边形”卷展栏中单击“挤出”后的（设置）按钮，在弹出的助手小盒中设置合适的参数，单击（确定）按钮。

（12）在场景中选择顶部中间的多边形，在“编辑多边形”卷展栏中单击“倒角”后的（设置）按钮，在弹出的助手小盒中设置合适的参数，单击（确定）按钮，如图 6-76 所示。

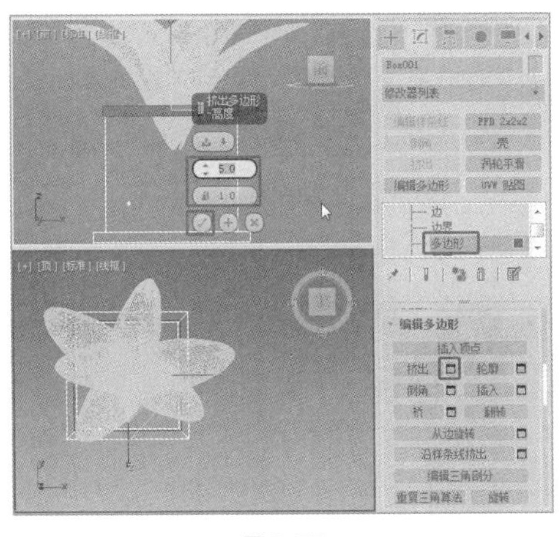

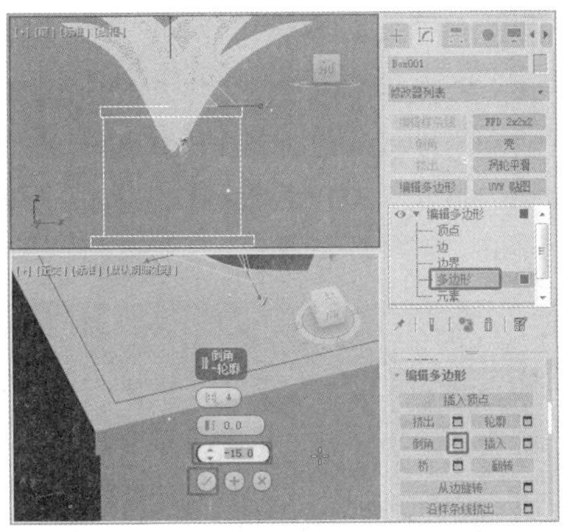

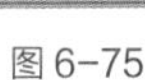

图 6-75

图 6-76

（13）单击“挤出”后的（设置）按钮，在弹出的助手小盒中设置合适的参数，单击（确定）按钮，如图 6-77 所示。将选择集定义为“边”，在场景中选择图 6-78 所示的边。

（14）在“编辑边”卷展栏中单击“切角”后的（设置）按钮，在弹出的助手小盒中设置合适的参数，单击（确定）按钮，如图 6-79 所示。

（15）调整切角后，关闭选择集，为模型添加“涡轮平滑”修改器，设置“迭代次数”为 3，如图 6-80 所示。

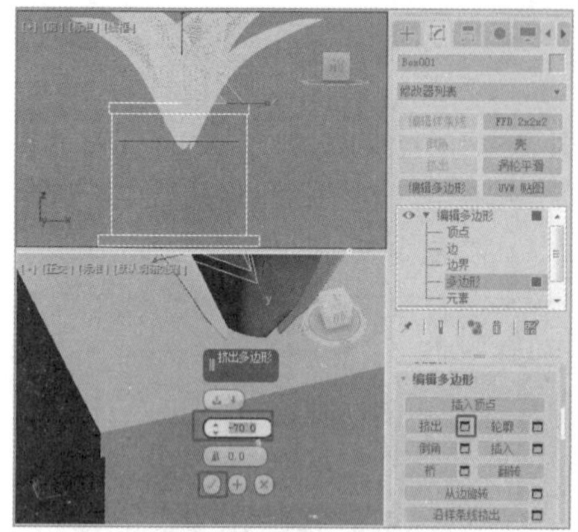

图 6-77

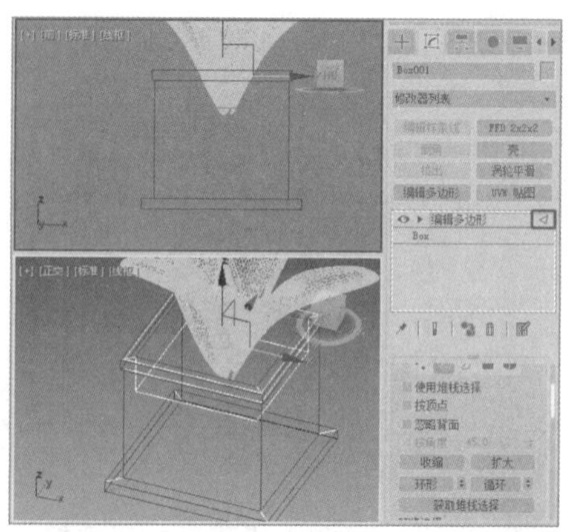

图 6-78

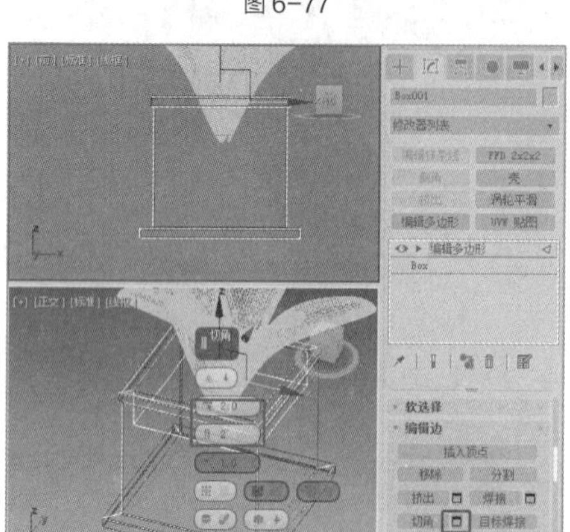

图 6-79

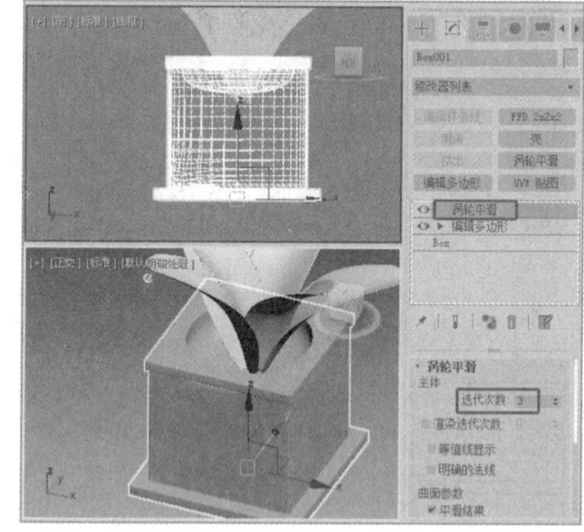

图 6-80

（16）在场景中创建圆柱体并设置合适的参数，如图 6-81 所示。

（17）调整模型到合适的位置，在场景中选择花盆模型，在“对象类型”卷展栏中单击“ProBoolean”按钮，在“拾取布尔对象”卷展栏中单击“开始拾取”按钮，在场景中拾取圆柱体，布尔出洞，将绿植放在洞中，如图 6-82 所示。

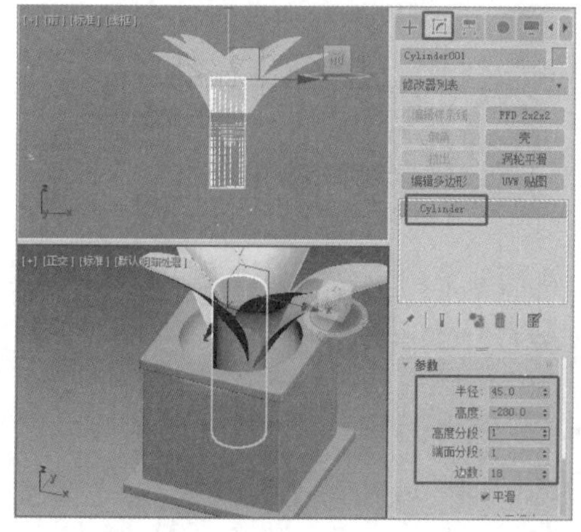

图 6-81

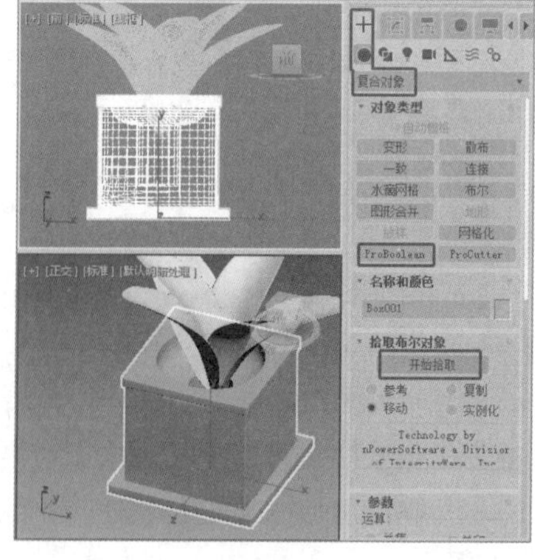

图 6-82

（18）在场景中选择花盆模型，为其添加“FFD 2×2×2”修改器，将选择集定义为“控制点”，在场景中选择底部的控制点，缩放控制点，使花盆上大下小，如图 6-83 所示。盆栽模型制作完成，效果如图 6-84 所示。

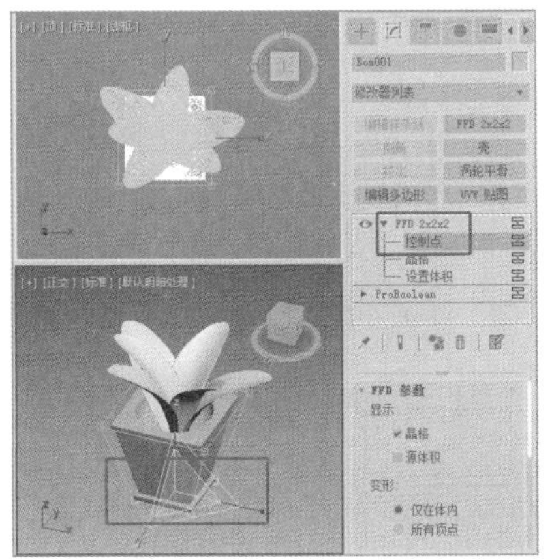

图 6-83

图 6-84

6.3.2 NURBS 曲面

NURBS 的造型系统也包括点、曲线和曲面 3 种元素，其中曲线和曲面又分为标准型和 CV（可控）型两种。

NURBS 曲面包括“点曲面”“CV 曲面”两种，如图 6-85 所示。

- 点曲面：显示为绿色的点阵列组成的曲面，这些点都依附在曲面上，对控制点进行移动，曲面会随之改变形态。
- CV 曲面：由控制点组成的曲面，这些点不依附在曲面上，对控制点进行移动可使控制点离开曲面，从而影响曲面的形态。

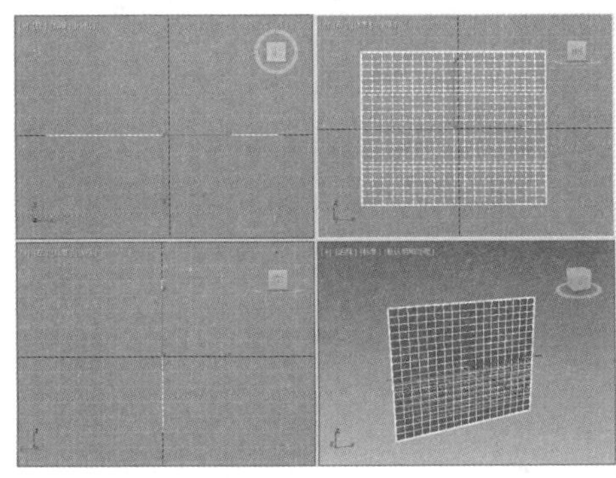

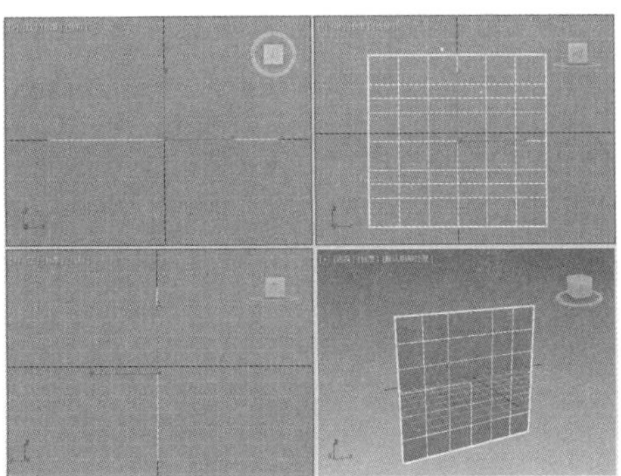

图 6-85

1. NURBS 曲面的选择

单击“+（创建）> ●（几何体）”按钮，单击 标准基本体 下拉列表框，在打开的下拉列表框中选择“NURBS 曲面”选项（见图 6-86），即可进入 NURBS 曲面的创建命令面板（见图 6-87）。

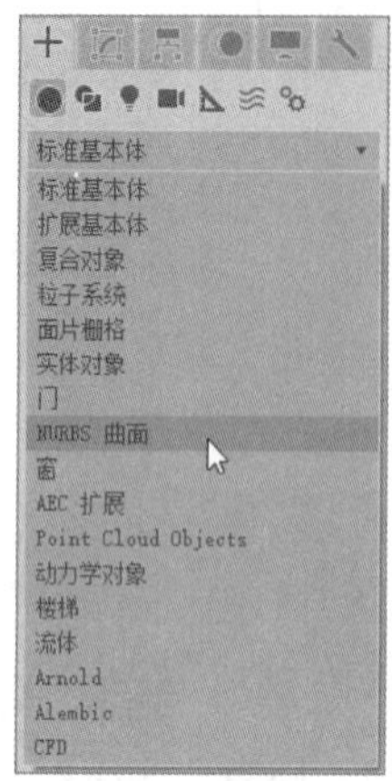

图 6-86

图 6-87

2. NURBS 曲面的创建和修改

NURBS 曲面有“点曲面”“CV 曲面”两种创建方法，它的创建方法与“标准基本体”中“平面”的创建方法相同。

单击“点曲面”按钮，在“顶”视图中创建一个点曲面，单击（修改）按钮，将选择集定义为“点”，如图 6-88 所示。选择曲面上的一个控制点，使用（选择并移动）工具移动节点，曲面会改变形态，但这个节点始终依附在曲面上，如图 6-89 所示。

图 6-88

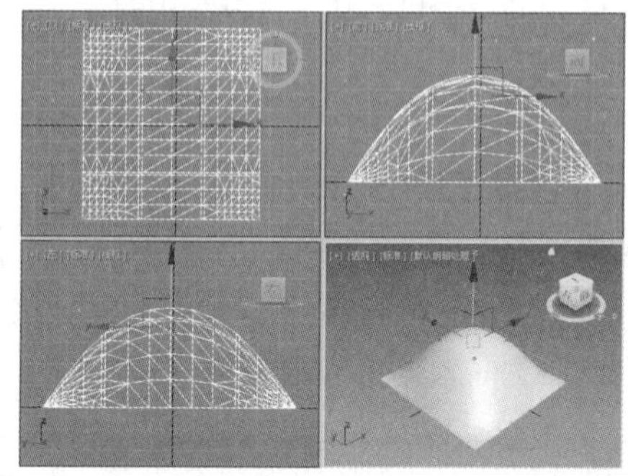

图 6-89

单击“CV 曲面”按钮，在“顶”视图中创建一个可控点曲面，单击（修改）按钮，将选择集定义为“曲面 CV”，如图 6-90 所示。选择曲面上的一个控制点，使用（选择并移动）工具移动节点，曲面会改变形态，但节点不会依附在曲面上，如图 6-91 所示。

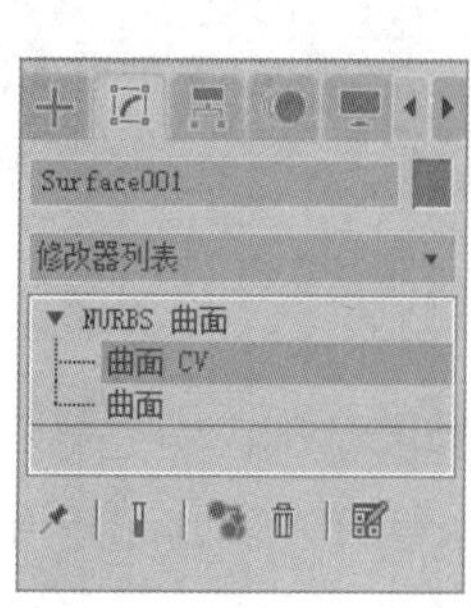

图 6-90

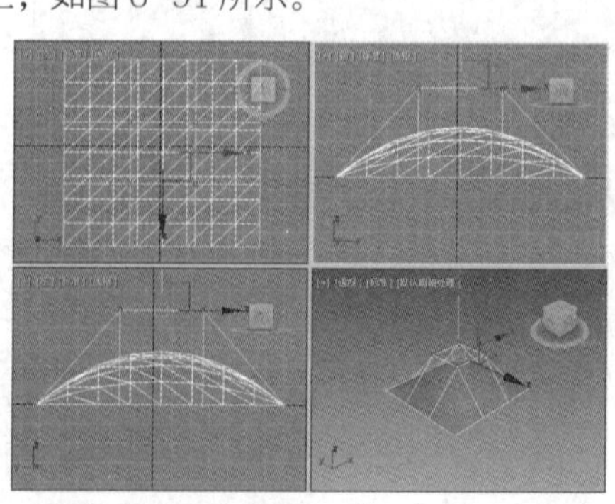

图 6-91

6.3.3 NURBS 曲线

NURBS 曲线包括“点曲线”“CV 曲线”两种，如图 6-92 所示。

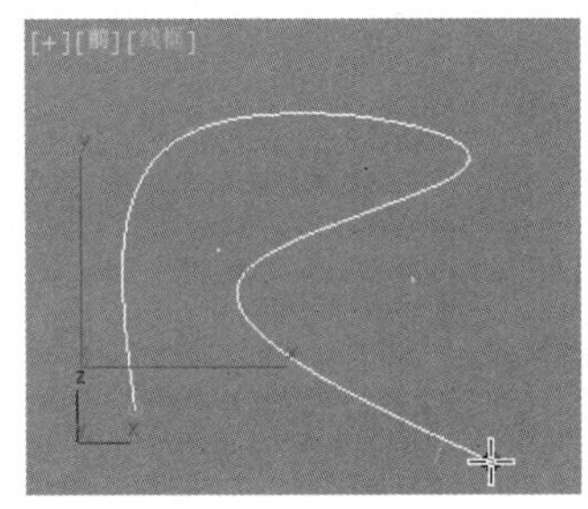
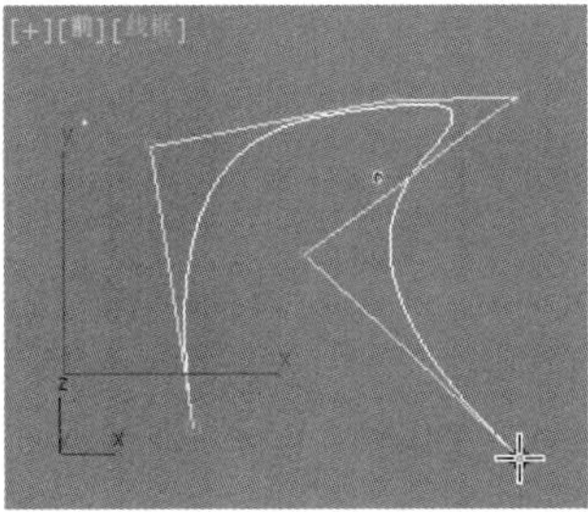

图 6-92

- 点曲线：由显示为绿色的点弯曲构成的曲线。
- CV 曲线：由可控制点弯曲构成的曲线。

这两种类型的曲线上控制点的性质与前面介绍的 NURBS 曲面上控制点的性质相同。点曲线的控制点都依附在曲线上，CV 曲线的控制点不会依附在曲线上，但控制着曲线的形状。

1. NURBS 曲线的选择

首先单击“+（创建）>（图形）”按钮，然后单击 样条线 下拉列表框，在打开的下拉列表框中选择“NURBS 曲线”选项（见图 6-93），即可进入 NURBS 曲线的创建命令面板（见图 6-94）。

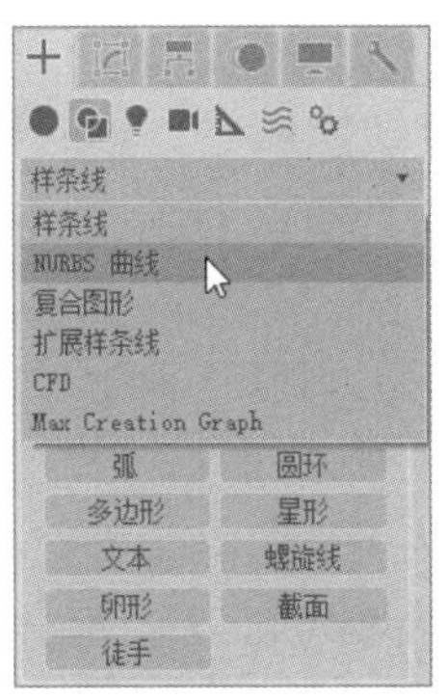

图 6-93

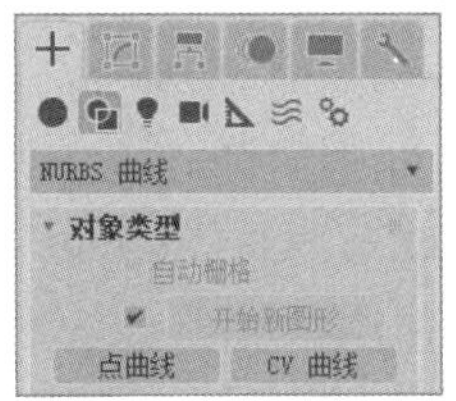

图 6-94

2. NURBS 曲线的创建和修改

NURBS 曲线的创建方法与二维线型的创建方法相同，但 NURBS 曲线可以直接生成圆滑的曲线。两种类型的 NURBS 曲线上的点对曲线形状的影响方式也是不同的。

单击“点曲线”按钮，在“顶”视图中创建一条点曲线，切换到（修改）面板，将选择集定义为“点”，如图 6-95 所示。选择曲线上的一个控制点，使用（选择并移动）工具移动控制点，曲线会改变形态，被选择的控制点始终依附在曲线上，如图 6-96 所示。

单击“CV 曲线”按钮，在“顶”视图中创建一条控制点曲线，切换到（修改）面板，将选择集定义为“曲线 CV”，如图 6-97 所示。选择曲线上的一个控制点，使用（选择并移动）工具移动控制点，曲线会改变形态，选择的控制点不会依附在曲线上，如图 6-98 所示。

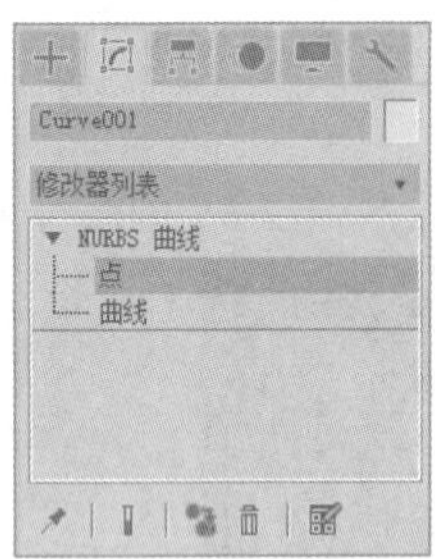

图 6-95

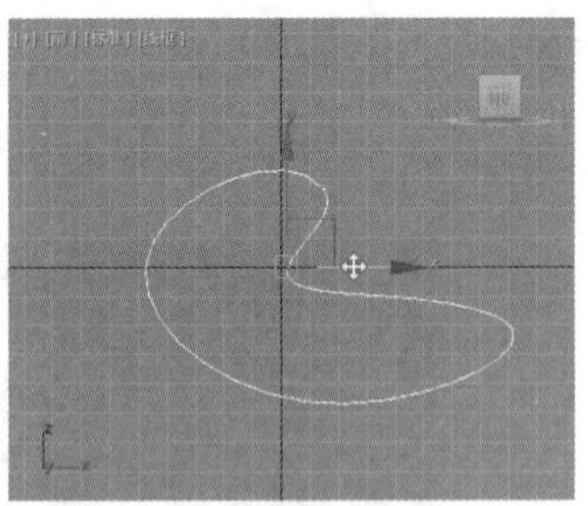
图 6-96

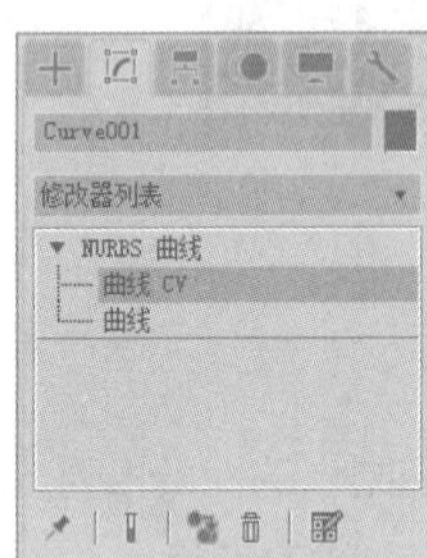

图 6-97

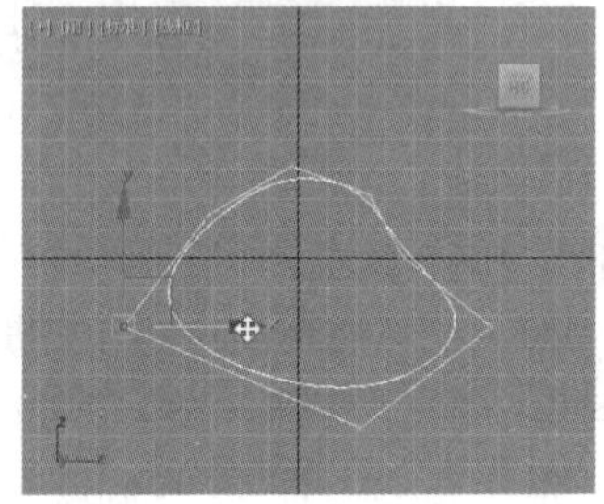
图 6-98

6.3.4 NURBS 工具面板

NURBS 系统具有自己独立的参数。在视图中创建 NURBS 曲线物体和曲面物体，参数面板中会显示 NURBS 物体的创建参数，用来设置创建的 NURBS 物体的基本参数。创建完成后单击（修改）按钮，修改命令面板中会显示 NURBS 物体的修改参数，如图 6-99 所示。

“常规”卷展栏用来控制曲面在场景中的整体性，下面对该卷展栏的参数进行介绍。

- 附加：单击该按钮，在视图中单击 NURBS 允许接纳的物体，可以将它结合到当前的 NURBS 造型中，使之成为当前造型的一个次级物体。
- 附加多个：单击该按钮，将弹出一个名称选择对话框，可以通过名称一次选择多个物体，单击“附加”按钮将所选择的物体合并到 NURBS 造型中。
- 重新定向：勾选该复选框，合并或导入的物体的中心将会重新定位到 NURBS 造型的中心。
- 导入：单击该按钮，在视图中单击 NURBS 允许接纳的物体，可以将它转化为 NURBS 造型，并且作为一个导入造型合并到当前 NURBS 造型中。
- 导入多个：单击该按钮，会弹出一个名称选择对话框，其工作方式与“附加多个”相似。
- “显示”选项组：用来控制 NURBS 造型在视图中的显示情况。
  - ◆ 晶格：勾选该复选框，将以黄色的线条显示出控制线。
  - ◆ 曲线：勾选该复选框，将显示出曲线。
  - ◆ 曲面：勾选该复选框，将显示出曲面。
  - ◆ 从属对象：勾选该复选框，将显示出从属的子物体。
  - ◆ 曲面修剪：勾选该复选框，将显示出被修剪的表面，若未选中，即使表面已被修剪，仍将在视图中显示出整个表面，而不会显示出剪切的结果。
  - ◆ 变换降级：勾选该复选框，NURBS 曲面会降级显示，在视图里显示为黄色的虚线，以提高显示速度。当未选中时，曲面不降级显示，始终以实体方式显示。

● “曲面显示”选项组中的参数只用于显示，不影响建模效果，一般保持系统默认设置即可。

“常规”卷展栏中还包括一个 NURBS 工具面板，工具面板中包含所有 NURBS 操作命令。单击“常规”卷展栏“显示”选项组右侧的（NURBS 创建工具箱）可以弹出工具面板，如图 6-100 所示。

NURBS 工具面板包括 3 组工具命令：“点”工具命令、“曲线”工具命令和“曲面”工具命令。NURBS 建模主要使用工具面板中的命令完成。下面将对工具面板中常用的命令进行介绍。

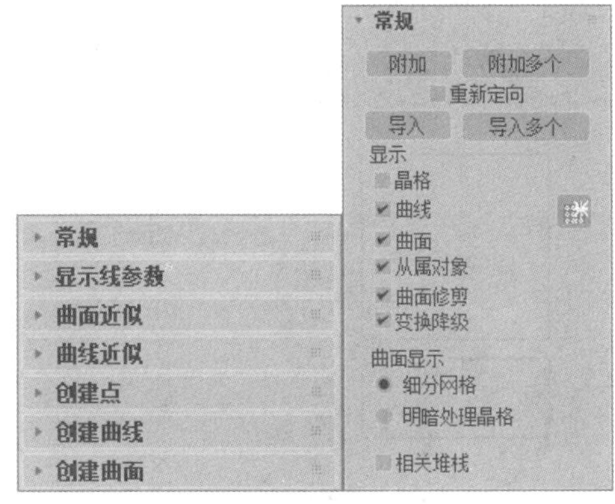

图 6-99

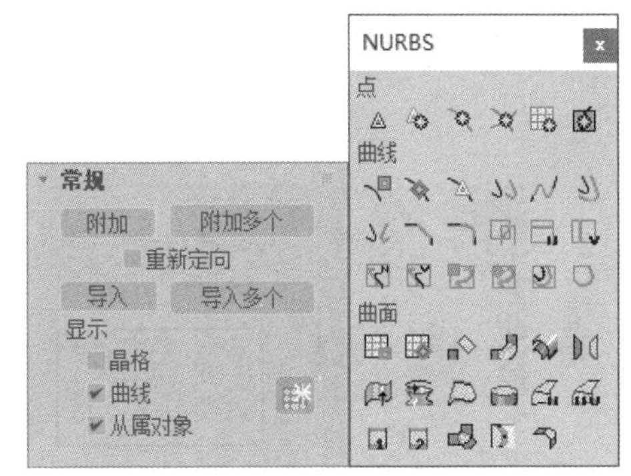

图 6-100

1. NURBS“点”工具

“点”工具用于创建各种不同性质的点，如图 6-101 所示。

- （创建点）：单击该按钮，可以在视图中创建一个独立的曲线点。
- （创建偏移点）：单击该按钮，可以在视图中的任意位置创建点物体的一个偏移点。
- （创建曲线点）：单击该按钮，可以在视图中的任意位置创建曲线物体的一个附属点。
- （创建曲线-曲线点）：单击该按钮，可以在两条相交曲线的交点处创建一个点。
- （创建曲面点）：单击该按钮，可以在曲面上创建一个点。
- （创建曲面-曲线点）：单击该按钮，可以在曲线平面和曲线的交点位置创建一个点。

2. NURBS“曲线”工具

“曲线”工具用来对 NURBS 曲线进行修改和编辑，如图 6-102 所示。

图 6-101

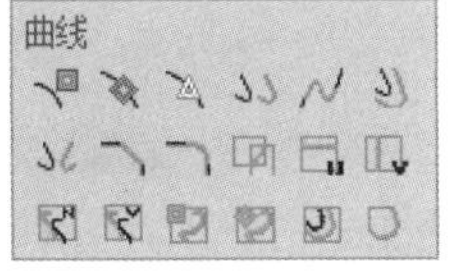

图 6-102

- （创建 CV 曲线）：单击该按钮后，鼠标指针变为形状，此时可以在视图中创建可控制点曲线。
- （创建点曲线）：单击该按钮后，鼠标指针变为形状，此时可以在视图中创建点曲线。
- （创建拟合曲线）：单击该按钮后，鼠标指针变为形状，此时可以在视图中选择已有的节点来创建一条曲线，如图 6-103 所示。
- （创建变换曲线）：单击该按钮后，将鼠标指针移动到已有的曲线上，鼠标指针变为形状，此时按住鼠标左键并进行拖曳，会生成一条和已有曲线相同的曲线，如图 6-104 所示。可以创建多条曲线，单击鼠标右键结束创建，生成的曲线和已有的曲线是一个整体。

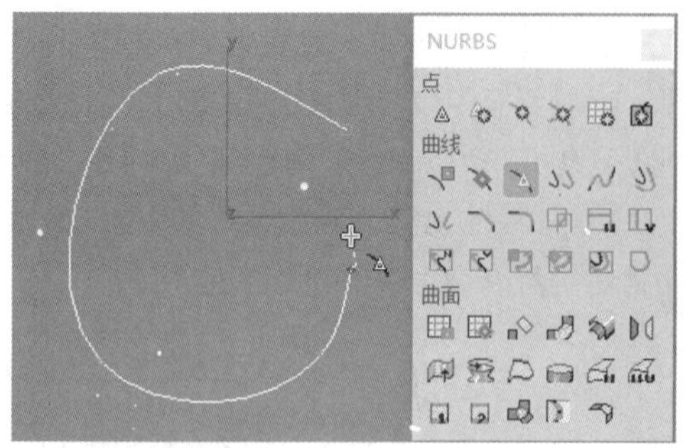
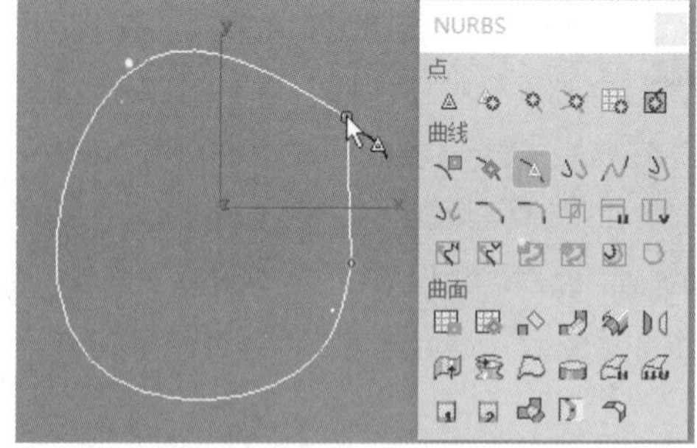

图6-103

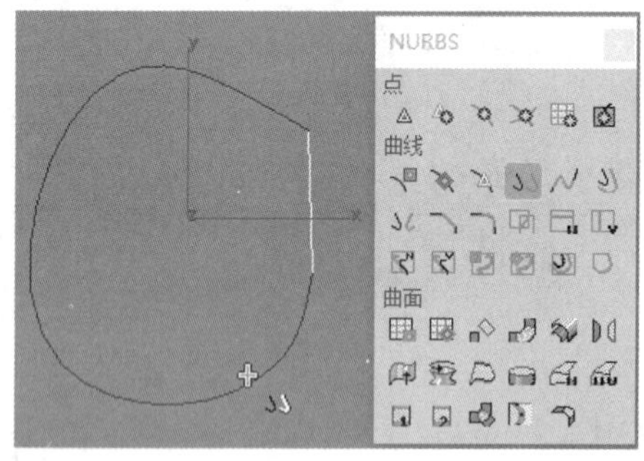
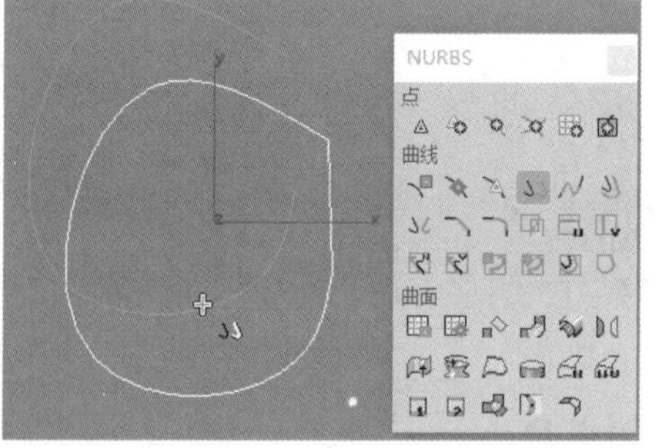

图6-104

- （创建混合曲线）：用于将两条曲线首尾相连，连接的部分会延伸原来曲线的曲率。

操作时应先利用（创建CV曲线）或（创建点曲线）在视图中创建曲线，单击（创建混合曲线）按钮，在视图中依次单击创建的曲线即可完成连接，如图6-105所示。

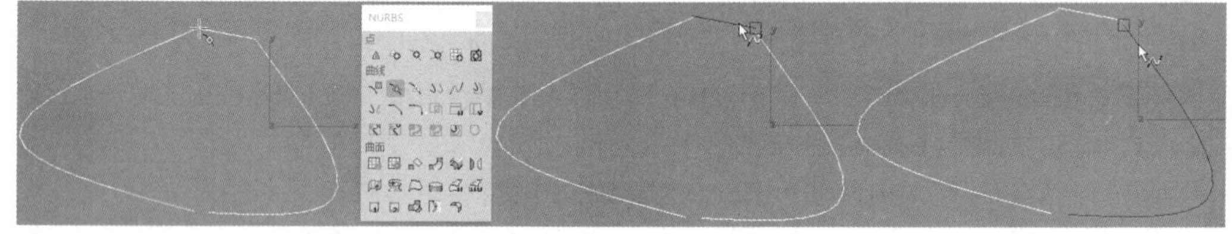

图6-105

- （创建偏移曲线）：用于在原来曲线的基础上创建出曲率不同的新曲线。

单击（创建偏移曲线）按钮，将鼠标指针移到已有的曲线上，鼠标指针变为形状，按住鼠标左键并进行拖曳，即可生成另一条放大或缩小的新曲线，但曲率会有所变化，如图6-106所示。

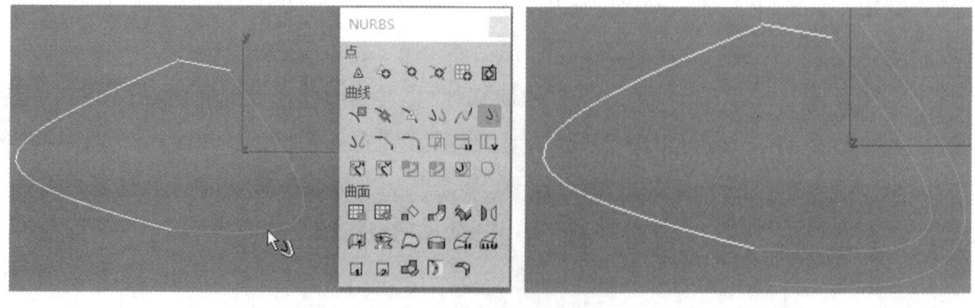

图6-106

- （创建镜像曲线）：用于创建出与原曲线呈镜像关系的新曲线，类似于工具栏中的“镜像”工具。

单击（创建镜像曲线）按钮，将鼠标指针移到已有的曲线上，鼠标指针变为形状，按住鼠标左键不放并上下拖曳，会产生镜像曲线，在右侧的“镜像曲线”卷展栏中可以选择镜像轴（镜像的方向），也可以手动调整偏移参数，如图 6-107 所示。

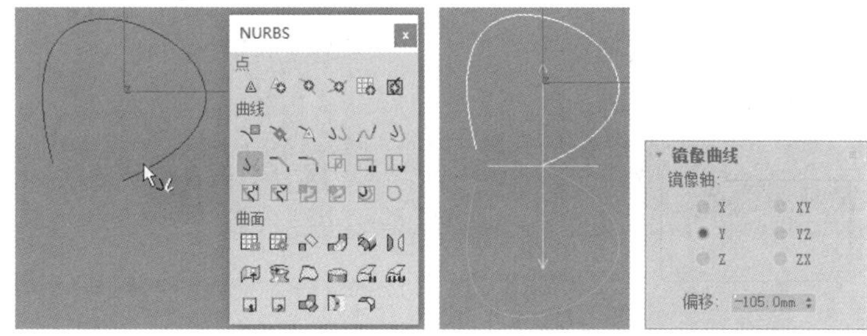

图 6-107

- （创建切角曲线）：用于在两条曲线之间连接一条带切角的曲线线段。

操作时应先利用（创建 CV 曲线）或（创建点曲线）在视图中创建曲线，然后单击（创建切角曲线）按钮，将鼠标指针移到曲线上，鼠标指针变为形状，依次单击这两条曲线，会生成一条带切角的曲线线段，如图 6-108 所示。

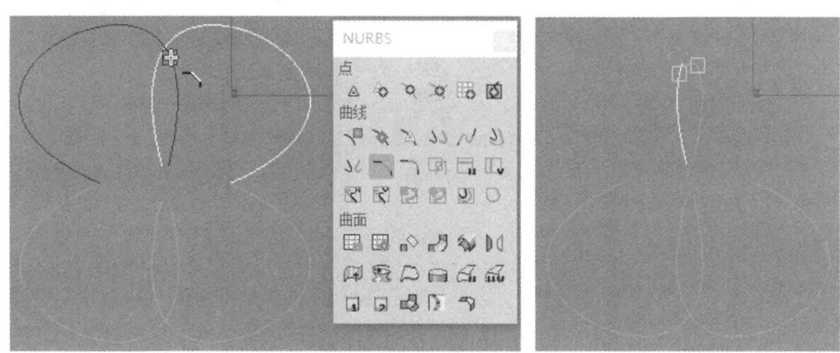

图 6-108

- （创建圆角曲线）：用于在两条曲线之间连接一条带圆角的曲线线段。
- （创建曲面-曲面相交曲线）：用于在两个曲面相交的部分创建出一条曲线。

在视图中创建两个相交的曲面，利用“附加”工具将两个曲面结合为一个整体，单击（创建曲面-曲面相交曲线）按钮，在视图中依次单击两个曲面，曲面相交的部分会生成一条曲线，如图 6-109 所示，右侧会显示相应的卷展栏，可以设置修剪参数。

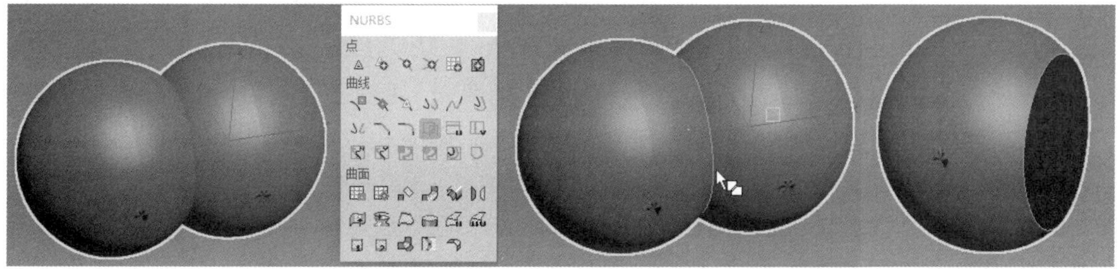

图 6-109

- （创建U向等参曲线）：用于在曲面的U轴向创建等参数的曲线线段。

单击（创建U向等参曲线）按钮，在视图中的曲面上单击，即可创建出一条U轴向的曲线线段，如图6-110所示。

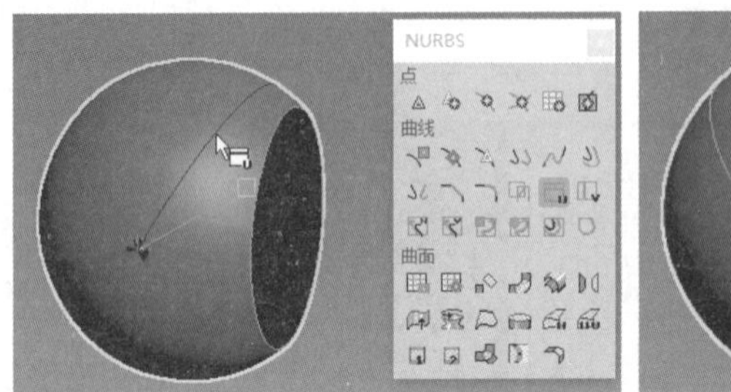

图6-110

- （创建V向等参曲线）：用于在曲面的V轴向创建等参数的曲线线段。操作方法与（创建U向等参曲线）相同，如图6-111所示。

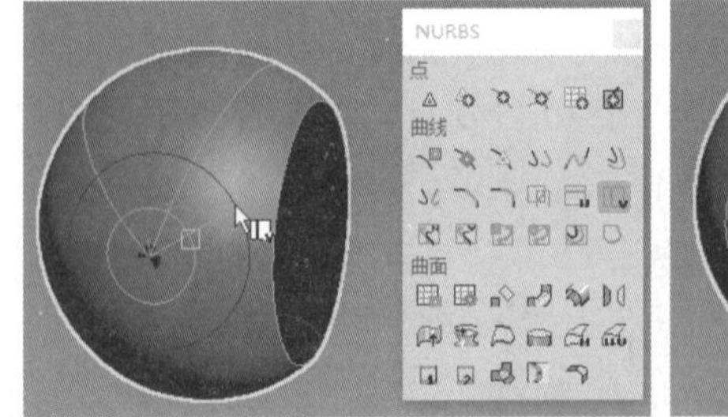

图6-111

- （创建法向投影曲线）：用于将一条曲线垂直映射到一个曲面上，生成一条新的曲线。

分别创建一条曲线和一个曲面，利用"附加"工具将它们结合为一个整体，单击（创建法向投影曲线）按钮，依次单击曲线和曲面，会在曲面上生成一条新的曲线，如图6-112所示。

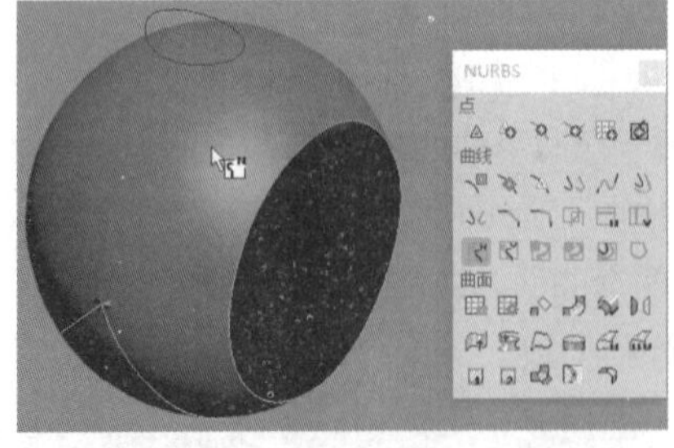

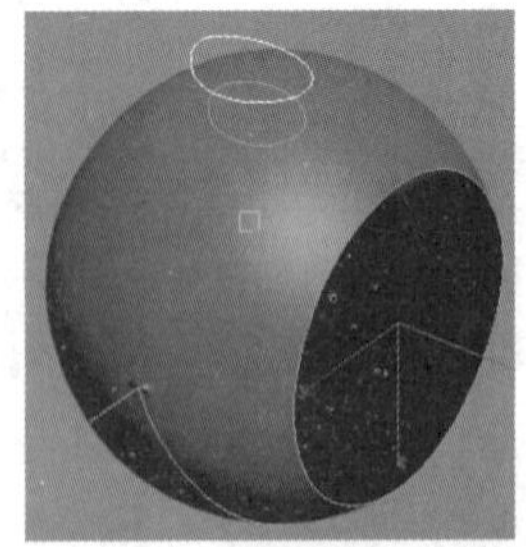

图6-112

- （创建向量投影曲线）：用于将一条曲线投影到一个曲面上，生成一条新的曲线，投影的方向随视角的变化而改变。操作方法与（创建法向投影曲线）相同。
- （创建曲面上的CV曲线）：用于在曲面上创建可控点曲线。

单击（创建曲面上的CV曲线）按钮，将鼠标指针移到曲面上，鼠标指针变为形状，则可以在曲面上创建一条可控点曲线，如图6-113所示。

- （创建曲面上的点曲线）：用于在曲面上创建点曲线。操作方法与（创建曲面上的 CV 曲线）相同，如图 6-114 所示。

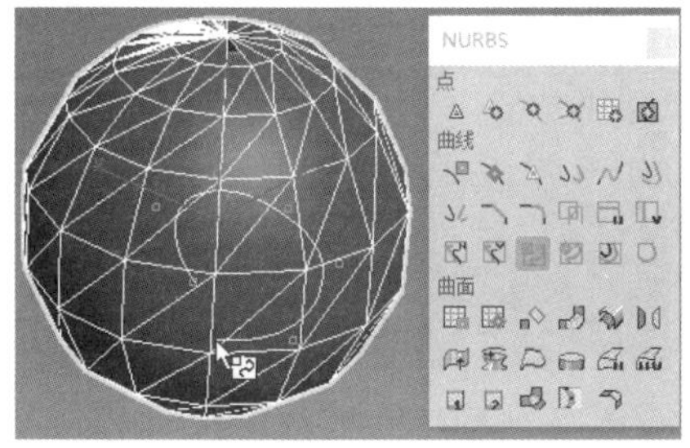

图 6-113

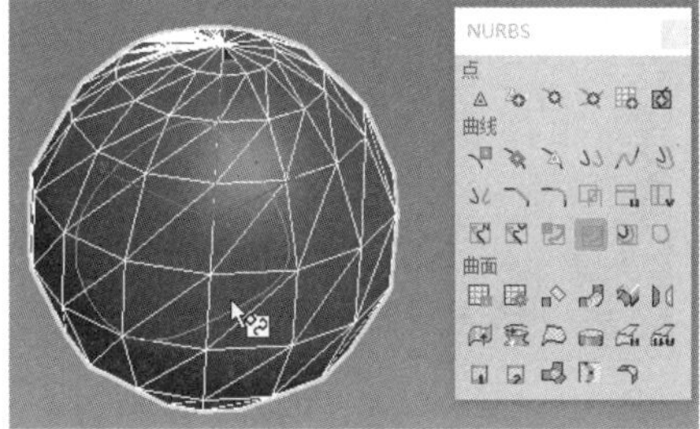

图 6-114

- （创建曲面偏移曲线）：用于将曲面上的一条曲线偏移复制，复制出一条参数相同的新曲线。

单击（创建曲面偏移曲线）按钮，将鼠标指针移动到曲线上，鼠标指针变为形状，按住鼠标左键并进行拖曳，会偏移并复制出一条新的曲线，如图 6-115 所示。

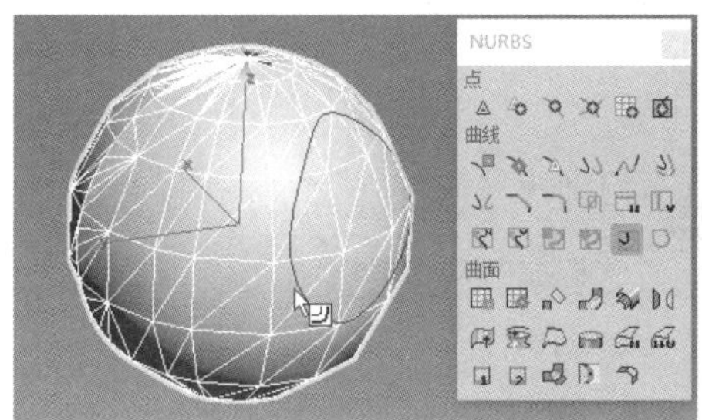

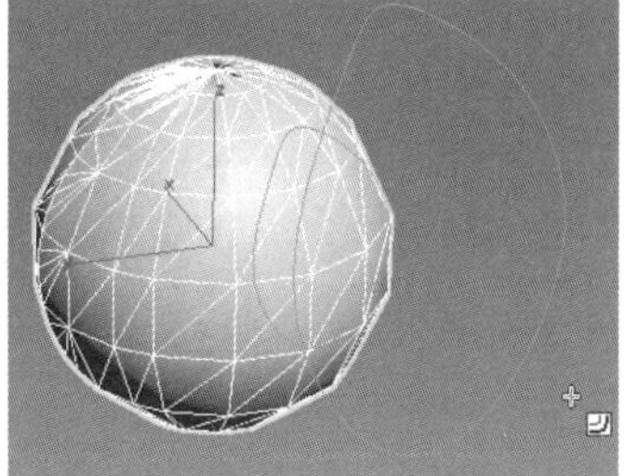
图 6-115

- （创建曲面边曲线）：用于沿 NURBS 物体的边缘创建出一条曲线。

单击（创建曲面边曲线）按钮，将鼠标指针移动到 NURBS 物体上，鼠标指针变为形状，单击，NURBS 物体边缘便会生成一条新的曲线，如图 6-116 所示。

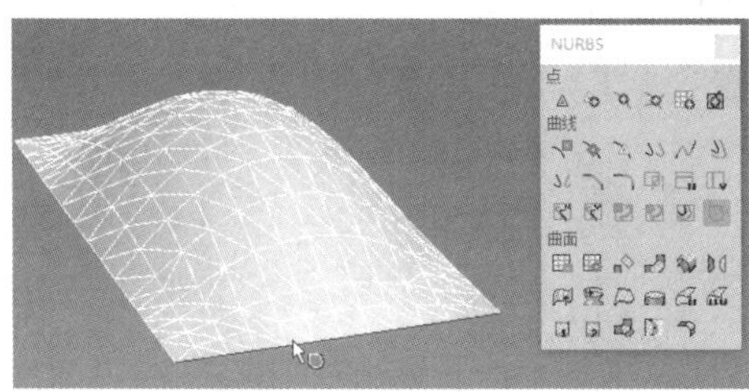
图 6-116

3. NURBS“曲面”工具

NURBS“曲面”工具在 NURBS 建模时经常用到，用于对曲线、曲面进行编辑，如图 6-117 所示。

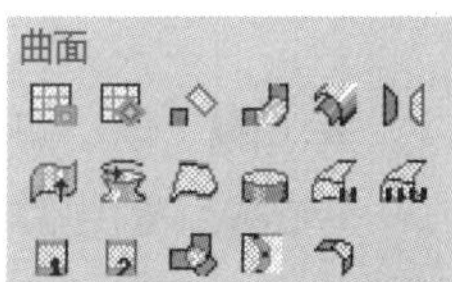

图 6-117

- （创建 CV 曲面）：单击该按钮，鼠标指针变为形状，此时可在视图中创建可控点曲面，如图 6-118 所示。

- （创建点曲面）：单击该按钮，鼠标指针变为形状，此时可在视图中创建点曲面，如图 6-119 所示。

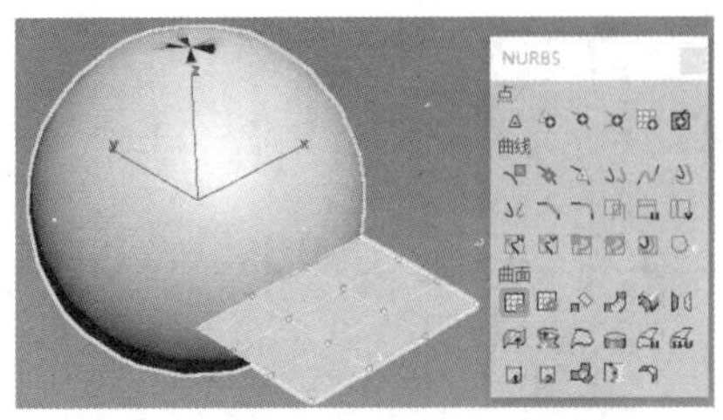

图 6-118

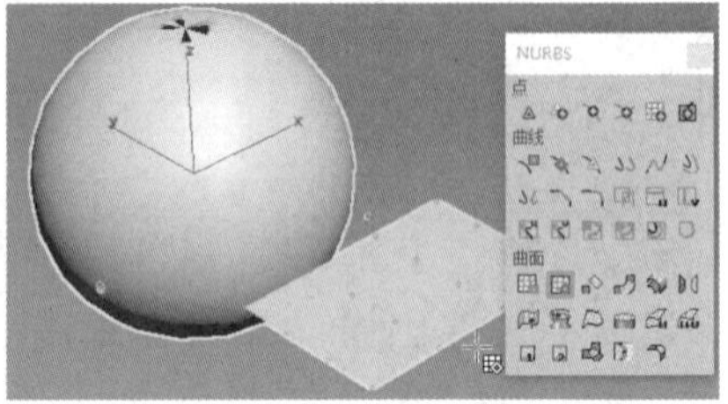

图 6-119

- （创建变换曲面）：用于将指定的曲面在同一水平面上复制出一个新的曲面，得到的曲面与原曲面的参数相同。

单击（创建变换曲面）按钮，将鼠标指针移到已有的曲面上，鼠标指针变为形状，按住鼠标左键并进行拖曳，在合适的位置松开鼠标左键，即可创建出一个新的曲面，如图 6-120 所示。

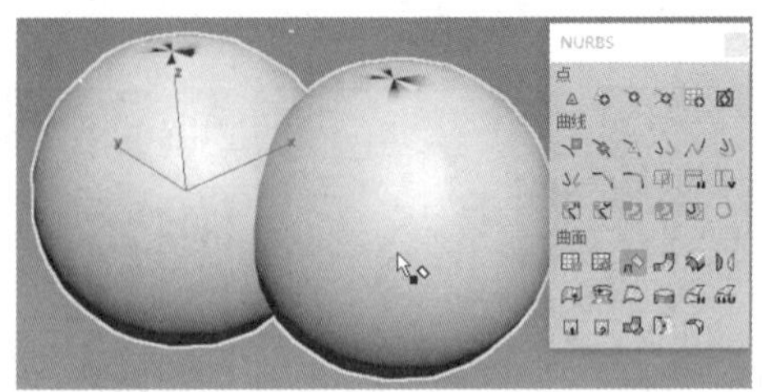

图 6-120

- （创建混合曲面）：用于将两个曲面混合为一个曲面，连接部分延续原来曲面的曲率。

创建两个曲面，单击（创建混合曲面）按钮，鼠标指针变为形状，依次单击曲面，即可将两个曲面混合为一个曲面，如图 6-121 所示。操作时，鼠标指针应该靠近要连接的边，此时边会变成蓝色。

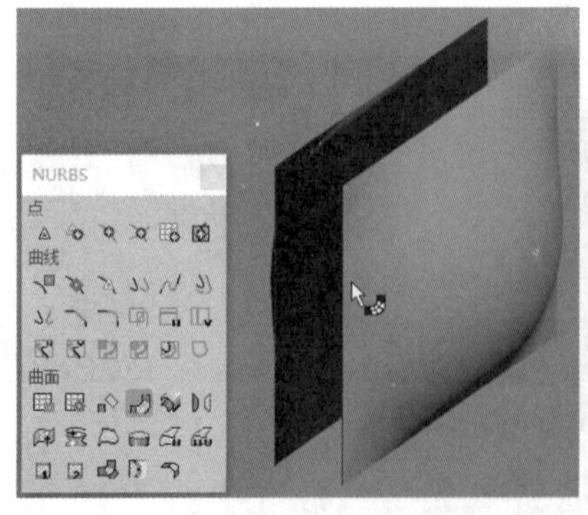

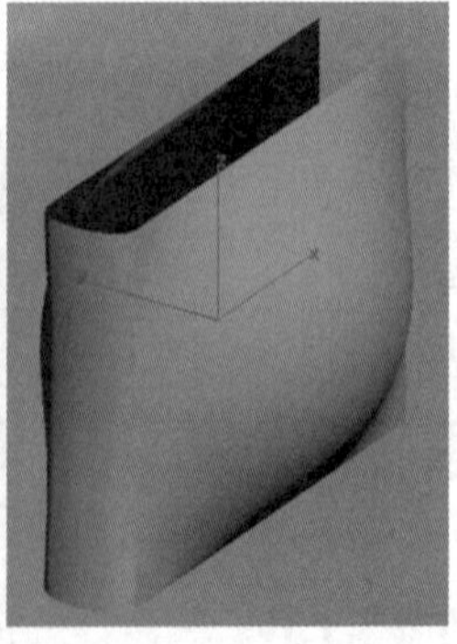
图 6-121

- （创建偏移曲面）：用于在原来曲面的基础上创建出曲率不同的新曲面。

单击（创建偏移曲面）按钮，将鼠标指针移到曲面上，鼠标指针变为形状，按住鼠标左键并进行拖曳，即可生成新的曲面，松开鼠标左键完成操作，如图 6-122 所示。

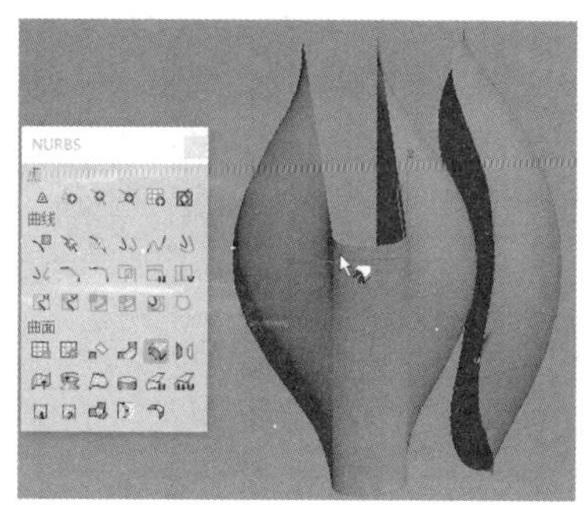

图 6-122

- （创建镜像曲面）：用于创建出与原曲面呈镜像关系的新曲面，与前面介绍的（创建镜像曲线）相似。

单击（创建镜像曲面）按钮，将鼠标指针移到已有的曲面上，鼠标指针变为形状，按住鼠标左键并上下拖曳，可以选择镜像的方向，松开鼠标左键结束创建，如图 6-123 所示，在右侧的卷展栏中设置合适的参数。

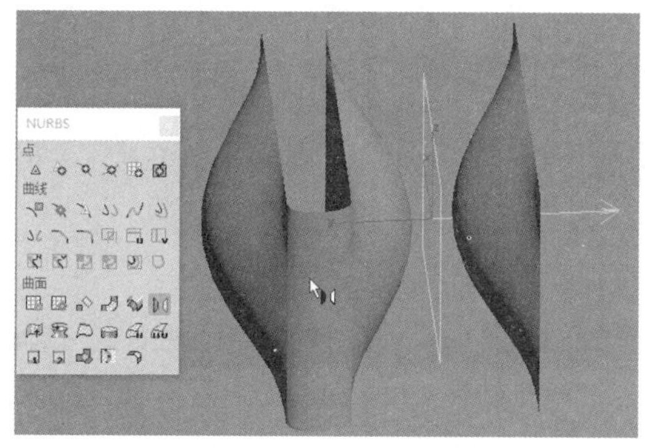

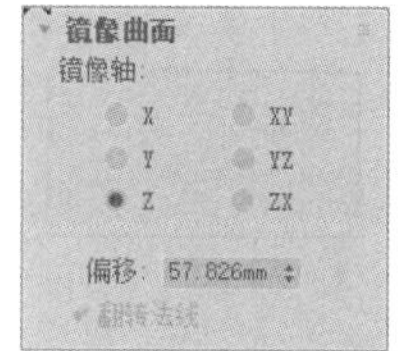

图 6-123

- （创建挤出曲面）：用于将曲线挤压成曲面。

单击（创建挤出曲面）按钮，将鼠标指针移到曲线上，鼠标指针变为形状，按住鼠标左键并上下拖曳，曲线被挤压出高度，松开鼠标左键完成操作，如图 6-124 所示。

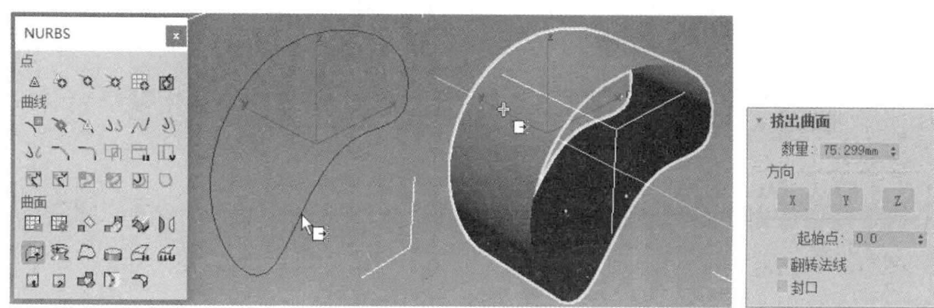

图 6-124

- （创建车削曲面）：用于将曲线绕指定轴旋转成一个完整的曲面。

单击（创建车削曲面）按钮，将鼠标指针移到曲线上，鼠标指针变为形状，单击鼠标左键，曲线发生旋转，如图 6-125 所示。

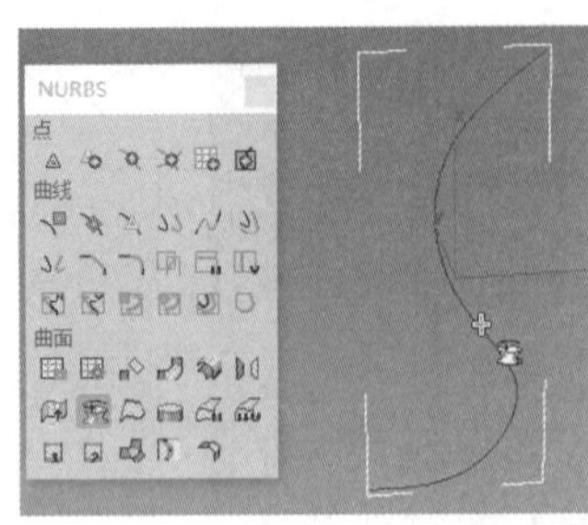

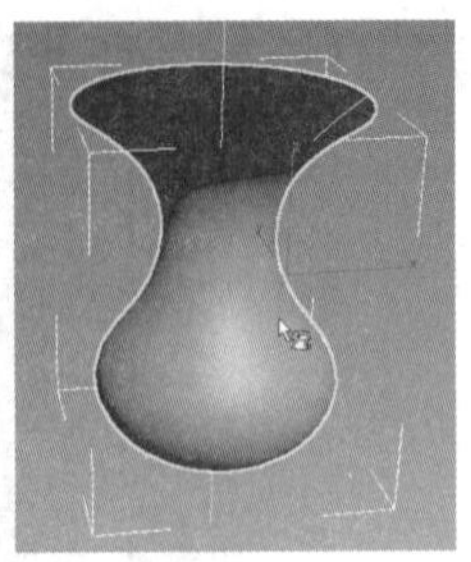

图 6-125

- （创建规则曲面）：用于在两条曲线之间根据曲线的形状创建一个曲面。

创建两条曲线，单击（创建规则曲面）按钮，鼠标指针变为形状，依次单击曲线，两条曲线之间会生成一个曲面，如图 6-126 所示。

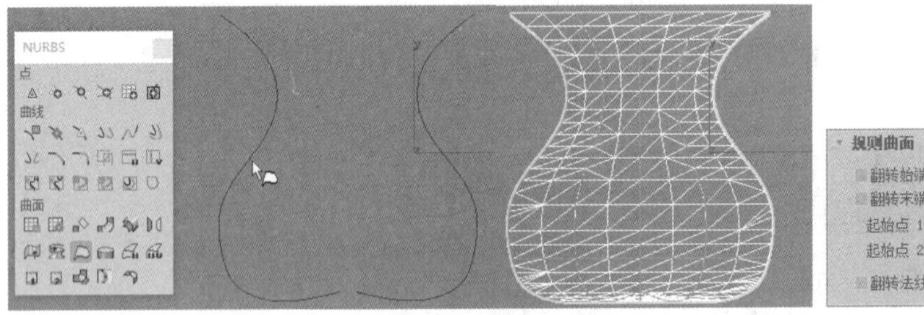

图 6-126

- （创建封口曲面）：用于将一个未封顶的曲面物体加盖封顶。

单击（创建封口曲面）按钮，将鼠标指针移到曲面物体上，鼠标指针变为形状，单击曲面物体即可将其封顶，如图 6-127 所示。

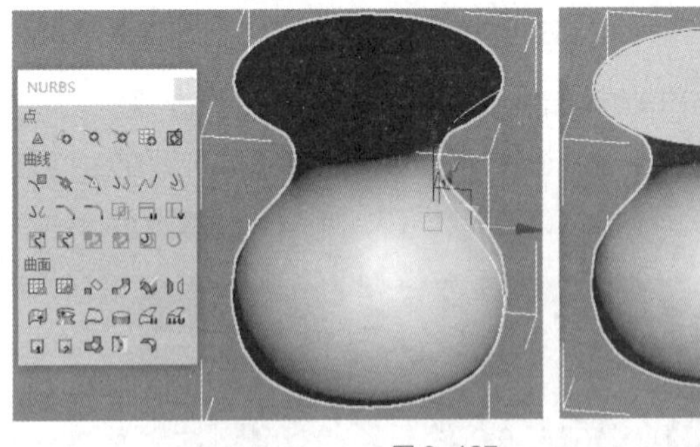

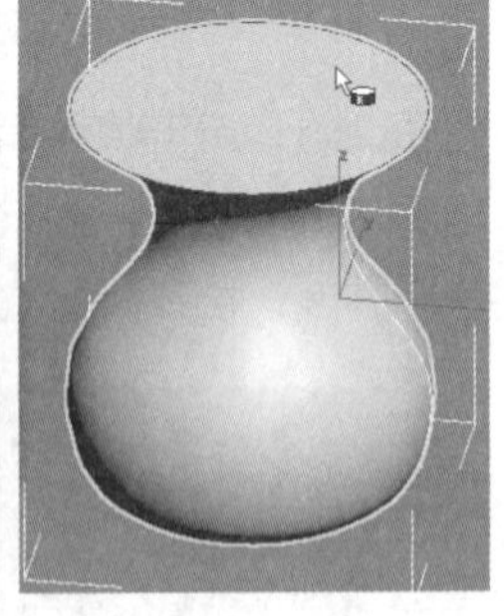

图 6-127

- （创建 U 向放样曲面）：用于将一组曲线作为放样截面，生成一个新的曲面。

创建一组曲线，单击（创建 U 向放样曲面）按钮，将鼠标指针移到起始曲线上，鼠标指针变为形状，依次单击这组曲线即可生成一个曲面，如图 6-128 所示。

- （创建 UV 放样曲面）：用于将两个方向上的曲线作为放样截面，生成一个新的曲面。

在不同方向上创建几条曲线，单击（创建 UV 放样曲面）按钮，将鼠标指针移到竖向的第一条曲线上，鼠标指针变为形状，连续单击同方向的曲线，单击鼠标右键，再连续单击横向的曲线，最后单击鼠标右键结束，会生成一个新的曲面，如图 6-129 所示。

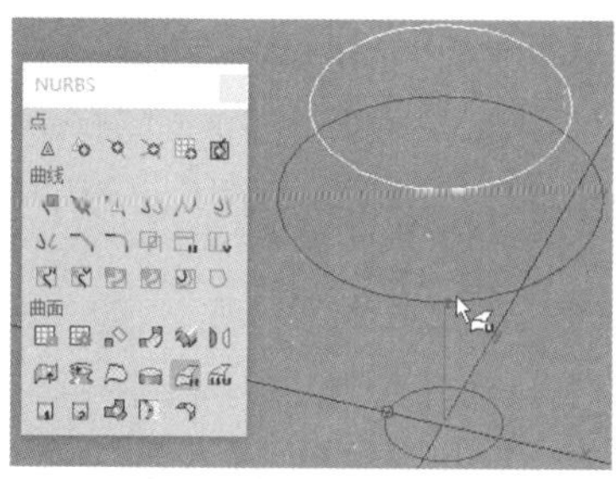

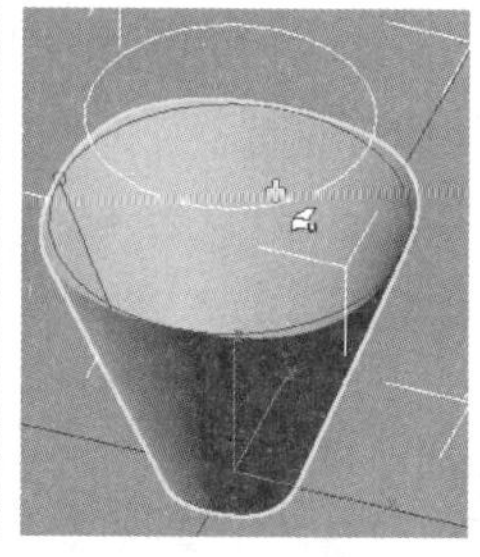
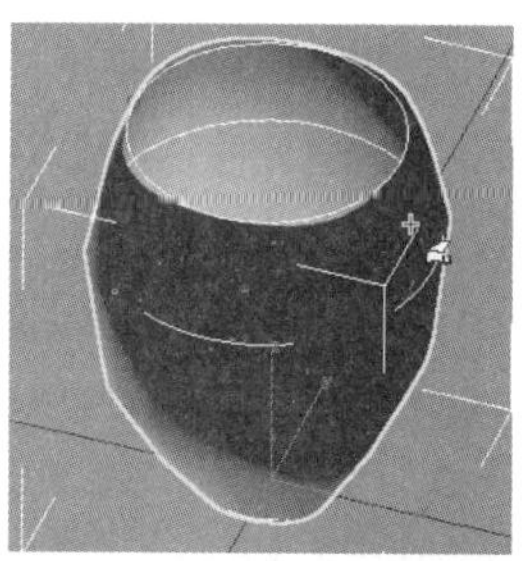

图 6-128

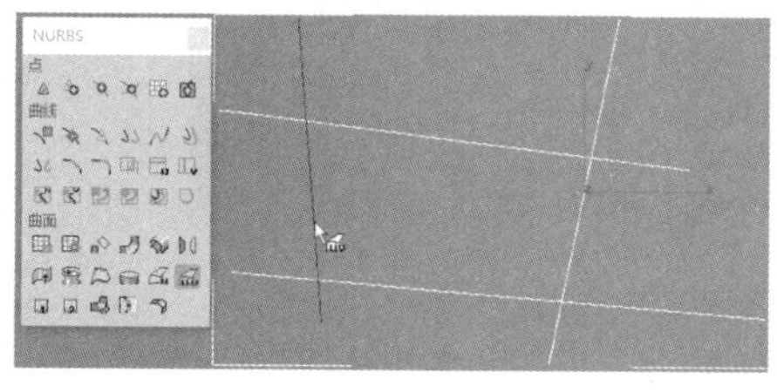

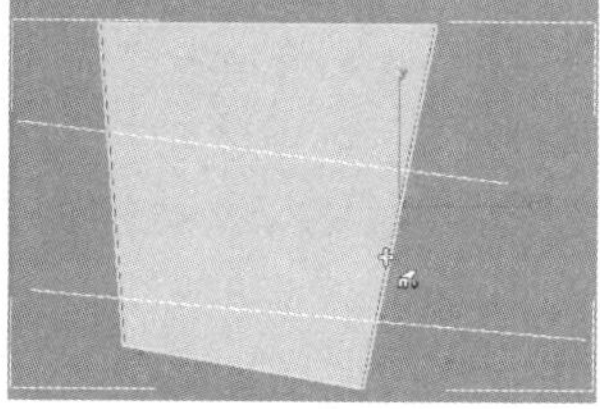
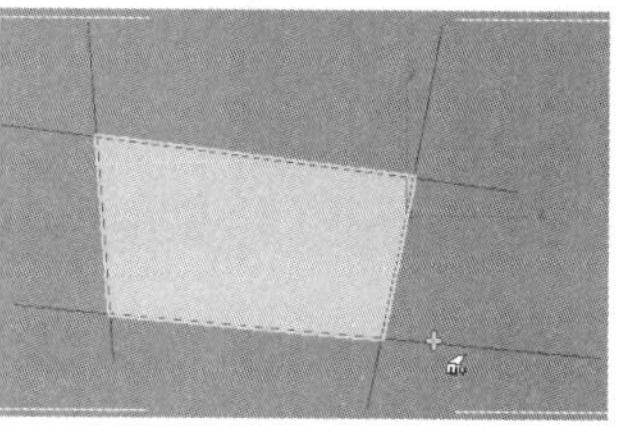

图 6-129

- （创建单轨扫描）：该工具的用法与放样工具相同，创建两条曲线分别作为路径和截面，从而生成一个曲面。

创建两条曲线，单击（创建单轨扫描）按钮，将鼠标指针移到一条曲线上，鼠标指针变为形状，依次单击两条曲线，即可生成一个曲面，如图 6-130 所示。

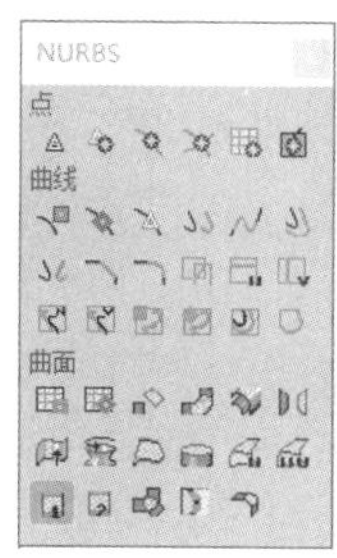

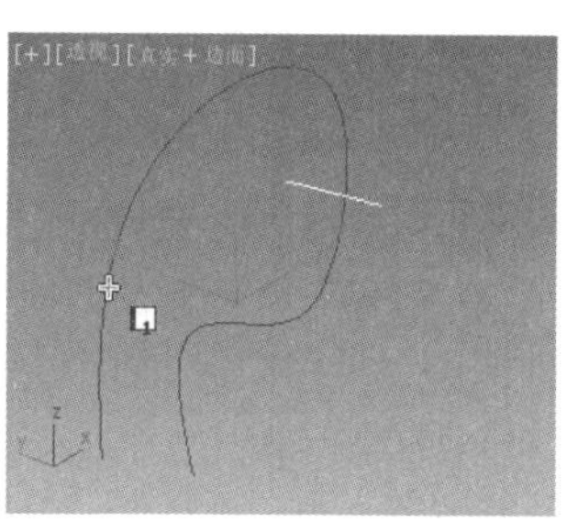

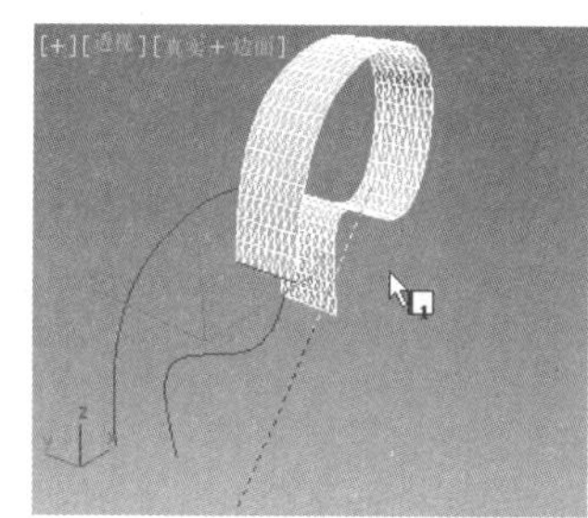

图 6-130

- （创建双轨扫描）：与（创建单轨扫描）原理相似，但需要 3 条曲线，一条作为截面，另外两条作为曲面两侧的路径，从而生成一个曲面。

创建 3 条曲线，单击（创建双轨扫描）按钮，将鼠标指针移到右侧的路径上，鼠标指针变为形状，在第一个路径（右侧的图形）上单击，再单击第二个路径（左侧的图形），然后再单击作为截面（中间下方的图形）的曲线，单击鼠标右键结束创建，即可生成一个曲面，如图 6-131 所示。

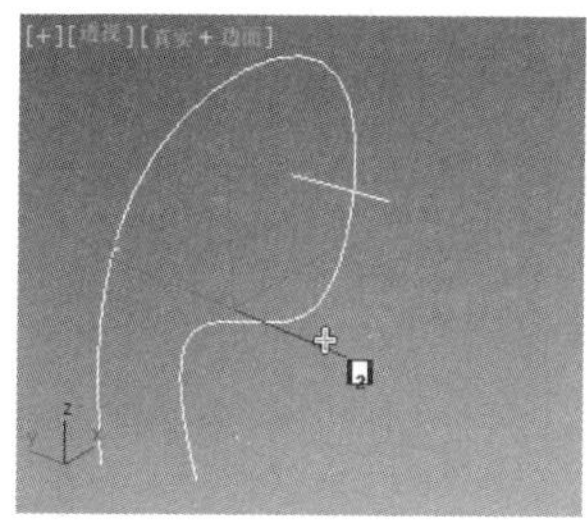

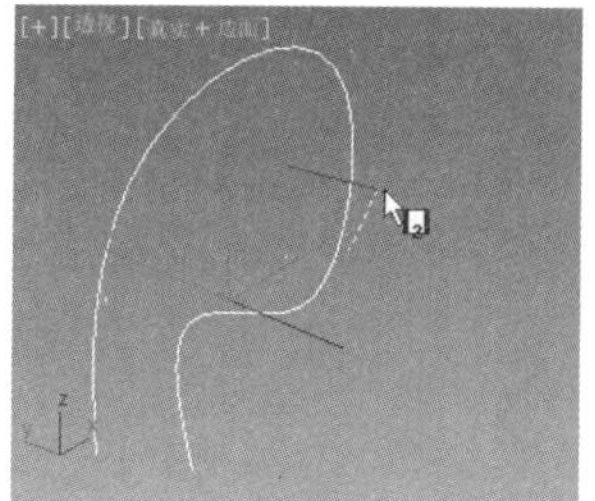

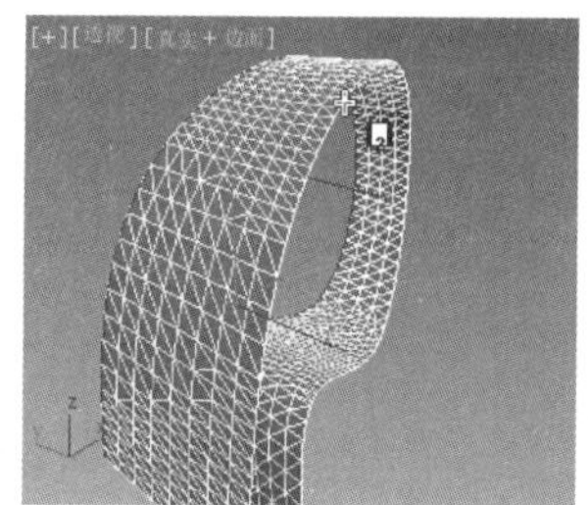

图 6-131

- （创建多边混合曲面）：用来在 3 个以上的曲面间建立平滑的混合曲面。

先创建 3 个曲面，使用（创建混合曲面）将 3 个曲面连接，会发现 3 个曲面间有一个空洞，单击（创建多边混合曲面）按钮，将鼠标指针移到连接的曲面上，鼠标指针变为形状，依次单击 3 个连接曲面，即可生成多重混合曲面，如图 6-132 所示。

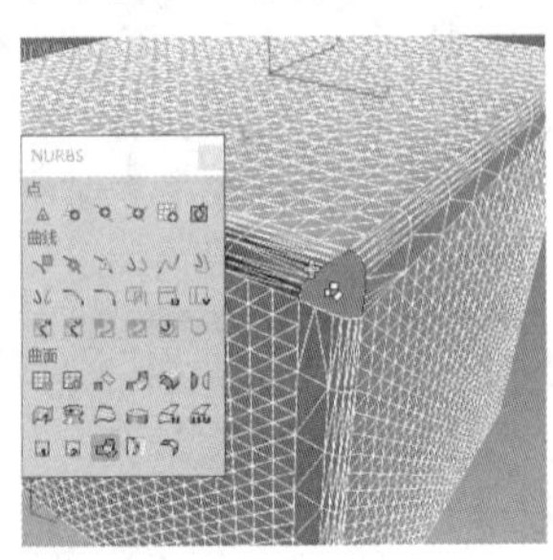
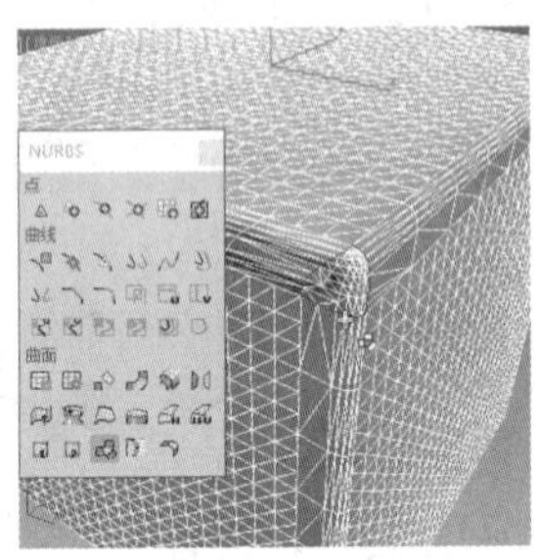

图 6-132

- （创建多重曲线修剪曲面）：用于在依附有曲线的曲面上进行剪切，从而生成新的曲面。
- （创建圆角曲面）：用于在两个相交的曲面之间创建出一个圆滑的曲面。

6.4 面片建模

面片建模是一种表面建模方式，即通过面片栅格制作表面，并对其进行适当修改以完成模型的创建。在 3ds Max 2020 中创建的面片有两种：四边形面片和三角形面片。这两种面片的不同之处是它们的组成单元不同，前者为四边形，后者为三角形。

3ds Max 2020 提供了两种创建面片的途径，在创建面板的“面片栅格”子面板中的“对象类型”卷展栏中选择面片的类型，如图 6-133 所示。选择面片类型后即可在场景中创建面片，如图 6-134 所示。

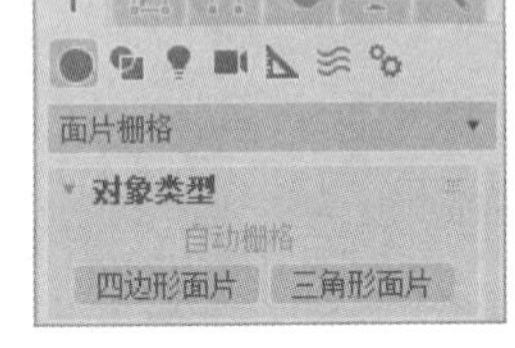

图 6-133

创建面片后切换到（修改）面板，在“修改器列表”中选择“编辑面片”修改器，如图 6-135 所示，对面片进行修改；或右击面片，在弹出的快捷菜单中选择“转换为 > 转换为可编辑面片”命令，如图 6-136 所示。

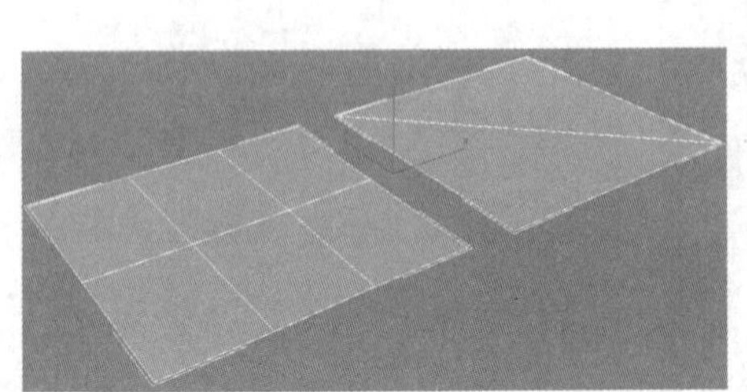

图 6-134

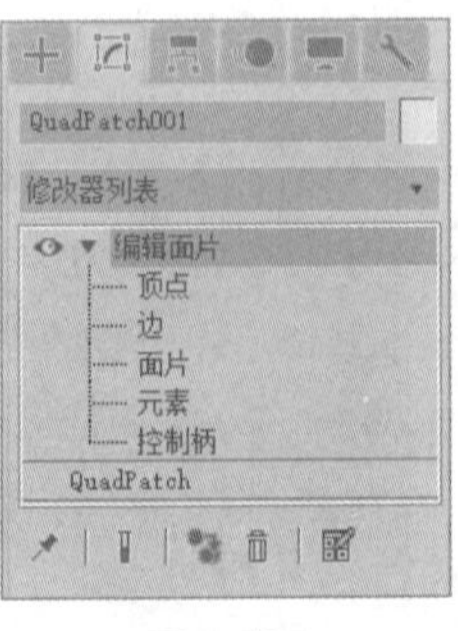

图 6-135

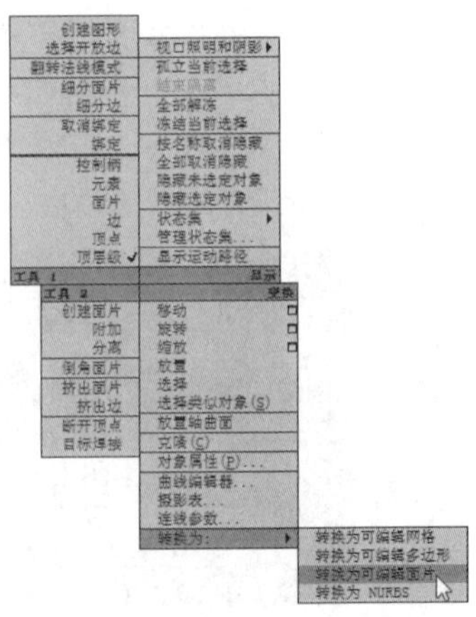

图 6-136

6.4.1 子物体层级

“编辑面片”修改器提供了各种控件，不仅可以将对象作为面片对象进行操纵，而且可以在下面 5 个子对象层级进行操纵，包括“顶点”“边”“面片”“元素”“控制柄”，如图 6-137 所示。

- 顶点：用于选择面片对象中的顶点控制点及其向量控制柄。向量控制柄显示为围绕选定顶点的小型绿色方框，如图 6-138 所示。
- 边：用于选择面片对象的边界边。
- 面片：用于选择整个面片。
- 元素：用于选择和编辑整个元素。元素的面是连续的。
- 控制柄：用于选择与每个顶点关联的向量控制柄。位于该层级时，可以对控制柄进行操纵，而无须对顶点进行处理，如图 6-139 所示。

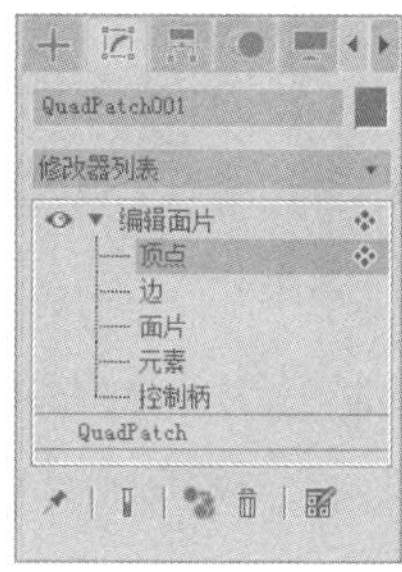

图 6-137

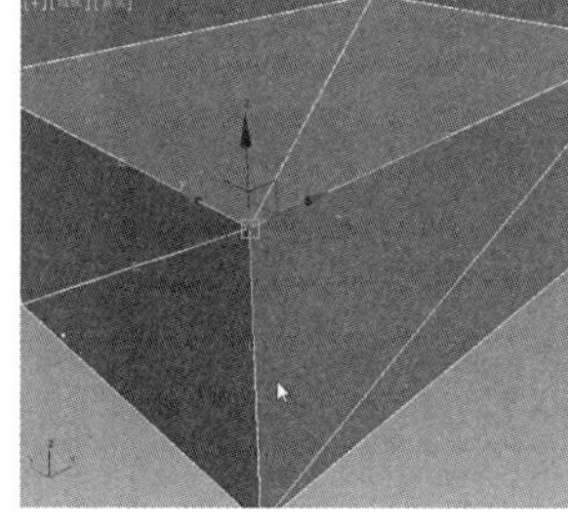

图 6-138

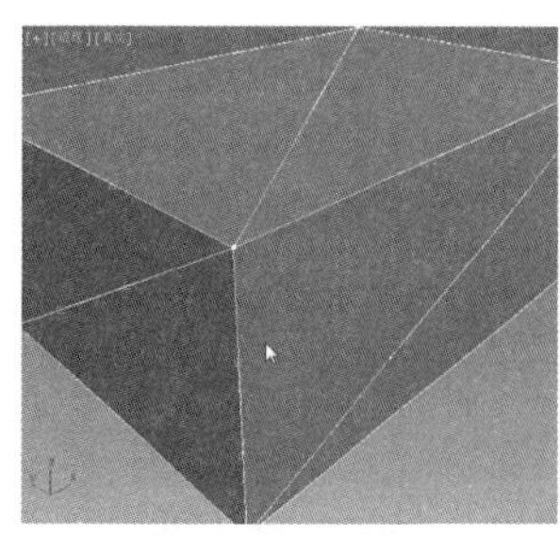

图 6-139

6.4.2 公共参数卷展栏

下面来介绍公共参数卷展栏。

“选择”卷展栏（见图 6-140）介绍如下。

- “命名选择”选项组：可以与命名的子对象选择结合使用。
  - ◆ 复制：将命名子对象选择置于复制缓冲区。单击该按钮，从弹出的“复制命名选择”对话框中选择命名的子对象选择。
  - ◆ 粘贴：从复制缓冲区中粘贴命名的子对象选择。

图 6-140

- “过滤器”选项组：这两个复选框只有处于“顶点”子对象层级时才可以使用。
  - ◆ 顶点：勾选该复选框后，可以选择和移动顶点。
  - ◆ 向量：勾选该复选框后，可以选择和移动向量。
- 锁定控制柄：只能影响角点顶点。将切线向量锁定在一起，便于在移动一个向量时，其他向量会随之移动。只有处于“顶点”子对象层级时，才能使用该复选框。
- 按顶点：单击某个顶点时，将会选择使用该顶点的所有控制柄、边或面片，具体情况视当前的子对象层级而定。只有处于“控制柄”“边”“面片”子对象层级时，才能使用该复选框。
- 选择开放边：选择只由一个面片使用的所有边。只有在“边”子对象层级下才可以使用。

“几何体”卷展栏（见图 6-141）介绍如下。

- “细分”选项组：仅限于在“顶点”“边”“面片”“元素”子对象层级下使用。
  - ◆ 细分：细分所选子对象。

◆ 传播：勾选该复选框后，细分将伸展到相邻面片。如果沿着所有连续的面片传播细分，连接面片时，可以防止面片断裂。

◆ 绑定：用于在两个顶点数不同的面片之间创建无缝、无间距的连接。这两个面片必须属于同一个对象，因此不需要先选择顶点。使用方法为，单击“绑定”按钮，然后拖动一条从基于边的顶点（不是角顶点）到要绑定的边的直线。此时，如果鼠标指针在合法的边上，将会转变成白色的十字形状。

◆ 取消绑定：断开通过“绑定”连接到面片的顶点。使用方法为，选择顶点，然后单击“取消绑定”按钮。

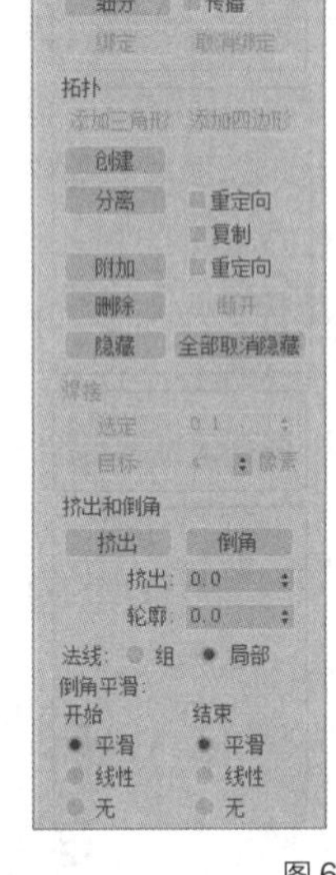

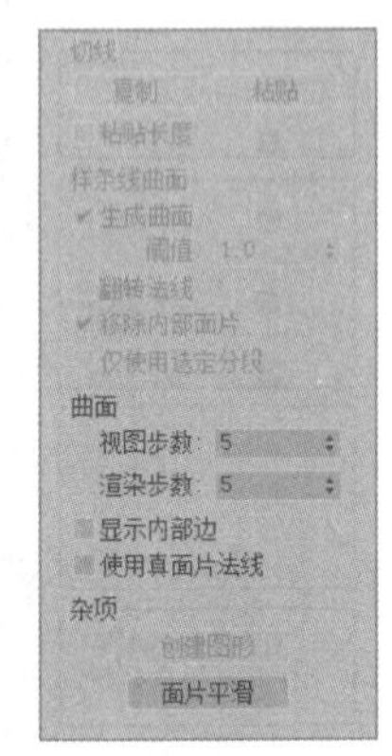

图 6-141

● “拓扑”选项组的介绍如下。

◆ 添加三角形、添加四边形：仅限于在“边”子对象层级下使用。用户可以为某个对象的任何开放边添加三角形和四边形。如在球体那样的闭合对象上，可以删除一个或者多个现有面片以创建开放边，然后添加新面片，如图 6-142 所示。

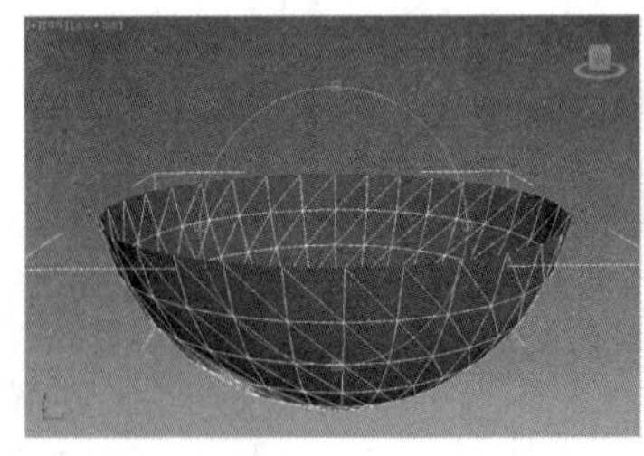
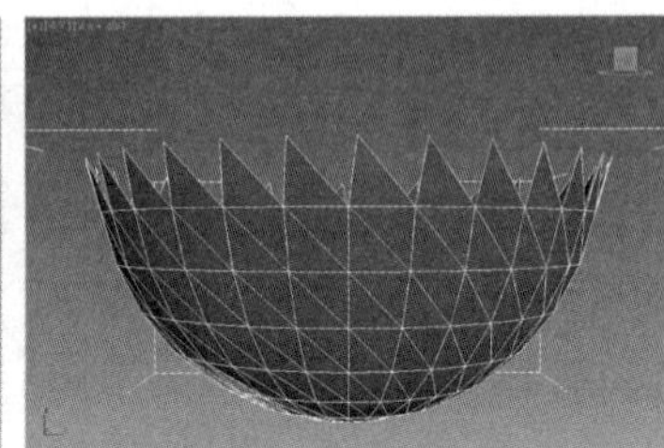
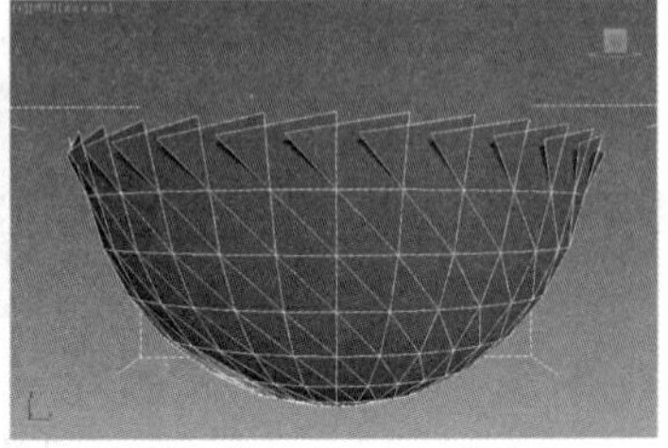

图 6-142

◆ 创建：在现有的几何体或自由空间中创建三边或四边面片。仅限于在“顶点”“面片”“元素”子对象层级下使用。

◆ 分离：用于选择当前对象内的一个或多个面片，然后使其分离（或复制面片）形成单独的面片对象。

◆ 重定向：勾选该复选框后，分离的面片或元素将会复制原对象的局部坐标系的位置和方向（当创建源对象时）。

◆ 复制：勾选该复选框后，分离的面片将会复制到新的面片对象，从而使原来的面片保持完好。

◆ 附加：用于将对象附加到当前选定的面片对象。

◆ 重定向：勾选该复选框后，重定向附加元素，使每个面片的局部坐标系与选定面片的局部坐标系对齐。

◆ 删除：删除所选子对象。删除顶点和边时要谨慎，因为删除顶点和边的同时也删除了共享顶点和边的面片。例如，如果删除球体面片顶部的单个顶点，则会同时删除顶部的 4 个面片。

- ◆ 断开：对顶点来说，用于将一个顶点分裂成多个顶点。
- ◆ 隐藏：隐藏所选子对象。
- ◆ 全部取消隐藏：还原任何隐藏子对象，使之可见。

- “焊接”选项组：仅限于在“顶点”“边”子对象层级下使用。
    - ◆ 选定：焊接阈值微调器指定的公差范围内的选定顶点。使用方法为，选择要在两个不同面片之间焊接的顶点，然后设置微调器的值，并单击“选定”按钮。
    - ◆ 目标：单击该按钮后，从一个顶点拖动到另外一个顶点可以将这些顶点焊接到一起。
- “挤出和倒角”选项组：用于对边、面片或元素执行“挤出”“倒角”操作。
    - ◆ 挤出：单击此按钮，然后拖动任何边、面片或元素，以便对其进行交互式的“挤出”操作。执行“挤出”操作时按住 Shift 键，以便创建新的元素。
    - ◆ 倒角：单击该按钮，然后拖动任意一个面片或元素，对其执行交互式的“挤出”操作，再单击该按钮，然后重新拖动，对挤出元素执行“倒角”操作。
    - ◆ 挤出：使用该微调器可以向内或向外设置挤出。
    - ◆ 轮廓：使用该微调器可以放大或缩小选定的面片或元素。
    - ◆ 法线：如果“法线”设置为“局部”，将沿选定元素中的边、面片或单独面片的各个法线执行“挤出”操作；如果法线设置为“组”，则将沿着选定的连续组的平均法线执行“挤出”操作。
    - ◆ 倒角平滑：用于在通过倒角创建的曲面和邻近面片之间设置相交的形状，这些形状是由相交时顶点的控制柄配置决定的。“开始”是指边和倒角面片周围的面片的相交，“结束”是指边和倒角面片或面片的相交。
    - ◆ 平滑：对顶点控制柄进行设置，使新面片和邻近面片之间的角度相对小一些。
    - ◆ 线性：对顶点控制柄进行设置，以便创建线性变换。
    - ◆ 无：不修改顶点控制柄。
- “切线”选项组：用于在同一个对象的控制柄之间，或在应用相同“编辑面片”修改器距离的不同对象上复制方向或有选择地复制长度。不支持将一个面片对象的控制柄复制到另外一个面片对象，也不支持在样条线和面片对象之间进行复制。
    - ◆ 复制：将面片控制柄的变换设置复制到复制缓冲区。
    - ◆ 粘贴：将方向信息从复制缓冲区粘贴到顶点控制柄。
    - ◆ 粘贴长度：如果勾选该复选框，并且使用“复制”功能，则控制柄的长度也将被复制。如果勾选该复选框，并且使用“粘贴”功能，则将复制最初复制的控制柄的长度及其方向。
- “样条线曲面”选项组：应用“编辑面片”修改器的对象由样条线组成时，该选项组变为可用。
    - ◆ 生成曲面：现有样条线创建面片曲面可以定义面片边。默认设置为启用。
    - ◆ 阈值：确定用于焊接样条线对象顶点的总距离。
    - ◆ 翻转法线：反转面片曲面的朝向。可用时默认未勾选。

- ◆ 移除内部面片：移除通常看不见的对象的内部面片。
- ◆ 仅使用选定分段：通过“曲面”修改器，仅使用在“编辑样条线”修改器或者可编辑样条线对象中选定的分段创建面片。可用时默认未勾选。

- “曲面”选项组的介绍如下。
  - ◆ 视图步数：控制面片模型曲面的栅格分辨率，如视图中所述。
  - ◆ 渲染步数：渲染时控制面片模型曲面的栅格分辨率。
  - ◆ 显示内部边：使面片对象的内部边可以在线框视图内显示。
  - ◆ 使用真面片法线：决定 3ds Max 2020 平滑面片之间的边的方式。默认未勾选。
- “杂项”选项组的介绍如下。
  - ◆ 创建图形：创建基于选定边的样条线。仅限于在“边”子对象层级下使用。
  - ◆ 面片平滑：在子对象层级，调整所选子对象顶点的切线控制柄，以便对面片对象的曲面执行“平滑”操作。

“曲面属性”卷展栏（见图 6-143）介绍如下。

- “松弛网格”选项组：从中设置松弛参数，与“松弛”修改器类似。
  - ◆ 松弛：勾选该复选框以启用“松弛”功能。
  - ◆ 松弛视口：勾选该复选框，可以在视口中显示松弛效果。
  - ◆ 松弛值：控制移动每个迭代次数的顶点程度。
  - ◆ 迭代次数：设置重复此过程的次数。对每次迭代来说，需要重新计算平均位置，重新将“松弛值”应用到每一个顶点。

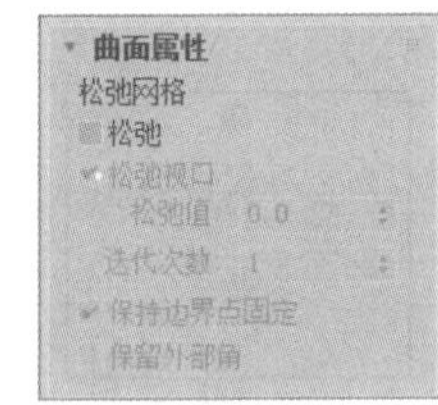

图 6-143

  - ◆ 保持边界点固定：控制是否移动打开网格边上的顶点。默认设置为启用。
  - ◆ 保留外部角：将顶点的原始位置保持为距对象中心的最远距离。选择子对象层级后，相应的面板和命令按钮将被激活，这些命令和面板与前面介绍的命令相同，下面不重复介绍。

6.4.3 “曲面”修改器

“曲面”修改器基于样条线网格的轮廓生成面片曲面，可以在三面体或四面体的交织样条线分段的任何地方创建面片，如图 6-144 所示。

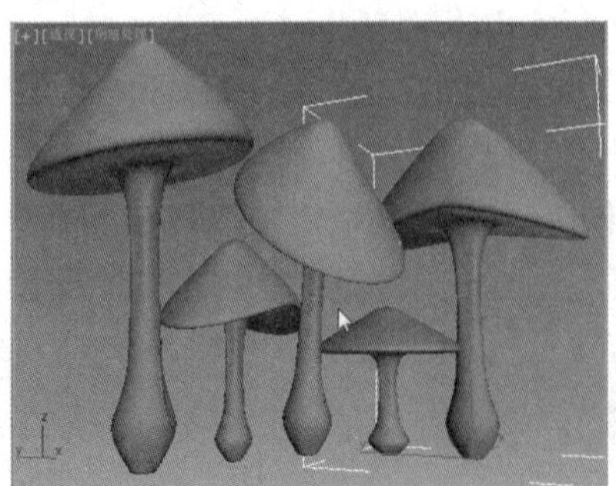

图 6-144

使用“曲面”修改器进行建模，所做的大量工作主要是在“可编辑样条线”修改器或“编辑样条线”修改器中创建和编辑样条线。使用样条线和“曲面”修改器来建模的一个好处就是易于编辑模型。

6.5 课堂练习——制作花瓶模型

【练习知识要点】创建 NURBS 曲线，并使用 NURBS 工具面板中的“创建车削曲面”工具制作出花瓶模型，效果如图 6-145 所示。

【素材文件位置】云盘/贴图。

【参考模型文件位置】云盘/场景/Ch06/花瓶.max。

图 6-145

微课视频

制作花瓶模型

6.6 课后习题——制作礼盒模型

【习题知识要点】将“切角长方体”工具与“编辑多边形”修改器结合使用，制作出盒子模型；使用“四边形面片”工具和“编辑面片”修改器制作出拉花模型，效果如图 6-146 所示。

【素材文件位置】云盘/贴图。

【参考模型文件位置】云盘/场景/Ch06/礼盒.max。

图 6-146

微课视频

制作礼盒模型

第 7 章 材质和纹理贴图

本章介绍

前面讲解了利用 3ds Max 2020 创建模型的方法，好的作品除了模型还需要材质与贴图的配合，材质与贴图是三维创作中非常重要的内容，其重要性和难度丝毫不亚于建模。通过本章的学习，读者可以掌握材质编辑器的参数设定，了解常用的材质和贴图，并掌握 UVW 贴图。

学习目标

- ✔ 熟练掌握材质编辑器的使用方法。
- ✔ 熟练掌握材质类型。
- ✔ 熟练掌握“标准”材质的编辑。
- ✔ 熟练掌握纹理贴图的使用方法。
- ✔ 熟练掌握“反射和折射”贴图的使用方法。

技能目标

- ✔ 掌握金属和木纹材质的制作方法和技巧。
- ✔ 掌握布料材质的制作方法和技巧。

素养目标

- ✔ 培养学生细致的观察能力。

7.1 材质概述

真实世界中的物体都有自身的表面特征，如透明的玻璃，具有光泽度的金属，不同颜色和纹理的石材、木材等。

在 3ds Max 2020 中创建好模型后，使用材质编辑器可以准确、逼真地表现物体不同的颜色、光泽和质感等特性，图 7-1 所示为 3ds Max 2020 中模型指定材质后的效果。

图 7-1

贴图的主要材质是位图，在实际应用中主要用到下面几种位图格式。

- BMP 位图格式：有 Windows 和 OS/2 两种格式，该格式的文件几乎不压缩，占用磁盘空间较大，它的颜色存储格式有 1 位、4 位、8 位和 24 位，是当今应用比较广泛的一种文件格式。
- GIF：CompuServe 公司提供的 GIF（Graphics Interchange Format，图形交换格式），是一种经过压缩的格式，它使用 LZW（Lempel-Ziv-Welch）算法进行压缩。该格式在 Internet 上被广泛地应用，其原因主要是 256 种颜色已经较能满足主页图形的需要，且文件较小，适合网络环境下的传输和浏览。
- JPEG 格式：JPEG 格式是由 Joint Photographic Experts Group（联合图像专家组）制定的标准，可以用不同的压缩比例对文件进行压缩，且压缩技术十分先进，对图像质量影响较小，因此可以用最少的磁盘空间得到较好的图像质量。由于它性能优异，所以应用非常广泛，是目前 Internet 上主流的图形格式，但 JPEG 格式是一种有损压缩。
- PSD 格式：PSD 是 Adobe 公司的 Photoshop 的专用格式，在该软件所支持的各种格式中，PSD 格式的存取速度比其他格式快很多。由于 Photoshop 越来越广泛地被应用，所以这个格式也逐步流行起来。使用 PSD 格式存档时会将文件压缩以节省空间，但不会影响图像质量。
- TIFF：TIFF（Tag Image File Format，标签图像文件格式）被许多绘图或图像处理软件用来进行文件交换。TIFF 具有图形格式复杂、存储信息多的特点。3ds Max 中大量贴图的格式就是 TIFF。TIFF 最大色深为 32bit，可采用 LZW 无损压缩方案存储。
- PNG 格式：PNG（Portable Network Graphics，便携式网络图形）是一种新兴的网络图形格式，结合了 GIF 和 JPEG 的优点，具有存储形式丰富的特点。PNG 最大色深为 48bit，采用无损压缩方案存储。著名的 Macromedia 公司的 Fireworks 采用的默认格式就是 PNG。

7.2 材质编辑器

材质编辑器是一个浮动的窗口，用于设置不同类型和属性的材质与贴图效果，并将设置的结果赋予场景中的物体。

在工具栏中单击（材质编辑器）按钮，弹出“Slate 材质编辑器”窗口，如图 7-2 所示。Slate 材质编辑器是一个具有多个元素的图形界面。

按住按钮，选择隐藏的（材质编辑器）按钮，弹出精简“材质编辑器”窗口，如图 7-3 所示。

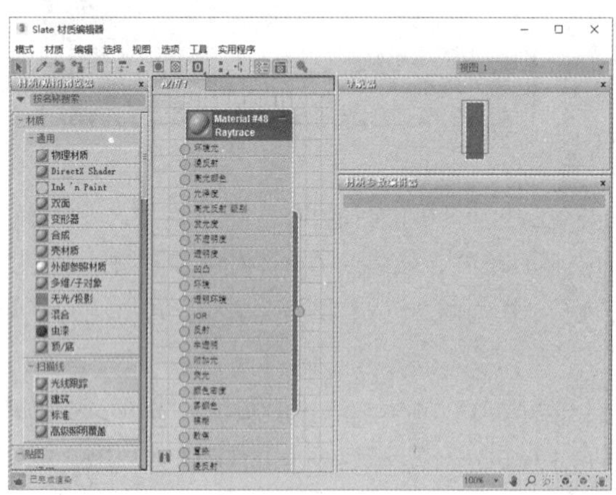

图 7-2

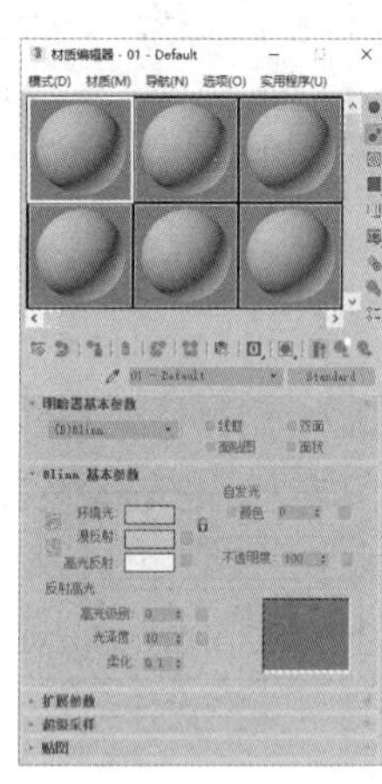

图 7-3

7.2.1 材质构成

材质构成用于描述材质视觉和光学上的属性，主要包括颜色构成、高光控制、自发光和不透明度。

颜色构成：单一颜色的表面由于光影的作用，通常会反射出多种颜色，3ds Max 2020 中绝大部分标准材质都是通过 4 种颜色构成进行模拟的。

- 环境光：对象阴影区域的颜色。
- 漫反射：普通照明情况下对象的“原色”。
- 高光反射：对象高亮照射部分的颜色。

这 3 部分分别代表着对象的 3 个受光区域，如图 7-4 所示。

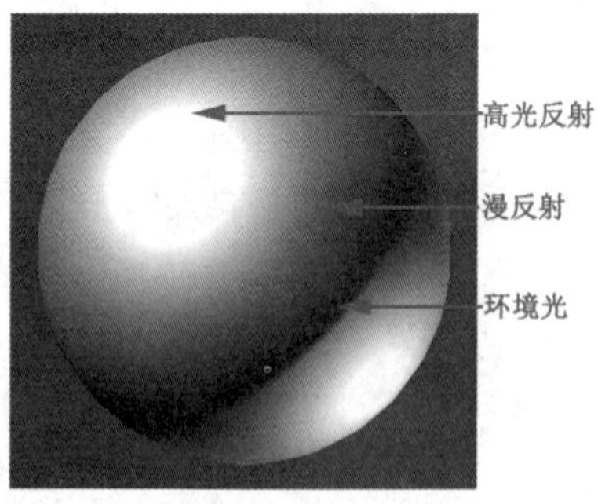

图 7-4

- 过滤色：光线穿过对象所传播的颜色。只有当对象的不透明度低于 100%时才会出现。

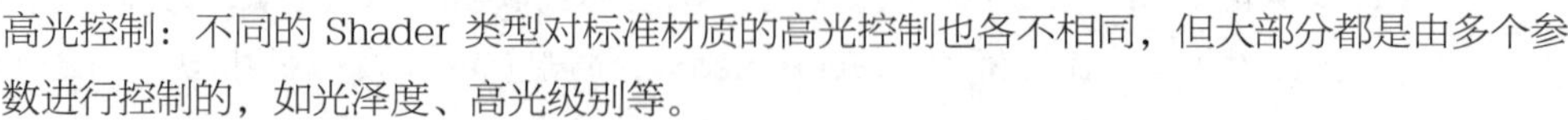

高光控制：不同的 Shader 类型对标准材质的高光控制也各不相同，但大部分都是由多个参数进行控制的，如光泽度、高光级别等。

自发光：自发光可以模拟对象从内部进行发光的效果。

不透明度：不透明度是对象的相对透明程度，降低不透明度，对象会变得更透明。

以上绝大部分材质构成都可以指定贴图，诸如漫反射、不透明度等，贴图可以使材质的外观更复杂、真实。

7.2.2 材质编辑器菜单

材质编辑器的菜单栏中包含用于创建和管理场景中材质的各种命令的菜单，大部分命令也可以从其工具栏或导航按钮中找到。

下面介绍“Slate 材质编辑器”窗口中的菜单栏。

“模式”菜单（见图 7-5）中的各项命令介绍如下。

- 精简材质编辑器：显示精简“材质编辑器”窗口。
- Slate 材质编辑器：显示“Slate 材质编辑器”窗口。

图 7-5

“材质”菜单（见图 7-6）中的各项命令介绍如下。

- 从对象选取：选择此命令后，鼠标指针会显示为滴管。单击视图中的一个对象，可以在当前视图中显示出其材质。

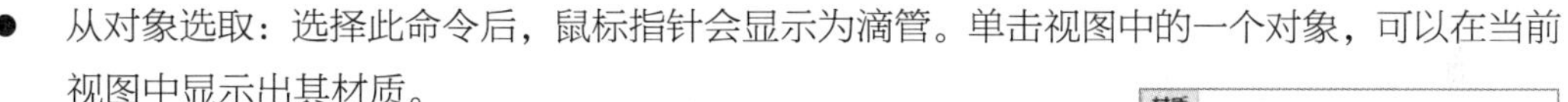

- 从选定项获取：从场景中选定的对象获取材质，并显示在活动视图中。
- 获取所有场景材质：在当前视图中显示所有场景材质。
- 在 ATS 对话框中高亮显示资源：打开“资源追踪”对话框，其中显示了位图使用的外部文件的状态。如果针对位图节点选择此命令，关联的文件将在“资源追踪”对话框中高亮显示。

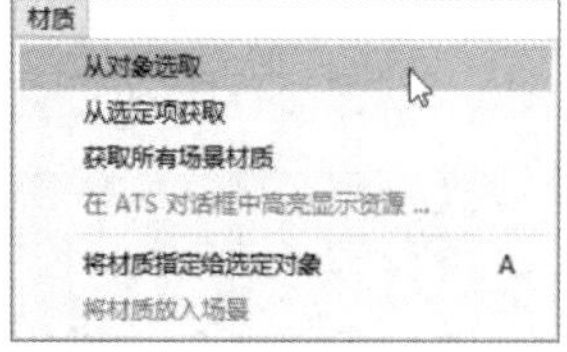

图 7-6

- 将材质指定给选定对象：将当前材质指定给当前选中的所有对象。快捷键为 A。
- 将材质放入场景：仅当具有与应用到对象的材质同名的材质副本，且已编辑该副本以更改材质的属性时，该命令才可用。选择“将材质放入场景”命令可以更新应用了旧材质的对象。

“编辑”菜单（见图 7-7）中的各项命令介绍如下。

- 删除选定对象：在活动视图中，删除选定的节点或关联。快捷键为 Delete。

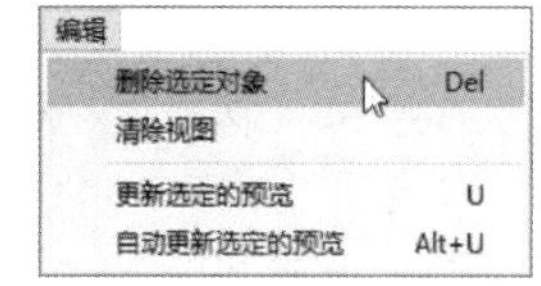

图 7-7

- 清除视图：删除活动视图中的全部节点和关联。
- 更新选定的预览：自动更新关闭时，选择此命令可以为选定的节点更新预览窗口。快捷键为 U。
- 自动更新选定的预览：切换选定预览窗口的自动更新。快捷键为 Alt+U。

“选择”菜单（见图 7-8）中的各项命令介绍如下。

- 选择工具：激活“选择工具”工具。“选择工具”处于活动状态时，此命令左侧会有一个复选标记。快捷键为 S。
- 全选：选择当前视图中的所有节点。快捷键为 Ctrl+A。
- 全部不选：取消当前视图中的所有节点的选择。快捷键为 Ctrl+D。
- 反选：反转当前选择，之前选定的节点都取消选择，未选择的节点现在都选择。快捷键为 Ctrl+I。

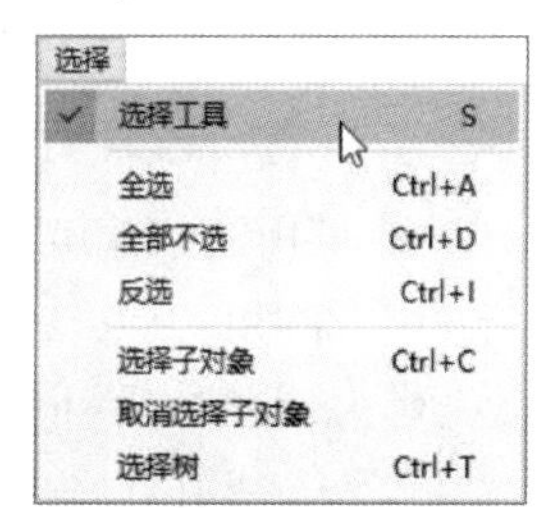

图 7-8

- 选择子对象：选择当前选定节点的所有子节点。快捷键为 Ctrl+C。

- 取消选择子对象：取消选择当前选定节点的所有子节点。
- 选择树：选择当前树中的所有节点。快捷键为 Ctrl+T。

“视图”菜单（见图 7-9）中的各项命令介绍如下。

- 平移工具：启用“平移工具”命令后，在当前视图中拖动即可平移视图。快捷键为 Ctrl+P。
- 平移至选定项：将视图平移至当前选择的节点。快捷键为 Alt+P。
- 缩放工具：启用“缩放工具”命令后，在当前视图中拖动即可缩放视图。快捷键为 Alt+Z。
- 缩放区域工具：启用“缩放区域工具”命令后，在视图中拖动出一块矩形选区即可缩放该区域。快捷键为 Ctrl+W。
- 最大化显示：缩放视图，从而让视图中的所有节点都可见且居中显示。快捷键为 Alt+Ctrl+Z。
- 选定最大化显示：缩放视图，从而让视图中的所有选定节点都可见且居中显示。快捷键为 Z。

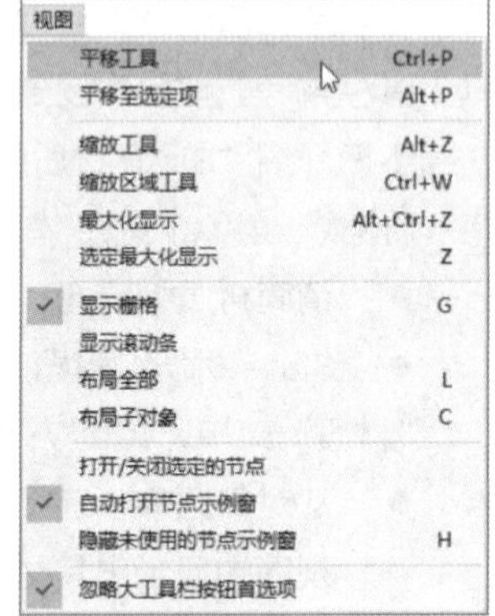

图 7-9

- 显示栅格：将一个栅格的显示切换为视图背景。默认设置为启用，快捷键为 G。
- 显示滚动条：根据需要，切换视图右侧和底部的滚动条的显示。默认处于禁用状态。
- 布局全部：自动排列视图中所有节点的布局。快捷键为 L。
- 布局子对象：自动排列当前所选节点的子对象的布局。此操作不会更改父节点的位置。快捷键为 C。
- 打开/关闭选定的节点：打开（展开）或关闭（折叠）选定的节点。
- 自动打开节点示例窗：启用此命令后，新创建的所有节点都会打开（展开）。
- 隐藏未使用的节点示例窗：对于选定的节点，在节点打开的情况下切换未使用的示例窗的显示。快捷键为 H。

“选项”菜单（见图 7-10）中的各项命令介绍如下。

- 移动子对象：启用此命令后，移动父节点会移动与之相随的子节点。禁用此命令时，移动父节点不会更改子节点的位置。默认处于禁用状态。快捷键为 Alt+C。

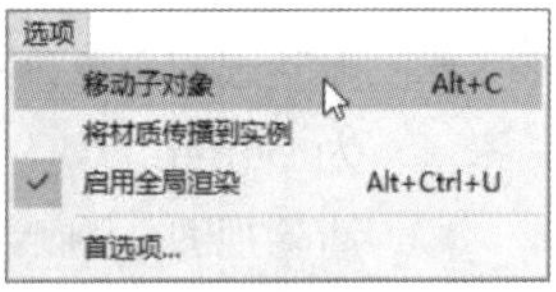

图 7-10

- 将材质传播到实例：启用此命令后，任何指定的材质都将被传播到场景中对象的所有实例，包括导入的 AutoCAD 块或基于 ADT（Abstract Data Type，抽象数据类型）样式的对象，它们都是 DRF（Discreet Remder Format，Discreet 渲染格式）文件中常见的对象类型。
- 启用全局渲染：切换预览窗口中位图的渲染。默认设置为启用。
- 首选项：用于打开“首选项”对话框，如图 7-11 所示，从中可以设置材质编辑器的一些选项，此处不详细介绍。

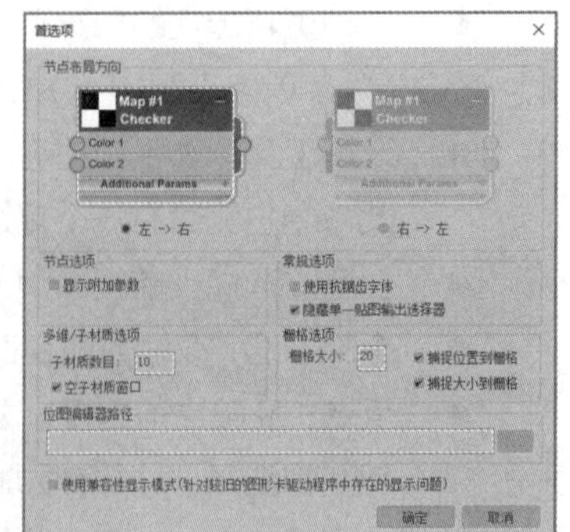

图 7-11

“工具”菜单（见图 7-12）中的各项命令介绍如下。

- 材质/贴图浏览器：切换“材质/贴图浏览器”的显示。默认设置为启用。快捷键为 O。

- 参数编辑器：切换“参数编辑器”的显示。默认设置为启用。快捷键为 P。
- 导航器：切换“导航器”的显示。默认设置为启用。快捷键为 N。

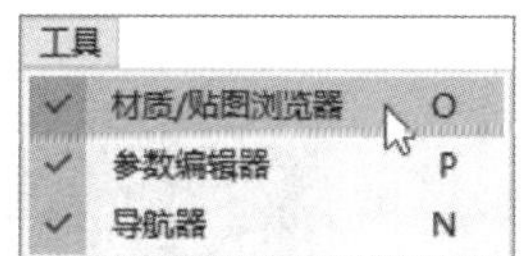

图 7-12

“实用程序”菜单（见图 7-13）中的各项命令介绍如下。

- 渲染贴图：此命令仅对贴图节点可用，用于打开“渲染贴图”对话框，以便可以渲染贴图（可能是动画贴图）预览。
- 按材质选择对象：仅当为场景中使用的材质选择了单个材质节点时可用。使用“按材质选择对象”命令可以基于“材质编辑器”窗口中的活动材质选择对象。选择此命令将打开“选择对象”对话框。
- 清理多重材质：用于打开“清理多重材质”工具，以删除场景中未使用的子材质。

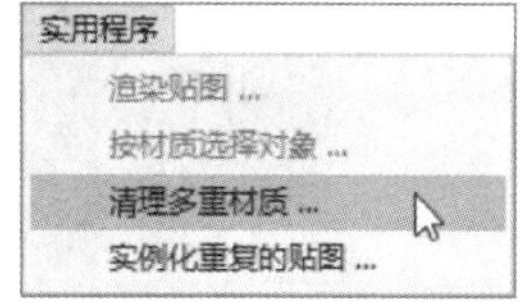

图 7-13

- 实例化重复的贴图：用于打开“实例化重复的贴图”工具，以合并重复的位图。

7.2.3 活动视图

材质和贴图节点显示在“Slate 材质编辑器”的视图中，用户可以在节点之间创建关联。

1．编辑节点

可以折叠节点隐藏其窗口，如图 7-14 所示。也可以展开节点显示窗口，如图 7-15 所示。还可以在水平方向调整节点大小，这样易于读取窗口名称，如图 7-16 所示。

图 7-14

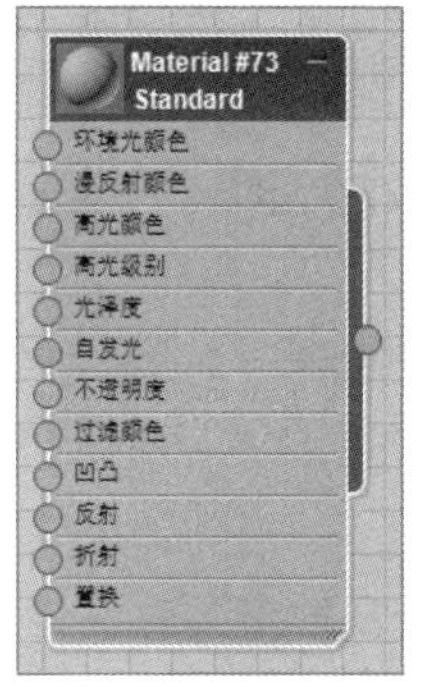

图 7-15

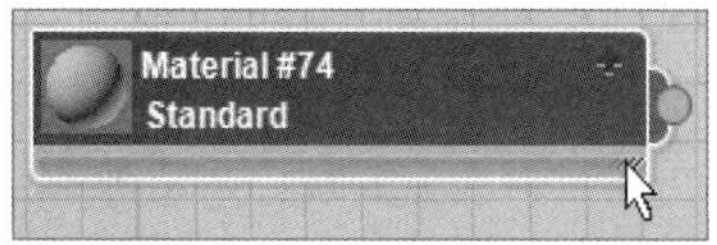

图 7-16

通过双击预览，可以放大节点标题栏中的预览。想要减小预览，再次双击预览即可，如图 7-17 所示。

在节点的标题栏中，材质预览的拐角处表明材质是否为热材质。没有三角形则表示场景中没有使用材质，如图 7-18 左图所示；轮廓式白色三角形表示此材质是热材质，换句话说，它已经在场景中实例化，如图 7-18 中图所示；实心白色三角形表示材质不仅是热材质，而且已经应用到当前选定的对象上，如图 7-18 右图所示。如果材质没有应用于场景中的任何对象，就称它为冷材质。

2．关联节点

想要设置材质组件的贴图，请将一个贴图节点关联到该组件窗口的输入套接字。从贴图套接字拖到材质套接字上，图 7-19 所示为创建的关联。

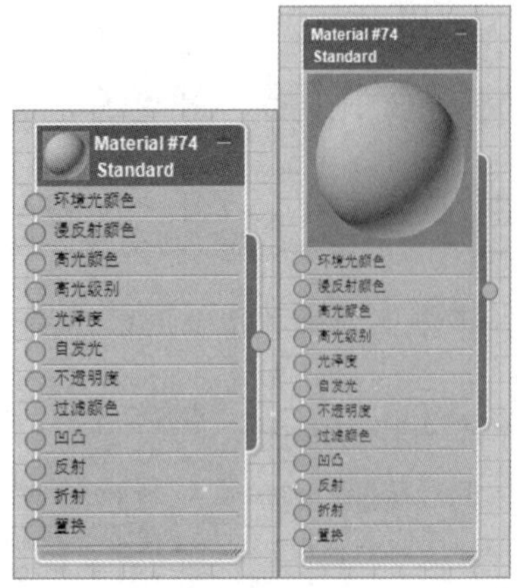

图 7-17

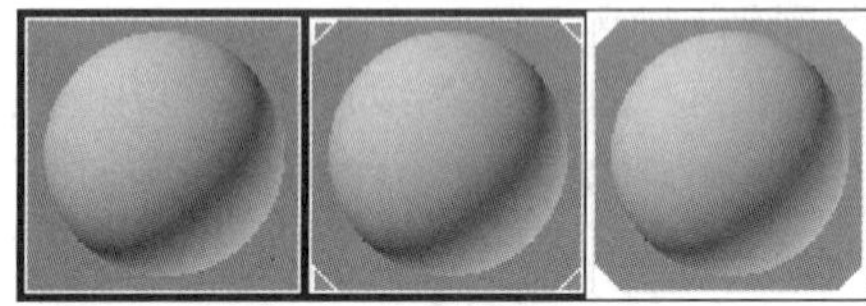

图 7-18

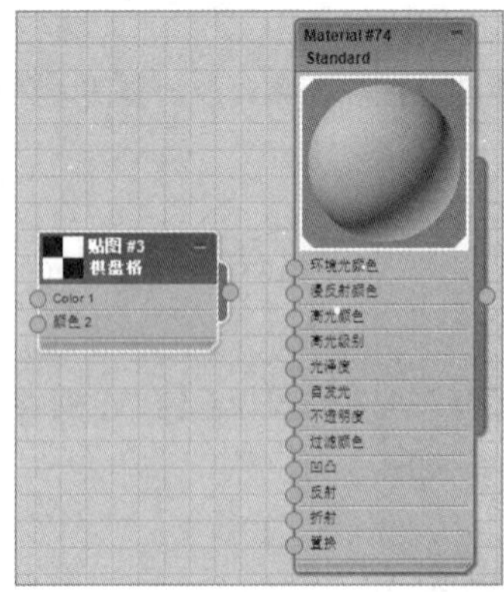

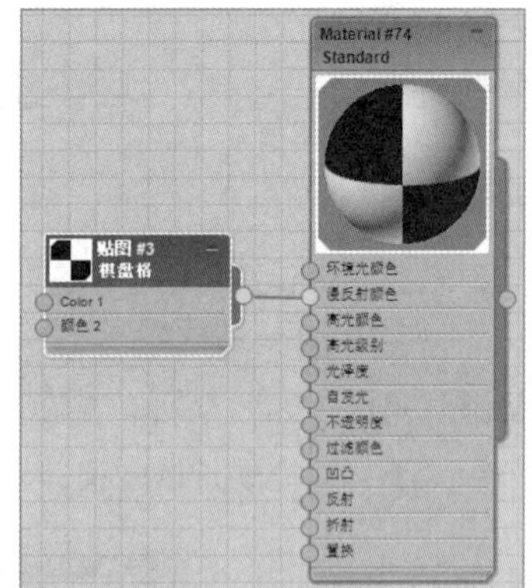

图 7-19

材质节点标题栏中的预览图标现在显示纹理贴图。“Slate 材质编辑器”还添加了一个 Bezier 浮点控制器节点，以控制贴图量。

若要移除选定项，单击工具栏中的（删除选定对象）按钮，或直接按 Delete 键。同样，使用这两种方法也可以将创建的关联删除。

3. 替换关联

在视图中拖出关联，在视图的空白部分释放新关联，将打开一个用于创建新节点的菜单，如图 7-20 所示。用户可以从输入套接字向后拖动，也可以从输出套接字向前拖动。

如果将关联拖动到目标节点的标题栏，将显示一个弹出菜单，可通过它选择要关联的组件窗口，如图 7-21 所示。

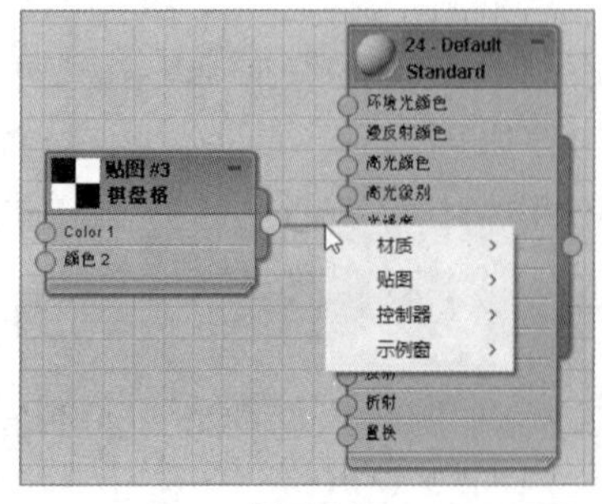

图 7-20

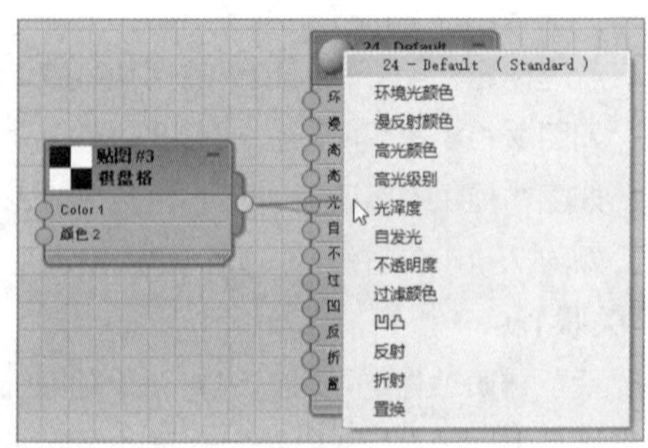

图 7-21

7.2.4 材质工具按钮

使用“Slate 材质编辑器”的工具栏可以快速访问许多命令。该工具栏还包含一个下拉列表框，用户可以在命名的视图之间进行选择，图 7-22 所示为“Slate 材质编辑器”的工具栏。

图 7-22

工具栏中各个工具的功能介绍如下（与前面菜单中相同的工具，此处不重复介绍）。

- （视口中显示明暗处理材质）：在视图中显示设置的贴图。
- （在预览中显示背景）：在预览窗口中显示方格背景。
- （布局全部-垂直）：单击此按钮将以垂直模式自动布置所有节点。
- （布局全部-水平）：单击此按钮将以水平模式自动布置所有节点。
- （按材质选择）：仅当选定了单个材质节点时才启用此按钮。

精简“材质编辑器”与“Slate 材质编辑器”中的工具按钮基本相同，下面以精简“材质编辑器”窗口为例进行介绍。

- （将材质放入场景）：在编辑材质之后更新场景中的材质。
- （生成材质副本）：通过复制自身的材质生成材质副本，冷却当前热示例窗。
- （使唯一）：可以使贴图实例成为唯一的副本。
- （放入库）：可以将选定的材质添加到当前库中。
- （材质 ID 通道）：弹出按钮上的按钮将材质标记为 Video Post 效果或渲染效果，或存储以 RLA 或 RPF 文件格式保存的渲染图像的目标（以便通道值可以在后期处理应用程序中使用）。材质 ID 值等同于对象的 G 缓冲区值，范围为 1 ~ 15，表示将使用此通道 ID 的 Video Post 效果或渲染效果应用于该材质。
- （显示最终结果）：当此按钮处于启用状态时，示例窗将显示（显示最终结果），即材质树中所有贴图和明暗器的组合。当此按钮未启用时，示例窗只显示材质的当前层级。
- （转到父对象）：使用该按钮可以在当前材质中向上移动一个层级。
- （转到下一个同级项）：使用该按钮，将移动到当前材质中相同层级的下一个贴图或材质。
- （采样类型）：使用“采样类型”弹出按钮可以选择要显示在活动示例窗中的几何体，如图 7-23 所示。
- （背光）：启用后，可将背光添加到活动示例窗中。默认情况下，此按钮处于启用状态。图 7-24 左图所示为启用背光后的效果，右图所示为未启用背光时的效果。

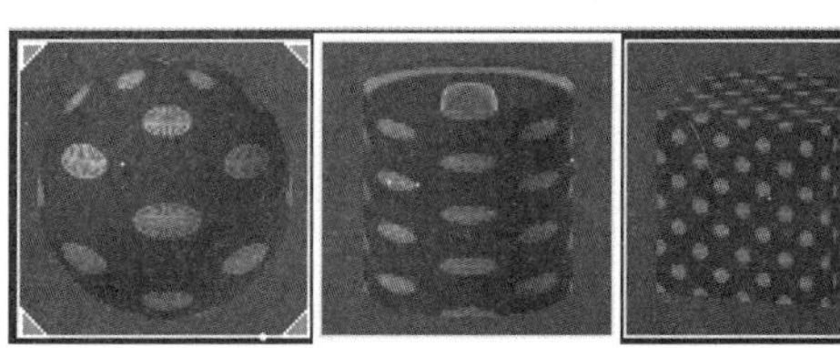

图 7-23

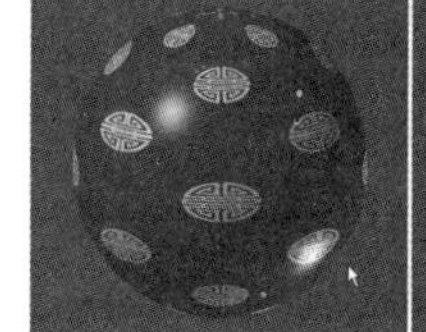
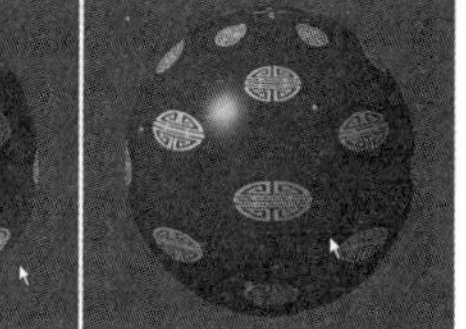

图 7-24

- 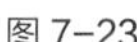（采样 UV 平铺）：使用“采样 UV 平铺”弹出按钮可以在活动示例窗中调整采

样对象上的贴图图案重复，如图 7–25 所示。

- （视频颜色检查）：用于检查示例对象上的材质颜色是否超过安全 NTSC 或 PAL 阈值。图 7–26 左图所示为颜色过分饱和的材质，右图所示为“视频颜色检查”超过视频阈值的黑色区域。

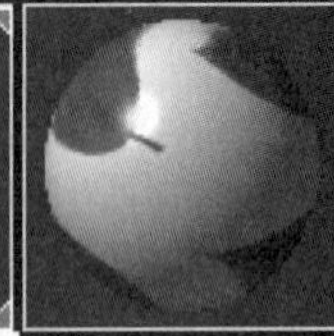
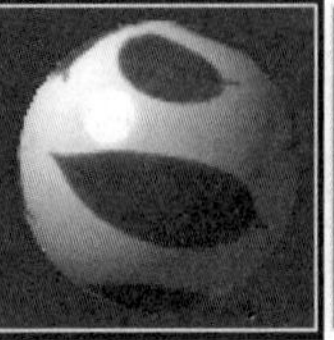

图 7–25

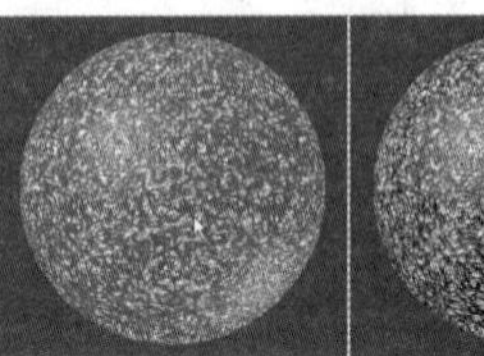
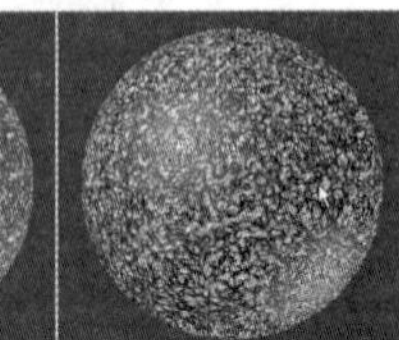

图 7–26

- （生成预览）、（播放预览）、（保存预览）：单击“生成预览”按钮，弹出“创建材质预览”对话框，创建动画材质的 AVI（Audio Video Interleaved，音频视频交错）文件，如图 7–27 所示；“播放预览”使用 Windows Media Player 播放“.avi”预览文件；“保存预览”将“.avi”预览文件以另一个名称的 AVI 文件形式保存。
- （选项）：单击此按钮将弹出“材质编辑器选项”对话框，可以帮助用户控制如何在示例窗中显示材质和贴图，如图 7–28 所示。

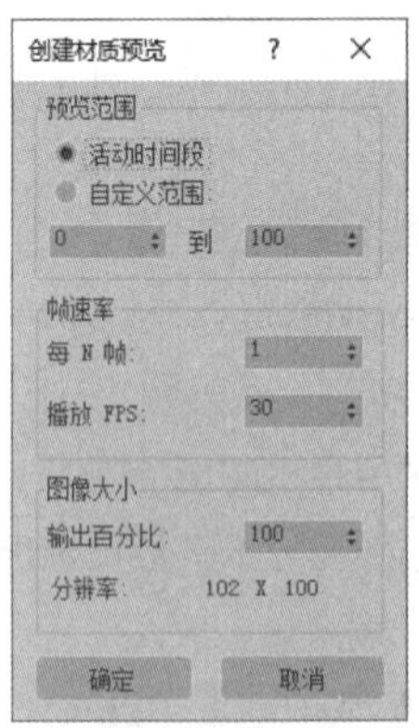

图 7–27

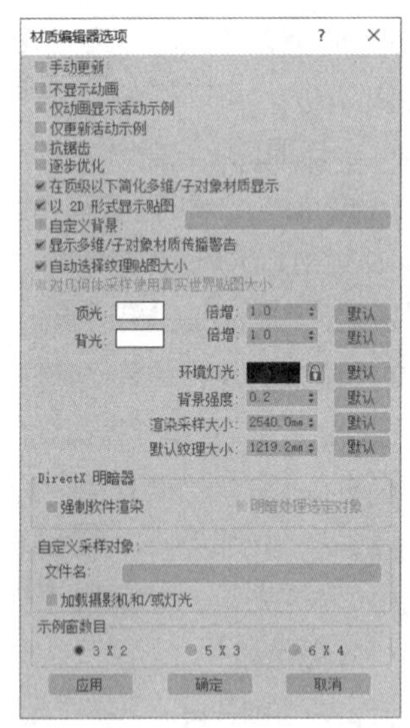

图 7–28

7.3 材质类型

下面将以精简“材质编辑器”为例向大家介绍材质类型，在“材质编辑器”窗口中单击“Standard”按钮，在弹出的“材质/贴图浏览器”对话框中展开“材质”卷展栏中的“标准”卷展栏，其中列出了标准材质类型，如图 7–29 所示。

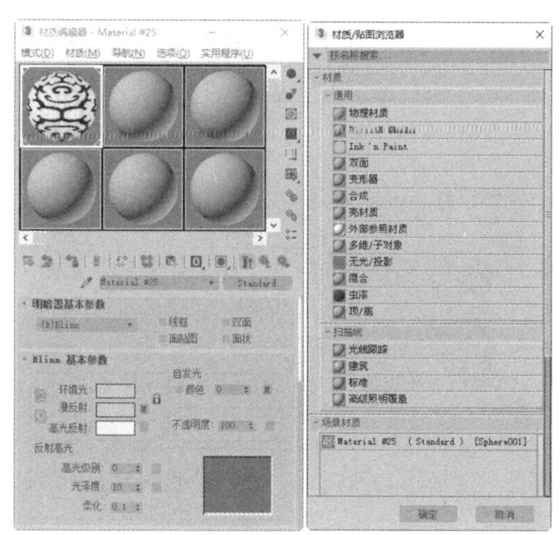

图 7-29

7.3.1 “标准”材质

“标准”材质是默认的通用材质，在现实生活中，对象的外观取决于它反射光线的情况，在 3ds Max 2020 中，“标准”材质用来模拟对象表面的反射属性，在不使用贴图的情况下，“标准”材质为对象提供了单一、均匀的表面颜色效果。

1. 明暗器基本参数

“明暗器基本参数”卷展栏中的参数用于设置材质的明暗效果以及渲染形态，如图 7-30 所示。

图 7-30

- 线框：勾选该复选框后，将以网格线框的方式对物体进行渲染，如图 7-31 所示。
- 双面：勾选该复选框后，将对物体的双面进行渲染，如图 7-32 所示。

图 7-31

图 7-32

- 面贴图：勾选该复选框后，可将材质赋予物体的所有面，如图 7-33 所示。
- 面状：勾选该复选框后，物体将以面的方式被渲染，如图 7-34 所示。

图 7-33

图 7-34

- 明暗器下拉列表框：用于选择材质的渲染属性。3ds Max 2020 提供了 8 种渲染属性，如图 7-35 所示。其中，“Blinn”“金属”“各向异性”“Phong”是比较常用的材质渲染属性。

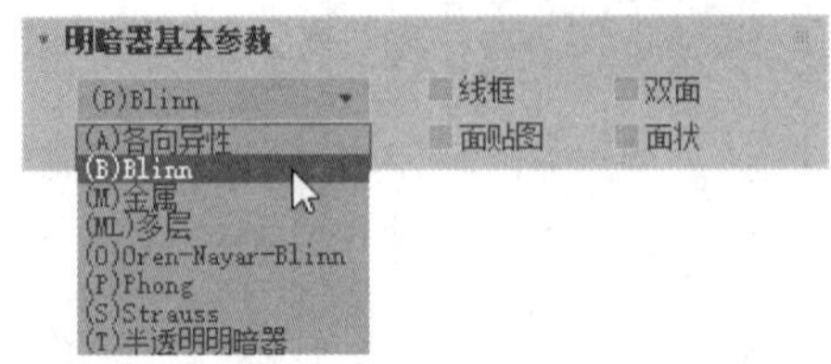

图 7-35

◆ 各向异性：多用于椭圆表面的物体，能很好地表现出毛发、玻璃、陶瓷和粗糙金属的效果。

◆ Blinn：以光滑方式进行表面渲染，易表现冷色、坚硬的材质，是 3ds Max 2020 默认的渲染属性。

◆ 金属：专用于金属材质，可表现出金属的强烈反光效果。

◆ 多层：具有两组高光控制选项，能产生更复杂、有趣的高光效果，适合做抛光的表面和特殊效果（如缎纹、丝绸和油漆等效果）。

◆ Oren-Nayar-Blinn：是“Blinn”渲染属性的变种，但它看起来更柔和，适合表面较粗糙的物体，如织物和地毯等效果。

◆ Phong：以光滑方式进行表面渲染，易表现暖色、柔和的材质。

◆ Strauss：与“金属”相似，多用于表现金属，如具有光泽的油漆和光亮的金属等效果。

◆ 半透明明暗器：专门用于设置半透明材质，多用于表现光线穿过半透明物体（如窗帘、投影屏幕或者是刻了图案的玻璃）的效果。

2. 基本参数

基本参数不是一直不变的，而是随着渲染属性的改变而改变，但大部分参数都是相同的。这里以常用的“Blinn”和“各向异性”为例来介绍基本参数。

“Blinn 基本参数”卷展栏中显示的是 3ds Max 2020 默认的基本参数，如图 7-36 所示。

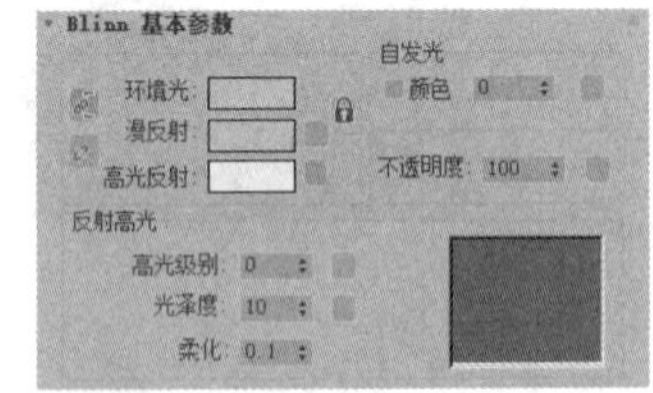

图 7-36

- 环境光：用于设置物体表面阴影区域的颜色。
- 漫反射：用于设置物体表面漫反射区域的颜色。
- 高光反射：用于设置物体表面高光区域的颜色。

单击这 3 个参数右侧的颜色框，会弹出“颜色选择器”对话框，如图 7-37 所示，设置好合适的颜色后单击“确定”按钮即可。若单击“重置”按钮，设置的颜色将回到初始状态。对话框右侧用于设置颜色的红、绿、蓝的值，可以通过调整数值来设置颜色。

- 自发光：使材质具有自身发光的效果，可用于制作灯和电视机屏幕等光源物体。可以在其数值框中输入数值，此时“漫反射”将作为自发光色，如图 7-38 所示。也可以勾选左侧的复选框，使数值框变为颜色框，然后单击颜色框选择自发光的颜色，如图 7-39 所示。

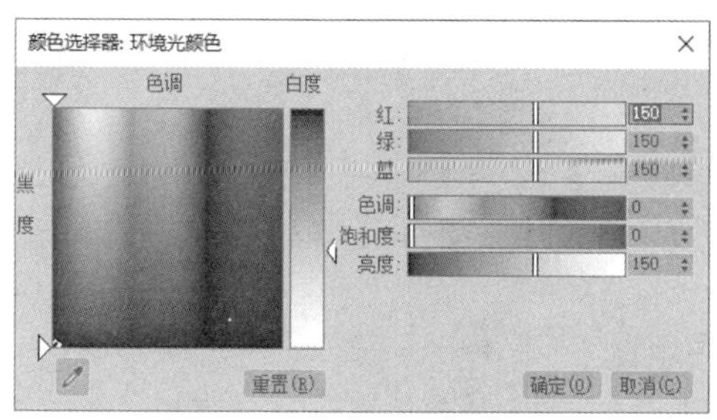

图 7-37

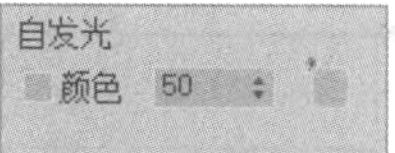

图 7-38

图 7-39

- 不透明度：用于设置材质的不透明百分比值，默认值为“100”，表示完全不透明；值为“0”时，表示完全透明。
- “反射高光”选项组：用于设置材质的反光强度和反光度。
  - 高光级别：用于设置高光亮度。值越大，高光亮度就越高。
  - 光泽度：用于设置高光区域的大小。值越大，高光区域越小。
  - 柔化：具有柔化高光的效果，取值范围为 0 ~ 1.0。

“各向异性基本参数”卷展栏：在明暗器下拉列表框中选择“各向异性”选项，基本参数发生变化，如图 7-40 所示。

- 漫反射级别：用于控制材质的“环境光”颜色的亮度，改变参数值不会影响高光。取值范围为 0 ~ 400，默认值为 100。
- 各向异性：用于控制高光的形状。
- 方向：用于设置高光的方向。

“贴图”卷展栏：贴图是制作材质的关键，3ds Max 2020 在“标准”材质的贴图设置面板中提供了多种贴图通道，如图 7-41 所示。每一种都有其独特之处，通过贴图通道进行材质的赋予和编辑，能使模型具有真实的效果。

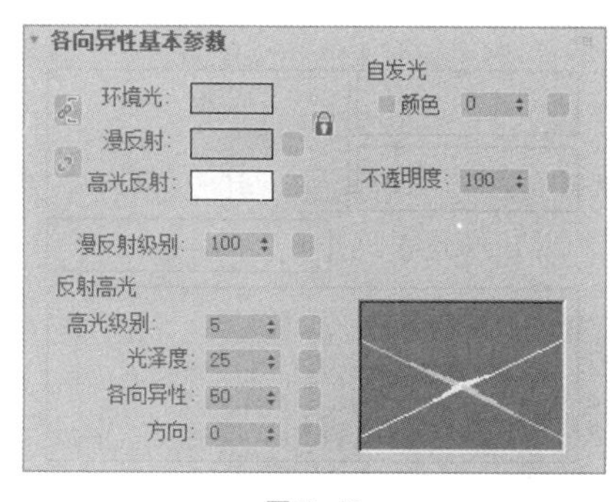

图 7-40

贴图	数量	贴图类型
环境光颜色	100	无贴图
漫反射颜色	100	无贴图
高光颜色	100	无贴图
漫反射级别	100	无贴图
高光级别	100	无贴图
光泽度	100	无贴图
各向异性	100	无贴图
方向	100	无贴图
自发光	100	无贴图
不透明度	100	无贴图
过滤颜色	100	无贴图
凹凸	30	无贴图
反射	100	无贴图
折射	100	无贴图
置换	100	无贴图

图 7-41

“贴图”卷展栏中的部分贴图通道与前面介绍的“基本参数”卷展栏中的参数对应。在“基本参数”卷展栏中可以看到部分参数的右侧有一个 无贴图 按钮，这和贴图通道中的“None”按钮的作用相同，单击后都会弹出“材质/贴图浏览器”对话框，如图 7-42 所示。在“材质/贴图浏览器”对话框中可以选择贴图类型。下面对部分贴图通道进行介绍。

- 环境光颜色：将贴图应用于材质的阴影区域，默认状态不启用该通道。
- 漫反射颜色：用于表现材质的纹理效果，是最常用的一种贴图，如图 7-43 所示。
- 高光颜色：将材质应用于物体的高光区域。
- 高光级别：与高光区域贴图相似，但强度取决于高光强度的设置。
- 光泽度：将贴图应用于物体的高光区域，控制物体高光区域贴图的光泽度。
- 自发光：将贴图以一种自发光的形式应用于物体表面，颜色浅的部分会产生发光效果。
- 不透明度：根据贴图的明暗部分在物体表面上产生透明的效果，颜色深的地方透明，颜色浅的地方不透明。
- 过滤颜色：根据贴图像素的深浅程度产生透明的颜色效果。

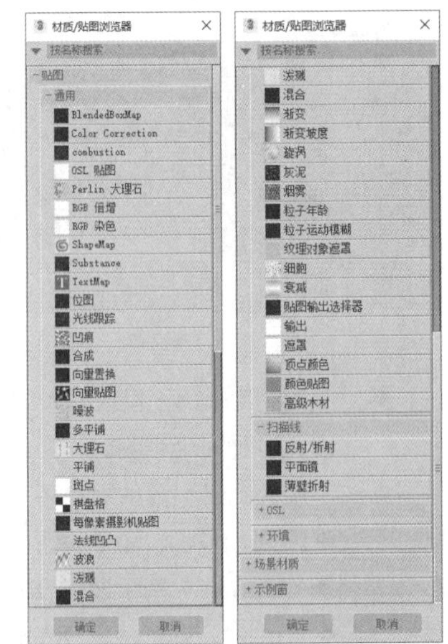

图 7-42

- 凹凸：根据贴图的颜色产生凹凸的效果，颜色深的区域产生凹陷效果，颜色浅的区域产生凸起效果，如图 7-44 所示。

图 7-43

图 7-44

- 反射：用于表现材质的反射效果，是建模中重要的材质编辑参数。图 7-45 所示的木质摆件和模拟的桌面都有反射效果。
- 折射：用于表现材质的折射效果，常用于表现水和玻璃的折射效果。图 7-46 所示为玻璃表盘的折射效果。

图 7-45

图 7-46

7.3.2 “光线跟踪”材质

“光线跟踪”材质是一种高级的材质类型。当光线在场景中移动时，通过跟踪对象来计算材质颜色，这些光线可以穿过透明对象，在光亮的材质上反射，得到逼真的效果。

“光线跟踪”材质产生的反射和折射效果要比“光线跟踪”贴图更逼真，但渲染速度会更慢。

1. 选择“光线跟踪”材质

在工具栏中单击（材质编辑器）按钮，打开“材质编辑器”窗口，单击“Standard”按钮，弹出“材质/贴图浏览器”对话框，如图 7-47 所示。双击“光线跟踪”选项，材质编辑器中会显示“光线跟踪”材质的参数，如图 7-48 所示。

2. “光线跟踪”材质的基本参数

单击“明暗处理”下拉列表框，会发现“光线跟踪”材质只有 5 种明暗方式，分别是“Phong”“Blinn”“金属”“Oren-Nayar-Blinn”“各向异性”，如图 7-49 所示，这 5 种方式的属性和用法与“标准”材质中的是相同的。

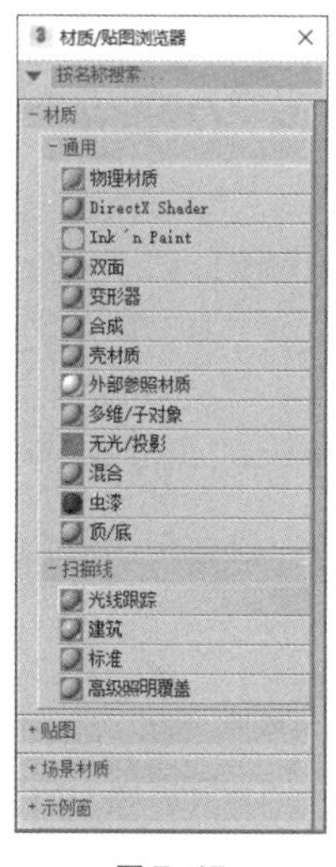

图 7-47

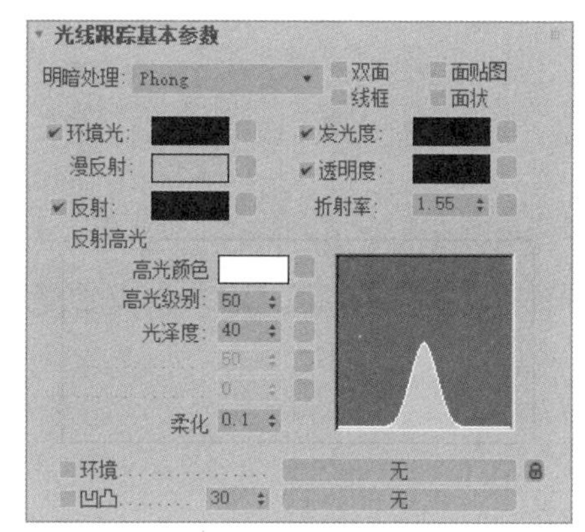

图 7-48

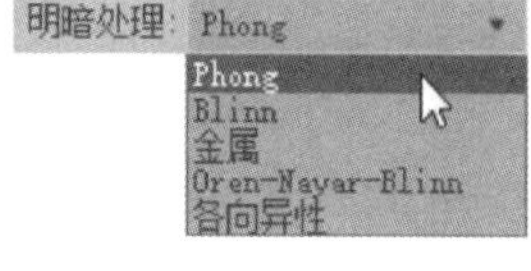

图 7-49

- 环境光：与“标准”材质不同，此处的阴影色将决定“光线跟踪”材质吸收环境光的多少。
- 漫反射：决定物体高光反射的颜色。
- 发光度：依据自身颜色来规定发光的颜色。与“标准”材质中的自发光相似。
- 透明度：“光线跟踪”材质通过颜色过滤表现出的颜色。黑色为完全不透明，白色为完全透明。
- 折射率：决定材质折射率的强度。准确调节该数值能真实反映物体对光线折射的不同折射率。值为 1 时，是空气的折射率；值为 1.5 时，是玻璃的折射率；值小于 1 时，对象沿着它的边界进行折射。
- “反射高光”选项组：用于设置物体反射区的颜色和范围。
    - ◆ 高光颜色：用于设置高光反射的颜色。
    - ◆ 高光级别：用于设置反射光区域的范围。
    - ◆ 光泽度：用于决定发光强度，数值在 0 ~ 200。

◆ 柔化：用于对反光区域进行柔化处理。

- 环境：启用时，将使用场景中设置的环境贴图；未启用时，将为场景中的物体指定一个虚拟的环境贴图，这会忽略掉在“环境和效果”窗口中设置的环境贴图。
- 凹凸：设置材质的凹凸贴图，与标准类型材质中“贴图”卷展栏中的“凹凸”贴图相同。

3. “光线跟踪”材质的扩展参数

“扩展参数”卷展栏中的参数用于对“光线跟踪”材质的特殊效果进行设置，如图 7-50 所示。

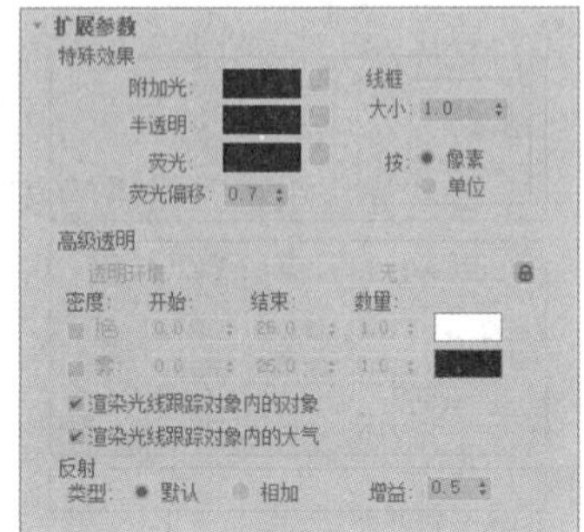

图 7-50

“特殊效果”选项组主要选项如下。

- 附加光：这项功能像环境光一样，用于模拟从一个对象放射到另一个对象上的光。
- 半透明：可用于制作薄对象的表面效果，如使阴影投射在薄对象的表面。当用在厚对象上时，可以用于制作类似蜡烛或有雾的玻璃效果。
- 荧光、荧光偏移：“荧光”使材质发出类似黑色灯光下的荧光颜色，它将引起材质被照亮，就像被白光照亮，而不管场景中光的颜色；而“荧光偏移”决定亮度，1.0 表示最亮，0 表示不起作用。
- “高级透明”选项组：可以使用颜色密度创建彩色玻璃效果，其颜色的程度取决于对象的厚度和“数量”参数设置，“开始”参数用于设置颜色开始的位置，“结束”参数用于设置颜色达到最大值的距离。
- “反射”选项组：用于决定反射时漫反射颜色的发光效果。选中“默认”单选按钮时，反射被分层，把反射放在当前漫反射颜色的顶端；选中“相加”单选按钮时，给漫反射颜色添加反射颜色。
- 增益：用于控制反射的亮度，取值范围为 0 ~ 1。

7.3.3 “混合”材质

“混合”材质将两种不同的材质融合在表面的同一个面上，如图 7-51 所示。通过不同的融合度控制两种材质的强度，可以制作出材质变形动画。

“混合基本参数”卷展栏（见图 7-52）介绍如下。

图 7-51

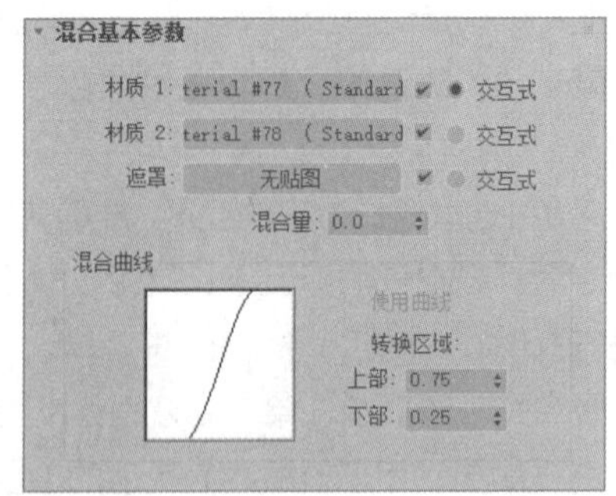

图 7-52

- 材质 1、材质 2：通过单击右侧的空白按钮选择相应的材质。

- 遮罩：选择一张图案或程序贴图作为蒙版，利用蒙版图案的明暗度来决定两个材质的融合情况。
- 交互式：在视图中以“平滑+高光”方式交互渲染时，选择哪一个材质显示在对象表面。
- 混合量：确定融合的百分比，对无蒙版贴图的两个材质进行融合时，依据它来调节混合程度。值为 0 时，材质 1 完全可见，材质 2 不可见；值为 1 时，材质 1 不可见，材质 2 可见。
- “混合曲线”选项组：控制蒙版贴图中黑白过渡区造成的材质融合的尖锐或柔和程度，专用于使用了 Mask 蒙版贴图的融合材质。
    - ◆ 使用曲线：确定是否使用混合曲线来影响融合效果。
    - ◆ 转换区域：分别调节“上部”“下部”的数值来控制混合曲线，两值相近时，会产生清晰、尖锐的融合边缘；两值差距很大时，会产生柔和、模糊的融合边缘。

7.3.4 “合成”材质

“合成”材质可以复合 10 种材质。复合方式有“增加不透明度”“相减不透明度”“基于数量混合”3 种，分别用 A、S 和 M 表示。

“合成基本参数”卷展栏（见图 7-53）介绍如下。

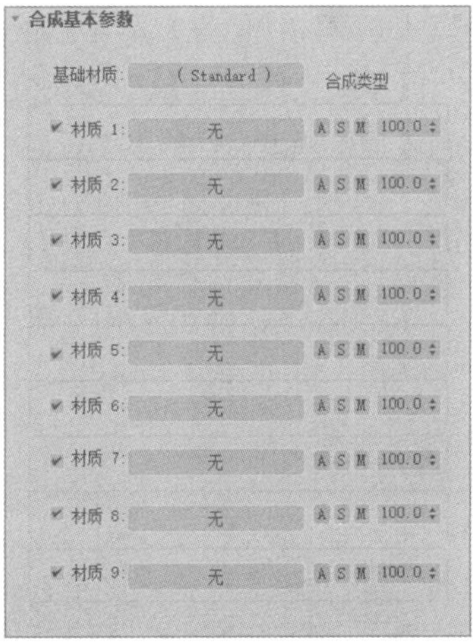

- 基础材质：指定基础材质，默认为“标准”材质。
- 材质 1 ~ 材质 9：在此选择要进行复合的材质，前面的复选框控制是否使用该材质，默认为启用。
- A（增加不透明度）：各个材质的颜色依据其不透明度进行相加，总计作为最终的材质颜色。
- S（相减不透明度）：各个材质的颜色依据其不透明度进行相减，总计作为最终的材质颜色。
- M（基于数量混合）：各个材质依据其数量进行混合复合。颜色与不透明度的复合方式与不使用蒙版的复合方式相同。
- 数值框：控制混合的数量。

图 7-53

7.3.5 “多维/子对象”材质

将多个材质组合为一种复合材质，分别为一个对象的不同子对象指定选择级别，创建“多维/子对象”材质，将它指定给目标对象。

“多维/子对象基本参数”卷展栏（见图 7-54）介绍如下。

- 设置数量：设置子材质的数目，注意如果减少数目，会将已经设置的材质丢失。
- 添加：添加一个新的子材质。新材质默认的 ID 为当前最大的 ID 加 1。
- 删除：删除当前选择的子材质。
- ID：单击后按子材质 ID 升序排列。
- 名称：单击后按名称栏中指定的名称进行排序。
- 子材质：按子材质的名称进行排序。

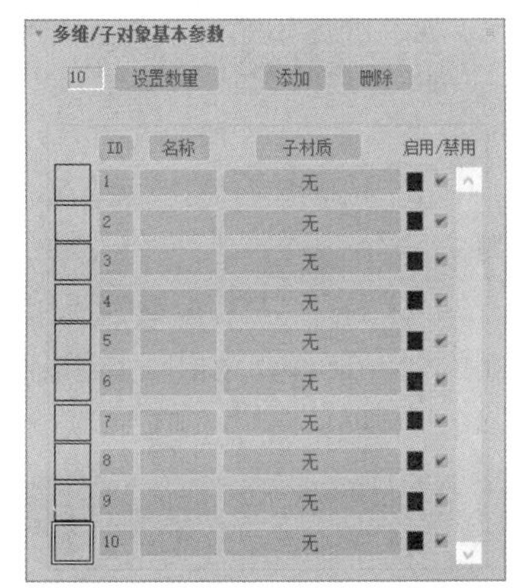

图 7-54

7.4 纹理贴图

对于纹理较复杂的材质，一般都采用贴图来实现。贴图能在不增加物体复杂程度的基础上增加物体的细节，提高材质的真实性。

7.4.1 课堂案例——制作金属和木纹材质

微课视频

制作金属和木纹材质

【案例学习目标】掌握“光线跟踪”材质和“位图”贴图的使用方法和技巧。

【案例知识要点】使用“光线跟踪”材质，设置“明暗器基本参数”卷展栏中的参数，通过为“反射”“漫反射”指定贴图来表现黑色塑料、布料和木纹材质，完成的模型效果如图 7-55 所示。

【素材文件位置】云盘/贴图。

【模型文件位置】云盘/场景/Ch07/木马.max。

【原始模型文件位置】云盘/场景/Ch07/木马 o.max。

（1）运行 3ds Max 2020，选择“文件 > 打开”命令，打开云盘中的“场景 > Ch07 > 木马 o.max”文件，该场景文件是没有设置材质的。

（2）在场景中选择木马模型，将选择集定义为“元素”，在场景中选择图 7-56 所示的元素，在“多边形：材质 ID”卷展栏中设置“设置 ID”为 1。

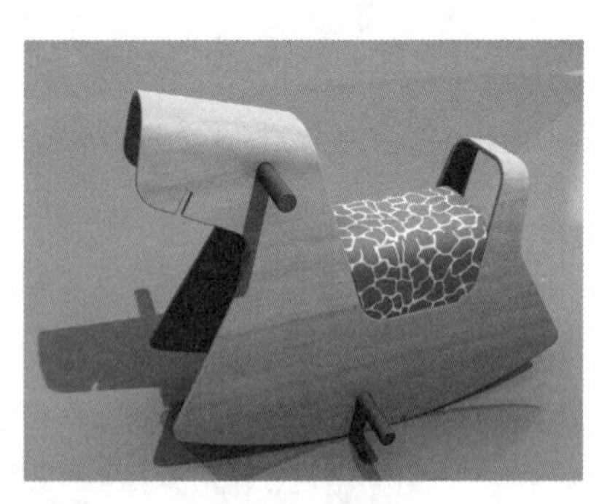

图 7-55

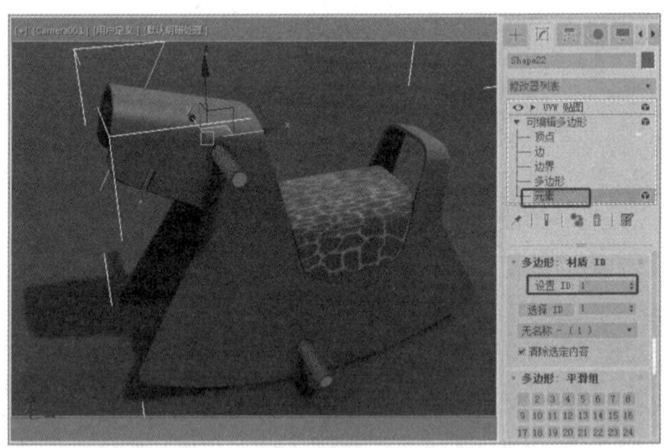

图 7-56

（3）选择图 7-57 所示的元素，设置“设置 ID”为 2。选择图 7-58 所示的元素，设置“设置 ID”为 3。

（4）打开“材质编辑器”，切换到精简“材质编辑器”，选择一个新的材质样本球。单击名称右侧的“Standard”按钮，在弹出的对话框中选择材质为“多维/子对象”材质，单击“确定”按钮，弹出“替换材质”对话框，从中选中“将旧材质保存为子材质”单选按钮，单击“确定”按钮，如图 7-59 所示。

（5）转换为“多维/子对象”材质后可以发现“1”号材质为“标准”材质，在“多维/子对象基本参数”卷展栏中单击“设置数量”按钮，在弹出的“设置材质数量”对话框中设置“材质数量”为

3，单击“确定”按钮，如图 7-60 所示。

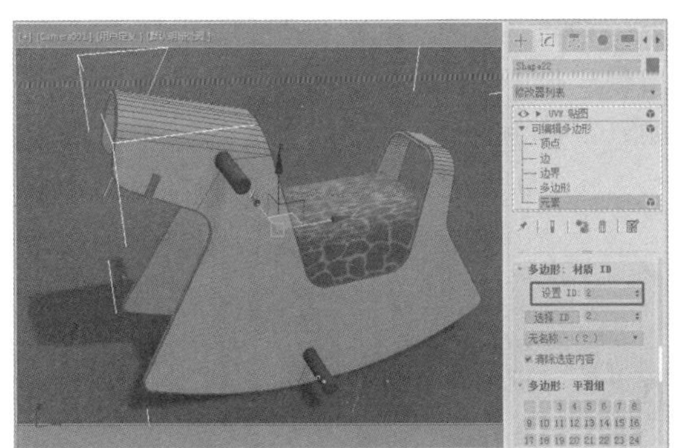

图 7-57

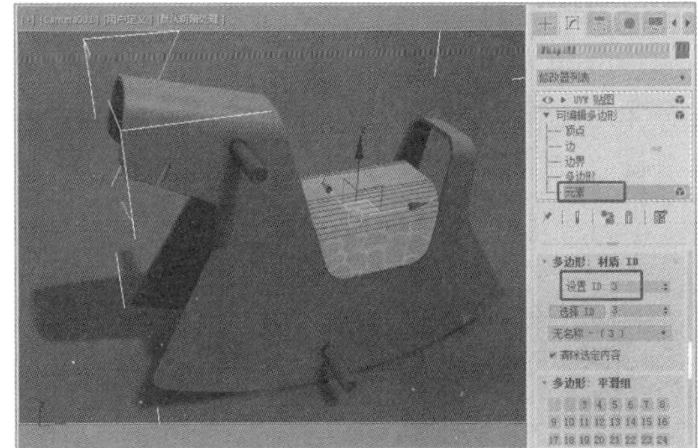

图 7-58

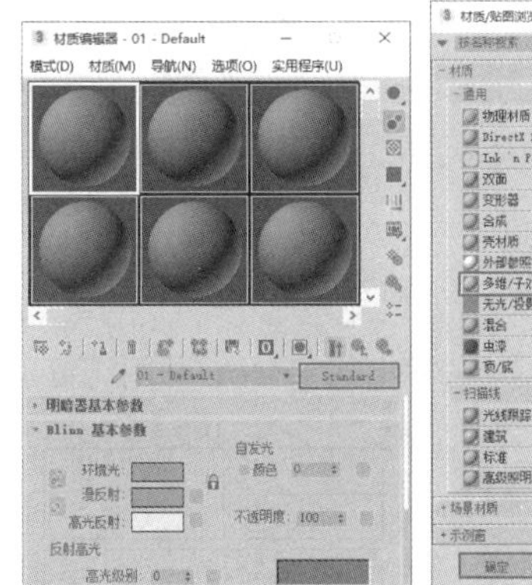

图 7-59

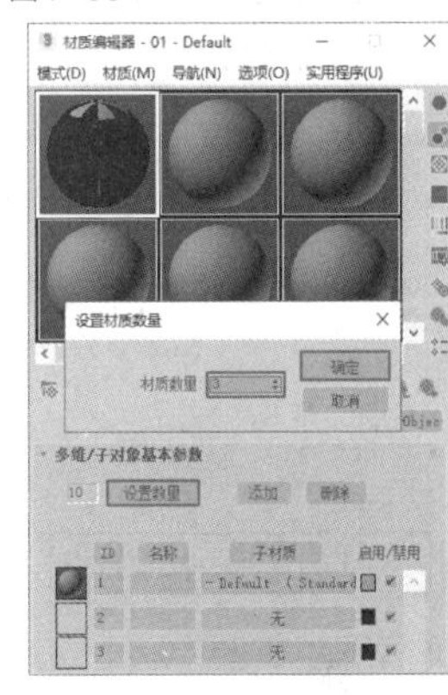

图 7-60

（6）单击“1”号材质后的材质按钮，进入“1”号材质设置面板，在“Blinn 基本参数”卷展栏中设置“环境光”“漫反射”的红、绿、蓝均为 74、74、74，设置“反射高光”选项组的“高光级别”为 20、“光泽度”为 4，如图 7-61 所示。

（7）在“贴图”卷展栏中单击“反射”后的“无贴图”按钮，在弹出的“材质/贴图浏览器”对话框中选择“光线跟踪”贴图，单击“确定”按钮，进入贴图层级面板中，使用默认的参数。单击（转到父对象）按钮，返回到“1”号材质面板，设置“反射”的数量为 5，如图 7-62 所示。

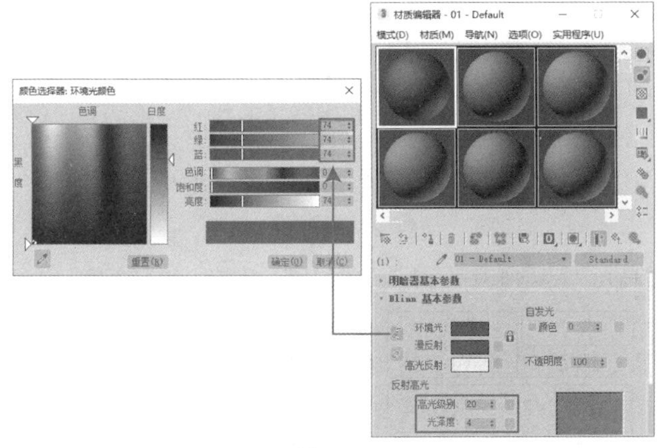

图 7-61

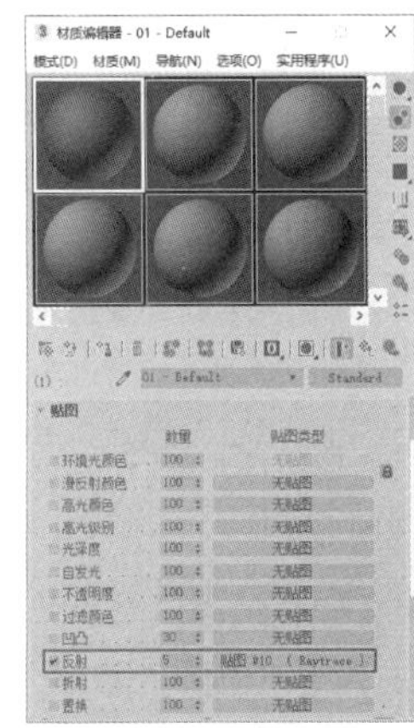

图 7-62

（8）单击（转到父对象）按钮，返回到“多维/子对象”材质面板，单击“2”号材质后的“无”按钮，在弹出的对话框中选择“光线跟踪”材质，单击“确定”按钮，如图7-63所示。

（9）进入“2”号材质面板，在“光线跟踪基本参数”卷展栏中设置“反射”的红、绿、蓝均为15，设置“高光级别”“光泽度”分别为50、40，如图7-64所示。

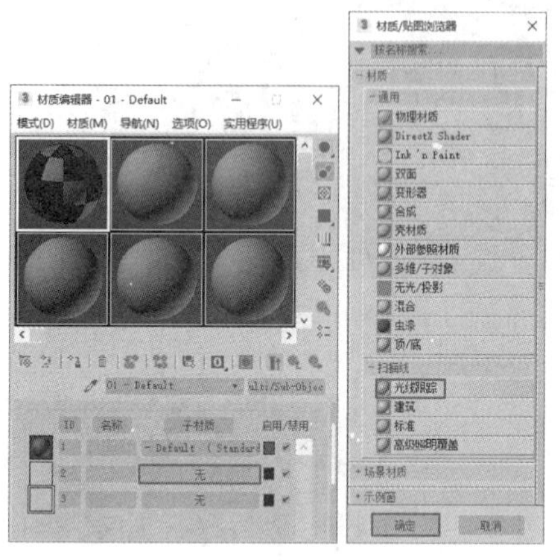

图7-63

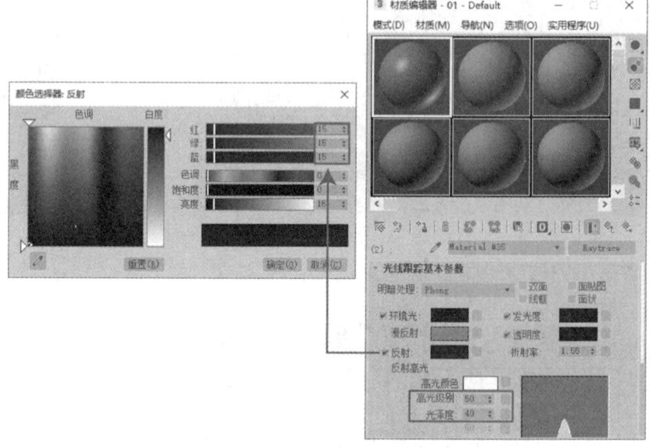

图7-64

（10）在“贴图”卷展栏中单击“漫反射”后的“无”按钮，在弹出的“材质/贴图浏览器”对话框中选择“位图”贴图，继续在弹出的对话框中选择贴图文件“107.JPG”，打开贴图文件后，单击（转到父对象）按钮，如图7-65所示。

（11）单击（转到父对象）按钮，返回到主材质面板，单击“3”号材质后的“无”按钮，在弹出的“材质/贴图浏览器”对话框中选择“标准”材质，单击“确定”按钮，如图7-66所示。

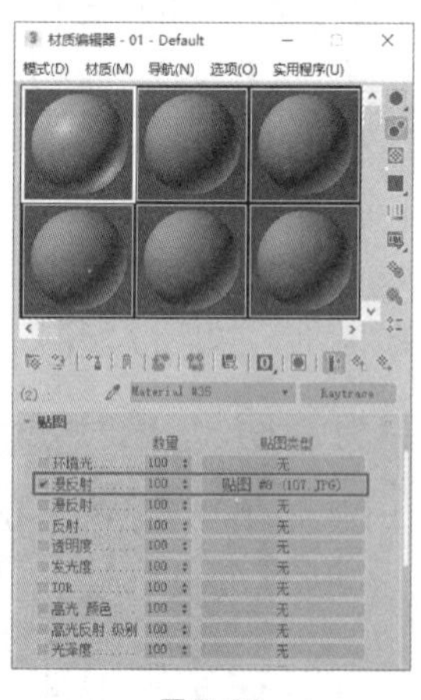

图7-65

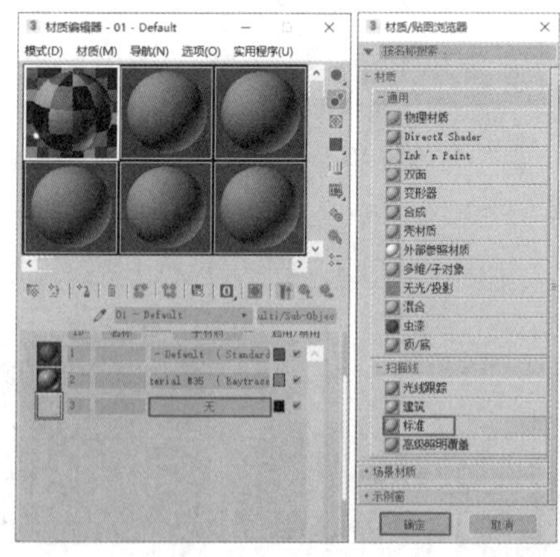

图7-66

（12）在“3”号材质面板的“反射高光”选项组中设置“高光级别”为6、“光泽度”为0，如图7-67所示。

（13）在“贴图”卷展栏中单击“漫反射颜色”后的“无”按钮，在弹出的“材质/贴图浏览器”对话框中选择“位图”贴图，继续在弹出的对话框中选择贴图文件“22123.JPG”，打开贴图文件后，单击（转到父对象）按钮，如图7-68所示。

（14）继续单击（转到父对象）按钮，返回到主材质面板，单击（将材质指定给选定对象）按钮，金属和木纹材质制作完成。

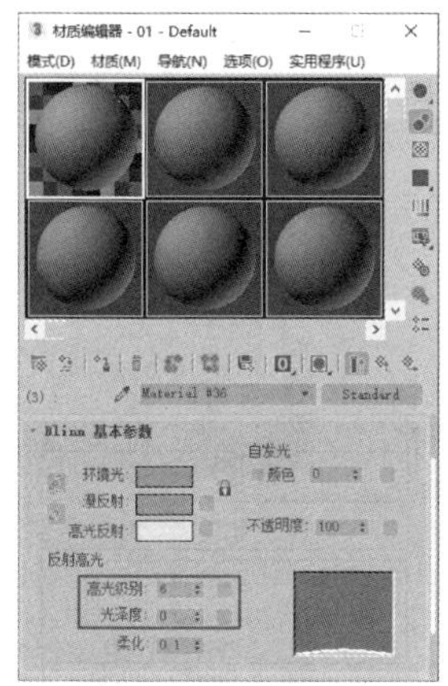

图 7-67

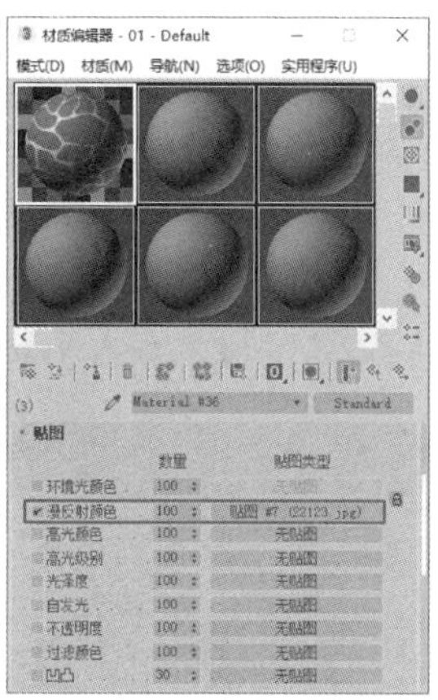

图 7-68

7.4.2 贴图坐标

贴图在空间上是有方向的，当为对象指定一个二维贴图材质时，对象必须使用贴图坐标。贴图坐标指明了贴图投射到材质上的方向，以及是否被重复平铺或镜像等，它使用 UVW 坐标轴的方式来指明对象的方向。

在贴图通道中选择纹理贴图后，“材质编辑器”会显示纹理贴图的编辑参数，二维贴图与三维贴图的参数非常相似，且大部分参数都相同。图 7-69 所示分别是“位图”和“凹痕”贴图的编辑参数。

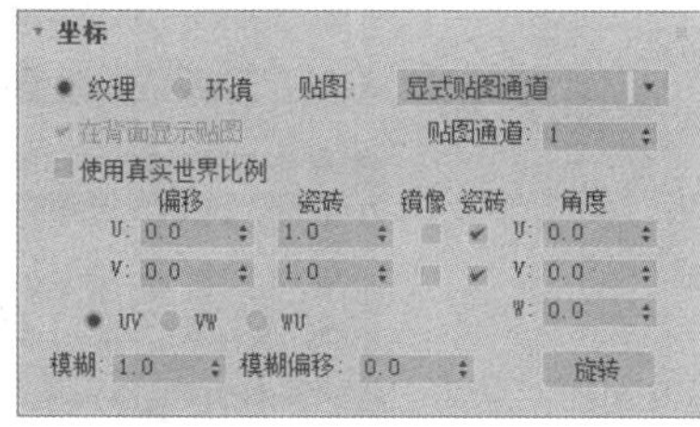

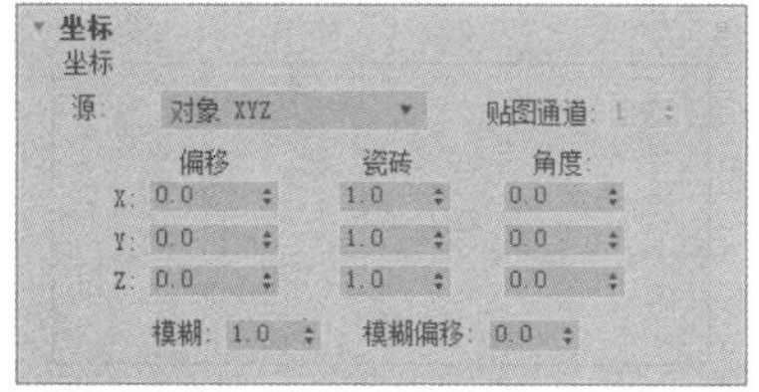

图 7-69

- 偏移：用于在选择的坐标平面中移动贴图。
- 瓷砖：用于设置沿着所选坐标方向贴图被平铺的次数。
- 镜像：用于设置是否沿着所选坐标轴镜像贴图。
- “瓷砖”复选框：启用时，表示禁用贴图平铺。
- 角度：用于设置贴图绕各个坐标轴旋转的角度。
- UV、VW、WU：用于选择 2D 贴图的坐标平面，默认为 UV 平面，VW 和 WU 平面都与对象表面垂直。
- 模糊：根据贴图与视图的距离来模糊贴图。
- 模糊偏移：用于对贴图增加模糊效果，但是它与距离视图远近没有关系。
- 旋转：单击此按钮，打开“旋转贴图”对话框，可以对贴图的旋转进行控制。

通过对贴图坐标参数进行修改，可以使贴图在形态上发生改变，如表 7-1 所示。

表 7-1

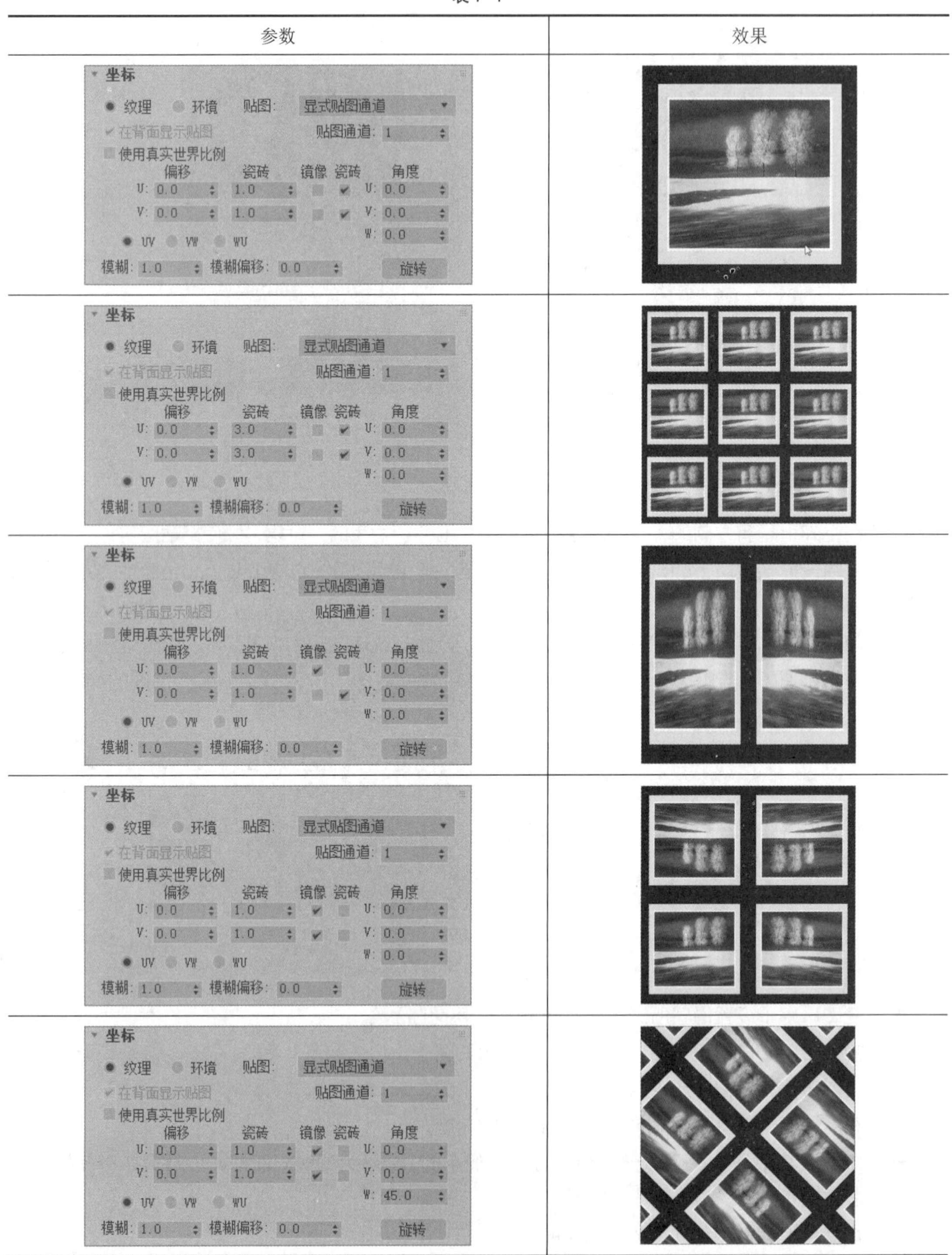

7.4.3 二维贴图

二维贴图是指使用二维的图像贴在物体表面或使用环境贴图为场景创建背景图像，一般二维贴图都属于程序贴图，程序贴图是由计算机生成的。

1. “位图”贴图

“位图”贴图是最简单，也是最常用的二维贴图之一。它是在物体表面形成一个平面的图案。位图支持包括 JPG、TIFF、TGA、BMP 格式的静帧图像以及 AVI、FLC、FLI 等动画文件。

单击（材质编辑器）按钮，打开“材质编辑器”窗口，在“贴图”卷展栏中单击“漫反射颜色”右侧的“无贴图”按钮，在弹出的“材质/贴图浏览器”对话框中选择“位图”贴图，弹出“选择位图图像文件”对话框，从中查找贴图，打开后进入“位图参数”卷展栏，如图 7-70 所示。

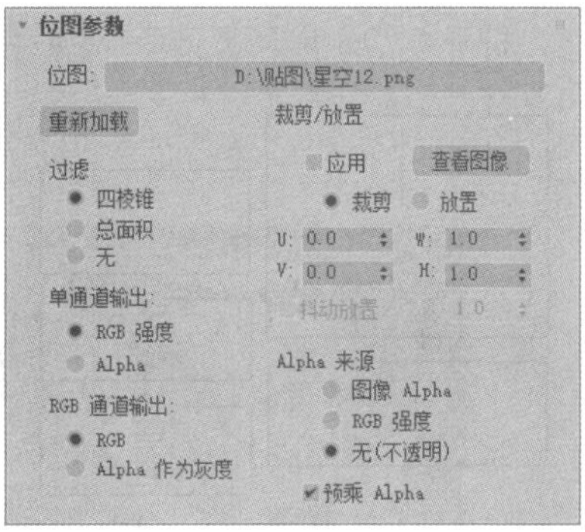

图 7-70

- “位图”按钮：用于设定一个位图，选择的位图文件名称将出现在按钮上面。需要改变位图文件也可单击该按钮重新选择。
- 重新加载：单击此按钮，将重新载入所选的位图文件。
- “过滤”选项组：用于选择对位图应用反走样的计算方法。有“四棱锥”“总面积”“无”3 个选项可以选择。“总面积”选项要求更大的内存，但是会产生更好的效果。
- “RGB 通道输出”选项组：使位图贴图的 RGB 通道是彩色的。“Alpha 作为灰度”选项基于 Alpha 通道显示灰度级色调。
- “Alpha 来源”选项组：用于控制输出 Alpha 通道组中的 Alpha 通道的来源。
  - ◆ 图像 Alpha：以位图自带的 Alpha 通道作为来源。
  - ◆ RGB 强度：将位图中的颜色转换为灰度色调值，并将它们用于透明度。黑色为透明，白色为不透明。
  - ◆ 无（不透明）：不使用不透明度。
- “裁剪/放置”选项组：用于裁剪或放置图像的尺寸。裁剪也就是选择图像的一部分区域，它不会改变图像的缩放；放置是在保持图像完整的同时进行缩放。“裁剪/放置”只对贴图有效，并不会影响图像本身。
  - ◆ 应用：用于启用/禁用裁剪或放置设置。
  - ◆ 查看图像：单击此按钮，将打开一个虚拟缓冲器，用于显示和编辑要裁剪或放置的图像，如图 7-71 所示。
  - ◆ 裁剪：选中该单选按钮时，表示对图像进行裁剪操作。
  - ◆ 放置：选中该单选按钮时，表示对图像进行放置操作。

图 7-71

◆ U/V：用于调节图像的坐标位置。

◆ W/H：用于调节图像或裁剪区的宽度和高度。

◆ 抖动放置：当选中“放置”单选按钮时，将使用一个随机值来设定放置图像的位置，在虚拟缓冲器窗口中设置的值将被忽略。

2. “棋盘格”贴图

该贴图是一种程序贴图，可以生成两种颜色的方格图像，如果使用了重复平铺，效果则与棋盘相似，如图 7–72 所示。

打开“材质/贴图浏览器”对话框，在其中选择“棋盘格”贴图，进入参数面板，如图 7–73 所示。

图 7–72

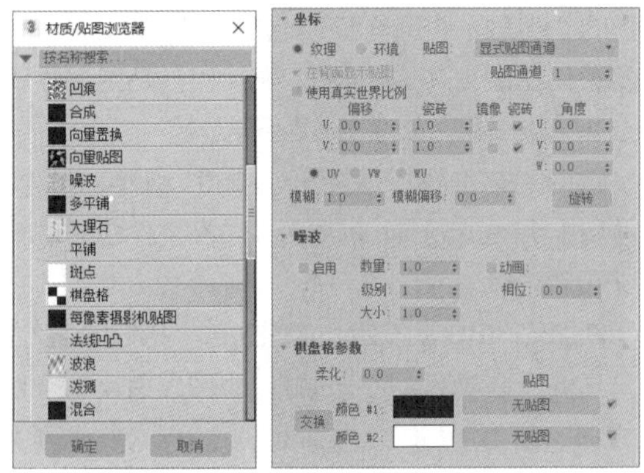

图 7–73

“棋盘格”贴图的参数非常简单，可以自定义颜色和贴图。

● 柔化：用于模糊、柔化方格之间的边界。

● 交换：用于交换两种方格的颜色。使用后面的颜色样本可以为方格设置颜色，还可以单击后面的按钮来为每个方格指定贴图。

3. “渐变”贴图

该贴图可以混合 3 种颜色以形成渐变效果，如图 7–74 所示。

打开“材质/贴图流览器”对话框，在其中选择“渐变”贴图，进入参数面板，如图 7–75 所示。

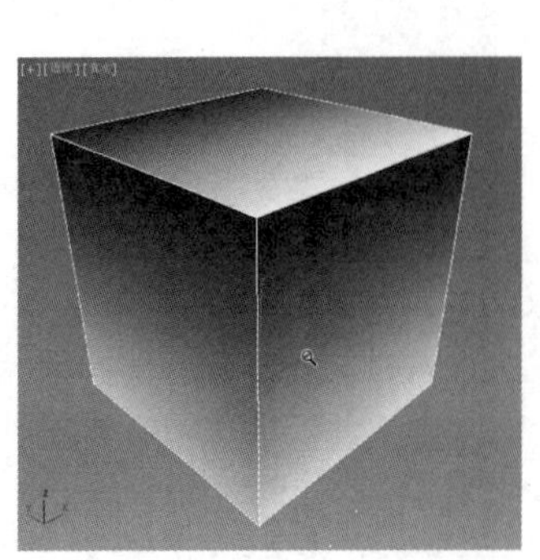

图 7–74

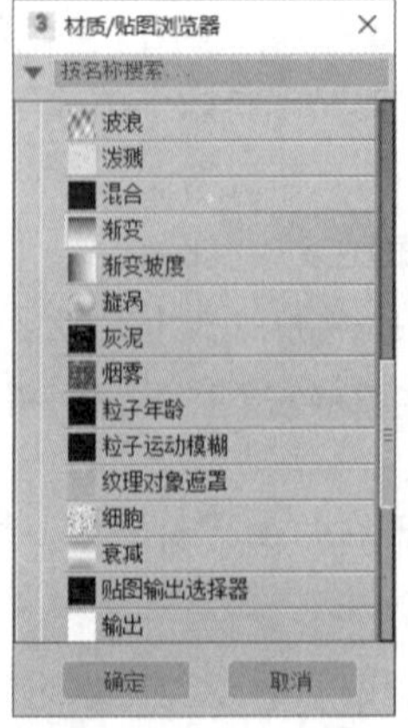

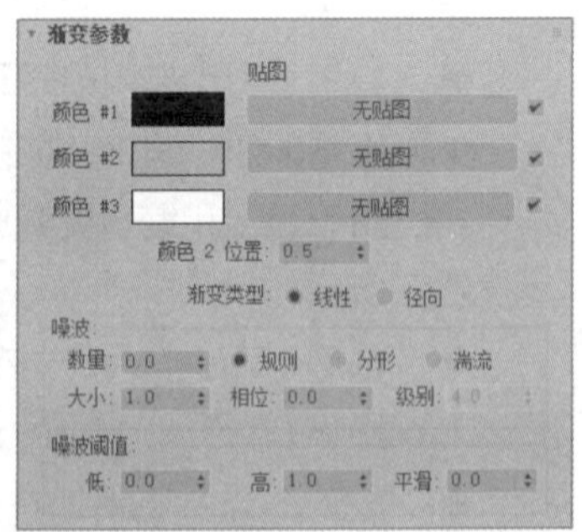

图 7–75

- 颜色#1 ~ 颜色#3：用于设置渐变所需的 3 种颜色，也可以为它们指定贴图。颜色#2 用于设置两种颜色之间的过渡色。
- 颜色 2 位置：用于设定颜色 2（中间颜色）的位置，取值范围为 0 ~ 1.0。当值为 0 时，颜色#2 取代颜色#3；当值为 1 时，颜色#2 取代颜色#1。
- 渐变类型：用于设定渐变是线性方式还是从中心向外的放射方式。
- “噪波”选项组：用于应用噪波效果。
  - ◆ 数量：当值大于 0 时，给渐变添加一个噪波效果，有“规则”“分形”“湍流”3 种类型可以选择。
  - ◆ 大小：用于缩放噪波效果。“相位”控制设置动画时噪波变化的速度，“级别”设定噪波函数应用的次数。
- “噪波阈值”选项组：用于在“高”与“低”中设置噪波函数值的界限，“平滑”参数使噪波变化更光滑，值为“0.0”表示没有应用光滑。

7.4.4 三维贴图

三维贴图属于三维程序贴图，它是由数学算法生成的，这类贴图最多，在三维空间中贴图时使用最频繁。当投影共线时，它们紧贴对象，并且不会像二维贴图那样发生褶皱，而是会均匀覆盖一个表面。如果对象被切掉一部分，贴图会沿着剪切的边对齐。

下面介绍几种常用的三维贴图。

1. “衰减”贴图

该贴图用于表现颜色的衰减效果。“衰减”贴图定义了一个灰度值，是以被赋予材质的对象表面的法线角度为起点渐变的。通常把“衰减”贴图用在“不透明度”贴图通道，用于对对象的不透明程度进行控制，如图 7-76 所示。

选择“衰减”贴图后，“材质编辑器”中会显示“衰减”贴图的参数卷展栏，如图 7-77 所示。

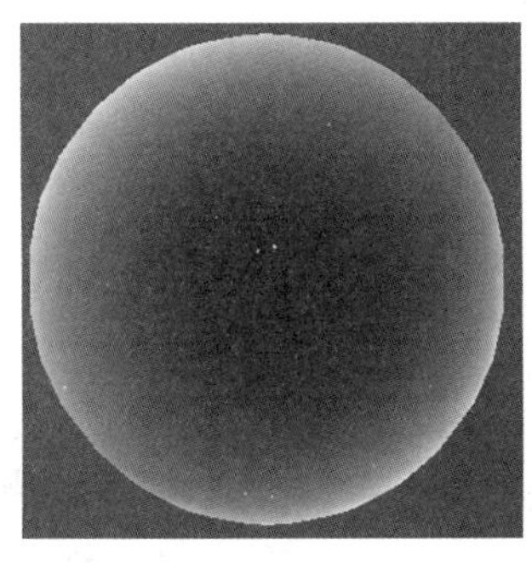

图 7-76

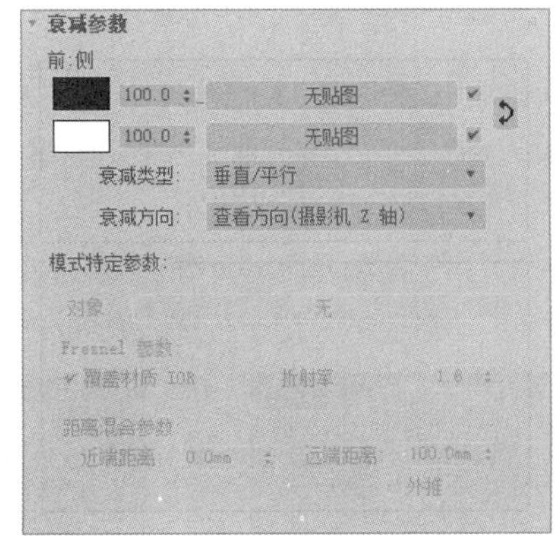

图 7-77

- “衰减参数”卷展栏：两个颜色样本用于设置进行衰减的两种颜色，当选择不同的衰减类型时，其代表的意思也不同。在数值框中可设置颜色的强度，还可以为每种颜色指定纹理贴图。
  - ◆ 衰减类型：用于选择衰减类型，包括朝向/背离、垂直/平行、Fresnel（基于折射率）、阴影/灯光和距离混合，如图 7-78 所示。

◆ 衰减方向：用于选择衰减的方向，包括查看方向（摄影机 Z 轴）、摄影机 X/Y 轴、对象、局部 X/Y/Z 轴和世界 X/Y/Z 轴等，如图 7-79 所示。

● “混合曲线”卷展栏：用于精确地控制衰减所产生的渐变，如图 7-80 所示。

在混合曲线控制器中可以为渐变曲线增加控制点和移动控制点等，与其他曲线控制器的操作方法相同。

图 7-78

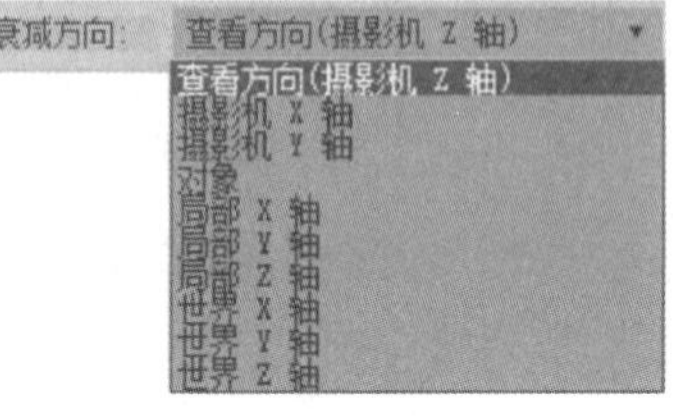

图 7-79

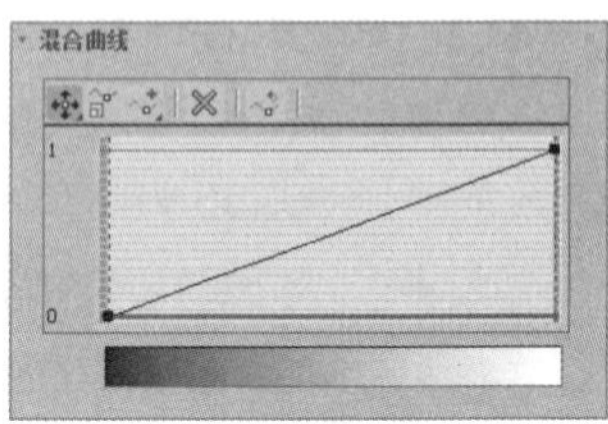

图 7-80

2. “噪波”贴图

该贴图可以使物体表面产生起伏而不规则的噪波效果，在建模中经常会在“凹凸”贴图通道中使用，如图 7-81 所示。

在贴图通道中选择“噪波”贴图后，“材质编辑器”中会显示“噪波”贴图的参数卷展栏，如图 7-82 所示。

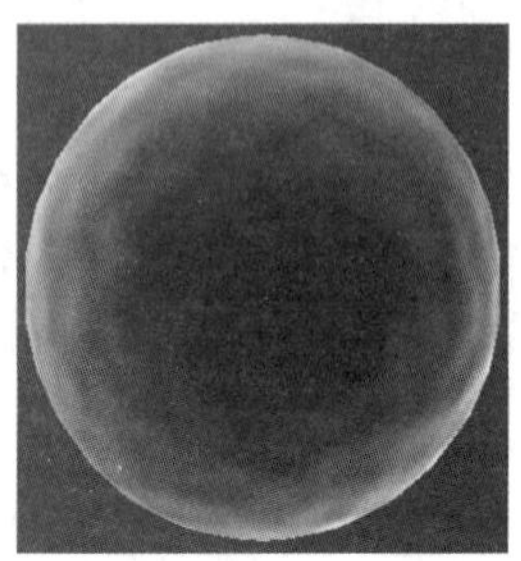

图 7-81

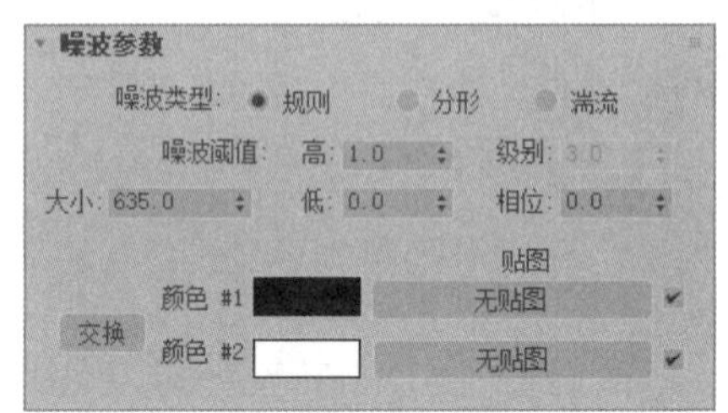

图 7-82

● 噪波类型：分为规则、分形和湍流 3 种类型，如图 7-83 所示。

● 噪波阈值：通过高/低值来控制两种颜色的限制。

● 大小：用于控制噪波的大小。

● 级别：用于控制分形运算时迭代的次数，数值越大，噪波越复杂。

● 颜色#1、颜色#2：用于分别设置噪波的两种颜色，也可以指定为两个纹理贴图。

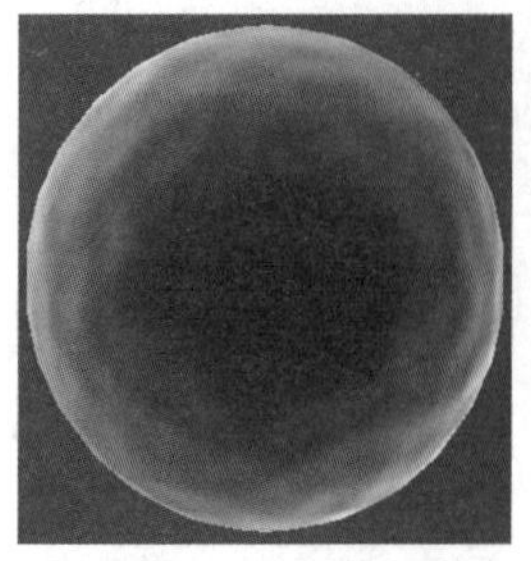

（a）规则

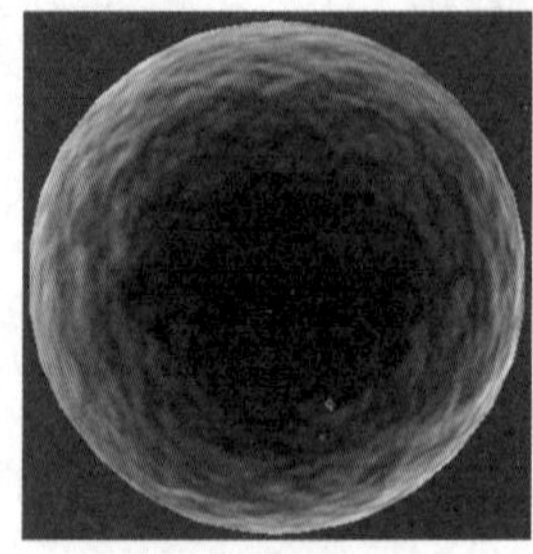

（b）分形

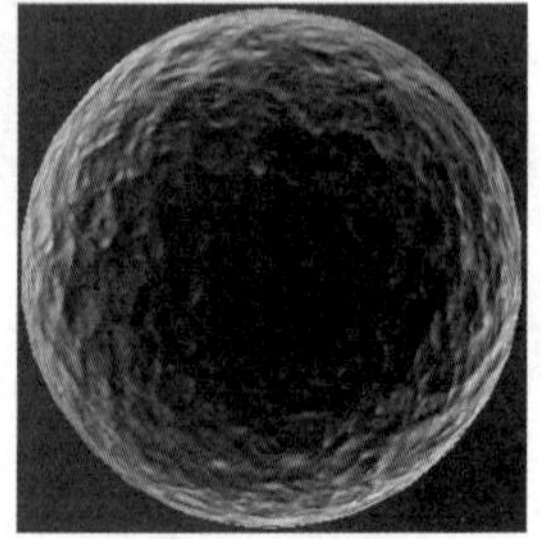

（c）湍流

图 7-83

其他纹理贴图的参数卷展栏中都有噪波的参数，可见噪波是一种非常重要的贴图类型。

7.4.5 合成贴图

合成贴图是指将不同颜色或贴图合成跟踪一起的一类贴图。在进行图像处理时，合成贴图能够将两种或更多的图像按指定方式结合在一起。

1. “合成”贴图

“合成”贴图由其他贴图组成，并且可使用 Alpha 通道和其他方法将某层置于其他层之上。对于此类贴图，可使用已含 Alpha 通道的叠加图像，或使用内置遮罩工具仅叠加贴图中的某些部分。

“合成层”卷展栏（见图 7-84）介绍如下。

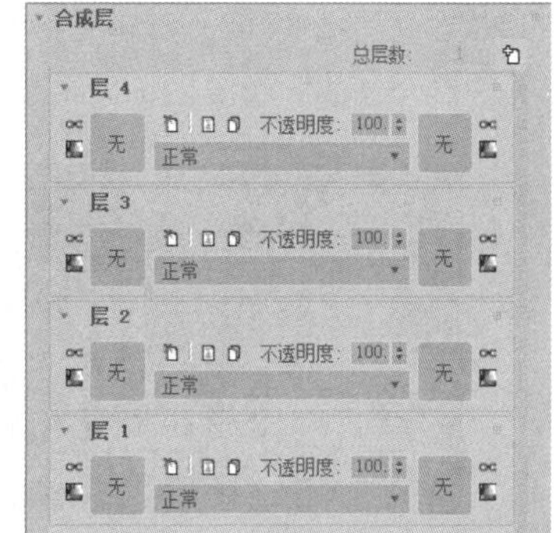

图 7-84

总层数：数值字段会显示贴图层数。想要在层堆栈的顶部添加层，可单击（添加新层）按钮。

“层“卷展栏介绍如下。

- （隐藏该层）：单击此按钮后，层将处于隐藏状态，并且不影响输出。
- （对该纹理进行颜色校正）：将“颜色修正”贴图应用到贴图，并打开“颜色修正”贴图界面。可使用其控件修改贴图颜色。
- （删除该层）：删除该层。
- （重命名该层）：打开对话框重命名该层。
- （复制该层）：创建层的精确副本，并将其插入最接近层的位置。
- 不透明度：层未遮罩部分的相对透明度。
- 无：左侧的“无”为贴图按钮，右侧的“无”为指定“遮罩”贴图的按钮。
- 混合模式：用于选择层像素与基本层中层像素的交互方式。这里大家可以试着调试一下，具体效果就不一一说明了。

2. “遮罩”贴图

使用“遮罩”贴图，可以在曲面上通过一种材质查看另一种材质。遮罩控制应用到曲面的第二个贴图的位置，如图 7-85 所示。

“遮罩参数”卷展栏（见图 7-86）介绍如下。

图 7-85

图 7-86

- 贴图：选择或创建要通过遮罩查看的贴图。
- 遮罩：选择或创建用作遮罩的贴图。

- 反转遮罩：反转遮罩的效果。

3. “混合”贴图

通过“混合”贴图可以将两种颜色或材质合成在曲面的一侧，也可以将“混合量”参数设为动画，然后绘制出使用变形功能曲线的贴图来控制两个贴图随时间混合的方式。在图 7–87 中，左侧和中间的图像为混合的图像，右侧的为设置“混合量”为 50%后的图像效果。

“混合参数”卷展栏（见图 7–88）介绍如下。

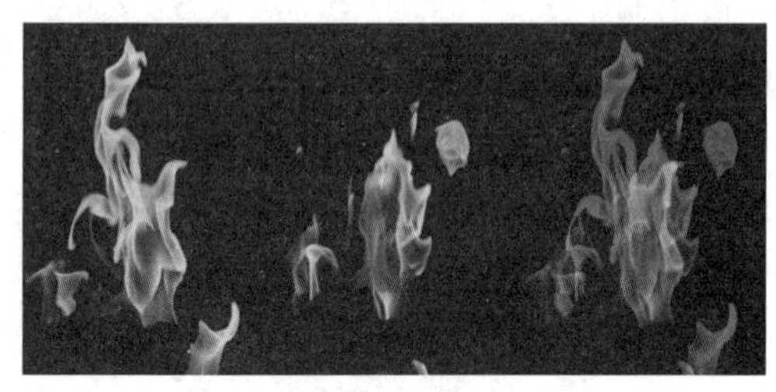

图 7–87

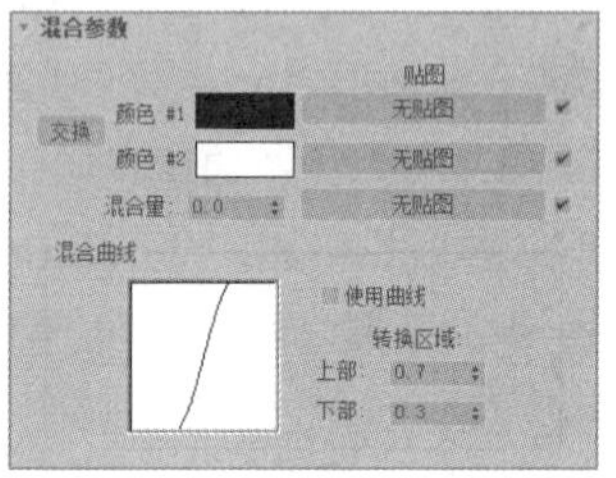

图 7–88

- 交换：交换两种颜色或贴图。
- 颜色#1、颜色#2：显示颜色选择器来选中要混合的两种颜色。
- 贴图：选中或创建要混合的位图或者程序贴图来替换每种颜色。
- 混合量：确定混合的比例。其值为 0 时，意味着只有“颜色#1”在曲面上可见；其值为 1 时，意味着只有“颜色#2”为可见。也可以使用贴图而不是混合值。两种颜色会根据贴图的强度以不同的程度混合。
- “混合曲线”选项组：用于控制要混合的两种颜色间变换的渐变或清晰程度。
    - ◆ 使用曲线：确定“混合曲线”是否对混合产生影响。
    - ◆ 上部、下部：调整上限和下限的级别。如果两个值相等，两个材质会在一个明确的边上相接。

7.4.6 课堂案例——制作布料材质

【案例学习目标】掌握“衰减”贴图的使用方法和技巧。

【案例知识要点】使用“衰减”贴图和“位图”贴图模拟布料材质，完成的模型效果如图 7–89 所示。

微课视频

制作布料材质

【素材文件位置】云盘/贴图。

【模型文件位置】云盘/场景/Ch07/绒布沙发.max。

【原始模型文件位置】云盘/场景/Ch07/绒布沙发 o.max。

（1）运行 3ds Max 2020，选择“文件 > 打开”命令，打开云盘中的“场景 > Ch07 > 绒布沙发 o.max”文件，该场景中沙发模型和靠枕模型都没有设置材质。

（2）在场景中选择沙发坐垫和靠背模型，打开“材质编辑器”，切换到精简“材质编辑器”，选择一个新的材质样本球。

（3）在“贴图”卷展栏中单击“漫反射颜色”后的“无贴图”按钮，在弹出的“材质/贴图浏览器”对话框中选择“衰减”贴图，如图 7–90 所示。

图 7-89

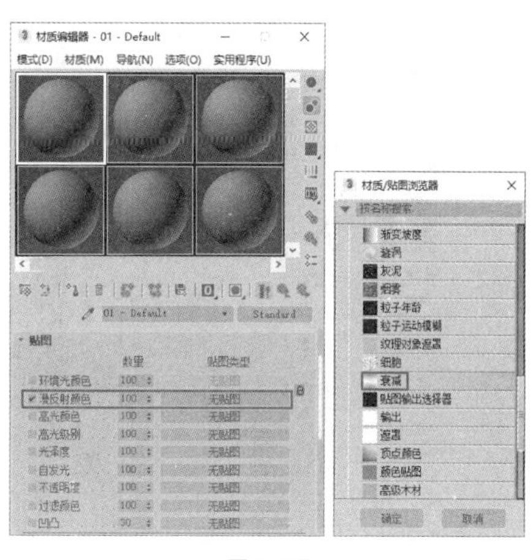

图 7-90

（4）进入贴图层级，在“衰减参数”卷展栏中单击第一个色块后的“无贴图”按钮，在弹出的“材质/贴图浏览器”对话框中选择“位图”贴图，选择合适的贴图文件，单击“打开”按钮。进入贴图层级面板，单击（视口中显示明暗处理材质）按钮，设置合适的参数，如图 7-91 所示。单击（转到父对象）按钮，回到衰减子面板，设置“衰减参数”卷展栏中第二个色块的红、绿、蓝的数值为 166、216、138，如图 7-92 所示。

（5）单击（转到父对象）按钮，转到主材质面板，单击（将材质指定给选定对象），将设置好的沙发材质指定给场景中的沙发坐垫和靠背模型。

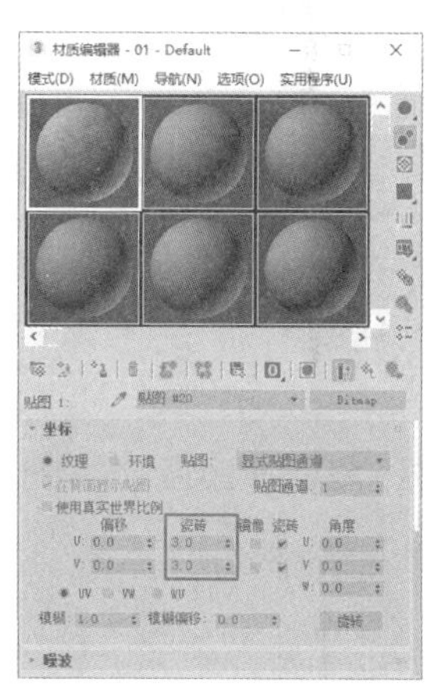

图 7-91

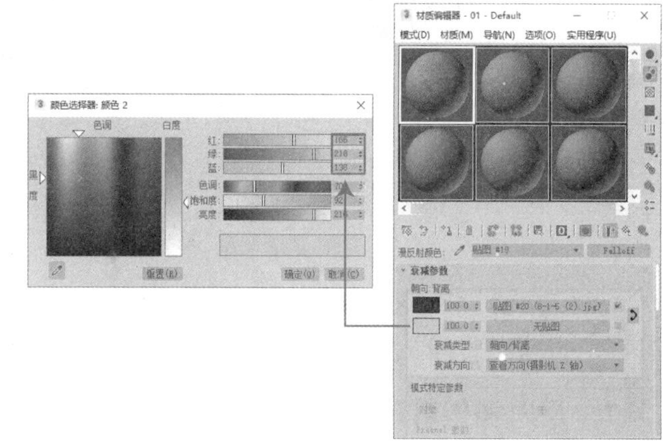

图 7-92

（6）在场景中选择靠枕模型，打开“材质编辑器”，选择一个新的材质样本球。在“贴图”卷展栏中单击“漫反射颜色”后的“无贴图”按钮，在弹出的“材质/贴图浏览器”对话框中选择“衰减”贴图，如图 7-93 所示。

（7）进入贴图层级，在“衰减参数”卷展栏中单击第一个色块后的“无贴图”按钮，在弹出的“材质/贴图浏览器”中选择“位图”贴图，选择合适的贴图文件，单击“打开”按钮。进入贴图层级面板，设置合适的参数，如图 7-94 所示。单击（视口中显示明暗处理材质）按钮。

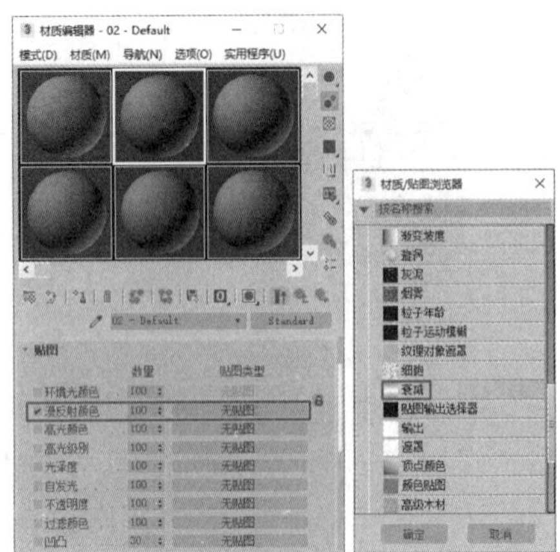

图 7-93

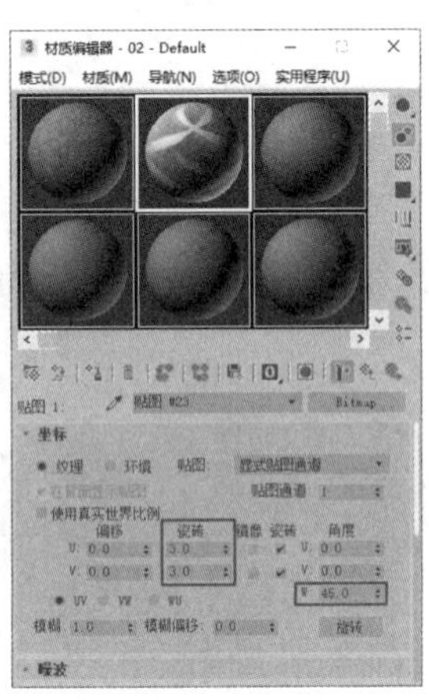

图 7-94

（8）单击（转到父对象）按钮，返回到衰减子面板，在“衰减参数”卷展栏中设置第二个色块的红、绿、蓝的数值分别为 166、216、138，如图 7-95 所示。

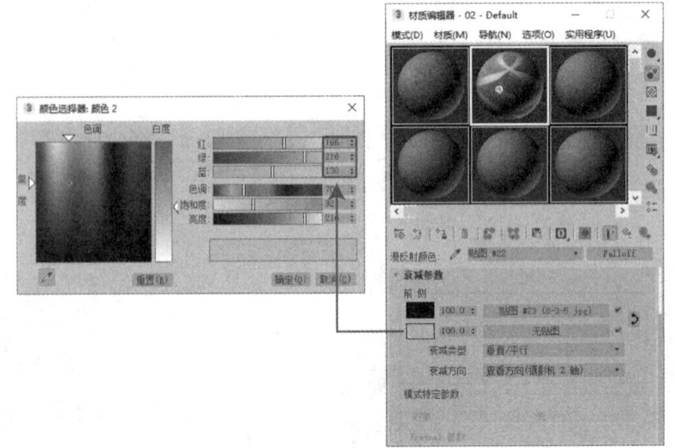

图 7-95

（9）继续单击（转到父对象）按钮，返回到主材质面板，单击（将材质指定给选定对象），布料材质制作完成。

7.4.7 反射和折射贴图

该类贴图用于处理反射和折射效果，包括“平面镜”贴图、“光线跟踪”贴图、“反射/折射”贴图和“薄壁折射”贴图等。每一种贴图都有其明确的用途。

下面介绍几种常用的反射和折射贴图。

1. “光线跟踪”贴图

该贴图可以创建出很好的光线反射和折射效果，其原理与“光线跟踪”材质相似，渲染速度要比“光线跟踪”材质快，但相对其他材质贴图速度还是比较慢的。

使用“光线跟踪”贴图，可以比较准确地模拟出真实世界中的反射和折射效果，如图 7-96 所示。

在建模中，为了模拟反射和折射效果，通常会在“反射”贴图通道或“折射”贴图通道中使用“光线跟踪”贴图。选择“光线跟踪”贴图后，“材质编辑器”中会显示“光线跟踪”贴图的参数卷展栏，如图 7-97 所示。

图 7-96

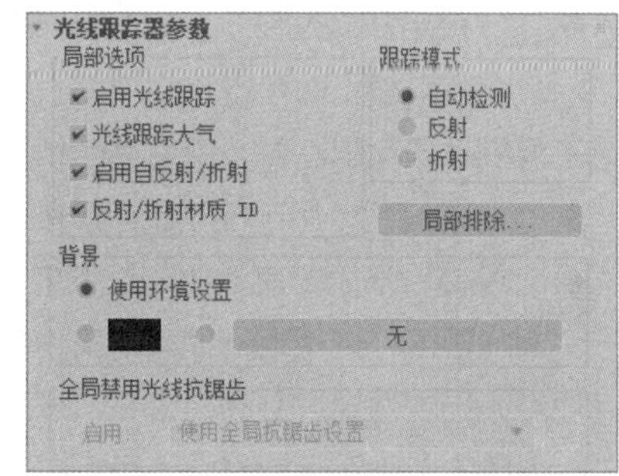

图 7-97

- “局部选项”选项组介绍如下。
  - ◆ 启用光线跟踪：打开或关闭光线跟踪。
  - ◆ 光线跟踪大气：设置是否打开大气的光线跟踪效果。
  - ◆ 启用自反射/折射：是否打开对象自身反射和折射。
  - ◆ 反射/折射材质 ID：启用时，此反射/折射效果被指定到材质 ID 上。
- “跟踪模式”选项组介绍如下。
  - ◆ 自动检测：如果贴图指定到材质的“反射”贴图通道，光线跟踪器将反射光线；如果贴图指定到材质的“折射”贴图通道，光线跟踪器将折射光线；如果贴图指定到材质的其他贴图通道，则需要手动选择是反射光线还是折射光线。
  - ◆ 反射：从对象的表面投射反射光线。
  - ◆ 折射：从对象的表面向里投射折射光线。
- “背景”选项组介绍如下。

  使用环境设置：选中该单选按钮时，在当前场景中考虑环境的设置，也可以使用下方的颜色样本和贴图按钮来设置一种颜色或一个贴图以替代环境设置。

2. “反射/折射”贴图

该贴图能够创建在对象上反射和折射另一个对象影子的效果。它从对象的每个轴产生渲染图像，就像立方体的一个表面上的图像，然后把这些被称为“立方体”贴图的渲染图像投影到对象上，如图 7-98 所示。

图 7-98

在建模中，想要创建反射效果，可以在“反射”贴图通道中选择“反射/折射”贴图；想要创建折射效果，可以在“折射”贴图通道中选择“反射/折射”贴图。

在贴图通道中选择“反射/折射”贴图后，“材质编辑器”中会显示“反射/折射”贴图的参数卷展栏，如图 7-99 所示。

- “来源”选项组：选择立方体贴图的来源。
  - ◆ 自动：可以自动生成从 6 个对象轴渲染的图像。
  - ◆ 从文件：可以从 6 个文件中载入渲染的图像，这将激活“从文件”选项组中的按钮，可以使用它们载入相应方向的渲染图像。

- ◆ 大小：设置“反射/折射”贴图的尺寸，默认值为 100。
- ◆ “使用环境贴图”复选框：该复选框未被勾选时，在渲染“反射/折射”贴图时将忽略背景贴图。

- ● “模糊”选项组：对“反射/折射”贴图应用模糊效果。
  - ◆ 模糊偏移：用于模糊整个贴图。
  - ◆ 模糊：基于距离对象的远近来模糊贴图。
- ● “大气范围”选项组：如果场景中包括环境雾，为了正确地渲染出雾效果，必须指定在“近”“远”参数中设置距对象的近范围和远范围，还可以单击“取自摄影机”按钮来使用一个摄影机的远/近大气范围设置。
- ● “自动”选项组：只有在“来源”选项组中选中“自动”单选按钮时，才可用。
  - ◆ 仅第一帧：使渲染器自动生成在第一帧的“反射/折射”贴图。
  - ◆ 每 N 帧：使渲染器每隔几帧自动渲染“反射/折射”贴图。

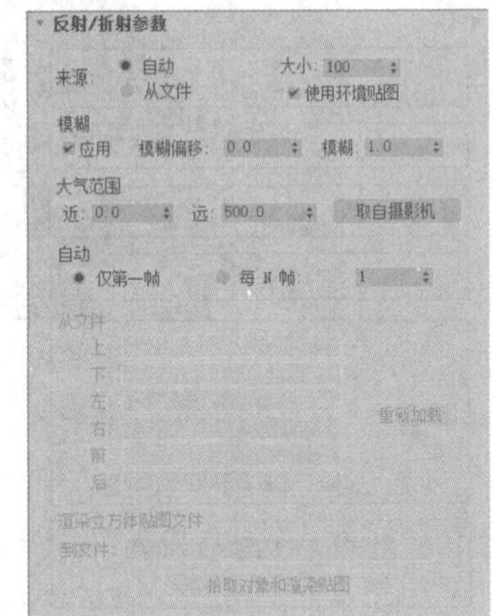

图 7-99

7.5 VRay 材质

下面我们简单介绍一下 VRay 插件，涉及 VRay 材质的设置，只有在安装并指定 VRay 渲染器后，VRay 相应的灯光、材质、摄影机、渲染、特殊模型等才可以正常应用。

7.5.1 “VRayMtl”材质

“VRayMtl”材质是使用频率最高的一种材质，也是使用范围最广的一种材质。“VRayMtl”材质除了能完成反射、折射等效果，还能出色地表现 SSS（SubSurface Scattering，子面散射）和 BRDF 等效果。

“VRayMtl”材质的参数设置面板（见图 7-100）包含了 6 个卷展栏：基本参数、贴图、涂层参数、光泽参数、双向反射分布函数和选项。下面我们主要介绍其中常用的参数。

“基本参数”卷展栏（见图 7-101）介绍如下。

- ● “漫反射”选项组介绍如下。
  - ◆ 漫反射：用于决定物体表面的颜色和纹理。通过单击色块，可以调整自身的颜色。单击右侧的■（无）按钮，可以选择不同的贴图类型。
  - ◆ 粗糙度：数值越大，粗糙效果越明显，可以用于模拟绒布的效果。
- ● “反射”选项组介绍如下。
  - ◆ 反射：物体表面反射的强弱是由色块颜色的“亮度”来控制的，颜色越白反射越强，颜色越黑反射越弱；而这里的色块整体颜色决定了反射出来的颜色，并且和反射的强度是分开计算的。单击右侧的■（无）按钮，可以使用贴图控制反射的强度、颜色、区域。

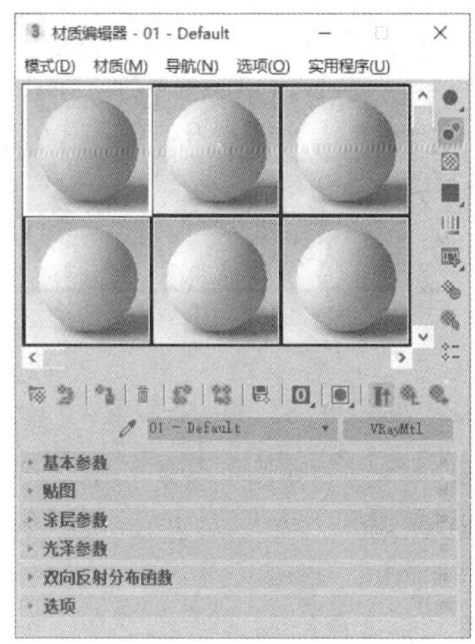

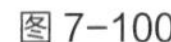
图 7-100

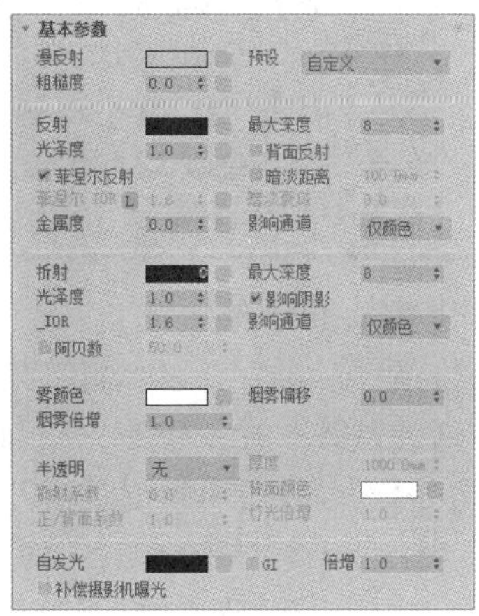

图 7-101

小提示

任何参数在指定贴图后，原有的数值或颜色均会被贴图覆盖，如果需要数值或颜色起到一定作用，可以在“贴图”卷展栏中减少该贴图的数量，这样可以起到将原数值或颜色与贴图混合的作用。

- 光泽度：即“反射光泽度”，控制反射的清晰度。值为 1.0，意味着完美的镜面反射；较低的值会产生模糊或光滑的反射。
- 菲涅尔反射：启用时，反射强度成为依赖于视角的表面。自然界中的某些物质（如玻璃等）以这种方式反射光线。请注意，菲涅尔效应也取决于折射率。
- 菲涅尔 IOR：指定计算菲涅尔反射时使用的返回值。通常这是锁定的折射率参数，但它可以解锁，以更好地控制。这个参数可以在贴图滚动中使用纹理映射。
- 金属度：控制材料从电介质（金属性为 0）到金属（金属性为 1.0）的反射模型。注意 0 到 1.0 的中间值不对应于任何物理材质。对于真实世界的材质，反射色通常应该设置为白色。
- 最大深度：指定一条光线能被反射的次数。具有大量反射和折射表面的场景可能需要更高的值才能看起来准确。

小提示

渲染室内大面积的玻璃或金属物体时，“最大深度”需要设置得大一些，渲染水泥地面和墙体时，“最大深度”可以适当设置得小一点儿，这样可以在不影响品质的情况下提高渲染速度。

- 背面反射：勾选该复选框后，反射也计算背面。请注意，这也影响总内部反射（当折射计算时）。
- 暗淡距离：勾选该复选框后，可以手动设置参与反射的对象之间的距离，距离大于该参数的将不参与反射计算。
- 暗淡衰减：可以设置对象在反射效果中的衰减强度。

小提示

"细分"的数值一般与"反射光泽度"的数值成反比，"反射光泽度"越模糊，"细分"的数值应越大以弥补平滑效果。一般当"反射光泽度"为 0.9 时，设置"细分"为 10；当"反射光泽度"为 0.76 时，设置"细分"为 24。但是"细分"的数值一般最多给到 32，因为"细分"的数值越大，渲染速度越慢。如果某个材质在效果图中占的比例较大，应适当提升细分，以防止出现噪点。

- "折射"选项组介绍如下。
  - ◆ 折射：颜色越白，物体越透明，进入物体内部产生的折射光线也就越多；颜色越黑，透明度越低，产生的折射光线也就越少。用户可以通过贴图控制折射的强度和区域。
  - ◆ 光泽度：用于控制物体的折射模糊度。值越小越模糊；默认值为 1，表示不产生折射模糊。可以通过贴图的灰度控制效果。
  - ◆ _IOR：设置透明物体的折射率。物理学中的常用物体折射率是，水为 1.33、水晶为 1.55、金刚石为 2.42、玻璃按成分不同为 1.5 ~ 1.9。
  - ◆ 阿贝数：增加或减少分散效应。勾选此复选框并降低值会扩大分散度。
  - ◆ 最大深度：用于控制折射的最大次数。
  - ◆ 影响阴影：该复选框用于控制透明物体产生的阴影。勾选该复选框后，透明物体将产生真实的阴影。该复选框仅对 VRay 灯光和 VRay 阴影有效。
  - ◆ 影响通道：设置折射效果是否影响对应图像通道。

小提示

如果有透过折射物体观察到的对象，如室外游泳池、室内的窗玻璃等，需要勾选"影响阴影"复选框，选择"影响通道"的类型为"颜色+Alpha"。

- "雾颜色"选项组介绍如下。
  - ◆ 雾颜色：用于调整透明物体的颜色。
  - ◆ 烟雾倍增：可以理解为烟雾的浓度。值越大，烟雾越浓。一般都是用来降低"雾颜色"的饱和度的，如"雾颜色"的饱和度为 1，算是最低的了，但还是感觉饱和度太高，此时可以通过降低烟雾浓度来控制饱和度。
  - ◆ 烟雾偏移：改变雾的颜色适用。若为负值，则增加雾对物体较厚部分的影响强度；若为正值，则在任何厚度上均匀分布雾色。
- "半透明"选项组介绍如下。
  - ◆ 类型：半透明效果的类型有 3 种，即硬（蜡）模型、软（水）模型、混合模型。
  - ◆ 散射系数：物体内部的散射总量。0 表示光线在所有方向被物体内部散射；1 表示光线在一个方向被物体内部散射，而不考虑物体内部的曲面。
  - ◆ 正/背面系数：控制光线在物体内部的散射方向。0 表示光线沿着灯光发射的方向向前散射，1 表示光线沿着灯光发射的方向向后散射。
  - ◆ 厚度：用于控制光线在物体内部被跟踪的深度，也可以理解为光线的穿透力。
  - ◆ 背面颜色：用于控制半透明效果的颜色。
  - ◆ 灯光倍增：设置光线穿透力的倍增值。

- “自发光”选项组介绍如下。
  - 自发光：通过对色块进行调整，可以使对象具有自发光效果。
  - 全局照明：取消勾选该复选框后，自发光不对其他物体产生全局照明。
  - 倍增：设置发光的强度。
- “双向反射分布函数”卷展栏（见图 7-102）介绍如下。
  - 列表：包含 3 种明暗器类型，即反射、沃德、多面。“反射”适用于硬度高的物体，高光区域很小；“沃德”适用于表面柔软或粗糙的物体，高光区域最大；“多面”适用于大多数物体，高光区域大小适中。默认为“反射”。
  - 各向异性（-1..1）：控制高光区域的形状，可以用该参数来控制拉丝效果。
  - 旋转：控制高光区域的旋转方向。
  - 局部轴：有 x、y、z 这 3 个轴可供选择。
  - 贴图通道：可以使用不同的贴图通道与 UVW 贴图进行关联，从而实现一个物体在多个贴图通道中使用不同的 UVW 贴图，这样可以得到各自对应的贴图坐标。
  - 使用光泽度、使用粗糙度：用于控制如何解释“反射光泽度”。当选中“使用光泽度”单选按钮时，光泽度值按原样使用，高光泽度值（如 1.0 等）会产生尖锐的反射高光。当选中“使用粗糙度”单选按钮时，采用反射光泽度反比值。
  - GTR 尾部衰减：控制从突出显示的区域到非突出显示的区域的转换。

“选项”卷展栏（见图 7-103）介绍如下。

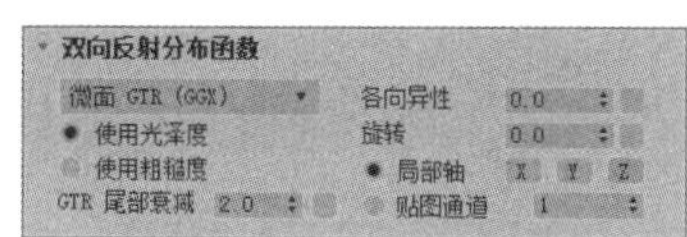

图 7-102

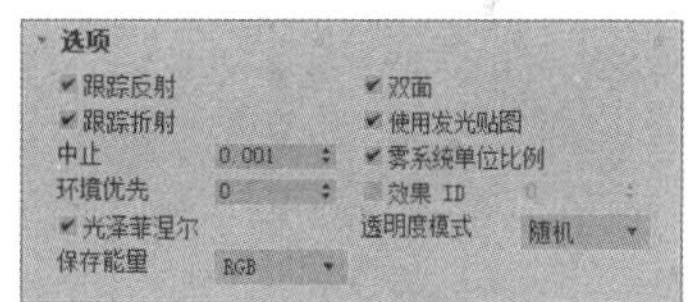

图 7-103

- 跟踪反射：控制光线是否跟踪反射。取消勾选该复选框后，将不渲染反射效果。
- 跟踪折射：控制光线是否跟踪折射。取消勾选该复选框后，将不渲染折射效果。
- 中止：指定一个阈值，低于这个阈值时，反射/折射不会被跟踪。
- 环境优先：确定当反射/折射的光线穿过几种材质时使用的环境，每种材质都有一个环境覆盖。
- 光泽菲涅尔：启用时，使用光泽菲涅尔插入光泽反射和折射。它将菲涅尔方程考虑到光泽反射的每个“微面”，而不仅仅是观察光线和表面法线之间的角度。最明显的效果是随着光泽度的降低，擦拭边缘的光亮度减小。使用常规的菲涅尔，低光泽度的物体可能会出现不自然的明亮和边缘“发光”。而光泽的菲涅尔计算使这种效果更加自然。
- 保存能量：决定漫反射、反射和折射颜色如何相互影响。VRay 试图保持从表面反射的光总量小于或等于落在表面上的光（就像在现实生活中发生的那样）。为此，可应用以下规则，反射级别使漫反射和折射级别变暗（纯白色反射颜色将消除任何漫反射和折射效果），折射级别使漫反射级别变暗（纯白色折射颜色将消除任何漫反射效果）。此参数决定 RGB 组件的调光是单独进行还是根据强度进行。

- 双面：默认为勾选，可以渲染出背面的面；取消勾选后，将只可以渲染正面的面。
- 使用发光贴图：控制当前材质是否使用“发光贴图”。
- 雾系统单位比例：控制是否使用雾系统单位比例。
- 效果 ID：勾选该复选框后，可以通过左侧的“效果 ID”选项设置 ID 号，以覆盖掉材质本身的 ID。
- 透明度模式：控制透明度的取样方式。

“贴图”卷展栏（见图 7-104）介绍如下。

- 半透明：与“基本参数”卷展栏“半透明”选项组中的“背面颜色”作用相同。
- 环境：使用贴图为当前材质添加环境效果。

“涂层参数”卷展栏中的参数主要控制涂层表面颜色的光泽度和折射效果，“光泽参数”卷展栏主要设置光泽度的颜色和光泽层的光泽度，如图 7-105 所示。这些参数用户可以尝试调试一下，这里就不详细介绍了。

贴图		
漫反射	100.0	无贴图
反射	100.0	无贴图
光泽度	100.0	无贴图
折射	100.0	无贴图
光泽度	100.0	无贴图
透明度	100.0	无贴图
凹凸	30.0	无贴图
置换	100.0	无贴图
自发光	100.0	无贴图
漫反射粗糙度	100.0	无贴图
菲涅尔 IOR	100.0	无贴图
金属度	100.0	无贴图
各向异性	100.0	无贴图
各向异性旋转	100.0	无贴图
GTR 衰减	100.0	无贴图
_IOR	100.0	无贴图
半透明	100.0	无贴图
雾颜色	100.0	无贴图
涂层数量	100.0	无贴图
涂层光泽度	100.0	无贴图
涂层折射率	100.0	无贴图
涂层颜色	100.0	无贴图
涂层凹凸	30.0	无贴图
光泽颜色	100.0	无贴图
光泽层光泽度	100.0	无贴图
环境		无贴图

图 7-104

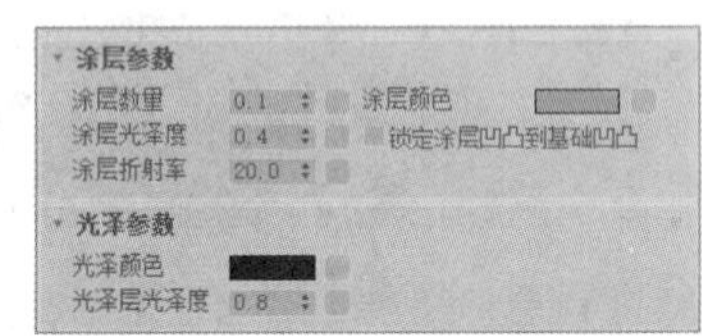

图 7-105

7.5.2 “VRay 灯光”材质

“VRay 灯光”材质主要用于实现霓虹灯、屏幕等自发光效果。

“参数”卷展栏（见图 7-106）介绍如下。

颜色：设置对象自发光的颜色，后面的数值框可以理解为灯光的倍增器。可以使用右侧的“无”按钮加载贴图以代替颜色。

透明度：使用贴图指定发光体的透明度。

背面发光：勾选该复选框后，材质物体的光源双面发光。

补偿摄影机曝光：勾选该复选框后，“VRay 灯光”材质产生的照明效果可以增强摄影机曝光。

倍增颜色的不透明度：勾选该复选框后，同时使用下方的“置换”贴图通道加载黑白贴图，可以通过贴图的灰度强弱来控制发光强度，白色为最强。

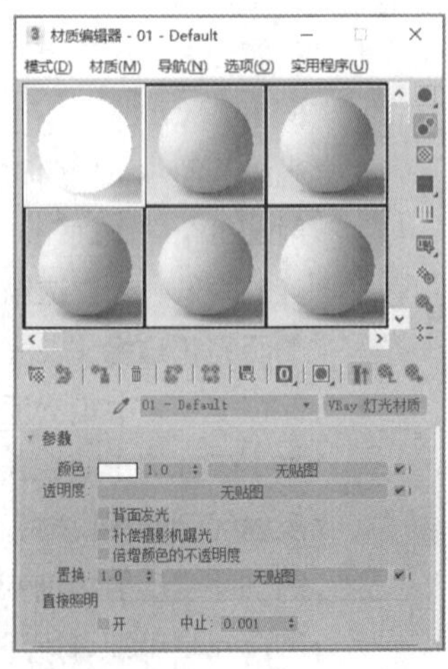

图 7-106

置换：可以通过加载贴图控制发光效果。可以通过调整倍增数值来控制贴图发光的强弱，数值越大越亮。

“直接照明”选项组：用于控制“VRay灯光”材质是否参与直接照明计算。

7.5.3 “VRay材质包裹器”材质

在使用VRay渲染器渲染场景时，会出现某种对象的反射影响到其他对象的情况，这就是“色溢现象”。色溢现象是VRay渲染器在渲染时间接照明的二次反弹所产生的，所以VRay提供了“VRay材质包裹器”材质，该材质可以有效地避免色溢现象的产生。在图7-107中，左图为控制色溢的效果，右图为将红色材质转换为“VRay材质包裹器”材质，并将“生成全局照明”设置为0.3后的效果。

“VRay材质包裹器参数”卷展栏（见图7-108）介绍如下。

图7-107

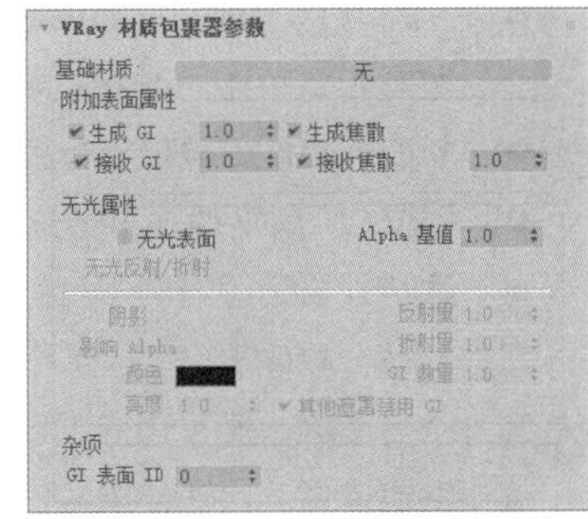

图7-108

基础材质：可以理解为对象基层的材质。

“附加表面属性”选项组：用于控制材质的全局照明和焦散效果。

生成GI：用于控制材质本身色彩对周围环境的影响，降低数值可以减弱该材质对象对周围环境的影响，反之增强。

接收GI：用于控制周围环境色彩对材质对象的影响，降低数值可以减弱周围环境对该材质对象的影响，反之增强。

生成焦散：用于控制材质的焦散效果是否影响周围环境和对象。

接收焦散：用于控制周围环境和对象是否影响该材质对象。

“无光属性”选项组一般不用，这里就不详细介绍了。

7.5.4 UVW贴图

对纹理贴图的坐标进行编辑，还有一个更快捷、直观的方法——使用“UVW贴图”命令。这个命令可以为贴图坐标的设置带来更多的灵活性。

在建模中会经常遇到这样的问题：同一种材质如果要赋予不同的物体，需要根据物体的不同形态调整材质的贴图坐标。由于材质球数量有限，不可能按照物体的数量分别编辑材质，这时就可以使用“UVW贴图”对物体的贴图坐标进行编辑。

“UVW贴图”属于修改命令的一种，在修改命令的下拉列表框中就可以选择和使用。首先在视图中创建一个物体，赋予物体材质贴图，然后在修改命令面板中选择“UVW贴图”，其参数如图7-109所示。

贴图类型用于确定如何给对象应用 UVW 坐标，共有 7 个选项。

- 平面：该贴图类型以平面投影方式给对象贴图，适用于平面，如纸和墙等。
- 柱形：此贴图类型使用圆柱投影方式给对象贴图，如螺丝钉、钢笔、电话筒和药瓶等都适用于柱形贴图。勾选“封口”复选框，柱形的顶面和底面放置的是平面贴图投影。
- 球形：该类型围绕对象以球形投影方式贴图，会产生接缝。在接缝处，贴图的边汇合在一起。
- 收缩包裹：像“球形”贴图一样，它使用球形方式向对象投影贴图，但是收缩包裹将贴图所有的角拉到一个点，消除了接缝并只产生一个奇异点。
- 长方体：以 6 个面的方式向对象投影。每个面是一个“平面”贴图。面法线决定不规则表面上贴图的偏移。
- 面：该类型为对象的每一个面应用一个“平面”贴图。其贴图效果与几何体面的多少有关系。
- XYZ 到 UVW：此贴图类型用于三维贴图，可以使三维贴图“粘贴”在对象的表面上。此种贴图方式的作用是使纹理和表面相配合，表面拉长，贴图也会随之拉长。
- 长度、宽度、高度：分别指定代表贴图坐标的 Gizmo 物体的尺寸。
- U/V/W 向平铺：用于分别设置 3 个方向上贴图的重复次数。
- 翻转：将贴图方向进行前后翻转。

系统为每个物体提供了 99 个贴图通道，默认使用通道 1。使用“通道”选项组，可将贴图发送到任意一个通道中。通过通道，用户可以为一个表面设置多个不同的贴图。

- 贴图通道：设置使用的贴图通道。
- 顶点颜色通道：指定点使用的通道。

单击修改命令堆栈中“UVW 贴图”命令左侧的三角图标，可以选择“UVW 贴图”命令的子层级命令，如图 7-110 所示。

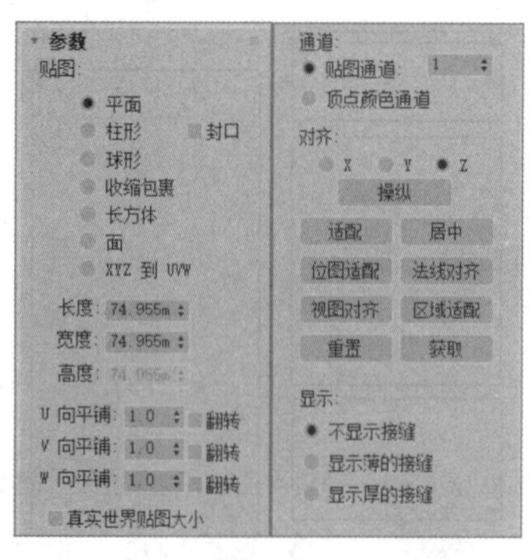

图 7-109

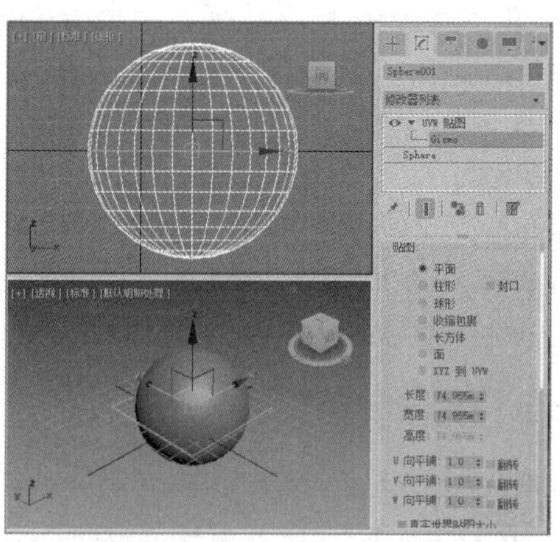

图 7-110

“Gizmo”套框命令可以用来在视图中对贴图坐标进行调节，将纹理贴图的接缝处的贴图坐标对齐。启用该子命令后，物体上会显示黄色的套框。

利用“移动”“旋转”“缩放”工具都可以对贴图坐标进行调整，套框也会随之改变，如图 7-111 所示。

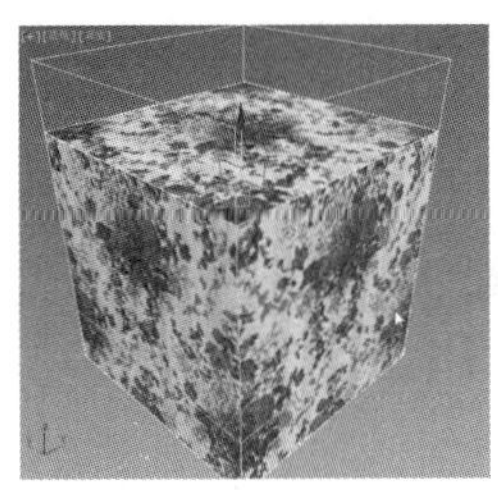 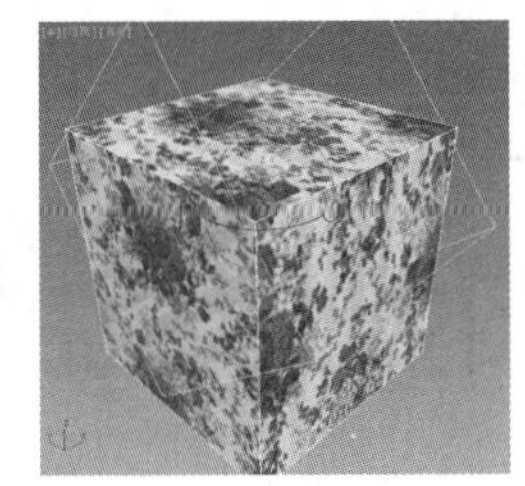 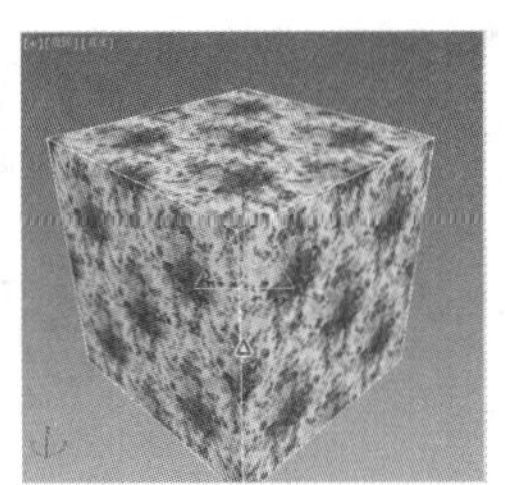

图 7-111

7.6 课堂练习——制作大理石材质

【练习知识要点】为“漫反射”指定“位图”，并设置一个“反射”颜色或贴图，制作出大理石材质的效果，如图 7-112 所示。

【素材文件位置】云盘/贴图。

【参考模型文件位置】云盘/场景/Ch07/大理石材质.max。

图 7-112

微课视频

制作大理石材质

7.7 课后习题——制作 VRay 灯光材质

【习题知识要点】使用“VRay 灯光”材质制作出自发光效果，如图 7-113 所示。

【素材文件位置】云盘/贴图。

【参考模型文件位置】云盘/场景/Ch07/VRay 灯光材质.max。

图 7-113

微课视频

制作 VRay 灯光材质

第 8 章 灯光和摄影机的使用

本章介绍

本章将重点介绍 3ds Max 2020 的灯光系统，并重点介绍标准灯光的使用方法和参数设置，以及灯光特效的设置方法。通过学习本章的内容，读者可以掌握标准灯光的使用方法，能够根据场景的实际情况进行灯光设置。

学习目标

- 熟练掌握标准灯光的创建方法。
- 熟练掌握标准灯光的参数设置方法。
- 熟练掌握天光的特效设置方法。
- 熟练掌握灯光的特效设置方法。
- 熟练掌握摄影机的使用及特效的设置方法。

技能目标

- 掌握创建室内场景布光的方法和技巧。
- 掌握创建全局光照明效果的方法和技巧。
- 掌握创建卫浴场景布光的方法和技巧。

素养目标

- 提高学生的光影审美水平。

8.1 灯光的使用和特效

灯光的重要作用是配合场景营造气氛，所以应该和所照射的物体一起渲染来体现效果。如果将暖色的光照射在冷色调的场景中，就会让人感到不舒服。

8.1.1 课堂案例——创建室内场景布光

【案例学习目标】了解灯光各参数的用途，掌握室内场景布光。

【案例知识要点】通过在场景中设置泛光灯和聚光灯来完成室内场景的布光，完成的效果如图 8-1 所示。

【素材文件位置】云盘/贴图。

【模型文件位置】云盘/场景/Ch08/场景布光.max。

图 8-1

微课视频

创建室内场景布光

【原始模型文件位置】云盘/场景/Ch08/场景布光 o.max。

（1）运行 3ds Max 2020，选择“文件 > 打开”命令，打开云盘中的“场景 > Ch08 > 场景布光 o.max”文件，如图 8-2 所示。

（2）场景中没有创建任何灯光，下面我们将为打开的场景创建灯光，单击“+（创建）>（灯光）> 标准 > 目标聚光灯”按钮，在“前”视图中创建目标聚光灯，在命令面板的卷展栏中设置合适的灯光参数，设置灯光颜色的红、绿、蓝数值为 15、15、15，如图 8-3 所示。

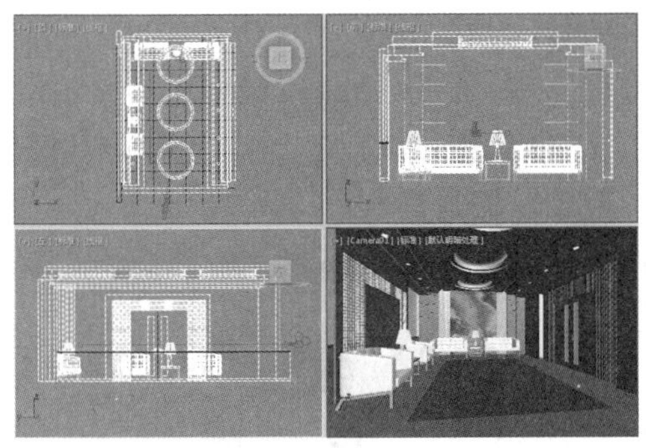

图 8-2

图 8-3

（3）在场景中选择目标聚光灯，对其进行移动复制，复制时使用“实例”复制，制作出图 8-4 所示的效果。

（4）使用“实例”复制灯光后，在“常规参数”卷展栏中单击“排除”按钮，在弹出的对话框中选择想要排除的对象，将其置顶到右侧的排除列表中（该对象为顶模型），如图 8-5 所示。

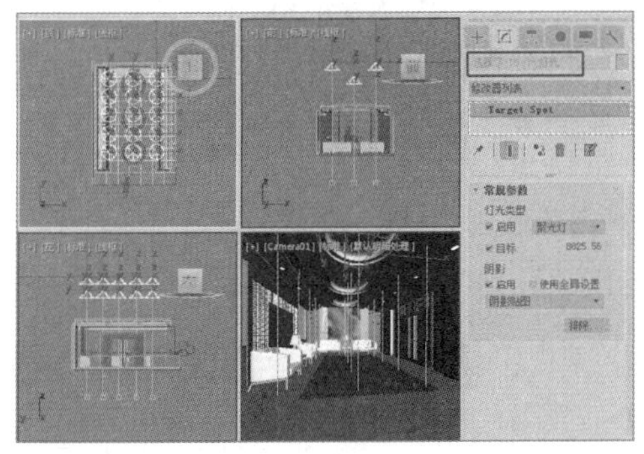

图 8-4

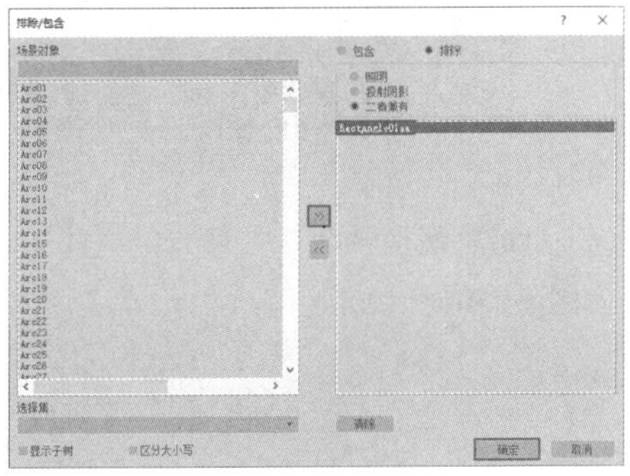

图 8-5

（5）单击“+（创建）> （灯光）> 标准 > 泛光”按钮，在“顶”视图中创建泛光灯，并将其以“实例”的方式复制，设置合适的灯光参数，如图 8-6 所示。这种泛光灯和第一次创建的目标聚光灯属于基础照明，布光方式属于等阵布光。这种布光方式的优点在于整体照明属于环境光，没有死角；其不利之处在于灯光太多，渲染会相对慢一些。

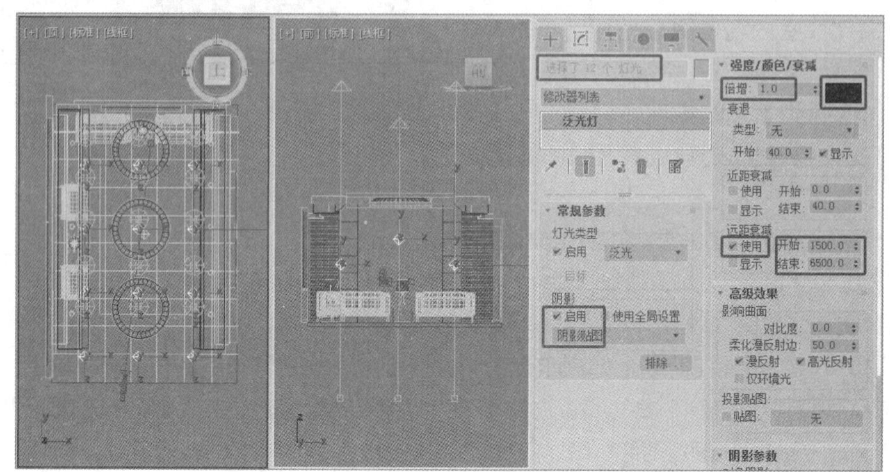

图 8-6

（6）单击“+（创建）> （灯光）> 标准 > 泛光”按钮，在场景中台灯的位置单击以创建泛光灯，“实例”复制灯光到另外一个台灯的位置，设置合适的参数，并设置灯光的颜色为暖光，如图 8-7 所示。

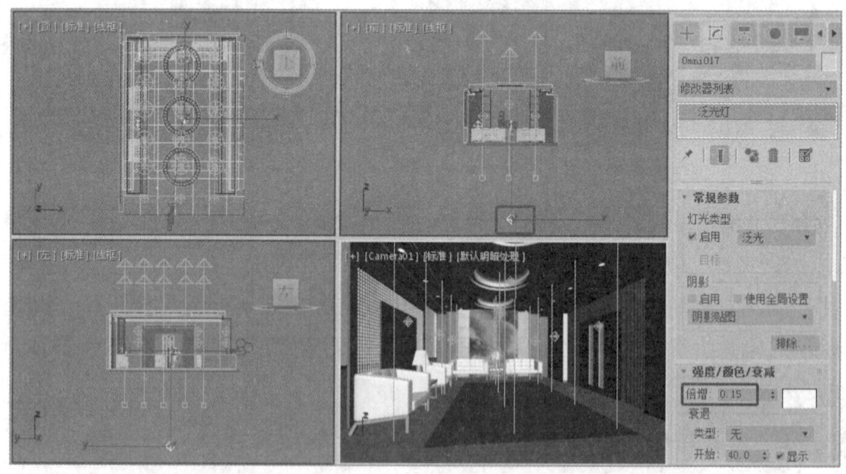

图 8-7

（7）继续在场景中图 8-8 所示的位置创建泛光灯作为照亮顶部的灯光，设置合适的参数。渲染场景，室内场景布光完成。

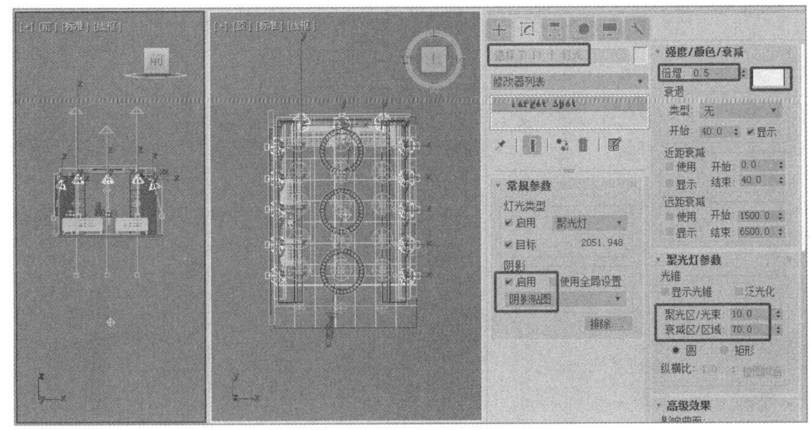

图 8-8

8.1.2 标准灯光

3ds Max 2020 中的灯光可分为标准和光度学两种类型。标准灯光是 3ds Max 2020 的传统灯光。系统提供了 6 种标准灯光，分别是“目标聚光灯”“自由聚光灯”“目标平行光”“自由平行光”“泛光”“天光”，如图 8-9 所示。

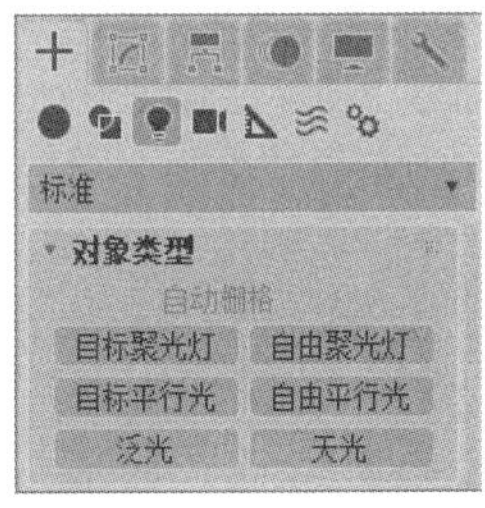

图 8-9

下面对标准灯光进行简单介绍。

1. 标准灯光的创建

标准灯光的创建比较简单，直接在视图中拖曳、单击就可完成创建。

“目标聚光灯”“目标平行光”的创建方法相同，在创建命令面板中单击对应的灯光按钮后，在视图中按住鼠标左键并进行拖曳，在合适的位置松开鼠标左键即可完成创建。在创建过程中，移动鼠标指针可以改变目标点的位置。创建完成后，还可以单独选择光源和目标点，利用“移动”“旋转”工具改变它们的位置和角度。

其他类型的标准灯光只需单击对应的灯光按钮后在视图中单击即可完成创建。

2. 目标聚光灯和自由聚光灯

聚光灯是一种有方向的光源，类似于舞台上的强光灯，可以准确控制光束的大小、焦点、角度，是建模中经常使用的光源，如图 8-10 所示。

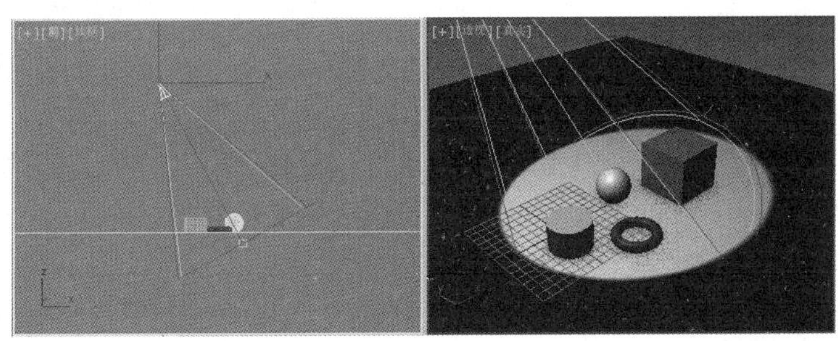

图 8-10

- 目标聚光灯：可以向移动目标点投射光，具有照射焦点和方向性，如图 8-11 所示。

- 自由聚光灯：功能和“目标聚光灯”一样，只是没有定位的目标点，光是沿着一个固定的方向照射的，如图 8-12 所示。“自由聚光灯”常用于动画制作中。

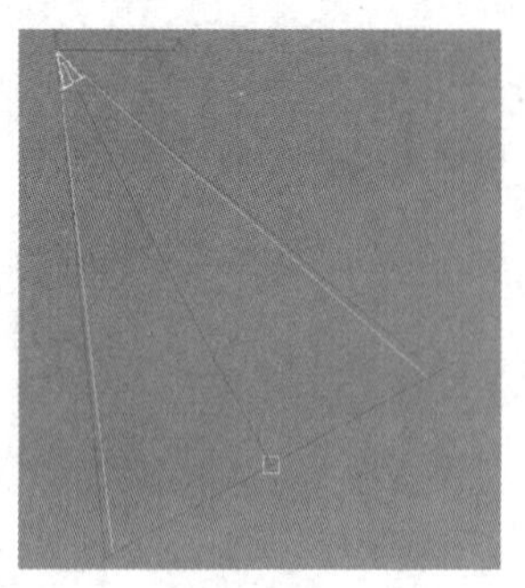
图 8-11

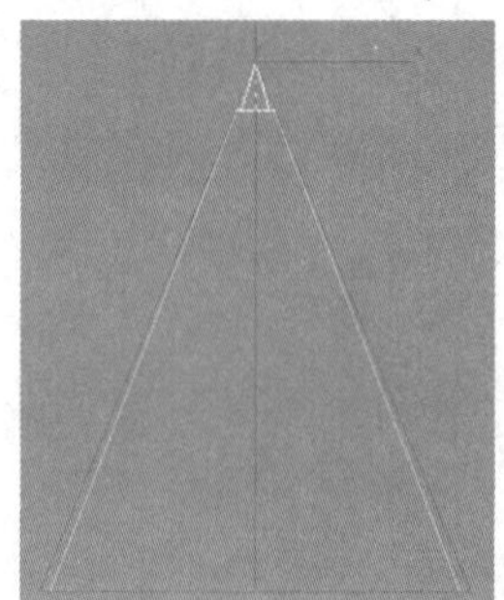
图 8-12

3. 目标平行光和自由平行光

平行光可以在一个方向上发射平行的光，与物体之间没有距离的限制，主要用于模拟太阳光。用户可以调整光的颜色、角度和位置。

“目标平行光”和“自由平行光”没有太大的区别，当需要光线沿路径移动时，应该使用“目标平行光”；当光源位置不固定时，应该使用“自由平行光”。“目标平行光”的灯光形态如图 8-13（a）所示，“自由平行光”的灯光形态如图 8-13（b）所示。

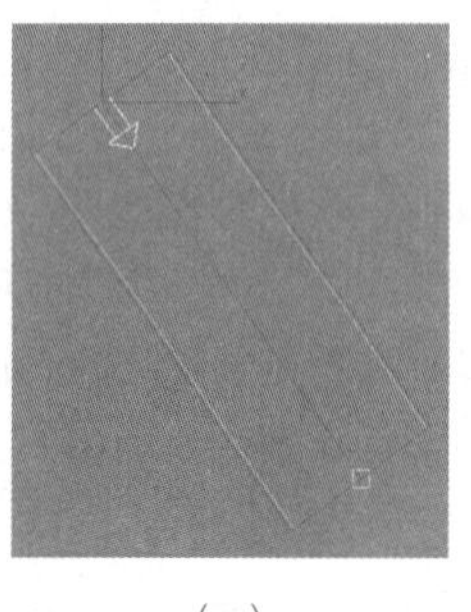
（a）

（b）

图 8-13

4. 泛光

“泛光”是一种点光源，向各个方向发射光线，能照亮所有面向它的对象，如图 8-14 所示。通常，“泛光”用于模拟点光源或作为辅助光在场景中添加充足的光照。

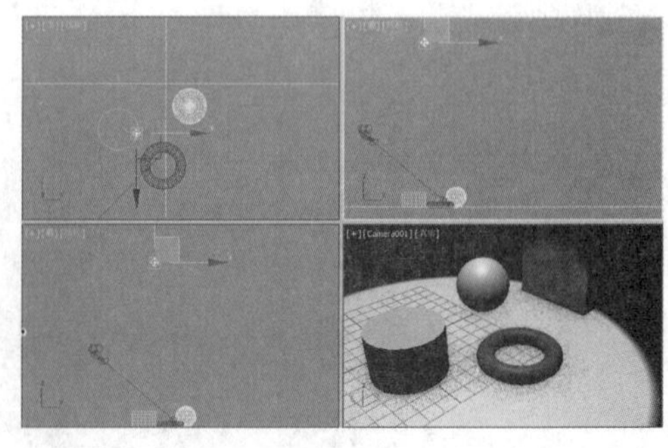
图 8-14

5. 天光

“天光”能够模拟出一种全局光照效果，配合光能传递渲染功能，可以创建出非常自然、柔和的渲染效果。“天光”没有明确的方向，就好像一个覆盖整个场景的、很大的半球发出的光，能从各个角度照射场景中的物体，如图 8-15 所示。

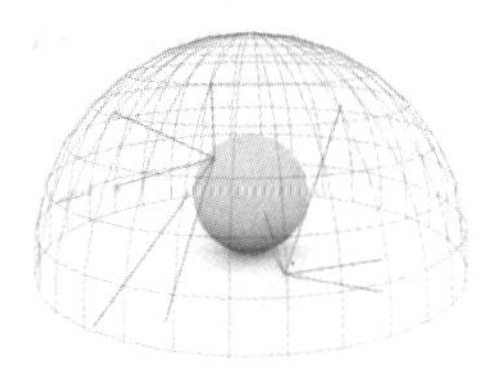

图 8-15

8.1.3 标准灯光的参数

标准灯光的参数大部分都是相同或相似的，只有“天光”具有自身独特的参数，但比较简单。下面以“目标聚光灯”的参数为例介绍标准灯光的参数。

在命令面板中单击“+（创建）>（灯光）> 标准 > 目标聚光灯”按钮，在视图中创建一盏“目标聚光灯”，单击（修改）按钮切换到修改命令面板，修改命令面板中会显示出“目标聚光灯”的参数，如图 8-16 所示。

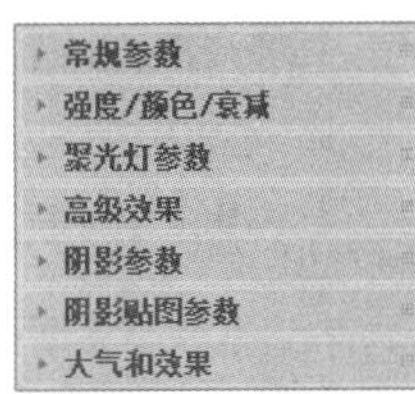

图 8-16

1. “常规参数”卷展栏

该卷展栏是所有类型的灯光共有的，用于设定灯光的开启和关闭、灯光的阴影、包含或排除对象以及灯光阴影的类型等，如图 8-17 所示。

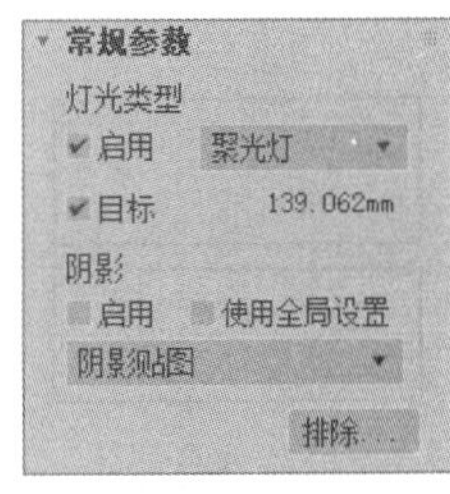

图 8-17

- “灯光类型”选项组
  - ◆ 启用：勾选该复选框后，灯光被打开；未勾选时，灯光被关闭。被关闭的灯光的图标在场景中用黑色表示。
  - ◆ 灯光类型下拉列表框：用于改变当前选择的灯光的类型，包括“聚光灯”“平行光”“泛光”3 种类型。改变灯光类型后，灯光所特有的参数也将随之改变。
  - ◆ 目标：勾选该复选框，可以为灯光设定目标。灯光及其目标之间的距离显示在复选框的右侧。对于自由光，可以自行设定该值；而对于目标光，则可通过移动灯光、灯光的目标物体或关闭该复选框来改变值的大小。
- “阴影”选项组
  - ◆ 启用：用于开启和关闭灯光产生的阴影。在渲染时，可以决定是否对阴影进行渲染。
  - ◆ 使用全局设置：该复选框用于指定阴影是使用局部参数还是全局参数。勾选该复选框，则其他有关阴影的设置将采用场景中默认的、全局统一的参数，如果修改了其中一个使用该设置的灯光，则场景中所有使用该设置的灯光都会相应地改变。
  - ◆ 阴影类型下拉列表框：在 3ds Max 2020 中产生的阴影类型有 4 种，分别是“高级光线跟踪”“区域阴影”“阴影贴图”“光线跟踪阴影”，如果安装有 VRay 插件该列表中会出现“VRay 阴影”，如图 8-18 所示。

    阴影贴图：产生一个假的阴影，它从灯光的角度计算产生阴影对象的投影，然后将它投影到后面的对象上。优点是渲染速度较快，阴影的边界较柔和；缺点是阴影不真实，不能反映透明效果，如图 8-19 所示。

    光线跟踪阴影：可以产生真实的阴影。它在计算阴影时考虑对象的材质和物理属性，缺点是计算量较大，效果如图 8-20 所示。

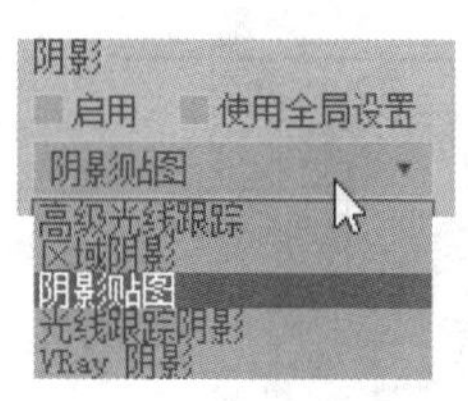

图 8-18

图 8-19

图 8-20

以上介绍的参数基本上都是建模中比较常用的。灯光亮度的调节、阴影的设置、灯光物体摆放的位置等设置技巧，需要多加练习才能熟练掌握。

高级光线跟踪：是“光线跟踪阴影”的改进，拥有更多详细的参数供调节。

区域阴影：可以模拟面积光或体积光所产生的阴影，是模拟真实光照效果的必备功能。

◆ 排除：该按钮用于设置灯光是否照射某个对象，或者是否使某个对象产生阴影。单击该按钮，会弹出“排除/包含”对话框，如图 8-21 所示。在“排除/包含”对话框左侧的列表框中选择要排除的物体后，单击 » 按钮即可；如果要撤销对物体的排除，则在右侧的列表框中选择物体，单击 « 按钮。

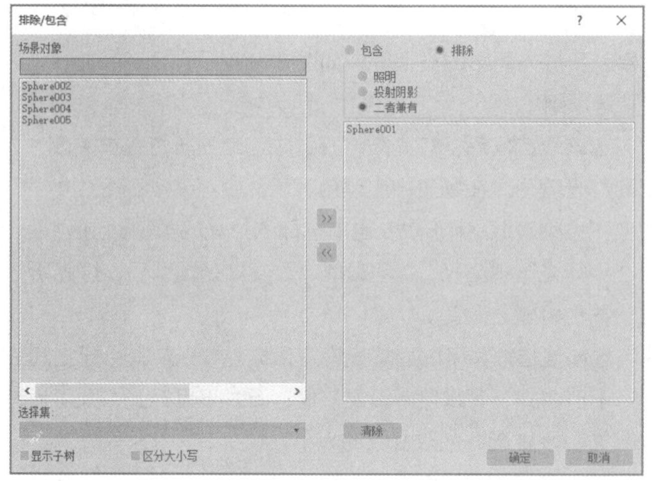

图 8-21

2. “强度/颜色/衰减”卷展栏

该卷展栏用于设置灯光的强弱、颜色以及灯光的衰减参数，参数面板如图 8-22 所示。

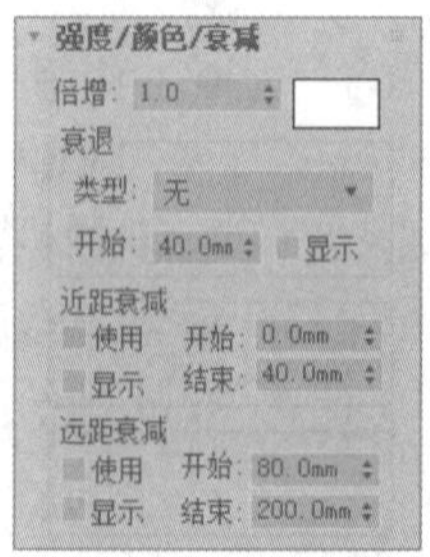

图 8-22

- 倍增：类似于灯的调光器。当“倍增”的值小于 1 时，降低光的亮度；大于 1 时，提高光的亮度。当“倍增”为负值时，从场景中去除亮度。
- 颜色选择器：位于“倍增”的右侧，用于设置灯光的颜色。
- “衰退”选项组：用于设置灯光的衰减方法。

◆ 类型：用于设置灯光的衰减类型，共包括 3 种衰减类型，“无”“倒数”“平方反比”。默认为“无”，不会产生衰减；“倒数”类型可以使光从光源处开始线性衰减，距离越远，光的强度越弱；“平方反比”类型可以按照离光源距离的平方比倒数进行衰减，这种类型最接近真实世界的光照特性。

◆ 开始：用于设置距离光源多远开始进行衰减。

◆ 显示：在视图中显示衰减开始的位置，它在光锥中用绿色圆弧来表示。

● “近距衰减”选项组：用于设定灯光亮度开始减弱的距离，如图 8-23 所示。

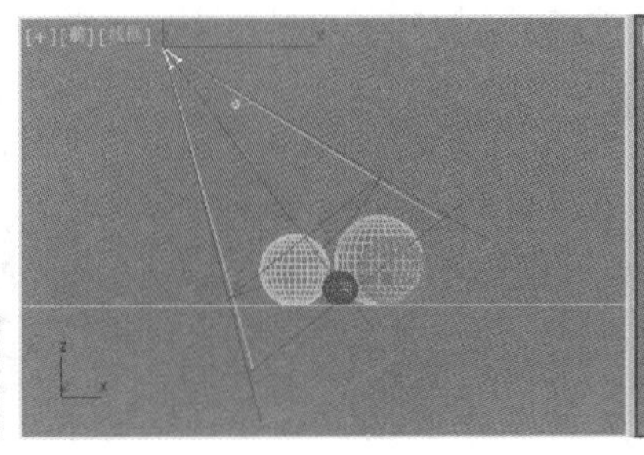

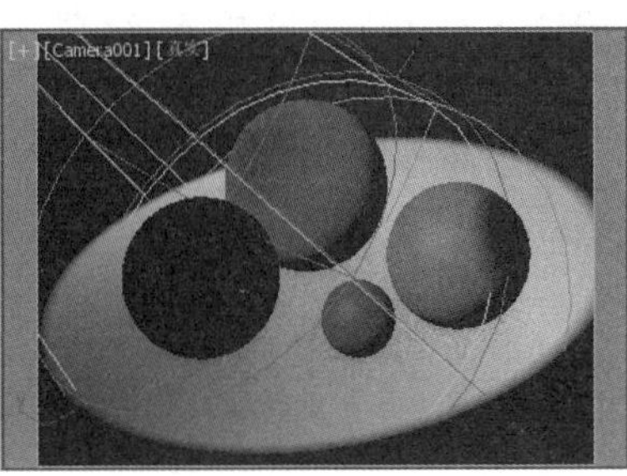

图 8-23

◆ 开始、结束：“开始”设定灯光从亮度为 0 开始逐渐显示的位置，在光源到开始之间，灯光的亮度为 0。从“开始”到“结束”，灯光亮度逐渐增强到设定的亮度。在“结束”以外，灯光保持设定的亮度和颜色。

◆ 使用：开启或关闭衰减效果。

◆ 显示：在场景视图中显示衰减范围。灯光以及参数的设定改变后，衰减范围的形状也会随之改变。

● “远距衰减”选项组：用于设定灯光亮度减弱为 0 的距离，如图 8-24 所示。

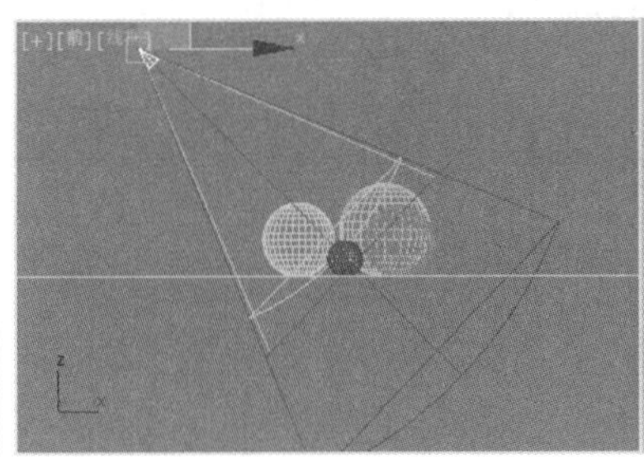

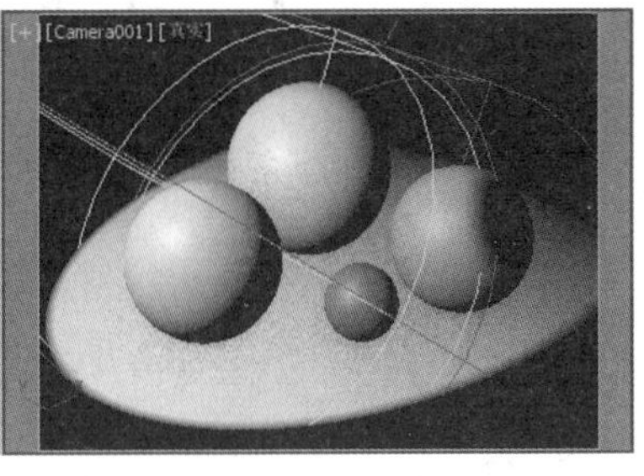

图 8-24

开始、结束：“开始”设定灯光从亮度为初始设定值开始逐渐减弱的位置，在光源到开始之间，灯光的亮度设定为初始亮度和颜色。从“开始”到“结束”，灯光亮度逐渐减弱为 0。在“结束”以外，灯光亮度为 0。

3. “聚光灯参数”卷展栏

该卷展栏用于控制聚光灯的“聚光区/光束”“衰减区/区域”等，是聚光灯特有的，如图 8-25 所示。

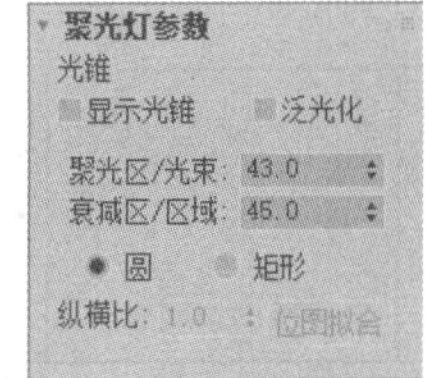

图 8-25

“光锥”选项组：用于对聚光灯照明的锥形区域进行设定。

◆ 显示光锥：该复选框用于控制是否显示灯光的范围框。勾选该复选框后，即使聚光灯未被选择，也会显示灯光的范围框。

◆ 泛光化：勾选该复选框后，聚光灯能作为泛光灯使用，但阴影和阴影贴图仍然被限制在聚光灯范围内。

◆ 聚光区/光束：调整灯光聚光区光锥的角度。它是以角度为测量单位的，默认值是 43，光锥以亮蓝色的锥线显示。

◆ 衰减区/区域：调整灯光散光区光锥的角度，默认值是 45°。

“聚光区/光束”“衰减区/区域”两个参数可以理解为调节灯光的内外衰减，如图 8-26 所示。

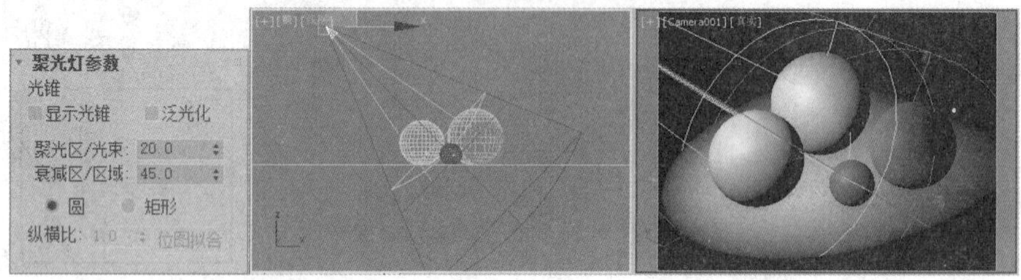

图 8-26

◆ “圆”和“矩形”单选按钮：决定聚光区和散光区是圆形还是矩形。默认为圆形，当用户想要模拟光从窗户中照射进来时，可以设置为矩形的照射区域。

◆ “纵横比”“位图拟合”：当设定为矩形照射区域时，使用“纵横比”数值框来调整方形照射区域的长宽比，或者使用“位图拟合”按钮为照射区域指定一个位图，使灯光的照射区域同位图的长宽比相匹配。

4. “高级效果”卷展栏

该卷展栏用于控制灯光影响表面区域的方式，并提供了对投影灯光的调整和设置，如图 8-27 所示。

● “影响曲面”选项组：用于设置灯光在场景中的工作方式。

◆ 对比度：该参数用于调整最亮区域和最暗区域的对比度，取值范围为 0 ~ 100。默认值为 0，是正常的对比度。

◆ 柔化漫反射边：取值范围为 0 ~ 100；数值越小，边界越柔和；默认值为 50。

◆ 漫反射：该复选框用于控制打开或者关闭灯光的漫反射效果。

◆ 高光反射：该复选框用于控制打开或者关闭灯光的高光部分。

◆ 仅环境光：该复选框用于控制打开或者关闭对象表面的环境光部分。当勾选该复选框时，灯光照明只对环境光产生效果，而“漫反射”“高光反射”“对比度”“柔化漫反射边”选项将不能使用。

● “投影贴图”选项组：将图像投射在物体表面，可以用于模拟投影仪和放映机等效果，如图 8-28 所示。

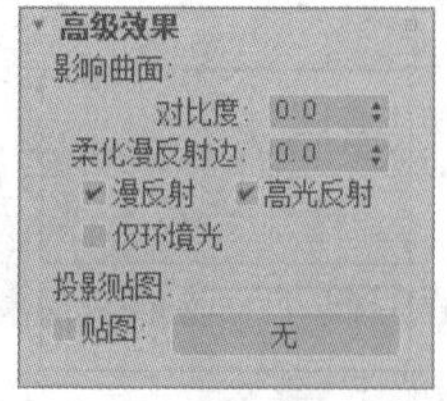

图 8-27

图 8-28

◆ 贴图：开启或关闭所选图像的投影。

◆ 无：单击该按钮，将弹出“材质/贴图浏览器”对话框，用于指定进行投影的贴图。

5. “阴影参数”卷展栏

该卷展栏用于选择阴影方式，设置阴影的效果，如图 8-29 所示。

- “对象阴影”选项组：用于调整阴影的颜色和密度，以及增加“阴影贴图”等，是“阴影参数”卷展栏中主要的参数选项组。
  ◆ 颜色：阴影颜色，色块用于设定阴影的颜色，默认为黑色。
  ◆ 密度：通过调整投射阴影的百分比来调整阴影的密度，从而使它变黑或者变亮。取值范围为-1.0 ~ 1.0，当该值等于 0 时，不产生阴影；当该值等于 1 时，产生最深颜色的阴影；当为负值时，产生的阴影颜色与设置的阴影颜色相反。
  ◆ 贴图：可以将物体产生的阴影变成所选择的图像，如图 8-30 所示。

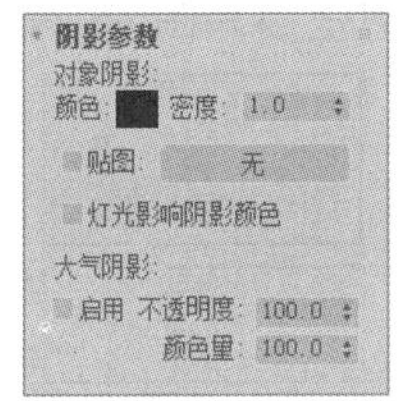

图 8-29

图 8-30

  ◆ 灯光影响阴影颜色：勾选该复选框后，灯光颜色将会影响阴影颜色，阴影颜色为灯光颜色与阴影颜色相混合后的颜色。
- “大气阴影”选项组：用于控制大气效果是否产生阴影，一般大气效果是不产生阴影的。
  ◆ 启用：开启或关闭“大气阴影”。
  ◆ 不透明度：调整“大气阴影”的不透明度。当该参数为 0 时，大气效果没有阴影；当该参数为 100 时，产生全部的阴影。
  ◆ 颜色量：调整“大气阴影”颜色和阴影颜色的混合度。当采用“大气阴影”时，在某些区域产生的阴影是由阴影本身颜色与“大气阴影”颜色混合生成的。当该参数为 100 时，阴影的颜色完全饱和。

6. “阴影贴图参数”卷展栏

选择阴影类型为“阴影贴图”后，将出现“阴影贴图参数”卷展栏，如图 8-31 所示。这些参数用于控制灯光投射阴影的质量。

- 偏移：该数值框用于调整物体与产生的阴影图像之间的距离。数值越大，阴影与物体之间的距离就越大。在图 8-32 中，左图为将“偏移”值设置为 1 后的效果，右图为将“偏移”值设置为 10 后的效果。右图看上去好像是物体悬浮在空中，实际上是影子与物体之间有距离。

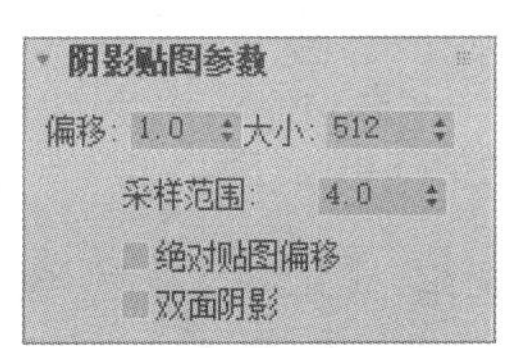

图 8-31

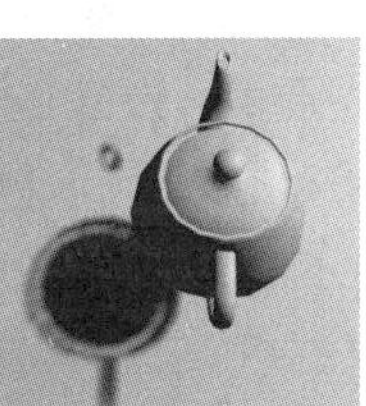

图 8-32

- 大小：用于控制“阴影贴图”的大小，值越大，阴影的质量越高，但也会占用更多内存。
- 采样范围：用于控制阴影的模糊程度。数值越小，阴影越清晰；数值越大，阴影越柔和；采样范围为 0 ~ 20，推荐使用 2 ~ 5，默认值是 4。
- 绝对贴图偏移：勾选该复选框后，可为场景中的所有对象设置偏移范围。未勾选该复选框时，只在场景中相对于对象偏移。
- 双面阴影：勾选该复选框后，在计算阴影时同时考虑背面阴影，此时对象内部并不被外部灯光照亮。未勾选该复选框时，将忽略背面阴影，外部灯光也可照亮对象内部。

8.1.4 课堂案例——创建全局光照明效果

【案例学习目标】掌握“天光”的使用方法。

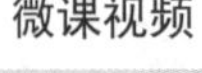

创建全局光照明效果

【案例知识要点】通过在场景中设置“天光”“泛光”来创建全局光照明效果，完成的效果如图 8-33 所示。

【素材文件位置】云盘/贴图。

【模型文件位置】云盘/场景/Ch08/全局照明.max。

【原始模型文件位置】云盘/场景/Ch08/全局照明 o.max。

（1）运行 3ds Max 2020，选择“文件 > 打开”命令，打开云盘中的“场景 > Ch08 > 全局照明 o.max”文件，如图 8-34 所示。

图 8-33

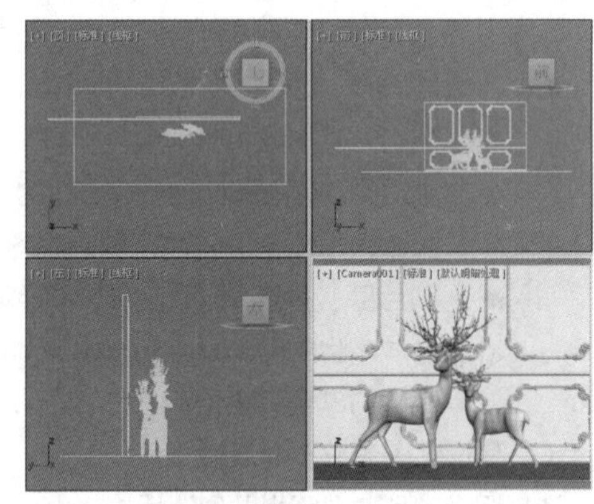

图 8-34

（2）单击“+（创建）> （灯光）> 标准 > 泛光”按钮创建泛光灯，在场景中调整灯光的位置，切换到（修改）面板，在对应参数的卷展栏中设置合适的灯光参数，设置灯光颜色的红、绿、蓝为 70、157、255，如图 8-35 所示。

（3）继续创建泛光灯，在场景中调整灯光的位置，切换到（修改）面板，在对应参数的卷展栏中设置合适的灯光参数，设置灯光颜色的红、绿、蓝为 255、208、148，如图 8-36 所示。

（4）单击“+（创建）> （灯光）> 标准 > 天光”按钮，在场景中单击并创建天光，天光的位置不影响照明效果，如图 8-37 所示。

（5）在工具栏中单击（渲染设置）按钮，打开“渲染设置”窗口，切换到“高级照明”选项卡，在“选择高级照明”卷展栏中选择高级照明为“光跟踪器”，设置“光线/采样”选项为 1000，如图 8-38 所示。渲染场景，全局光照明效果创建完成。

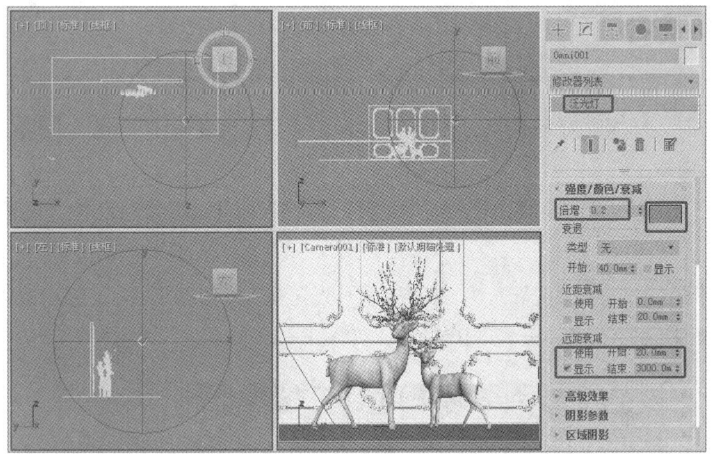

图 8-35

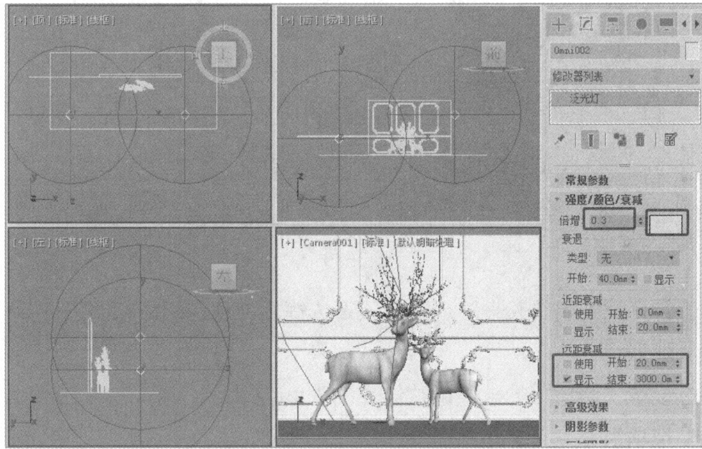

图 8-36

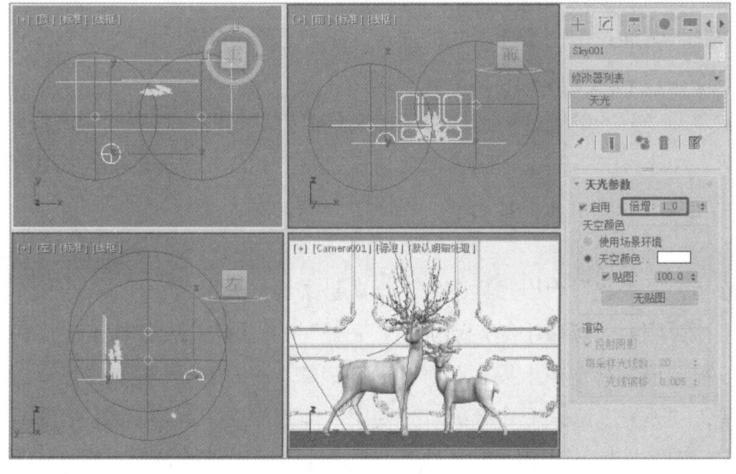

图 8-37

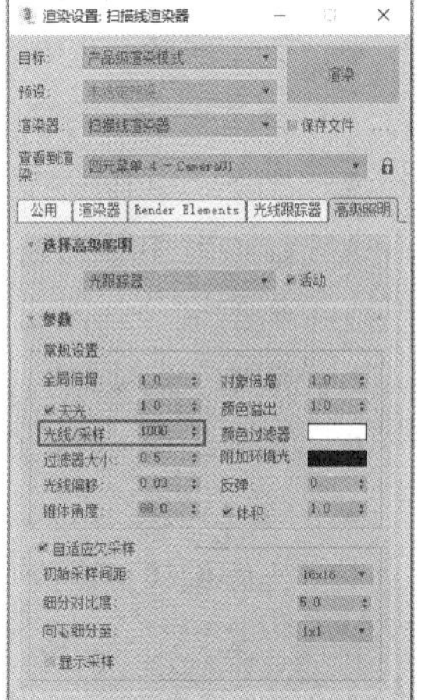

图 8-38

8.1.5 天光特效

“天光”在标准灯光中是比较特殊的一种灯光，主要用于模拟自然光线，能表现全局照明的效果。在 3ds Max 2020 中，光线就好像在真空中一样，光照不到的地方是黑暗的。所以，在创建灯光时，一定要让光照射在物体上。

“天光”可以不考虑位置和角度，在视图中的任意位置创建，都会有自然光的效果。下面先来介绍“天光”的参数。

单击“+（创建）> （灯光）> 标准 > 天光”按钮，在视图中任意位置单击即可创建一盏“天光”。参数面板中会显示出“天光”的参数，如图 8-39 所示。

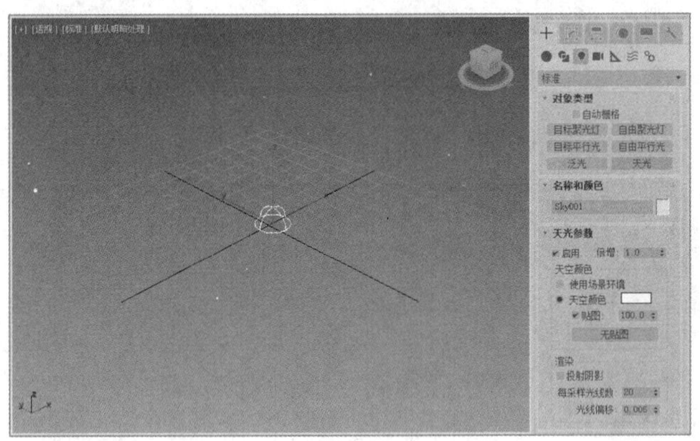

图 8-39

- 启用：用于打开或关闭“天光”。勾选该复选框后，将在阴影和渲染计算的过程中利用“天光”来照亮场景。
- 倍增：通过设置“倍增”的数值调整灯光的强度。

1. “天空颜色”选项组

- 使用场景环境：选中该单选按钮，将利用“环境和效果”窗口中的环境设置来设置灯光颜色。只有当光线跟踪处于激活状态时，该设置才有效。
- 天空颜色：选中该单选按钮，可通过单击颜色样本框显示“颜色选择器”对话框，并从中选择“天光”的颜色。一般使用“天光”保持默认的颜色即可。
- 贴图：可利用贴图来影响“天光”的颜色，复选框用于控制是否激活贴图，右侧的微调器用于设置使用贴图的百分比，小于 100%时，贴图颜色将与天空颜色混合。“无贴图”按钮用于指定一个贴图。只有当光线跟踪处于激活状态时，贴图才有效。

2. “渲染”选项组

- 投射阴影：勾选该复选框后，“天光”可以投射阴影，默认是未勾选的。
- 每采样光线数：设置用于计算照射到场景中给定点上的“天光”的光线数量，默认值为 20。
- 光线偏移：设置对象可以在场景中给定点上投射阴影的最小距离。

使用“天光”一定要注意的是，“天光”必须配合高级灯光使用才能起作用，否则，即使创建了“天光”，也不会有自然光的效果。下面先来介绍如何使用“天光”表现全局光照的效果，操作步骤如下。

（1）单击“+（创建）> ●（几何体）> 标准基本体 > 茶壶”按钮，在“顶”视图中创建一个茶壶。单击“+（创建）> 💡（灯光）> 标准 > 天光”按钮，在视图中创建一盏“天光”。在工具栏中单击（渲染产品）按钮，渲染效果如图 8-40 所示。可以看出，渲染后的效果并不是真正的“天光”效果。

（2）在工具栏中单击（渲染设置）按钮，弹出“渲染设置”窗口。切换到“高级照明”选项卡，在“选择高级照明”卷展栏的下拉列表框中选择“光跟踪器”选项，如图 8-41 所示。

（3）单击“渲染”按钮，对视图中的茶壶再次进行渲染，可以得到理想的“天光”效果，如图 8-42 所示。

图 8-40

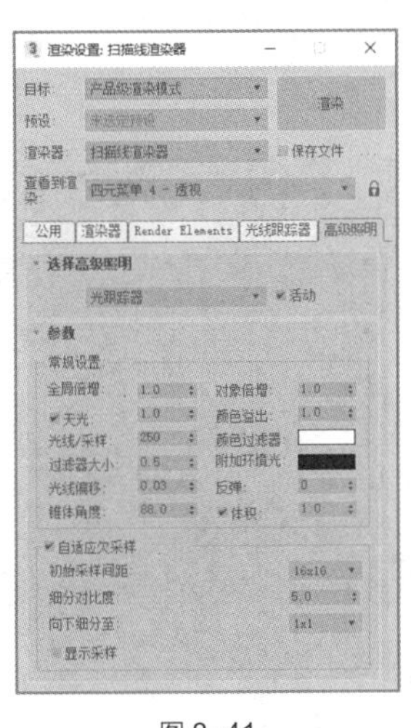

图 8-41

图 8-42

8.1.6　课堂案例——创建卫浴场景布光

【案例学习目标】掌握 VRay 灯光的使用方法。

【案例知识要点】通过创建卫浴场景布光来学习 VRay 灯光的使用方法，完成的效果如图 8-43 所示。

图 8-43

微课视频

创建卫浴场景布光

【素材文件位置】云盘/贴图。

【模型文件位置】云盘/场景/Ch08/卫浴场景布光.max。

【原始模型文件位置】云盘/场景/Ch08/卫浴场景布光 o.max。

（1）运行 3ds Max 2020，选择“文件 > 打开”命令，打开云盘中的“场景 > Ch08 > 卫浴场景布光 o.max”文件，如图 8-44 所示。渲染当前场景得到图 8-45 所示的效果。

（2）在此场景渲染出的效果图中可以看到窗外有发光材质。在此场景的基础上创建灯光。

（3）在窗户的位置创建 VRay 灯光，在场景中调整灯光的位置和灯光照明的朝向，切换到（修改）面板。在“常规”卷展栏中设置“倍增”为 5，设置灯光颜色的红、绿、蓝为 177、206、255，生成一个冷色调的主光源；在“选项”卷展栏中勾选“不可见”复选框，取消勾选“影响高光”“影响反射”复选框，如图 8-46 所示。

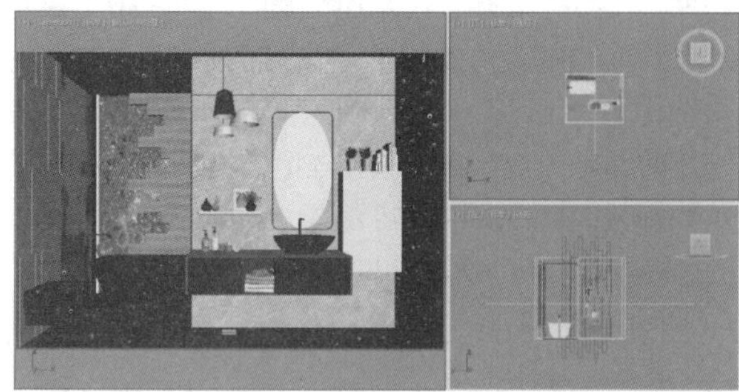

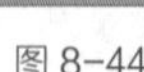

图 8-44

图 8-45

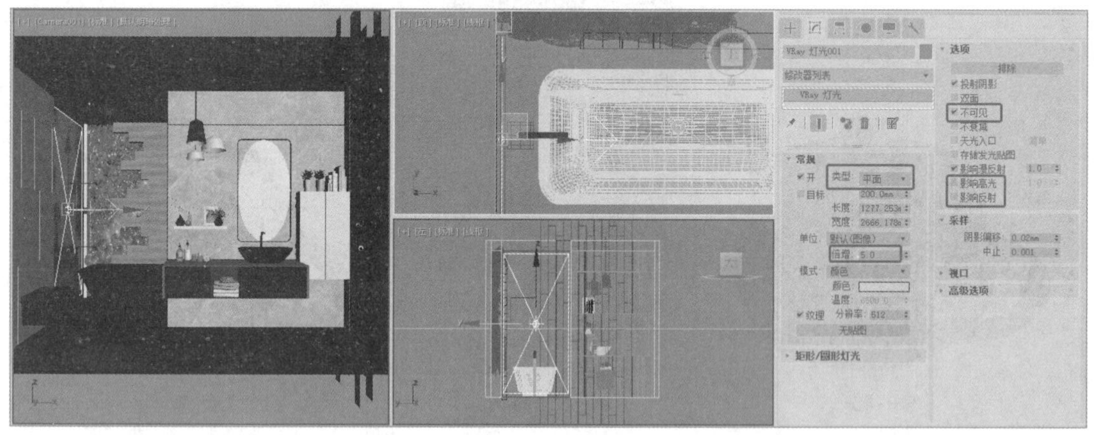

图 8-46

（4）在“左”视图中创建 VRay 灯光，在场景中调整灯光的位置和朝向，切换到（修改）面板。在“常规”卷展栏中设置“倍增”为 5，设置灯光颜色的红、绿、蓝为 255、227、196，即设置灯光的颜色为暖色；在“选项”卷展栏中勾选“不可见”复选框，取消勾选“影响高光”“影响反射”复选框，如图 8-47 所示。

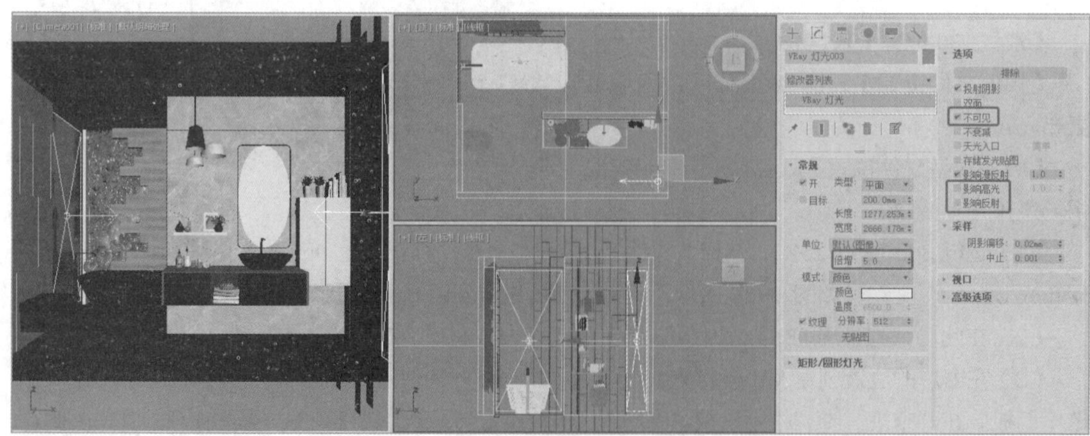

图 8-47

（5）在“前”视图中创建 VRay 灯光，在场景中调整灯光的位置和朝向，切换到（修改）面板。在“常规”卷展栏中设置“倍增”为 5，设置灯光颜色的红、绿、蓝为 255、227、196，即设置灯光的颜色为暖色；在“选项”卷展栏中勾选“不可见”复选框，取消勾选“影响高光”“影响反射”复选框，如图 8-48 所示。

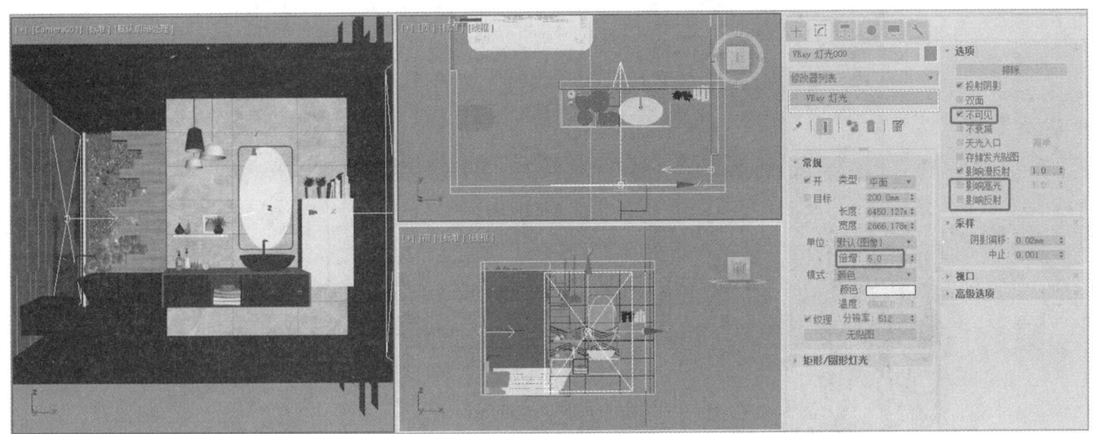

图 8-48

（6）在吊灯的位置创建 VRay 灯光，在场景中调整灯光的位置和朝向，切换到（修改）面板。在“常规”卷展栏中选择灯光“类型”为“球体”，设置“半径”为 20，设置“倍增”为 50，设置灯光颜色的红、绿、蓝为 255、217、177，即设置灯光的颜色为暖色，如图 8-49 所示。

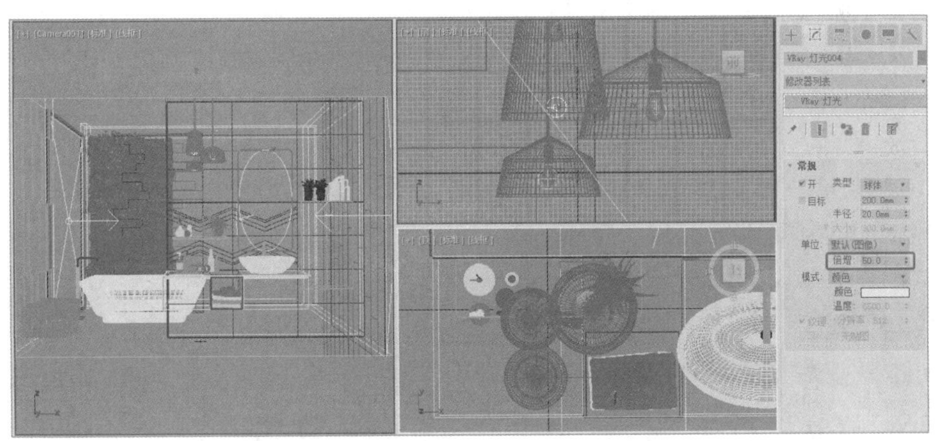

图 8-49

（7）在场景中选中镜面模型，在“顶”视图中按住 Shift 键的同时，沿 y 轴向上拖动，松开鼠标左键，在弹出的“克隆选项”对话框中选中“复制”单选按钮，单击“确定”按钮，如图 8-50 所示，复制模型。

（8）在场景中创建 VRay 灯光，在场景中调整灯光的位置和朝向，切换到（修改）面板。在“常规”卷展栏中选择灯光“类型”为“网格”，设置“倍增”为 5；在“网格灯光”卷展栏中单击“拾取网格”按钮，在场景中拾取复制出的镜子模型，将该模型转换为灯光，如图 8-51 所示。

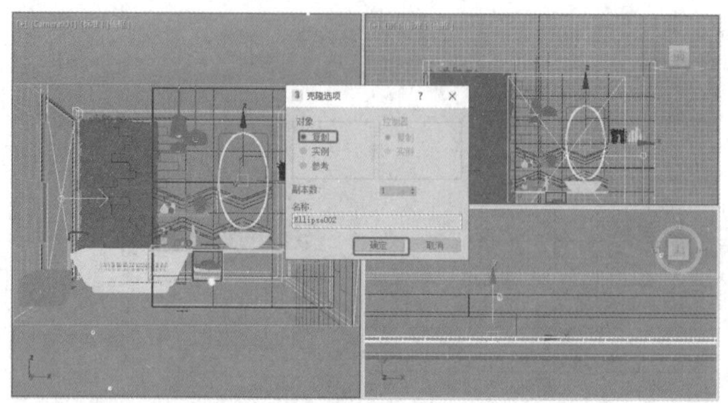

图 8-50

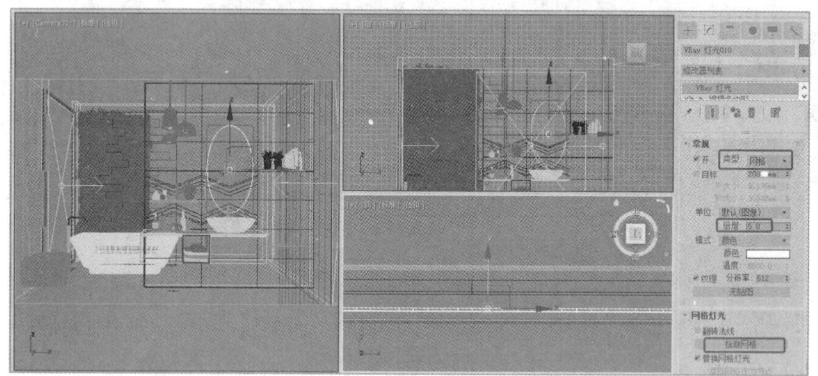

图 8-51

（9）在洗手台墙面的上方创建“线”，切换到（修改）面板，选中刚刚创建的线，在“渲染”卷展栏中勾选“在渲染中启用”“在视口中启用”复选框，选择渲染类型为“矩形”，设置“长度”为 20、“宽度”为 20，如图 8-52 所示。

（10）为可渲染的线添加“编辑多边形”修改器，将其转换为多边形，如图 8-53 所示。

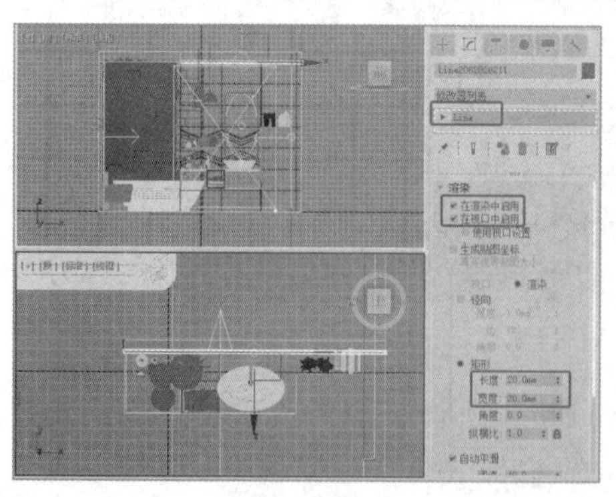

图 8-52

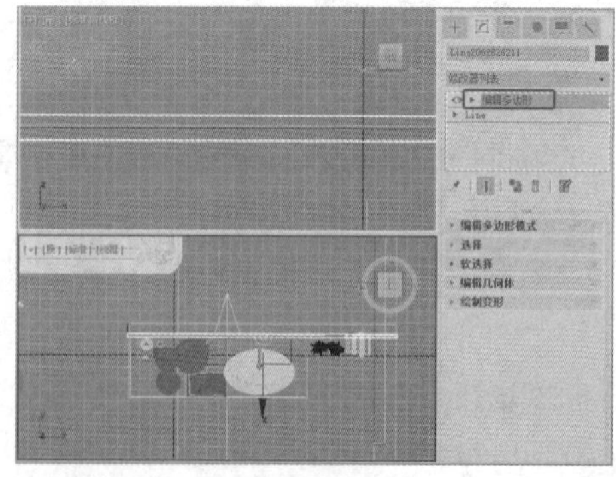

图 8-53

（11）在场景中创建 VRay 灯光，在场景中调整灯光的位置和朝向，切换到（修改）面板。在“常规”卷展栏中选择灯光“类型”为“网格”，设置“倍增”为 5；在“网格灯光”卷展栏中单击“拾取网格”按钮，在场景中拾取转换为多边形的线，将该模型转换为灯光，作为墙面顶上的装饰线条灯，如图 8-54 所示。

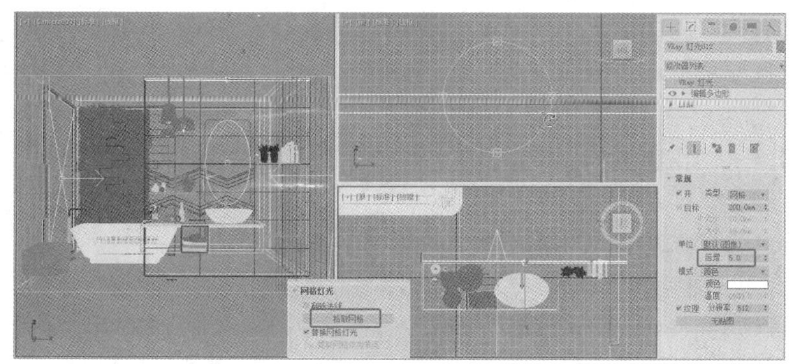

图 8-54

（12）对场景进行渲染，如果场景过亮可以减小灯光的“倍增”参数，这里就不详细介绍了。至此，卫浴场景布光创建完成。

8.1.7 灯光特效

标准灯光参数中的“大气和效果”卷展栏用于制作灯光特效，如图 8-55 所示。

- 添加：用于添加特效。单击该按钮后，会弹出“添加大气或效果”对话框，可以从列表框中选择“体积光”“镜头效果”，如图 8-56 所示。

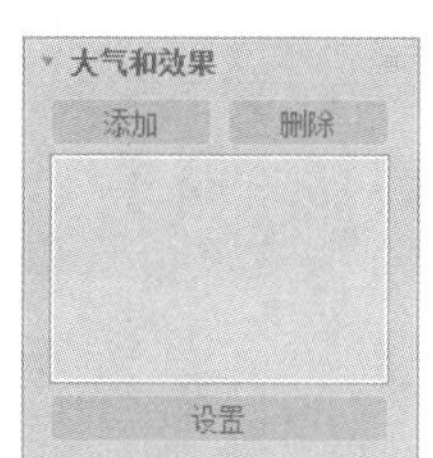

图 8-55

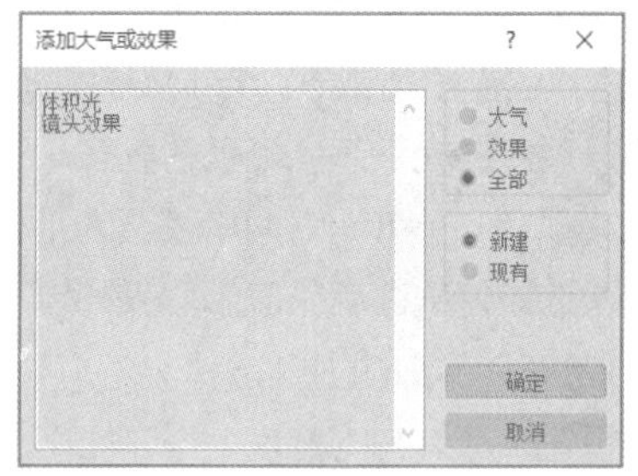

图 8-56

- 删除：删除列表框中所选定的大气效果。
- 设置：用于对列表框中选定的大气或环境效果进行参数设定。

8.1.8 VRay 灯光

安装 VRay 插件后，VRay 灯光为 3ds Max 2020 的标准灯光和光度学灯光提供了“VRay 阴影”类型，如图 8-57 所示，还提供了专属的灯光面板，包括 VRay 灯光、VRayIES、VRay 环境光和 VRay 太阳，如图 8-58 所示。下面我们将介绍常用的 VRay 灯光和 VRay 太阳两种灯光，以及 VRay 阴影参数。

图 8-57

图 8-58

1. VRay 阴影

灯光的阴影类型指定为“VRay 阴影”时，相应的“VRay 阴影参数”卷展栏才会显示，如图 8-59 所示，介绍如下。

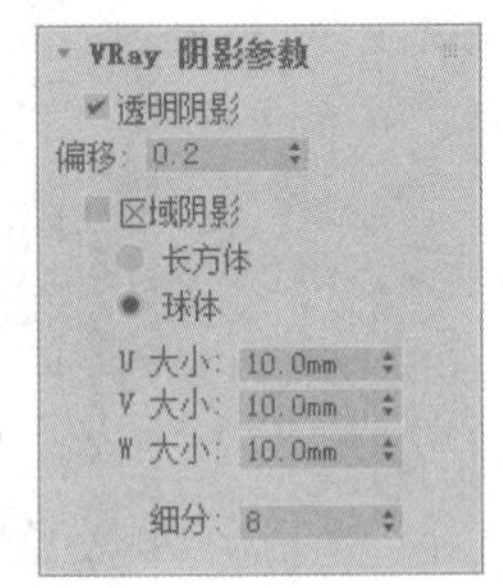

图 8-59

- 透明阴影：控制透明物体的阴影，必须使用 VRay 材质并选择材质中的“影响阴影”才能产生效果。
- 偏移：控制阴影与物体的偏移距离，一般使用默认值。
- 区域阴影：控制物体阴影效果，使用时会降低渲染速度，有长方体和球体两种模式。
- U/V/W 大小：值越大，阴影越模糊，并且会产生杂点，降低渲染速度。
- 细分：控制阴影的杂点，值越大，杂点越光滑，同时会降低渲染速度。

2. VRay 灯光

VRay 灯光主要用于模拟室内灯光，是室内渲染中使用频率最高的一种灯光。

“常规”卷展栏（见图 8-60）介绍如下。

- 开：控制灯光的开关。
- 类型：提供了“平面”“穹顶”“球体”“网格”“圆形”5 种类型，如图 8-61 所示。这 5 种类型的形状各不相同，因此可以应用于各种用途。平面一般用于制作片灯、窗口自然光、补光；穹顶的作用类似于 3ds Max 2020 的“天光”，光线来自位于灯光 z 轴的半球状圆顶；球体是以球形的光来照亮场景的，多用于制作各种灯的灯泡；网格用于制作特殊形状灯带、灯池，必须有一个可编辑网格模型为基础；圆形用于制作圆形的灯光。
- 目标：勾选该复选框后，显示灯光的目标点。
- 长度：设置平面灯光的长度。
- 宽度：设置平面灯光的宽度。
- 单位：灯光的强度单位，提供了 5 种类型——默认（图像）、发光率（lm）、亮度（lm/m² /sr）、辐射率（W）和辐射（W/m² sr）。“默认（图像）”为默认单位，依靠灯光的颜色、亮度、大小控制灯光的强弱。
- 倍增：设置灯光的强度。
- 纹理：勾选该复选框，允许用户使用贴图作为半球光的光照。
- 无贴图：单击该按钮，选择纹理贴图。
- 分辨率：贴图光照的计算精度，最大为 2048。

“矩形/圆形灯光”卷展栏（见图 8-62）介绍如下。

- 定向：在默认情况下，来自平面或光盘的光线在光点所在的侧面的各个方向上均匀地分布。当这个参数的值增加到 1.0 时，扩散范围变窄，光线更具有方向性。值为 0（默认值）时，表示光线在光源周围各个方向照射的值为 0。值为 0.5 表示将光锥推成 45 度角；值为 1.0（最大值）时，则形成直角的光锥。
- 预览：允许光的传播角度在视窗中被视为一个线框，因为它是由光的方向参数设置的。
- 预览纹理图：如果使用纹理驱动光线，则使其能够在视区中显示纹理。

图 8-60

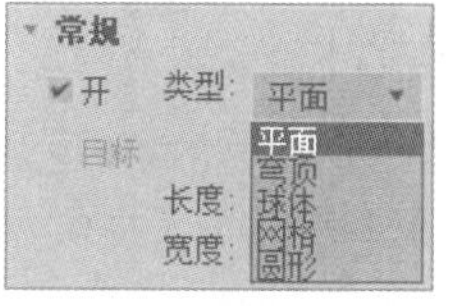

图 8-61

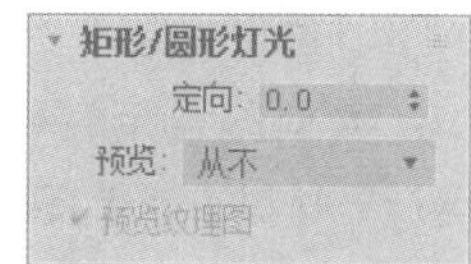

图 8-62

“选项”卷展栏（见图 8-63）介绍如下。

- 排除：单击该按钮弹出“包含/排除”对话框，从中选择灯光排除或包含的对象模型，在“排除”时“包含”失效，在“包含”时“排除”失效。
- 投射阴影：用来控制是否对物体产生照明阴影。
- 双面：用来控制是否让灯光的双面都产生照明效果，当灯光类型为“平面”时才有效，其他灯光类型无效。
- 不可见：用来控制渲染后是否显示灯光的形状。
- 不衰减：在真实世界中，所有的光线都是有衰减的，如果取消勾选此复选框，VRay 光源将不计算灯光的衰减效果。
- 天光入口：如果勾选该复选框，会把 VRay 灯光转换为天光，此时的 VRay 灯光变成了“间接照明”，失去了直接照明。
- 存储发光贴图：如果使用发光贴图来计算间接照明，则勾选该复选框后，发光贴图会存储灯光的照明效果。它有利于快速渲染场景，当渲染完光子的时候，可以把这个 VRay 光源关闭或删除，它对最后的渲染效果没有影响，因为它的光照信息已经保存在发光贴图里了。
- 影响漫反射：该复选框决定灯光是否影响物体材质属性的漫反射。
- 影响高光：该复选框决定灯光是否影响物体材质属性的高光。
- 影响反射：该复选框决定灯光是否影响物体材质属性的反射。

“采样”卷展栏（见图 8-64）介绍如下。

- 细分：用来控制渲染后的品质。该参数的值比较低时，杂点多，渲染速度快；该参数的值比较高时，杂点少，渲染速度慢。
- 阴影偏移：用来控制物体与阴影偏移距离，一般保持默认即可。

图 8-63

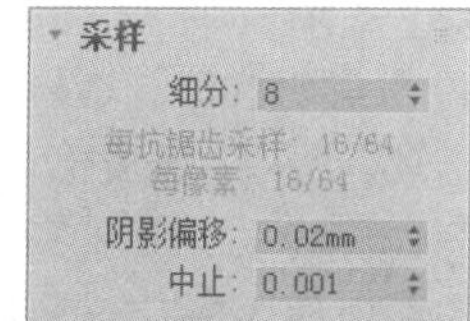

图 8-64

“视口”卷展栏（见图 8-65）介绍如下。

- 启用视口着色：视口为“真实”状态时，会对视口照明产生影响。
- 视口线框颜色：启用时，光的线框在视窗中以指定的颜色显示。
- 图标文本：可以启用或禁用视区中的光名预览。

“高级选项”卷展栏（见图 8-66）介绍如下。

使用 MIS：当 MIS 启用时（默认设置），光的贡献分为两部分，一部分是直接照明，另一部分是 GI（对于漫反射材料）或者反射（对于光滑表面），提供直接照明和 GI 以使光线可用。在某些特定的情况下，勾选此复选框可以通过直接照明来计算光的贡献。

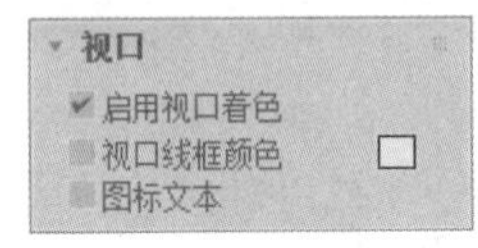

图 8-65

图 8-66

3. VRay 太阳

VRay 太阳主要用于模拟真实的室外太阳照射效果，它的效果会随着 VRaySun（VRay 太阳）的位置变化而变化。

“VRay 太阳参数”卷展栏（见图 8-67）介绍如下。

图 8-67

- 启用：打开或关闭太阳光。
- 不可见：启用时，太阳不可见，无论是相机还是反射。这有助于防止光滑表面出现明亮的斑点，因为有低概率的射线会击中极其明亮的太阳圆盘。
- 影响漫反射：决定 VRaySun 是否影响材料的漫反射特性。
- 漫反射基值：控制太阳对漫反射照明的强度。
- 影响高光：决定 VRaySun 是否影响材料的高光。
- 高光基值：控制太阳对高光的强度。
- 投射大气阴影：启用时，大气效果在现场投射阴影。
- 浊度：指空气的混浊度，能够影响太阳和天空的颜色。如果数值较小，则表示清新、干净的空气，颜色比较蓝；如果数值较大，则表示阴天有灰尘的空气，颜色呈橘黄色。
- 臭氧：指空气中臭氧的含量。如果数值较小，则阳光比较黄；如果数值较大，则阳光比较蓝。
- 强度倍增：指阳光的亮度，默认值为 1。VRay 太阳是 VRay 渲染器的灯光，所以一般我们使用的是标准摄影机，场景会出现很亮、过曝的效果。使用标准摄影机，亮度一般设置为 0.015 ~ 0.005；如果使用 VRay 摄影机，亮度保持默认设置即可。

小提示

VRay 太阳是 VRay 渲染器的灯光，设计之初就是配合 VRay 摄影机使用的，且 VRay 摄影机模拟的是真实的摄影机，具有控制进光的光圈、快门速度、曝光、光晕等选项，所以“强度倍增”为 1 时不会曝光。但我们一般使用的是标准摄影机，它不具有 VRay 摄影机的特性，如果“强度倍增”为 1，必然会出现整个场景过曝的效果。所以使用标准摄影机时，亮度一般设置为 0.015 ~ 0.005。

- 大小倍增：指太阳的大小，主要控制阴影的模糊程度。值越大，阴影越模糊。
- 过滤颜色：用于自定义阳光的颜色。
- 颜色模式：调整滤色器颜色参数中的颜色影响太阳颜色的方式。
- 阴影细分：用来调整阴影的细分质量。值越大，阴影质量越好，且没有杂点。

小提示

“大小倍增”“阴影细分”是相互影响的，影子的虚边越大，所需要的细分就越多。当影子为虚边阴影时，会需要一定的细分值增加阴影的采样数量，如果采样数量不够，会出现很多杂点。所以，“大小倍增”的值越大，“阴影细分”的值就需要适当增大。

- 阴影偏移：用来控制阴影与物体之间的距离。值越大，阴影越向灯光的方向偏移。
- 光子发射半径：与发光贴图有关。
- 天空模型：指定用于生成 vraysky 纹理的过程模型。
- 间接水平照明：指定来自天空的水平表面照明的强度。
- 地面反照率：改变地面的颜色。
- 混合角度：控制大小的梯度形成的 vraysky 之间的地平线和实际的天空。
- 地平线偏移：从默认位置（绝对地平线）偏移地平线。
- 排除：与标准灯光一样，用来排除物体的照明。

在创建 VRay 太阳后，会弹出提示对话框，提示是否为“环境贴图”添加一张“VRay 天空”贴图，如图 8-68 所示。

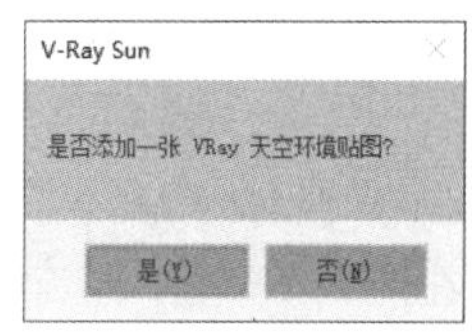

图 8-68

VRay 天空是 VRay 灯光系统中的一个非常重要的照明系统，一般是与 VRay 太阳配合使用。VRay 没有真正的天光引擎，所以只能使用环境光来代替。

在“V-Ray Sun”对话框中单击“是”按钮后，按 8 键打开“环境和效果”窗口，为“环境贴图”加载“VRay 天空”贴图，这样就可以得到 VRay 天光。按 M 键打开“材质编辑器”窗口，将鼠标指针放置在“VRay 天空”贴图处，按住鼠标左键将“VRay 天空”贴图拖曳到一个空的材质球上，选择“实例”复制，这样就可以调节“VRay 天空”贴图的相关参数。

“VRay 天空参数”卷展栏介绍如下。

指定太阳节点：默认未勾选，此时 VRay 天空的参数与 VRay 太阳的参数是自动匹配的；勾选该复选框时，可以从场景中选择不同的灯光，此时 VRay 太阳将不再控制 VRay 天空的效果，VRay 天空将用它自身的参数来改变天光的效果。

太阳光：单击“无”按钮可以选择太阳灯光，这里除了可以选择 VRay 太阳之外，还可以选择其他的灯光。

其他参数与“VRay 太阳参数”卷展栏中对应参数的含义相同。

8.2 摄影机的创建及参数

摄影机是制作三维场景不可缺少的重要工具，就像场景中不能没有灯光一样。3ds Max 2020 中的摄影机与现实生活中使用的摄影机十分相似，可以自由调整摄影机的视角和位置，还可以利用摄影机的移动制作和浏览动画。此外，系统还提供了景深和运动模糊等特殊效果的制作方式。

8.2.1 摄影机的创建

3ds Max 2020 中提供了 3 种摄影机，即“物理摄影机”“目标摄影机”“自由摄影机”。与前面介绍的灯光相似，下面对这 3 种摄影机进行介绍。

1. 物理摄影机

“物理摄影机”将场景的帧设置与曝光控制和其他效果集成在一起。“物理摄影机”是基于物理的、真实的、照片级渲染的最佳摄影机类型。“物理摄影机”功能的支持级别取决于所使用的渲染器。

“物理摄影机”的创建方法：单击“+（创建）>（摄影机）> 标准 > 物理”按钮，在视图中按住鼠标左键并进行拖曳，在合适的位置松开鼠标即可完成创建，如图 8-69 所示。

2. 目标摄影机

“目标摄影机”会查看在创建该摄影机时所放置的目标图标周围的区域。“目标摄影机”比“自由摄影机”更容易定向，因为只需将目标点定位在所需位置的中心。

“目标摄影机”的创建方法与“目标聚光灯”相似，单击“+（创建）>（摄影机）> 标准 > 目标”按钮，在视图中按住鼠标左键并进行拖曳，在合适的位置松开鼠标左键，即可完成创建，如图 8-70 所示。

3. 自由摄影机

“自由摄影机”在摄影机指向的方向查看区域。与“目标摄影机”不同，它有两个用于目标和摄影机的独立图标，“自由摄影机”由单个图标表示，以更轻松地设置动画。“自由摄影机”可以绑定在运动目标上，随目标在运动轨迹上一起运动，还可以进行跟随和倾斜。“自由摄影机”适合处理游走拍摄、基于路径的动画。

“自由摄影机”的创建方法与“自由聚光灯”相似，单击“+（创建）>（摄影机）> 标准 > 自由”按钮，直接在视图中单击即可完成创建，如图 8-71 所示，在创建时应该选择合适的视图。

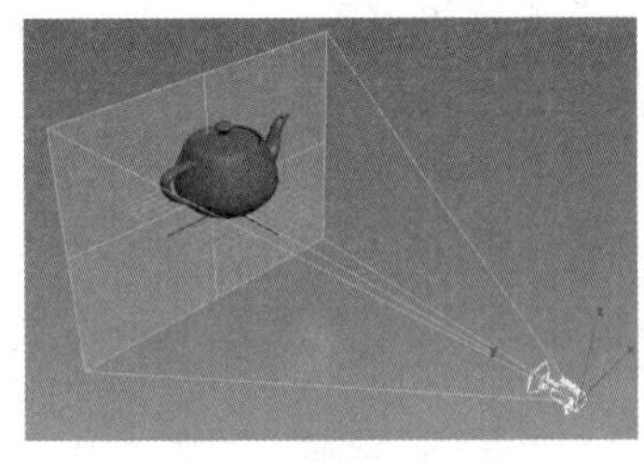

图 8-69

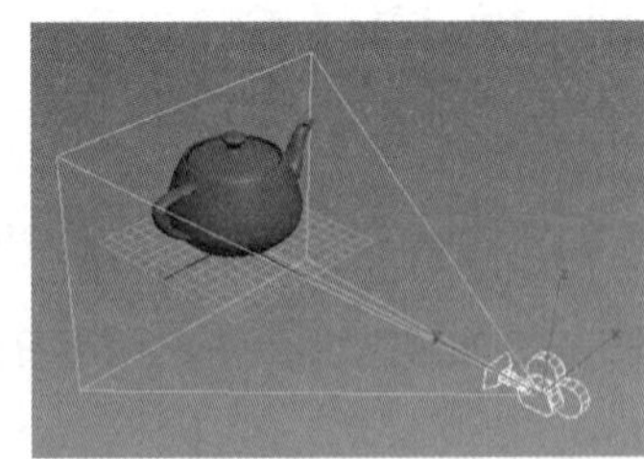

图 8-70

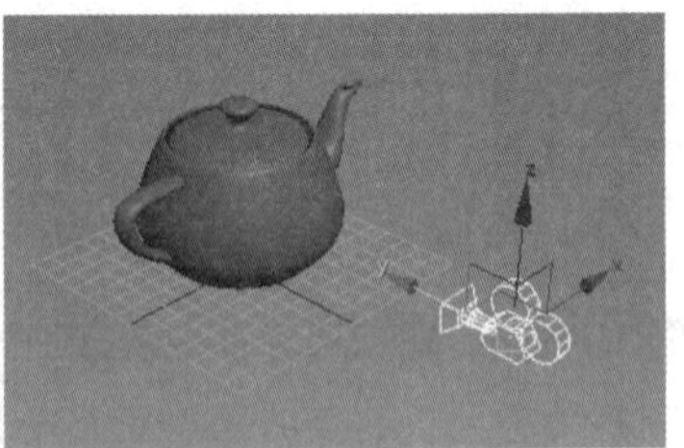

图 8-71

4. 视图控制工具

创建摄影机后，在任意一个视图中按 C 键，即可将该视图转换为当前摄影机视图，此时视图控制区的视图控制工具也会转换为摄影机视图控制工具，如图 8-72 所示。这些视图控制工具是专用于摄影机视图的，如果激活其他视图，控制工具就会转换为标准工具。

图 8-72

- （推拉摄影机）：只将摄影机移向或移离其目标。如果移过目标，摄影机将翻转 180°，并且移离其目标。

- （透视）：移动摄影机使其靠近目标点，同时改变摄影机的透视效果，从而引起镜头长度的变化。
- （侧滚摄影机）：激活该按钮可以使“目标摄影机”围绕其视线旋转，也可以使“自由摄影机”围绕其局部 z 轴旋转。
- （视野）：调整视图中可见的场景数量和透视张角量。更改视野与更改摄影机上的镜头的效果相似。视野越大，就可以看到更多的场景，但透视会扭曲，这与使用广角镜头相似；视野越小，看到的场景就越少，但透视会展平，这与使用长焦镜头类似。摄影机的位置不发生改变。
- （平移摄影机）：使用该按钮可以沿着平行于视图平面的方向移动摄影机。
- （2D 平移缩放模式）：在该按钮“2D 平移缩放模式”下，可以平移或缩放视图，而无须更改渲染帧。
- （穿行）：使用该按钮可通过按方向键在视图中移动。在进入穿行导航模式之后，鼠标指针将改变为中空圆环，并在按下某个方向键（前、后、左或右）时显示方向箭头。这一特性可用于“透视”视图和“摄影机”视图。
- （环游摄影机）：使“目标摄影机”围绕其目标旋转。“自由摄影机”使用不可见的目标，其设置为在摄影机“参数”卷展栏中指定的目标距离。
- （摇移摄影机）：使目标围绕其“目标摄影机”旋转。对于“自由摄影机”，将围绕局部轴旋转摄影机。

8.2.2 摄影机的参数

“物理摄影机”的参数涵盖了“目标摄影机”“自由摄影机”的参数，所以下面我们就以“物理摄影机”的参数为例来讲解在使用摄影机的过程中常用的一些参数。

1. “基本”卷展栏

“物理摄影机”的“基本”卷展栏（见图 8-73）介绍如下。

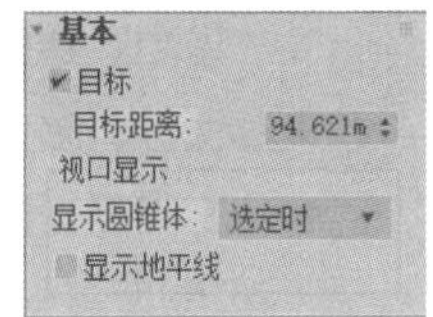

图 8-73

- 目标：勾选后，摄影机包括目标对象，与“目标摄影机”的行为相似，可以通过移动目标来设置摄影机的目标。取消勾选此复选框后，摄影机的行为与“自由摄影机”相似，可以通过变换摄影机对象本身设置摄影机的目标。默认设置为勾选。
- 目标距离：设置目标与焦平面之间的距离。目标距离会影响聚焦、景深等。
- 显示圆锥体：在显示摄影机圆锥体时选择“选定时”（默认设置）、“始终”或“从不”。
- 显示地平线：勾选后，地平线在摄影机视图中显示为水平线（假设摄影机帧包括地平线）。默认未勾选。

2. “物理摄影机”卷展栏

设置摄影机的主要物理属性，如图 8-74 所示。

- 预设值：选择胶片模型或电荷耦合传感器。其选项包括“35mm（Full Frame）”（默认设置），以及多种行业标准传感器设置。每个设置都有其默认宽度值。“自定义”选项用于选择任意宽度。
- 宽度：可以手动调整帧的宽度。

- 焦距：设置镜头的焦距。默认值为 40.0mm。
- 指定视野：启用时，可以设置新的视野（Field Of View，FOV）值（以度为单位）。默认的视野值取决于所选的胶片/传感器预设值。默认未启用。
- 缩放：在不更改摄影机位置的情况下缩放镜头。
- 光圈：将光圈设置为光圈数，或“F 制光圈”。此值将影响曝光和景深。光圈数越低，光圈越大并且景深越窄。
- “聚焦”选项组：焦平面在视图中显示为透明矩形，以摄影机视图的尺寸为边界。
    - ◆ 使用目标距离：使用“目标距离”作为焦距（默认设置）。
    - ◆ 自定义：使用不同于“目标距离”的焦距。
    - ◆ 聚焦距离：选中“自定义”单选按钮后，允许设置焦距。
    - ◆ 镜头呼吸：通过将镜头向焦距方向移动或远离焦距方向来调整视野。镜头呼吸值为“0.0”表示禁用此效果。默认值为 1.0。
    - ◆ 启用景深：启用时，摄影机在不等于焦距的距离上生成模糊效果。景深效果的强度基于光圈设置。默认未启用。

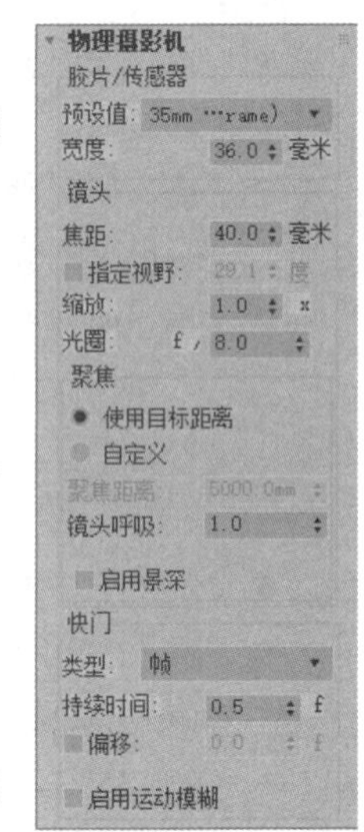

图 8-74

- “快门”选项组介绍如下。
    - ◆ 类型：选择测量快门速度所使用的单位。帧（默认设置），通常用于计算机图形；秒或 1/秒，通常用于静态摄影；度，通常用于电影摄影。
    - ◆ 持续时间：根据所选的单位设置快门速度。该值可能影响曝光、景深和运动模糊。
    - ◆ 偏移：启用时，指定相对于每帧的开始时间的快门打开时间。更改此值会影响运动模糊，默认的“偏移”值为“0.0”。默认未启用。
    - ◆ 启用运动模糊：启用时，摄影机可以生成运动模糊效果。默认未启用。

3. “曝光”卷展栏

设置摄影机曝光，如图 8-75 所示。

- 安装曝光控制：单击以使“物理摄影机”曝光控制处于活动状态。如果“物理摄影机”曝光控制已处于活动状态，则会禁用此按钮，其标签将显示“曝光控制已安装”。
- “曝光增益”选项组主要选项如下。
    - ◆ 手动：通过感光度的值设置曝光增益。当此单选按钮处于选中状态时，通过此值、快门速度和光圈设置计算曝光。该数值越大，曝光时间越长。
    - ◆ 目标（默认设置）：设置与 3 个摄影曝光值的组合相对应的单个曝光值设置。每次增加或降低 EV（Exposure Values，曝光值），对应也会分别减少或增加有效的曝光，与快门速度值中所做的更改表示的一样。因此，值越大，生成的图像越暗；值越低，生成的图像越亮。默认设置为 6.0。

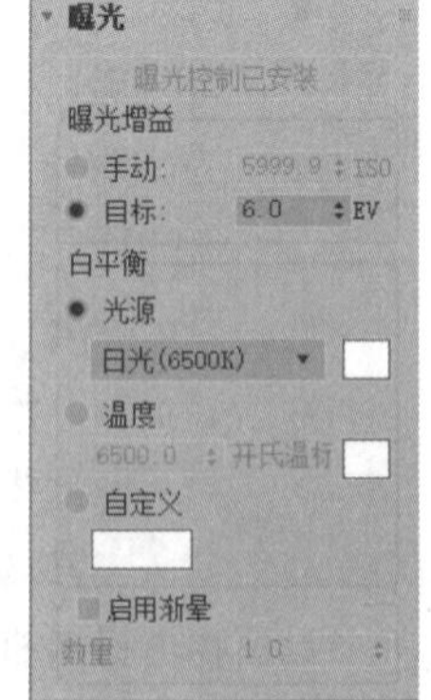

图 8-75

- “白平衡”选项组：调整色彩平衡。
    - ◆ 光源（默认设置）：按照标准光源设置色彩平衡。默认设置为“日光(6500K)”。

◆ 温度：温度以色温的形式设置色彩平衡，以开尔文度表示。

◆ 自定义：用于设置任意色彩平衡。单击色块以打开“颜色选择器”对话框，可以从中设置想使用的颜色。

● 启用渐晕：启用时，渲染并模拟出当前胶片平面边缘的变暗效果。想要在物理上更加精确地模拟渐晕，请使用“散景(景深)”卷展栏中的“光学渐晕（CAT 眼睛）”来控制。

● 数量：增加此数量以增加渐晕效果。默认值为 1.0。

4. “散景(景深)”卷展栏

设置用于景深的散景效果，如图 8-76 所示。

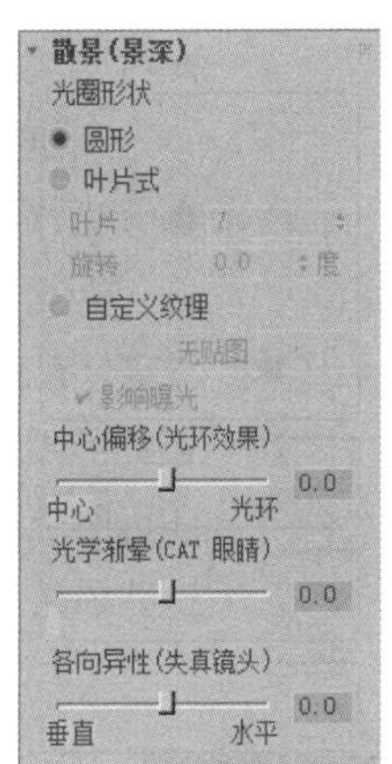

图 8-76

● “光圈形状”选项组介绍如下。

◆ 圆形（默认设置）：散景效果基于圆形光圈。

◆ 叶片式：散景效果使用带有边的光圈。使用“叶片数”值设置每个模糊圈的边数，使用“旋转”值设置每个模糊圈旋转的角度。

◆ 自定义纹理：使用贴图替换每种模糊圈。（如果贴图为填充黑色背景的白色圈，则等效于标准模糊圈。）

◆ 影响曝光：启用时，自定义纹理将影响场景的曝光。根据纹理的透明度，可以允许比标准的圆形光圈通过更多或更少的灯光；同样地，如果贴图为填充黑色背景的白色圈，则允许进入的灯光量与圆形光圈相同。禁用此选项后，纹理允许的通光量始终与通过圆形光圈的灯光量相同。默认设置为启用。

● “中心偏移（光环效果）”选项组：使光圈透明度向中心（负值）或光环（正值）偏移。正值会增加焦外区域的模糊量，而负值会减少模糊量。“中心偏移”设置在显显示散景效果的场景中尤其明。

● “光学渐晕（CAT 眼睛）”选项组：通过模拟“猫眼”效果使帧呈现渐晕效果（部分广角镜头可以形成这种效果）。

● “各向异性（失真镜头）”选项组：通过垂直（负值）或水平（正值）拉伸光圈模拟失真镜头。与“中心偏移”相比，“各向异性”设置在显示散景效果的场景中是更明显的。

5. “透视控制”卷展栏

调整摄影机视图的透视，如图 8-77 所示。

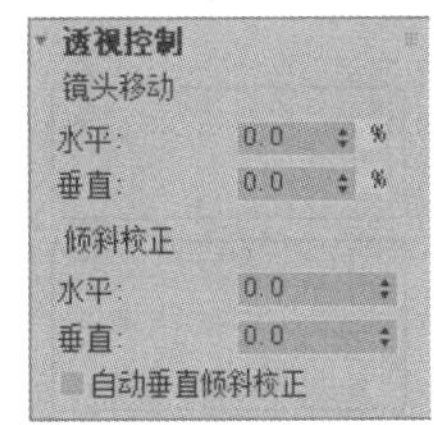

图 8-77

● “镜头移动”选项组：用于沿水平或垂直方向移动摄影机视图，而不会旋转或倾斜摄影机。在 x 轴和 y 轴，将以百分比形式表示膜/帧宽度（不考虑图像纵横比）。

● “倾斜校正”选项组：用于沿水平或垂直方向倾斜摄影机，可以使用它们来更正透视，特别是在摄影机已向上或向下倾斜的场景中。

6. “镜头扭曲”卷展栏

可以向渲染添加扭曲效果，如图 8-78 所示。

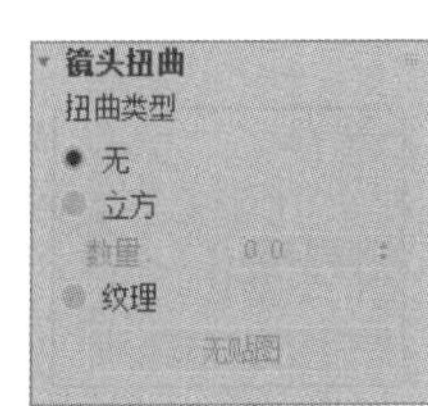

图 8-78

● “扭曲类型”选项组介绍如下。

◆ 无：不应用扭曲。默认设置。

◆ 立方：其“数量”的值不为 0 时，将扭曲图像。正值会产生枕形扭曲；负值会产生筒体扭曲。

◆ 纹理：基于纹理贴图扭曲图像。单击其下方的“无贴图”按钮可打开“材质/贴图浏览器”对话框，然后可以指定贴图。

7. “其他”卷展栏

设置剪切平面和环境范围，如图 8-79 所示。

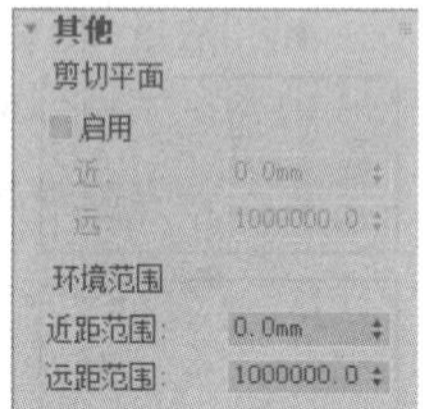

图 8-79

- “剪切平面”选项组介绍如下。
  - ◆ 启用：勾选此复选框可启用此功能。在视图中，剪切平面在摄影机锥形光线内显示为红色的栅格。
  - ◆ 近/远：设置近距和远距平面，采用场景单位。对于摄影机，比近距剪切平面近或比远距剪切平面远的对象是不可见的。
- “环境范围”选项组介绍如下。

  近距范围、远距范围：确定在“环境”面板上设置大气效果的近距范围和远距范围限制。两个限制之间的对象将在远距值和近距值之间消失，这些值采用场景单位。默认情况下，它们将覆盖场景的范围。

8.3 课堂练习——创建太阳光照效果

【练习知识要点】通过对各种“体积光”的灵活运用，创建“目标聚光灯”，并为灯光指定“体积光”，通过设置参数完成创建太阳光照效果，如图 8-80 所示。

【素材文件位置】云盘/贴图。

【模型文件位置】云盘/场景/Ch08/太阳光照效果.max。

【原始模型文件位置】云盘/场景/Ch08/太阳光照效果 o.max。

图 8-80

微课视频

创建太阳光照效果

8.4 课后习题——创建休息区布光

【习题知识要点】通过为场景创建摄影机，并创建出基本的光照，模拟出休息区的布光效果，如图 8-81 所示。

【素材文件位置】云盘/贴图。

【模型文件位置】云盘/场景/Ch08/休息区布光.max。

【原始模型文件位置】云盘/场景/Ch08/休息区布光 o.max。

图 8-81

微课视频

创建休息区布光

第 9 章 渲染与环境特效

本章介绍

渲染就是依据所指定的材质、所使用的灯光，以及诸如背景与大气等环境的设置，将在场景中创建的几何体实体化显示出来。也就是将三维的场景转化为二维的图像，更形象地说，就是为创建的三维场景拍摄照片或录制动画。通过本章的学习，读者可以掌握对场景及模型进行渲染的方法和技巧，能制作出具有想象力的图像效果。

学习目标

- 熟练掌握渲染输出的设置方法。
- 熟练掌握渲染参数的设置方法。
- 熟练掌握渲染特效和环境特效的设置方法。
- 熟练掌握渲染的相关知识。

技能目标

- 掌握会议室渲染的制作方法和技巧。
- 能够设置并渲染出理想的场景效果。

素养目标

- 提高学生的想象力。

9.1 渲染输出

渲染场景可以将场景中物体的形态、受光照效果、材质的质感及环境特效完美地表现出来。所以，在渲染前进行渲染输出的参数设置是很有必要的。

渲染的主命令位于工具栏右侧和渲染帧窗口。通过单击相应的工具图标可以快速执行这些命令，调用这些命令的另一种方法是使用默认的“渲染”菜单，该菜单包含与渲染相关的命令。

在工具栏中单击（渲染产品）按钮，即可对当前的场景进行渲染，这是 3ds Max 2020 提供的一种快速渲染方法，按住该按钮不放，在弹出按钮中可以选择（渲染迭代）和（ActiveShade）工具。3ds Max 2020 还提供了另一种渲染类型（渲染帧窗口）工具。下面分别对这几种渲染工具进行介绍。

- （渲染设置）：使用“渲染”可以基于 3D 场景创建 2D 图像或动画，还可以使用所设置的灯光、所应用的材质及环境设置（如背景和大气等）为场景的几何体着色。
- （渲染帧窗口）：会显示渲染输出。
- （渲染产品）：位于工具栏的“渲染”弹出按钮中，可以通过它使用当前产品级渲染设置来渲染场景，而无须打开“渲染设置”窗口。
- （渲染迭代）：可从工具栏上的“渲染”弹出按钮中启用该按钮，可在迭代模式下渲染场景，而无须打开“渲染设置”窗口。
- （ActiveShade）：可从“渲染”弹出按钮中启用该按钮，单击该按钮可在浮动窗口中创建ActiveShade渲染。

9.2 渲染参数设置

在工具栏中单击（渲染设置）按钮，会弹出“渲染设置”窗口，如图 9-1 所示。

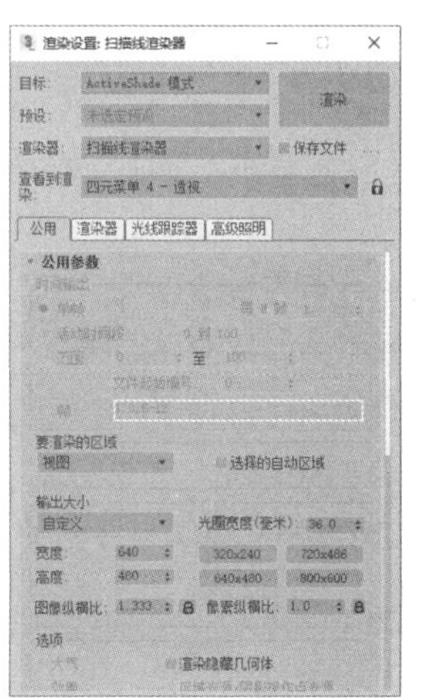

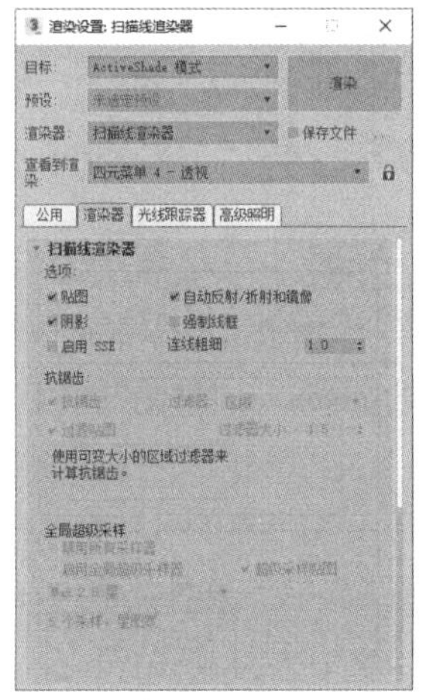

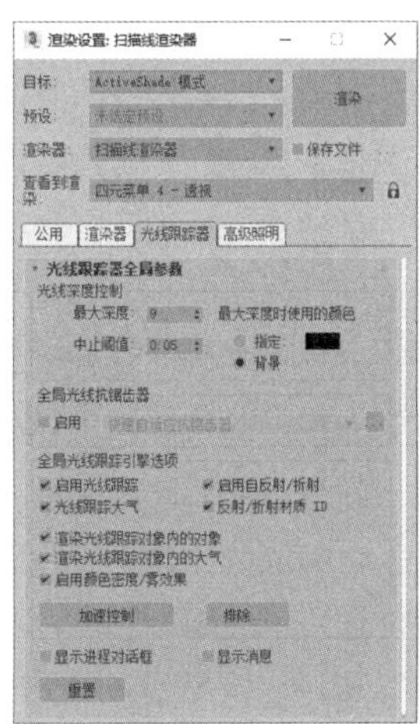

图 9-1

1. “公用参数”卷展栏

该卷展栏中的参数是所有渲染器共有的参数，如图 9-2 所示。

- “时间输出”选项组：用于设置渲染的时间。
  - ◆ 单帧：仅当前帧。

◆ 每 N 帧：使渲染器按设定的间隔渲染帧。

◆ 活动时间段：渲染轨迹栏中指定的帧的当前范围。

◆ 范围：指定两个数字（包括这两个数）之间的所有帧。

◆ 帧：指定渲染一些不连续的帧，帧与帧之间用逗号隔开。

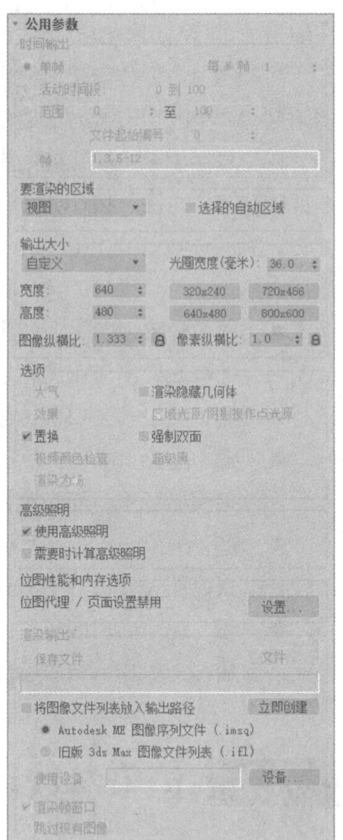

图 9-2

● “要渲染的区域”选项组：用于选择要渲染的区域。

◆ 选择的自动区域：勾选该复选框，将区域自动设置为当前选择。

● “输出大小”选项组：用于控制最终渲染图像的大小和比例，该选项组中的参数是渲染输出时比较常用的参数。

◆ 自定义：可以在下拉列表框中直接选取预先设置的工业标准，也可以直接指定图像的宽度和高度，这些设置将影响渲染图像的纵横比。

◆ 宽度、高度：以像素为单位指定图像的宽度和高度，从而设置输出图像的分辨率。如果锁定了“图像纵横比”选项，那么其中一个数值改变将影响另外一个数值。最大宽度和高度分别为 32768 像素、32768 像素。

◆ 预设的分辨率按钮：单击其中任何一个按钮，将把渲染图像的尺寸改变成按钮指定的大小。

◆ 图像纵横比：决定渲染图像的长宽比。可以通过设置图像的高度和宽度自动决定长宽比，也可以通过设置图像的长宽比和高度或者宽度中的一个数值自动决定另外一个数值，还可以锁定图像的长宽比。长宽比不同，得到的图像也不同。

◆ 像素纵横比：决定图像像素本身的长宽比。如果锁定了“像素纵横比”选项，那么将不能够改变该数值。

● “选项”选项组：包含 9 个复选框，用来激活或者不激活不同的渲染选项。

◆ 大气：勾选此复选框后，可以渲染任何应用的大气效果，如体积光、雾等。

◆ 渲染隐藏几何体：勾选此复选框后，渲染场景中所有的几何体对象，包括隐藏的对象。

◆ 效果：勾选此复选框后，渲染任何应用的渲染效果，如模糊等。

◆ 区域光源/阴影视作点光源：将所有的区域光源或阴影当作从点对象发出的进行渲染，可以加速渲染过程。设置了光能传递的场景不会被这一功能影响。

◆ 置换：该复选框用于控制是否渲染置换贴图。

◆ 强制双面：勾选该复选框，将强制渲染场景中所有面的背面，对法线有问题的模型非常有用。

◆ 视频颜色检查：用来扫描渲染图像，寻找视频颜色之外的颜色。

◆ 超级黑：如果要合成渲染的图像，该复选框非常有用。勾选该复选框，将使背景图像变成纯黑色。

◆ 渲染为场：勾选该复选框，将使 3ds Max 2020 渲染到视频场，而不是视频帧。在为视频渲染图像时，经常需要使用此功能。

- “高级照明”选项组：用于设置渲染时使用的高级光照属性。
  - ◆ 使用高级照明：勾选该复选框，渲染时将使用光追踪器或光能传递。
  - ◆ 需要时计算高级照明：勾选该复选框，3ds Max 2020 将根据需要计算光能传递。
- “位图性能和内存选项”选项组：用于显示 3ds Max 是使用完全分辨率贴图还是位图代理进行渲染。
  - ◆ 设置：单击该按钮可以打开“全局设置和位图代理”的默认对话框。
- “渲染输出”选项组：用于设置渲染输出文件的位置。
  - ◆ 保存文件、文件：勾选“保存文件”复选框，渲染的图像就被保存在磁盘上。“文件”按钮用来指定保存文件的位置。
  - ◆ 使用设备：只有当选择了支持的视频设备时，该复选框才可用。使用该功能可以直接渲染到视频设备上，而不生成静态图像。
  - ◆ 渲染帧窗口：用于在渲染帧窗口中显示渲染的图像。
  - ◆ 跳过现有图像：启用时，将使 3ds Max 2020 不渲染保存文件中已经存在的帧。

2. “指定渲染器”卷展栏

该卷展栏中显示了“产品级”“材质编辑器”“ActiveShade”及当前使用的渲染器，如图 9-3 所示。单击 （选择渲染器）按钮，在弹出的“选择渲染器”对话框中可以改变当前的渲染器设置。有 5 种渲染器可以使用：Arnold、ART 渲染器、Quicksilver 硬件渲染器、V-Ray（该插件是下载后安装的）和 VUE 文件渲染器，如图 9-4 所示。一般情况下采用默认的“扫描线渲染器”。

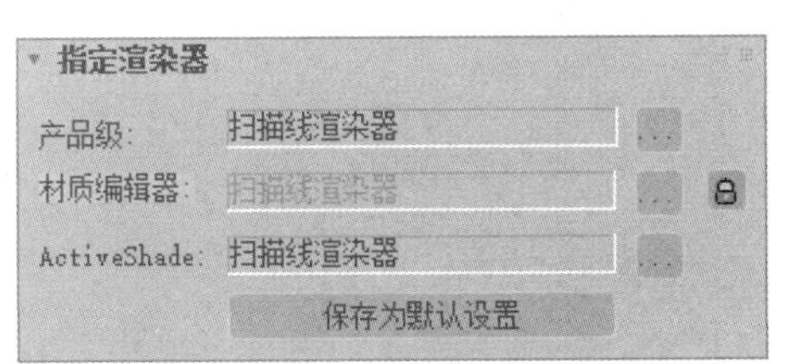

图 9-3

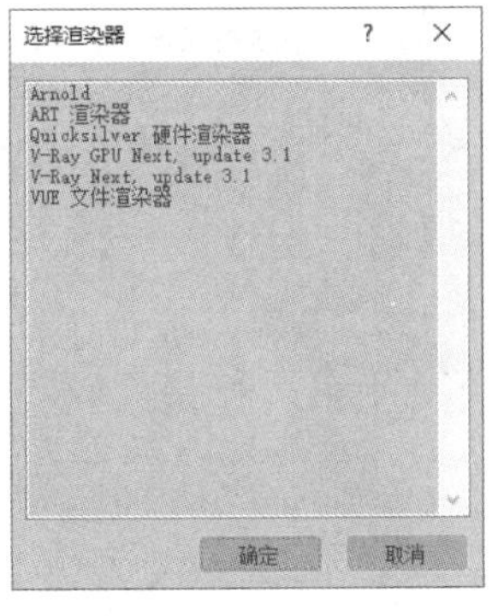

图 9-4

9.3 渲染特效和环境特效

3ds Max 2020 提供的渲染特效是在渲染中为场景添加最终产品级的特殊效果，第 8 章中介绍的景深特效就属于渲染特效。此外，还有运动模糊和镜头效果等特效。

环境特效与渲染特效相似，在第 8 章中介绍的体积光效果就属于环境特效，如背景图、大气效果、雾效果、烟雾和火焰等都属于环境效果。

9.3.1 课堂案例——制作现代客厅渲染

微课视频

制作现代客厅渲染 1

【案例学习目标】掌握渲染图像的方法。

【案例知识要点】通过设置渲染参数来完成室内效果图的制作，效果如图 9-5 所示。

【素材文件位置】云盘/贴图。

【模型文件位置】云盘/场景/Ch09/现代客厅.max。

微课视频

制作现代客厅渲染 2

图 9-5

（1）运行 3ds Max 2020，选择“文件 > 打开”命令，打开云盘中的“场景 > Ch09 > 现代客厅.max”文件。

（2）在工具栏中单击（渲染设置）按钮，在弹出的“渲染设置”窗口中确定渲染器为 V-Ray，如图 9-6 所示。在“公用参数”卷展栏中设置最终的渲染输出尺寸，如图 9-7 所示。

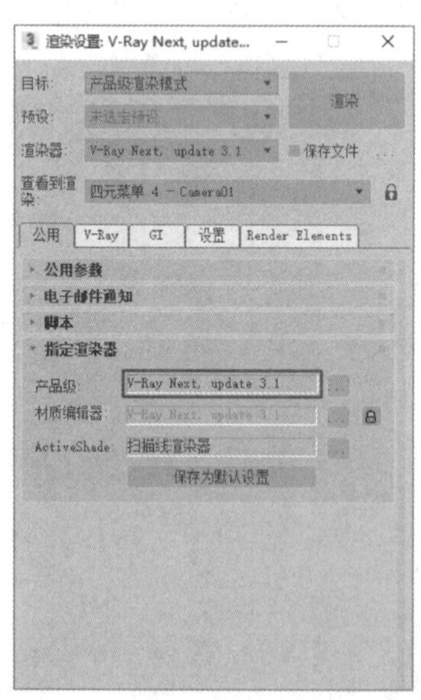

图 9-6

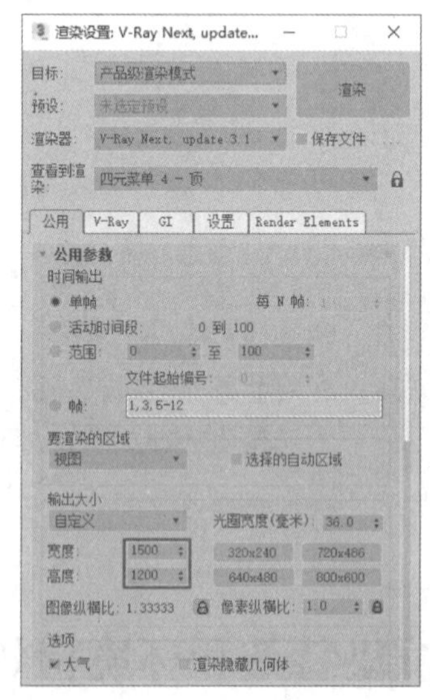

图 9-7

（3）切换到“V-Ray”选项卡，在“图像采样器（抗锯齿）”卷展栏中选择“类型”为“渲染块”；在“图像过滤器”卷展栏中勾选“图像过滤器”复选框并选择“过滤器”为 Catmull-Rom，在“Bucket image sampler”卷展栏中设置“最小细分”为 1、“最大细分”为 24、“噪波阈值”为 0.005，如图 9-8 所示。

（4）在“颜色贴图”卷展栏中选择“类型”为“指数”，如图 9-9 所示。

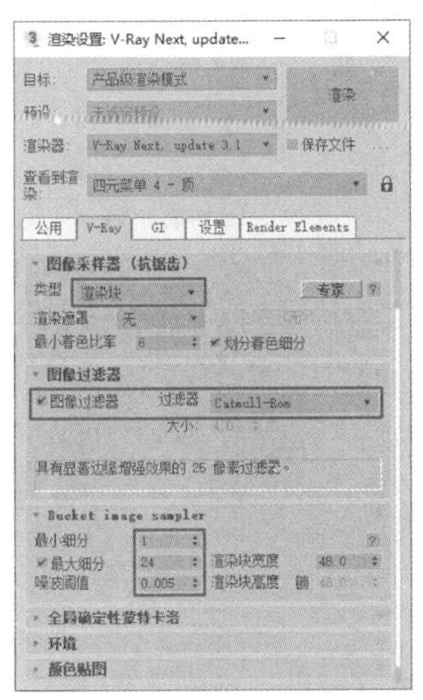

图 9-8

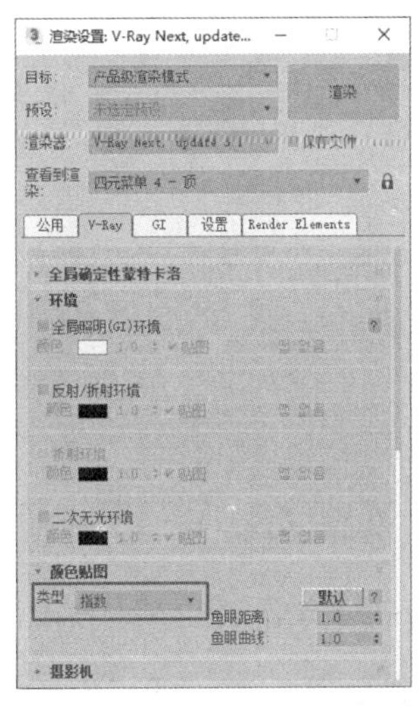

图 9-9

（5）切换到“GI”选项卡，在“发光贴图”卷展栏中选择“当前预设”为“中”，设置“细分”为 50、“插值采样”为 30；在“灯光缓存”卷展栏中设置“细分”为 1500，如图 9-10 所示。

（6）如需在后期制作中使用通道图像，可切换到“Render Elementes”（渲染元素）选项卡，添加“VRay 线框颜色”，并设置一个输出路径，这样在渲染成图时会同时渲染一张通道图像，如图 9-11 所示。

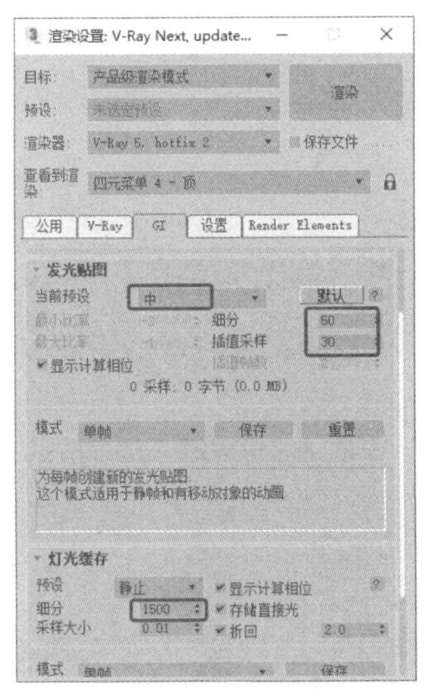

图 9-10

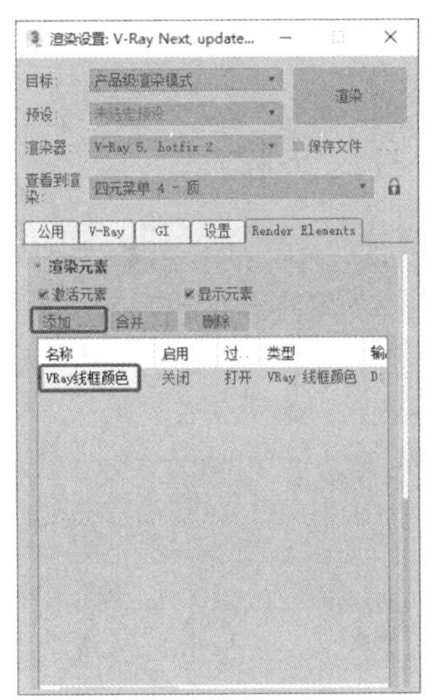

图 9-11

（7）在之前的测试渲染中，材质的“反射细分”“折射细分”“灯光细分”均为默认，用户需手动将 VRay 材质和灯光的细分依次提高；或使用小插件解决此问题。打开云盘中的“场景 > Ch09”文件夹，将“全局灯光材质细分”文件拖曳到 3ds Max 2020 的视图中，此时视图中会弹出“全局灯光材质细分”窗口，将“反射细分”“折射细分”“灯光细分”均设置为 16，依次单击“反射细分”“折射细分”“灯光细分”按钮即可批量调整场景内灯光材质的细分，如图 9-12 所示。

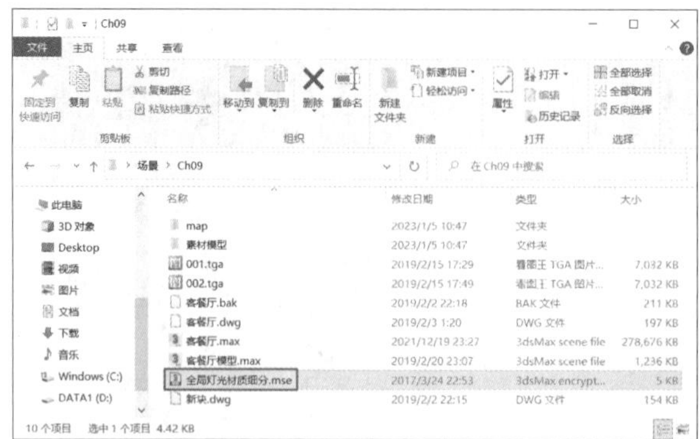

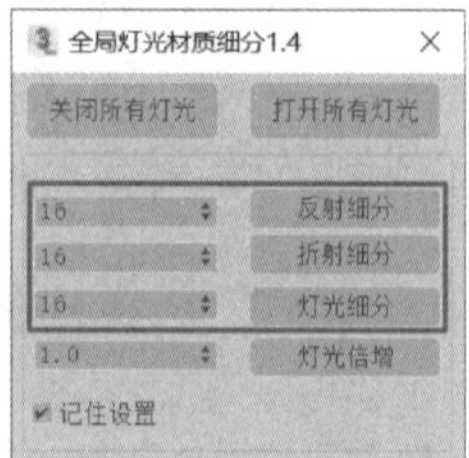

图 9-12

（8）渲染完成的图像效果如图 9-13 所示。

图 9-13

9.3.2 环境特效

由于真实性和一些特殊效果的制作要求，有些三维作品通常需要添加环境设置。在菜单栏中选择“渲染 > 环境”命令（或按 8 键），弹出“环境和效果”窗口，如图 9-14 所示。“环境和效果”窗口中选项的功能十分强大，能够创建各种增加场景真实感的气氛效果，如在场景中增加标准雾、体积雾和体积光等效果，如图 9-15 所示。

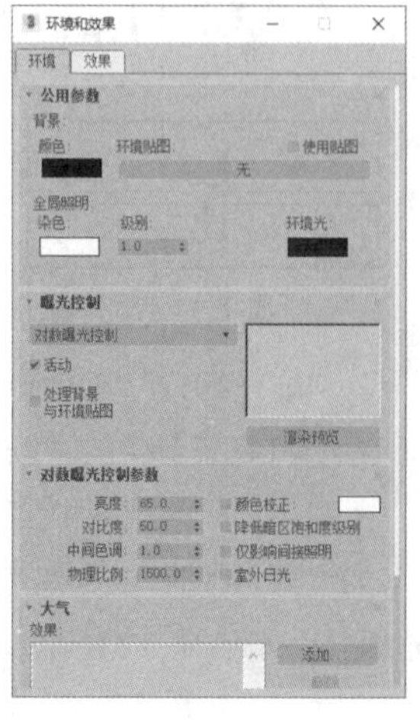

图 9-14

图 9-15

1. 设置背景颜色

- “背景”选项组：可以为场景设置背景颜色，还可以将图像文件作为背景设置在场景中。“背景”选项组中的参数很简单，如图 9-16 所示。
  - ◆ 颜色：用来设置场景的背景颜色，可以为背景颜色设置动画。3ds Max 2020 默认的背景颜色为黑色，单击“颜色”色块，弹出“颜色选择器：背景色”对话框，如图 9-17 所示。
  - ◆ 环境贴图：用来设置一个环境贴图。单击“无”按钮即可弹出“材质/贴图浏览器”对话框，从中选择一种贴图作为场景环境的背景。

图 9-16

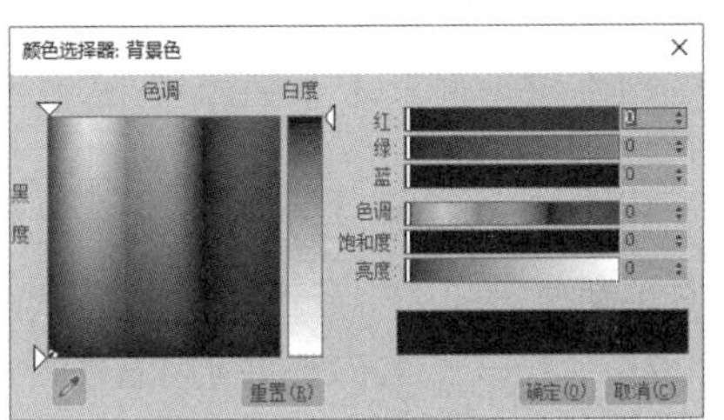

图 9-17

2. 设置环境特效

“大气”卷展栏：用于选择和设置环境特效的种类和参数，如图 9-18 所示。

- 效果：显示增加的大气效果名称。当增加了一个大气效果后，“环境和效果”窗口中会出现相应的参数卷展栏。
- 名称：用来对选中的大气效果重新命名，可以为场景增加多个同类型的效果。
- 添加：用来为场景增加一个大气效果。
- 删除：用于删除列表中选中的大气效果。
- 活动：当未勾选该复选框时，列表框中选中的大气效果将暂时失效。
- 上移、下移：用来改变列表框中大气效果的顺序。当进行渲染时，系统将按照列表框中大气效果的顺序进行计算，大气效果将按照它们在列表框中的先后顺序被使用，下面的效果将叠加在上面的效果上。
- 合并：用来把其他 3ds Max 2020 场景文件中的效果合并到当前场景中。

单击“添加”按钮，弹出“添加大气效果”对话框，可以从中选择环境特效类型，如图 9-19 所示。3ds Max 2020 中提供了 4 种可选择的环境特效类型：火效果、雾、体积雾和体积光。选择效果后单击“确定”按钮即可。

图 9-18

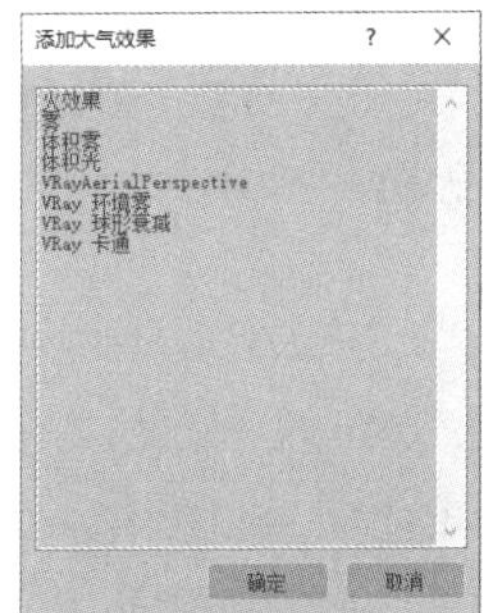

图 9-19

9.3.3 渲染特效

3ds Max 2020 的渲染特效功能允许用户快速地以交互式的形式添加最终产品级的特殊效果，而不必渲染也能看到最终效果。

在菜单栏中选择“渲染 > 效果”命令，弹出“环境和效果”窗口，并自动切换到“效果”选项卡，可以为场景添加或删除特效，如图 9-20 所示。

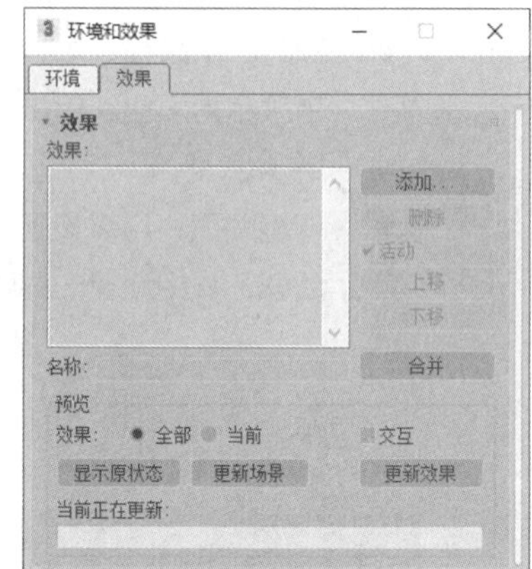

图 9-20

- 效果：用来显示场景中所使用的渲染特效。使用渲染特效的顺序很重要，渲染特效将按照它们在列表框中的先后顺序来被系统计算和使用，列表框下部的效果将叠加在上部的效果之上。
- 名称：显示选中效果的名称，可以对默认的渲染效果名称重新命名。
- 添加：显示一个列出所有可用渲染效果的对话框。选择要添加到“效果”列表框中的效果，然后单击“确定”按钮。
- 删除：将选中的效果从“效果”列表框和场景中移除。
- 活动：指定在场景中是否激活所选效果。默认设置为启用，可以在窗口中选择某个效果；禁用“活动”，可取消激活该效果，而不必移除它。
- 上移：将选中的效果在列表框中上移。
- 下移：将选中的效果在列表框中下移。
- 合并：用来把其他 3ds Max 2020 文件中的渲染特效合并到当前场景中，限制效果的灯光或线框也会合并到当前场景中。

1. “预览”选项组

- 效果：当选中“全部”单选按钮时，所有处于活动状态的渲染效果都在预览的虚拟帧缓冲器中显示；当选中“当前”单选按钮时，只有“效果”列表框中高亮显示的渲染效果在预览的虚拟帧缓冲器中显示。
- 交互：勾选该复选框，当调整渲染特效的参数时，虚拟帧缓冲器中的预览将交互式地得到更新。若未勾选该复选框，可以使用下面的更新按钮来更新虚拟帧缓冲器中的预览。
- 显示原状态：单击此按钮，在虚拟帧缓冲器中显示没有添加效果的场景。
- 更新场景：单击此按钮，在虚拟帧缓冲器中的场景和特效都将得到更新。
- 更新效果：当“交互”复选框没有被勾选时，单击此按钮，将更新虚拟帧缓冲器中修改后的渲染特效，而场景本身的修改不会更新。

2. 渲染特效

在“环境和效果”窗口中单击“添加”按钮，弹出“添加效果”对话框，从中可以选择渲染特效的类型，如图 9-21 所示。渲染特效的类型包括 Hair 和 Fur、镜头效果、模糊、亮度和对比度、色彩平衡、景深、文件

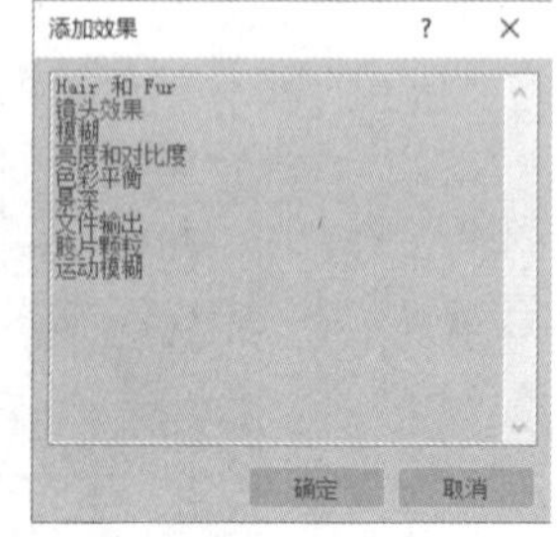

图 9-21

输出、胶片颗粒和运动模糊 9 种。

- “镜头效果”特效可以模拟那些使用真实的摄影机镜头或滤镜而得到的灯光效果，包括光晕、光环、射线、自动二级光斑、手动二级光斑、星形和条纹等，如图 9-22 所示。

图 9-22

- “模糊”特效通过渲染对象的幻影或摄影机运动，可以使动画看起来更加真实。可以使用 3 种不同的模糊方法——均匀型、方向型和径向型，如图 9-23 所示。

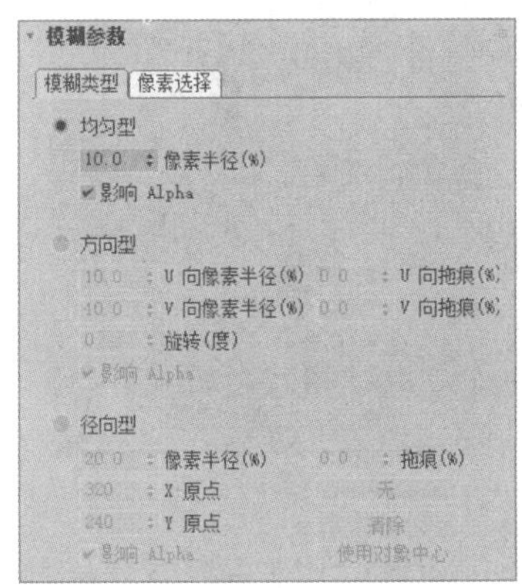

图 9-23

- “亮度和对比度”特效用于调节渲染图像的“亮度”值和“对比度”值，如图 9-24 所示。

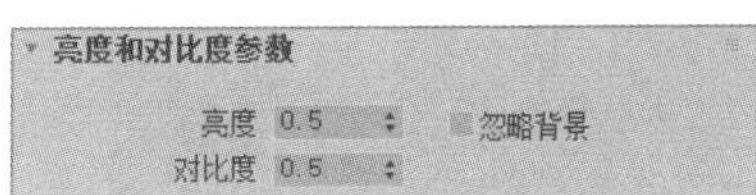

图 9-24

- “色彩平衡”特效通过单独控制 RGB 颜色通道来设置图像颜色，如图 9-25 所示。

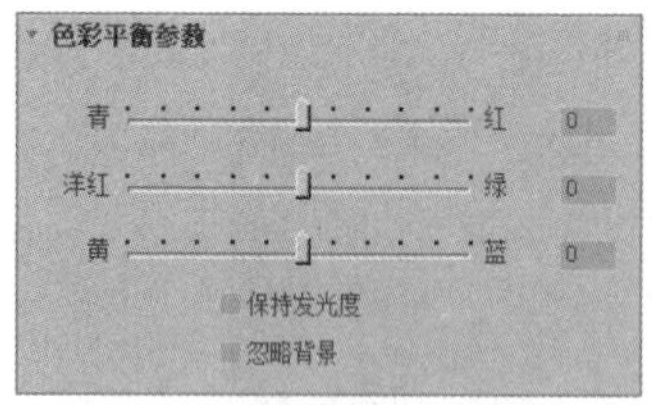

图 9-25

- “景深”特效用来模拟当通过镜头观看远景时的模糊效果。它通过模糊化摄影机近处或远处的对象来加深场景的深度感，如图 9-26 所示。

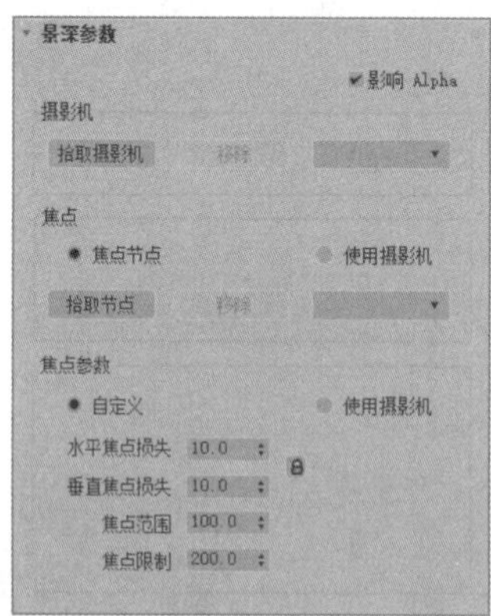

图 9-26

- “文件输出”渲染可以在渲染效果后期处理中的任意时刻，用于将渲染后的图像保存到一个文件中或输出到一个设备中。在渲染一个动画时，还可以把不同的图像通道保存到不同的文件中，如图 9-27 所示。

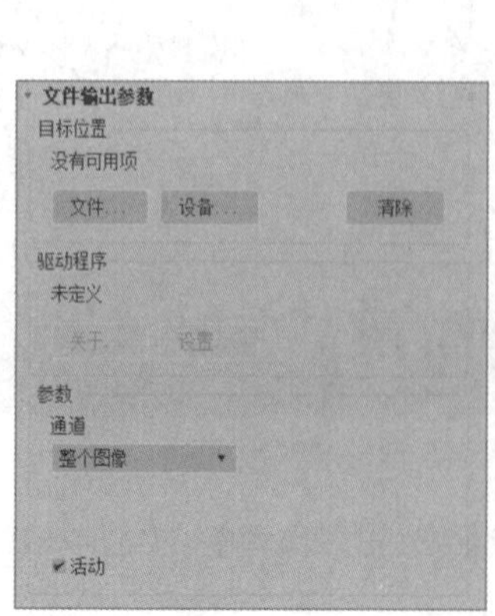

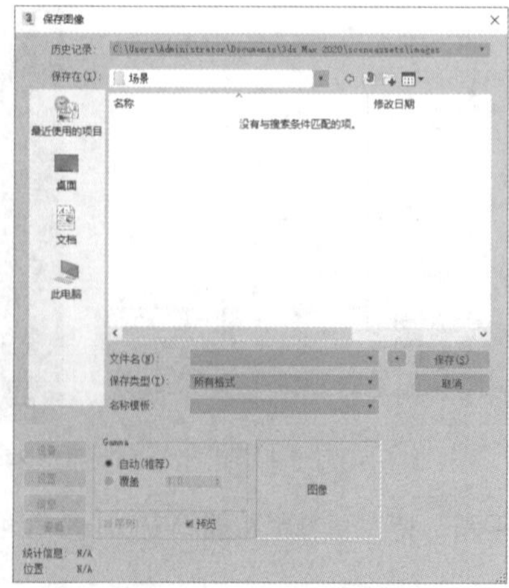

图 9-27

- “胶片颗粒”特效使渲染的图像具有胶片颗粒状的外观，如图 9-28 所示。

图 9-28

- “运动模糊”特效会对渲染图像应用一个图像模糊运动，能够更加真实地模拟摄影机工作，如图 9-29 所示。

图 9-29

9.4 渲染的相关知识

渲染是制作效果图和动画的最后一道工序。用户创建的模型场景最终都会体现在图像文件或动画文件上。可以说，渲染是对前期建模的一个总结，因此掌握相关的渲染知识是非常有必要的。

9.4.1 如何提高渲染速度

在建模过程中需要经常用到渲染，如果渲染时间很长，则会严重影响工作效率。如何能够提高渲染速度呢？下面介绍几种比较实用的方法。

1. 外部提速的方法

因为渲染是非常消耗计算机物理内存的，所以给计算机配置足够的内存是很有必要的。配置大容量的内存能加快渲染速度。

如果物理内存暂时不能满足渲染的需要，则可以对操作系统进行优化。优化操作系统主要是扩大计算机的虚拟内存，扩大虚拟内存可以暂时解决在渲染大的场景时由于物理内存不足产生的影响。但虚拟内存并不是越大越好，因为它是占用磁盘空间的，长期使用还会影响硬盘的寿命。

显卡的好坏也会影响渲染速度和质量。所以，如果是经常要制作较大场景的用户，应该配备较专业的显卡，硬件应该支持 Direct3D 9.1 标准和 OpenGL 1.3 标准。

2. 内部提速的方法

内部提速主要是在建模过程中使用一些技巧，从而使渲染速度加快。具体方法如下。

- 控制模型的复杂度。如果场景中的模型过多或模型过于复杂，渲染时就会很慢，原因是模型的面数过多。在创建模型时应该控制几何体的段数，并在不影响外形的前提下尽量将其减少，在进行大场景创建时这一点尤为适用。
- 使用合适的材质。材质对于表现效果很重要，有时为了追求效果，会使用比较复杂的材质，这样也会使渲染速度变慢。例如，使用“光线跟踪”材质的模型就会比使用光线跟踪“贴图”的模型的渲染速度慢。对于同类型的物体，可以赋予它们相同的材质，这样不会增加内存的占用。
- 使用合适的阴影。阴影的使用也会影响渲染速度。使用普通阴影渲染的速度明显快于使用光线跟踪阴影渲染。在投射阴影时，如果使用“阴影贴图”，也会提高渲染速度。
- 使用合适的分辨率。在渲染前通常要设置效果图的分辨率，分辨率越高，渲染时间就会越长。如果要打印或要进行较大修改，可以设置高分辨率。

9.4.2 渲染文件的常用格式

在 3ds Max 2020 中渲染的结果可以保存为多种格式的文件，包括图像文件和动画文件。下面介绍几种比较常用的文件格式。

- AVI 格式：该格式是 Windows 系统通用的动画格式。
- BMP 格式：该格式是 Windows 系统的标准位图格式，支持 8bit 256 色和 24bit 真彩色两种模式，但不能保存 Alpha 通道信息。
- PNG 格式：图像文件存储格式，曾试图替代 GIF 和 TIFF，增加了一些 GIF 所不具备的特性。
- EPS 或 PS 格式：该格式是一种矢量图形格式。
- JPG 格式：该格式是一种高压缩比率的真彩色图像文件格式，常用于网络传播，是一种比较常用的文件格式。
- TGA、VDA、ICB 和 VST 格式：这些格式是真彩色图像格式，有 16bit、24bit 和 32bit 等多种颜色级别，并带有 8bit 的 Alpha 通道图像，可以进行无损质量的文件压缩处理。
- MOV 格式：该格式是苹果（Apple）公司开发的标准动画格式。

9.5 课堂练习——创建影音室灯光

【练习知识要点】使用亮度/对比度命令创建影音室灯光，效果如图 9-30 所示。

【素材文件位置】云盘/贴图。

【效果文件位置】云盘/场景/Ch09/影音室灯光 ok.max。

微课视频

创建影音室灯光

图 9-30

9.6 课后习题——制作日景渲染

【习题知识要点】使用较低的参数渲染草图，设置发光贴图和灯光缓存的贴图，并设置最终渲染，效果如图 9-31 所示。

【素材文件位置】云盘/贴图。

【效果文件位置】云盘/场景/Ch09/日景渲染 ok.max。

微课视频

制作日景渲染

图 9-31

第 10 章 综合设计实训

本章介绍

本章的综合设计实训案例是把前面各章的知识结合运用来制作模型的，读者将从本章中学会如何灵活地搭建一个完整的室内场景。

学习目标

- 掌握几何体的创建方法。
- 掌握图形的创建方法。
- 掌握各种基本修改器的使用方法。
- 掌握复合工具的使用方法。
- 掌握灯光、摄影机、材质和渲染等的使用方法。

技能目标

- 掌握家具设计——制作北欧沙发效果图。
- 掌握灯具设计——制作欧式吊灯效果图。
- 掌握家用电器——制作冰箱效果图。
- 掌握室内设计——制作会议室效果图。

素养目标

- 培养学生的全局掌控能力。
- 提高学生学以致用的能力。

10.1 家具设计——制作北欧沙发效果图

10.1.1 【项目背景及要求】

1. 客户名称

简欧家具公司。

2. 客户需求

该家具公司是以生产橱柜、沙发等室内家具为主的品牌公司，设计的北欧沙发效果图图纸主要用于网页主图。客户要求将粉色的绒布与不锈钢钛金结合使用，设计出北欧沙发的效果。

微课视频

制作北欧沙发效果图

3. 设计要求

（1）将粉色或肉色绒布与不锈钢钛金结合使用。

（2）要求设计简约，具有北欧风格。

（3）要求效果图画面主要突出沙发，装饰画效果为静物彩插。

（4）图纸大小没有要求，但是必须为原稿。

10.1.2 【项目创意及制作】

1. 素材资源

素材文件位置：云盘/贴图。

2. 作品参考

参考效果文件位置：云盘/场景/Ch10/沙发.max。最终效果如图 10-1 所示。

图 10-1

3. 制作要点

模型的制作：创建“长方体”作为沙发垫和沙发背，使用“可渲染的样条线”制作支架，结合“编辑多边形”修改器来完成沙发模型的制作。

材质的设置：在本案例中我们使用 VRay 材质来制作绒布和钛金效果。

灯光和摄影机：在场景中窗户的位置创建主面光源，并使用一些目标灯光来制作出辅助光效。

渲染设置：通过设置合适的测试渲染参数和最终渲染参数来完成本案例的最终效果。

制作提示：结合 VRay 插件设置模型的金属材质，配合一个已完成的布局场景模型来制作效果图（由于本书页数的限制没有介绍 VRay 渲染器的使用方法，该渲染器是非常不错的照片级渲染插件，也是非常有必要掌握的渲染插件之一）。

10.2 灯具设计——制作欧式吊灯效果图

10.2.1 【项目背景及要求】

1. 客户名称

口袋灯具公司。

2. 客户需求

该灯具公司主要生产室内灯具，现在需要设计一款灯具的效果图用作宣传页中的彩插，要求效果图具有简单的背景，主要突出该灯具即可；画面需要具备欧式风格。

3. 设计要求

（1）设计的效果图需要具备欧式风格。

（2）要求使用简单的背景。

（3）设计需要突出吊灯。

（4）对图纸大小没有要求，但是必须为原稿。

微课视频

制作欧式吊灯效果图

10.2.2 【项目创意及制作】

1. 素材资源

素材文件位置：云盘/贴图。

2. 作品参考

参考效果文件位置：云盘/场景/Ch10/欧式吊灯.max。最终效果如图 10-2 所示。

图 10-2

3. 制作要点

模型的制作：将“矩形”工具与“编辑样条线”修改器结合使用，创建并调整底座、支架链接模型；使用“车削”修改器旋转图形生成三维模型；创建可渲染的“矩形”制作铁链效果；使用可渲染的“线”制作吊灯支架；使用“仅影响轴”调整轴的位置；使用“阵列”命令阵列复制模型；将“管状体”工具与“锥化”修改器结合使用，制作出灯罩；使用“切角圆柱体”工具制作灯罩与支架的连接模型。

材质的设置：为吊灯支架设置金色材质；为灯罩设置白色反射材质；为装饰水晶设置玻璃材质。

灯光和摄影机：调整合适的角度创建摄影机，创建 VRay 平面灯光作为主光，使用目标灯光制作辅助光。

渲染设置：设置一个合适的渲染尺寸，调整合适的渲染参数。

制作提示：结合 VRay 插件渲染场景。

10.3 家用电器——制作冰箱效果图

10.3.1 【项目背景及要求】

1. 客户名称

旺盛家电公司。

2. 客户需求

该公司是制作家电的，现需要根据公司提供的实物照片制作一张冰箱效果图，要求冰箱颜色为银灰色和红色，并搭配简单的场景环境。该效果图用作产品手册的彩插。

3. 设计要求

（1）效果图需要突显产品。

（2）产品主要使用红色和银灰色的反射塑料材质。

（3）对图纸大小没有要求，但是必须为原稿。

微课视频

制作冰箱效果图

10.3.2 【项目创意及制作】

1. 素材资源

素材文件位置：云盘/贴图。

2. 作品参考

参考效果文件位置：云盘/场景/Ch10/冰箱.max。最终效果如图 10-3 所示。

图 10-3

3. 制作要点

模型的制作：使用几何体模型堆砌出冰箱模型，使用“ProBoolean”工具布尔出冰箱门的拉手。

材质的设置：为冰箱设置红色和银灰色的反光材质。

灯光和摄影机：调整合适的角度创建摄影机，并在合适的位置创建灯光。

渲染设置：设置合适的渲染尺寸和其他渲染参数渲染场景。

制作提示：结合 V-Ray 插件创建灯光、材质和渲染输出。

10.4 室内设计——制作会议室效果图

10.4.1 【项目背景及要求】

1. 客户名称

潜龙室内效果图设计公司。

2. 客户需求

该室内效果图设计公司主要专注于工装、家装设计，本次设计是为一个公司制作会议室效果图，要求该效果图必须体现出大气、严肃、庄重的特点。

3. 设计要求

（1）会议室设计要求大气、严肃、庄重。

（2）在材质使用上不要太活跃，要求较多地使用木纹和石材材质，达到肃静、清雅的效果。

（3）效果图尺寸不限，但必须是原稿。

微课视频

制作会议室效果图

10.4.2 【项目创意及制作】

1. 素材资源

素材文件位置：云盘/贴图。

2. 作品参考

参考效果文件位置：云盘/场景/Ch10/会议室.max。最终效果如图 10-4 所示。

图 10-4

3. 制作要点

模型的制作：在创建场景模型前，需先将平面图纸整理出来，将图纸写块，便于导入 3ds Max 2020 中；然后进行框架、吊顶、造型模型的创建。

材质的设置：为场景设置乳胶漆、木纹、铝塑、金属等材质。

摄影机和灯光：在合适的位置创建摄影机，创建 VRay 灯光照亮场景。

渲染设置：设置合适的渲染尺寸和其他渲染参数渲染场景。

10.5 课堂练习——制作休息区效果图

10.5.1 【项目背景及要求】

1. 客户名称

间隙室内效果图设计公司。

2. 客户需求

该公司主要专注于室内效果图设计，本次设计是为客户制作休息区的日光效果。

微课视频

制作休息区效果图

3. 设计要求

（1）要求表现出宽敞、明亮的室内空间。

（2）要求效果图清晰度高，能表现出空间的明亮和通透。

（3）效果图大小不限，但必须是原稿。

10.5.2 【项目创意及制作】

1. 素材资源

素材文件位置：云盘/贴图。

2. 作品参考

参考效果文件位置：云盘/场景/Ch10/休息区.max。最终效果如图 10-5 所示。

图 10-5

3. 制作要点

渲染设置：使用 VRay 渲染器，设置合适的渲染尺寸和其他渲染参数，输出并存储场景效果图。

10.6 课后习题——制作老人房效果图

10.6.1 【项目背景及要求】

1. 客户名称

潜龙室内效果图设计公司。

2. 客户需求

该室内效果图设计公司主要专注于工装、家装设计，本次设计是为一个三室两厅中的其中一个卧室——老人房设计效果图，客户要求该老人房为现代中式风格。

3. 设计要求

（1）要求整体装修风格统一。

（2）现代中式风格。

（3）效果图尺寸不限，但必须是原稿。

微课视频

制作老人房效果图

10.6.2 【项目创意及制作】

1. 素材资源

素材文件位置：云盘/贴图。

2. 作品参考

参考效果文件位置：云盘/场景/Ch10/老人房.max。最终效果如图 10-6 所示。

图 10-6

3. 制作要点

模型的制作：在创建场景模型前，需先将平面图纸整理出来，将图纸写块，便于导入 3ds Max 2020 中，然后进行框架、吊顶、造型模型的创建。

材质的设置：为场景设置乳胶漆、壁纸、木纹等材质。

摄影机和灯光：在合适的位置创建摄影机，创建 VRay 灯光照亮场景。

渲染设置：设置合适的渲染尺寸和其他渲染参数渲染场景。

扩展知识扫码阅读

设计基础

- 认识形体
- 透视原理
- 认识设计
- 认识构成
- 形式美法则
- 点线面
- 基本型与骨骼
- 认识色彩
- 认识图案
- 图形创意
- 版式设计
- 字体设计

设计应用

- 创意绘画
- 图标设计
- 装饰设计
- VI设计
- UI设计
- UI动效设计
- 标志设计
- 包装设计
- 广告设计
- 文创设计
- 网页设计
- H5页面设计
- 电商设计
- MG动画设计
- 网店美工设计
- 新媒体美工设计